固体废物处理处置技术

李　欢◎编著

清華大學出版社
北　京

内 容 简 介

本书主要内容包括：固体废物处理处置概述、固体废物的破碎与分选、固体废物的脱水与干化、固体废物的好氧堆肥、固体废物的厌氧消化、固体废物的焚烧处理、固体废物的建材化利用、固体废物的填埋处置、固体废物处理的碳排放、固体废物的管理规划。本书适合作为环境工程研究生培养的教材，也可以供从事固体废物处理处置工作的相关工程技术人员、高等院校师生和管理人员参考使用。

图书在版编目(CIP)数据

固体废物处理处置技术/李欢编著. —北京：清华大学出版社，2023.5
ISBN 978-7-302-63093-7

Ⅰ. ①固…　Ⅱ. ①李…　Ⅲ. ①固体废物处理　Ⅳ. ①X705

中国国家版本馆 CIP 数据核字(2023)第 043534 号

责任编辑：许　龙
封面设计：傅瑞学
责任校对：欧　洋
责任印制：刘海龙

出版发行：清华大学出版社
网　　址：http://www.tup.com.cn，http://www.wqbook.com
地　　址：北京清华大学学研大厦 A 座　　**邮　　编**：100084
社 总 机：010-83470000　　**邮　　购**：010-62786544
投稿与读者服务：010-62776969，c-service@tup.tsinghua.edu.cn
质量反馈：010-62772015，zhiliang@tup.tsinghua.edu.cn
印 装 者：三河市铭诚印务有限公司
经　　销：全国新华书店
开　　本：185mm×260mm　　**印　　张**：18　　**字　　数**：435 千字
版　　次：2023 年 5 月第 1 版　　**印　　次**：2023 年 5 月第 1 次印刷
定　　价：58.00 元

产品编号：095373-01

前言

PREFACE

随着我国在环境治理领域的不断投入，我国生态环境质量已经趋于稳定并开始好转，但稳中向好的基础还不稳固，一些瓶颈问题逐步凸显，成为生态环境质量不断改善的关键障碍。因此，要实现可持续发展，建设美丽中国，还需要大量的高水平工程技术人才予以支撑。在这种形势下，许多学校设置了环境工程硕士培养项目。这一专业学位的人才培养目标是，掌握坚实的学科基础理论和宽广的专业知识，全面了解环境工程技术的国内外现状和发展趋势，能够熟练运用先进的科学技术、工具和方法解决实践问题，具有独立从事环境工程技术研发、环境工程设计与实施、环境规划与环境管理的能力。

固体废物是环境工程关注的主要对象之一。固体废物来源广、种类复杂，其处理处置技术也很多，而且原理差异很大。目前固体废物处理处置技术的专著和教材很多，但针对工程硕士培养特点的案例性教材还较少。本书在进行技术原理和工程案例分析的基础上，为了便于读者迅速把握固体废物处理的实质，理解相关技术的特点和局限，采用了特别的结构安排。固体废物处理处置的根本目的是在保障无害化的前提下促进资源回收，而固体废物的无害化、资源化途径取决于固体废物的性质。无论何种固体废物，其组分都可分为水分、无机物和有机物。某一项处理技术一般仅针对某一类组分，目的在于将这一类组分分离或者去除，或者转化为其他物质(无害的物质或资源化产品)；而该技术的缺点是来自于其他组分对这一过程的干扰。因此，本书基于固体废物的这三类组分，对常用的处理处置技术分别进行介绍，便于读者理解和掌握相关技术的共同特征。

本书第1章概述了固体废物及其处理处置技术的现状。第2章介绍了固体废物的分选技术。第3章讨论固体废物中的水分去除，重点介绍了机械脱水和热干化技术。第4章～第6章讨论有机固体废物或固体废物中有机成分的处理方法，前两章分别介绍了好氧堆肥和厌氧消化技术，均属于生物处理方法，第6章为焚烧处理技术，属于热化学处理方法。第7章和第8章讨论无机固体废物或固体废物中的无机成分，重点介绍了建材化利用方法和填埋处置技术。虽然填埋场可以处置有机固体废物或含有机成分的固体废物，但填埋技术的发展趋势是逐步减少有机物的填埋。根据固体废物“低碳化”处理的趋势。第9章介绍了固体废物处理的碳排放和减排策略。第10章介绍了固体废物的处理处置规划，这便于读者从整个城市或区域的角度考虑固体废物管理工作，综合应用前述技术进行统筹管理。

本书在撰写过程中，主要介绍工程实践中的常用技术和工艺，注重基础理论和工程实践相结合，引入了国内外典型案例，同时介绍了这些技术、工艺近年来的新动向，并分析了使用这些技术过程中需要注意的问题。在内容上，本书注重图文并茂、深入浅出，以求读者能够容易地掌握相关知识。本书适合作为环境工程硕士培养的教材，也可以供从事固体废物处理处置工作的相关工程技术人员、高等院校师生和管理人员参考使用。

在本书的编写过程中，清华大学精品课程、教材建设及清华大学深圳国际研究生院精品课程建设项目对本书提供了资金支持。张玉瑶、刘灿、程英超、刘传旸、冯凯、李德彬、张蕾、王琳等为本书编写提供了部分素材，在此对上述项目及有关人员表示感谢。

由于近年来固体废物处理处置技术发展迅速，而作者自身能力有限，难免错漏，请读者不吝提出宝贵的意见和建议，或者提供更优秀的工程案例，以便我们进一步完善本书。

作　者

2022年9月于深圳大学城

目 录
CONTENTS

固体废物处理处置概述

1.1 固体废物的定义

在环境管理体系中,“废物”(waste)由于其独特的产生来源、污染特性、处理技术而被单独列为一大类管理对象,但其内涵随着时代的发展而不断变化。随着生产技术的进步和人们生活水平的提高,一些原本属于废物的物品重新成为生产原料,同时,生产、生活中又产生了各种新的废物。因此,要开展废物处理处置工作,首先要明确废物的概念和范畴。实际上,我们常说的废物指的是固体废物(solid waste),并不包括各类废水和废气。下面是世界部分国家法规对废物的定义。

美国环保署对废物的定义包括各种垃圾、各种抛弃物,来自于给水厂、污水厂或大气污染控制设施的污泥,以及其他来自于工业、商业、采矿、农业生产和社区丢弃的固体、液体、半固体或内含气体的物品。《资源保护和回收法案》给出了废物具体的类别、目录①。

日本废物管理的基础法律是《废物管理和公众清洁法》②。该法律第一部分第二章指出,“废物”是指居民生活垃圾、大件垃圾、灰渣、污泥、粪便、废油、废酸碱、尸骸和其他污秽无用的物品,包括固体、液体形态(这里不包括放射性废物和放射性沾染的废物)。在日本的法律体系中,废物分为一般废物、工业废物和危险废物。一般废物包括居民垃圾和商业、办公垃圾,工业废物包括法规定义的20类废物,如污泥、废塑料、废金属、废油、建筑垃圾、残骸等,而危险废物包括多氯联苯、石棉、传染性废物、易燃废物等。

澳大利亚生产力委员会在2006年的废物管理报告中将废物定义为:对于拥有者不再使用或没有价值,已被丢弃或将要丢弃的任何产品或物品,可分为城市生活垃圾、商业和工业废物、建筑垃圾以及危险废物。由于废物有可能对其他人具有价值,因此废物也包括那些可回收的物品③。

---

① the Resource Conservation and Recovery Act (RCRA), Part C, Section 261.2。

② Waste Management and Public Cleaning Law。

③ Productivity Commission, 2006。

德国废物管理的基础法律为《闭式物质循环废物管理和环境友好废物处置促进法》①，其中第一部分第三章对废物定义为：废物目录中规定的持有者丢弃、倾向丢弃或者被要求丢弃的有形可动产，包括可回收废物和需处置废物。目录中列出了16种废物：未特殊列出的生产或消费废物；不合格产品；过期产品；经洒落、丢失等意外被污染的物品；特定行动产生的污物(如清扫垃圾、包装废物)；不能用的部分(如用过的电池、废净化器)；不可用的材料(如被污染的酸、溶剂、盐)；工业生产残余物(如矿渣、釜脚)；污染处理过程的残余物(洗刷泥、集尘、废过滤介质)；机械处理/磨光产生的残余物；原材料加工提取产生的残余物；被掺杂的材料；任何被法规禁止使用的物品、原料；持有者不再使用的产品(农业废物、家庭垃圾、办公和商业垃圾)；土壤修复过程中产生的被污染的材料、物品；其他。除德国外，英国、意大利及其他欧盟国家对废物的定义在欧盟法令的基础上趋于一致，即持有者丢弃、倾向丢弃或被要求丢弃的任何物料，与之配套，欧盟形成了一套废物分类和编码体系②。

控制危险废料越境转移及其处置巴塞尔公约指出，废物是被处置、倾向于被处置或被国家法律要求处置的物品③。

我国《固体废物污染环境防治法》(2020年，第二次修订)中提出，“固体废物是指在生产、生活和其他活动中产生的丧失原有利用价值或者虽未丧失利用价值但被抛弃或者放弃的固态、半固态和置于容器中的气态的物品、物质以及法律、行政法规规定纳入固体废物管理的物品、物质。经无害化加工处理，并且符合强制性国家产品质量标准，不会危害公众健康和生态安全，或者根据固体废物鉴别标准和鉴别程序认定为不属于固体废物的除外”。该法令同时也指出“液态废物的污染防治，适用本法；但是，排入水体的废水的污染防治适用有关法律，不适用本法”。因此，我国《固体废物污染环境防治法》实际上涵盖了固态废物、液态废物、置于容器中的气态废物三大类别，其中所述固体废物实际上应为“废物”。我国《固体废物鉴别标准 通则》(GB 34330—2017)明确了固体废物的范畴，但该法令中的“固体废物”也涵盖了固态废物、液态废物、置于容器中的气态废物三大类别。

本书所述“固体废物”与《固体废物污染环境防治法》中的定义一致，但重点阐述固态或半固体的废弃物。按照产生源不同，固体废物可分为以下三类，这也是在固体废物管理和处理处置实践中常采用的分类方法。

(1) 工业固体废物，是指在工业生产活动中产生的固体废物。

(2) 农业固体废物，是指在农业生产活动中产生的固体废物。广义上，也包括林业生产活动中产生的固体废物。

(3) 生活垃圾，是指在日常生活中或者为日常生活提供服务的活动中产生的固体废物以及法律、行政法规规定视为生活垃圾的固体废物。

根据危害的不同，固体废物还可以划分为一般固体废物和危险废物。危险废物，是指列入国家危险废物名录或者根据国家规定的危险废物鉴别标准和鉴别方法认定的具有危险特

---

① Act for Promoting Closed Substance Cycle Waste Management and Ensuring Environmentally Compatible Waste Disposal。

② Directive 2008/98/EC of the European Parliament and of the Council of 19 November 2008 on Waste and Repealing Certain Directives。

③ Basel Convention on the Control of Transboundary Movements of Hazardous Wastes and their Disposal, Article 2.1,1989。

性的固体废物。不同产生源均可能产生一般固体废物和危险废物。

1.2　固体废物的性质和表征

由于固体废物的来源多样、种类复杂，它们的性质差异很大。在表征某类固体废物的性质、特点时，往往需要根据具体的处理对象和处理方式，选取不同的指标，这些指标分别对应固体废物的物理、化学、生物化学性质和感官性能。例如，在整体上，固体废物的组成包括有机物、无机物和水分，但针对燃烧处理过程，固体废物又可分为可燃物和不可燃物(在空气或氧气中)；而针对生物处理过程，有机物又可分为可降解有机物和不可降解有机物(或难降解有机物)。下面仅对固体废物的常用性质参数进行介绍。

1.2.1　固体废物的物理性质

一般用含水率、组分、密度或容重等参数表征固体废物的物理性质。此外，根据固体废物特征的不同，有时还会用到颜色、粒度、粒径分布、黏度、导热系数、抗剪强度、抗压强度等物理参数。

1. 含水率

含水率是指固体废物中的水分质量与固体废物总质量的百分比值。这一指标是理解其他固体废物参数(例如高位热值、干基组分)的基础，也是影响固体废物处理工艺的关键要素。通常，对于特定的某一类固体废物，其含水率在一定的范围内波动，含水率的具体值受到固体废物产生条件的影响。例如，生活垃圾的含水率受到居民生活习惯、天气条件、收运方式等因素的影响，波动很大，最低可到10%左右，最高甚至达到80%；污水污泥的含水率受到污水处理工艺、污泥脱水方式的影响，脱水污泥的含水率常在60%～85%。因此，在开展一个具体的固体废物处理项目时，需要对当地的固体废物情况做具体的调研，而不能仅凭其他地区或以往的经验。

含水率的测定一般采用105℃恒重法，即固体废物样品在105℃条件下烘干至恒重，其间样品失去的重量为水分的质量。由于高有机质含量的废物，其水分的蒸发过程较慢，需要很长时间才能达到恒重，因此往往以固定烘干时间内(如2 h、4 h)的样品失重或者样品两次测定(如每隔1 h)的质量差与总质量的比值小于给定值(如5‰)时的失重作为样品的水分含量。需要注意的是，对于某些特定的固体废物，由于在105℃条件下可能导致部分固体组分挥发、分解或丧失生物活性，因此需要考虑用特殊的方法，如低温风干、冷冻干燥法等来测定其含水率。

2. 物理组分

严格意义上，水分也是固体废物组分的一种。对于不同废物，描述其特征组分的分类方式不同，这也是与其处理工艺相对应的。对于生活垃圾，组分通常是厨余垃圾、塑料、橡胶、金属、玻璃、纸类、织物、废旧家具、电子废物、绿化垃圾、陶土砖瓦等，这种组分划分方式便于对生活垃圾进行分类，从而进一步回收或处置。

固体废物的组分含量通常用组分质量在总质量中的百分比来表示。当总质量不考虑水分时，测得的组分含量称为干基含量，反之则称为湿基含量。

3. 密度和容重

固体废物的密度是其质量和体积之比。当设计固体废物的运输设备、处理处置设施时，需要考虑固体废物占用的体积，有时还需要根据密度的不同设计固体废物的分离工艺。对于组分复杂的固体废物，往往存在内部空隙，或者密度分布不均匀，此时需要测定固体废物的容重，即固体废物质量与所占用的容积之比。以生活垃圾为例，当生活垃圾自然堆放时，可以测定其堆积密度；而当生活垃圾经转运站或运输车压实后，需要考察其压实密度。

测定这些表观密度时，可以用四分法[①]取固体废物样品，填满给定容积的容器，然后称重，以样品净重和容器容积之比作为容重。对于一些形状不规则、不溶于水而密度大于水的固体废物，可以用排水法测定其真实密度。

1.2.2 固体废物的化学性质

表征固体废物化学性质的参数很多，需要结合其处理处置方式进行分析。例如，某些危险废物需要采用酸碱中和处理，就需要测定其 pH；生活垃圾采用焚烧处理，就需要考察其热值、可燃分、灰分等；污水污泥采用生物处理时，需要检测其碳氮比、蛋白质、糖类、脂类含量等。一些常用的表征固体废物化学性质的参数如下：

1. 有机质

固体废物中可能含有的有机成分很多，天然成分如蛋白质、糖类、脂肪、腐殖酸等，人工合成有机物如塑料、改性橡胶等，其元素组成主要包括碳、氢、氧、氮、磷、硫等。这些物质在固体废物焚烧处理过程中，可以转化为二氧化碳、水分、硫氧化物、氮氧化物、磷酸盐和其他小分子无机物，同时释放出热量。因此，虽然有机质的具体成分也会影响固体废物的热值，但整体上，有机质含量越高，固体废物的热值越大，其热能回收的潜力就越高。

固体废物的有机质含量通常用挥发性固体(volatile solids，VS)含量表示。测试时通常先将样品在 105℃下烘干(易挥发样品等特殊样品可以采用冷冻干燥或低温风冷干燥)，获得样品的总固体(total solids，TS)含量；然后将干燥样品置于马弗炉中 600℃下灼烧至恒重，遗留物为无机物，失重为有机质含量。固体废物的有机质中，根据微生物降解的难易程度，又可以分为可生物降解有机质、难生物降解有机质，前者包括蛋白质、糖分、脂肪、纤维素等，后者包括木质素、腐殖质、普通塑料、橡胶等。在可生物降解物质中，生物降解的速率也有所不同，这对生物法处理固体废物具有重要影响。

值得注意的是，虽然有时也将固体废物中的有机质称为挥发分，无机质称为灰分，但内涵与煤化工领域中的挥发分和灰分概念不同。根据《煤的工业分析方法》(GB/T 212—2008)，测定煤中挥发分时，将煤样放在带盖的瓷坩埚中，在(900±10)℃条件下隔绝空气加热 7 min，以减少的质量占煤样质量的质量分数，减去该煤样的水分含量作为煤样的挥发分；而煤中的灰分，是煤样在马弗炉中加热至(815±10)℃恒重时的残留物。这些规定是根

---

① 四分法取样，将每样堆成均匀的圆锥形，并压成锥台，而后将其用十字形分成四等分，取对角线两份混合均匀，然后再进行四等分，直至所取样品达到所需质量。

据煤燃烧的特性所制定的，而在使用固体废物化学组分数据时，需要注意采用的测试方法。

2. 无机质

固体废物中的无机质含量可以用TS含量减去VS含量来计算，主要成分包括各种金属盐分、氧化物等。以粉煤灰为例，它主要由无机质构成，包括SiO_2、Al_2O_3、FeO、Fe_2O_3、CaO、TiO_2等。无机质的含量和组成，对于固体废物的焚烧灰渣处理、建材化利用等具有决定性影响。

3. 有毒有害物质

这类物质既包括有毒有害的有机质，也包括有毒有害的无机质。前者如二噁英、多氯联苯等，后者如汞、铅等重金属。在固体废物的无害化处理处置过程中，去除原料中或处理过程中生成的有毒有害物质，是工艺的核心任务。

4. pH

酸碱特性是固体废物的一项基本参数，可以用pH来表示，它对于固体废物采取何种处理方式具有重要影响。不同性状的固体废物可采用不同方式测定其pH。对于含水量高或几乎是液体的污泥，可直接将pH计的玻璃电极插入测定；对于黏稠样品可以离心或过滤后测其液体的pH；对于粉、粒、块状样品，可以称取50 g干试样置入塑料瓶中，按固液比1∶5加入蒸馏水混匀后密封，然后在振荡器于室温下连续振荡30 min，静置30 min后测上层清液的pH。

5. 热值

当固体废物通过化学处理转化为能量(如热量、电能等)时，其能量转化潜力可以用热值表示，定义为单位质量(或体积)的固体废物完全燃烧时所放出的热量。通常用量热计测定，在条件不具备时也可由固体废物的元素组成或物理成分估算得出。当固体废物燃烧后产生的水分以液体形式存在时，对应的热值为高位热值，即固体废物完全燃烧所放出的总热量；高位热值减去冷凝热为低位热值。表1.1为生活垃圾中典型组分的干基高位热值。当固体废物低位热值大于5 000 kJ/kg时，一般认为它可以自持燃烧，即无需补充额外燃料。固体废物热值越高，可转化产生的能量也就越大，但需要注意给定的处理设施通常有额定的热负荷，过高热值的进料有可能影响设施的正常运行。

表1.1 典型生活垃圾组分的干基热值 kJ/kg

垃圾组分	干基高位热值范围	垃圾组分	干基高位热值范围
塑料	39 000～41 000	木竹	19 000～20 000
纸类	17 000～18 000	厨余	17 800～18 500
织物	28 600～29 600		

1.2.3 典型固体废物的特征

固体废物的种类很多，下面对几类典型固体废物进行简要介绍。为了帮助读者更快地理解固体废物的处理处置方法，本书选取了几种常见的固体废物作为研究对象进行处理案例分析，包括生活垃圾、餐厨垃圾、污水污泥等。相对于工业、农林固体废弃物而言，这些典型固体废弃物具有成分复杂、处理难度大的特点，是目前城市环境管理的难点和热点，也是人们日常生活中关注的对象。

1. 一般工业固体废物

一般工业固体废物是企业在工业生产过程中产生且不属于危险废物的工业固体废物，例如，尾矿、煤矸石、粉煤灰、冶炼废渣、炉渣、脱硫石膏等。一般工业固体废物来源广泛，种类繁多，性质差异巨大。例如，我国粉煤灰产生量约 7 亿吨，主要成分是氧化硅、氧化铝、氧化铁、氧化钙、氧化钛、氧化镁、氧化钾、氧化钠、三氧化硫和氧化锰等无机矿物成分。此外，粉煤灰中还含有锑、砷、硼、镉、铬、钴、铜、铅、锰、汞、钼、镍、硒、钒等重金属元素，以及源于原煤中的镭、钍、铀等放射性元素。与此不同，我国酿酒行业每年产生酒糟约 5 000 万吨，酒糟主要由水分和粗纤维、粗脂肪、粗蛋白等有机物组成。

按照污染潜力的不同，一般工业固体废物可以分为两类：①第Ⅰ类一般工业固体废物。按照《固体废物浸出毒性浸出方法 水平振荡法》(HJ 557)规定方法获得的浸出液中任何一种特征污染物浓度均未超过《污水综合排放标准》(GB 8978)规定的最高允许排放浓度(第二类污染物最高允许排放浓度按照一级标准执行)，且 pH 在 6～9 范围之内的一般工业固体废物；②第Ⅱ类一般工业固体废物。按照 HJ 557 规定方法获得的浸出液中有一种或一种以上的特征污染物浓度超过 GB 8978 规定的最高允许排放浓度(第二类污染物最高允许排放浓度按照一级标准执行)，或 pH 在 6～9 范围之外的一般工业固体废物。这两类废物在贮存、填埋处置时有不同要求，具体可参见《一般工业固体废物贮存和填埋污染控制标准》(GB 18599)。

我国一般工业固体废物产生与处理情况见图 1.1。伴随着我国的工业化发展，我国一般工业固体废物的产生量在前些年起呈现逐年上升趋势。在 2011 年以后，随着我国产业结构的调整，我国一般工业固体废物产生量基本稳定在 30～40 亿吨/年。一般工业固体废物的处理处置方式可以分为四种，即综合利用、贮存、处置和倾倒丢弃。根据我国统计年鉴，倾

彩图 1.1

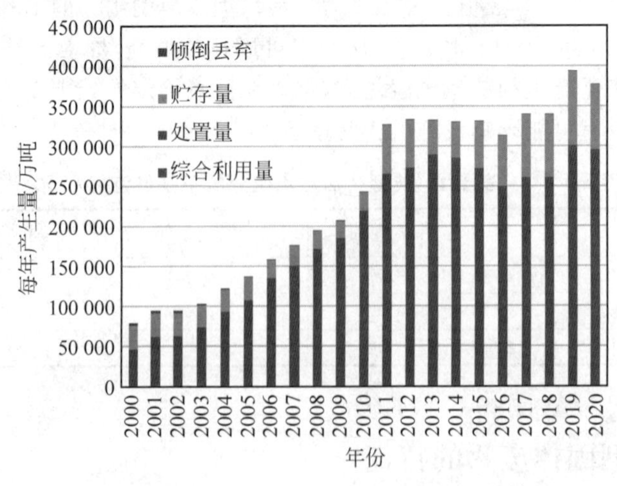

图 1.1 我国一般工业固体废物产生与处理情况

倒丢弃废物占比不足0.1%,综合利用是处理一般工业固体废物的主要途径,其次为贮存和处置。

2. 危险废物

危险废物是指列入国家危险废物名录或者根据国家规定的危险废物鉴别标准和鉴别方法认定的具有危险特性的固体废物。根据《国家危险废物名录》的定义,危险废物为具有下列情形之一的固体废物(包括液态废物):①具有腐蚀性、毒性、易燃性、反应性或者感染性等一种或者几种危险特性的;②不排除具有危险特性,可能对环境或者人体健康造成有害影响,需要按照危险废物进行管理的。根据有关法规,危险废物的鉴定可以参考图1.2进行。

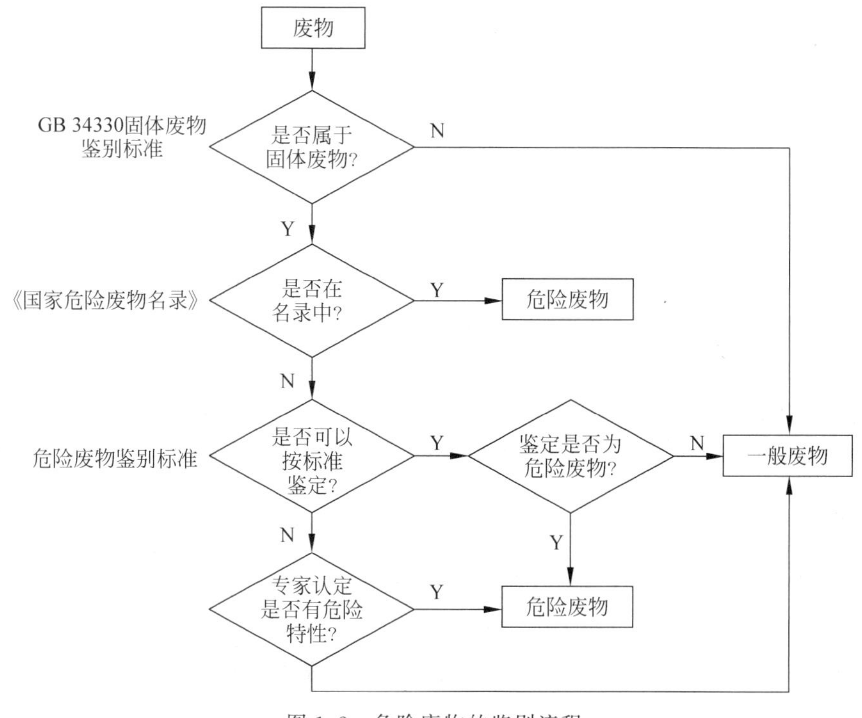

图1.2 危险废物的鉴别流程

工业生产是危险废物的主要来源,但近年来随着我国生活垃圾分类工作的推进,生活源危险废物也被分离出来(见图1.3)。危险废物的类型很多,例如,卫生行业产生的医疗废物,包括感染性废物、损伤性废物、病理性废物、化学性废物和药物性废物;石油开采和冶炼过程中产生的油泥和油脚;生活垃圾焚烧过程中产生的飞灰。这些危险废物来源不同,性质差别很大。根据我国统计年鉴,我国的危险废物处理以综合利用为主,以2017年为例,综合利用率为58%,处置量占37%,贮存量占5%。虽然贮存比例较低,但经多年累积,2020年我国危险废物的累积贮存量已达1.19亿吨。

3. 农林固体废弃物

农林固体废弃物是农业、林业生产过程中产生的固体废弃物,主要包括秸秆、稻壳、食用

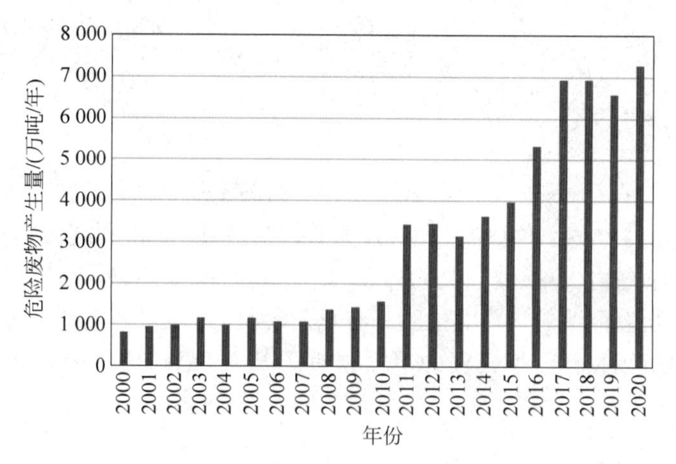

图 1.3　我国危险废物产生情况

菌基质、树枝树皮、木屑等。农林固体废弃物属于生物质废弃物,其中的有机质可以转化为各类化学品或能源。农林固体废弃物的生物质能开发是可再生能源领域的研究热点之一。农林固体废弃物的种类很多,大体可以分为植物类和动物类,前者如秸秆、木屑等,主要由木质纤维素类物质构成,一些果皮、果实类废物还可能含有植物油脂、蛋白、淀粉等;后者如病死禽畜、禽畜粪污(部分为污水)等,主要由动物蛋白、脂类、糖类等构成,同时还可能含有多种有机污染物和致病微生物。除此之外,农林生产过程中还会产生农膜等其他固体废弃物,也需要妥善处理。

我国农林固体废弃物的产生量很大,根据 2016 年《关于推进农业废弃物资源化利用试点的方案》公布的数据,全国每年产生畜禽粪污 38 亿吨(部分为污水),综合利用率不到 60%;每年产生秸秆近 9 亿吨,未利用的约 2 亿吨;每年使用农膜 200 多万吨,当季回收率不足 2/3;每年生猪病死淘汰量约 6 000 万头,集中的专业无害化处理比例不高。许多大中型畜禽养殖场并未对畜禽粪便进行无害化、资源化等处理,便直接施于农田或随污水进入水体,一方面污染了周边环境,另一方面,畜禽粪便中的各种病原微生物及部分抗生素残留正逐渐破坏农田的生态环境平衡,对农产品质量安全造成潜在危害,影响人体健康。

4. 生活垃圾

生活垃圾是人们在日常生活中或者为日常生活提供服务的活动中产生的固体废物,主要包括居民生活垃圾、商业办公垃圾、街道清扫垃圾及农贸市场垃圾等。虽然生活垃圾中有时会混入建筑垃圾,但建筑垃圾性质与生活垃圾显著不用,宜另行处理。我国住房和城乡建设部已颁布了《城市建筑垃圾管理规定》,很多城市也已建立了建筑垃圾处置场或再生加工厂。

生活垃圾成分复杂,一般包括厨余垃圾、纸类、橡胶、塑料、木头、金属、玻璃、灰渣等成分,深圳市某城区生活垃圾成分如表 1.2 所示。生活垃圾容重在 250～500 kg/m^3,经垃圾车或转运站压缩后,容重一般可以达到 600～900 kg/m^3。厨余垃圾占生活垃圾总量的 40%～60%,并且贡献了生活垃圾中大部分的水分,因此分离厨余垃圾并单独进行处理对于生活垃圾减量化和处理处置具有重要作用。按照我国目前正在推进的生活垃圾分类收集体系，生活垃圾可以分为厨余垃圾（湿垃圾）、可回收物（如饮料瓶、废报纸、废金属等）、有害垃圾（如废日光灯管、废弃药品、油漆桶、杀虫剂等）和其他垃圾等。其中，干、湿垃圾分类，即厨余垃圾和其余垃圾分开，是具有我国特色的生活垃圾分类模式。在此基础上，有害垃圾、废弃家具等的丢弃按相关法规需要由用户或物业管理部门电话预约环卫部门或清运公司上门收集。除上述成分外，近些年来，生活垃圾中的废弃电子产品越来越多，如手机、电脑、电池等，虽然有部分电子废物处理厂家开展了回收工作，但仍需进一步完善这类废弃物的收运处理工作。

表 1.2 深圳市某城区生活垃圾物理成分分析

组分	厨余	无机物				可回收物			
类别		灰土	砖石	纸类	橡塑	织物	玻璃	金属	竹木
比例/%	47.75	5.82	3.35	13.66	13.91	10.28	1.72	0.65	2.86

我国生活垃圾产生量正在逐年增长，同时无害化处理率也在逐步提高。我国生活垃圾年清运量已超过 2.3 亿 t，无害化处理率接近 100%，但还有许多乡村地区的生活垃圾未得到有效清理。要估计一个地区的生活垃圾产生量，可以用人均日产量乘以常住人口。这里的生活垃圾人均日产量是基于一定时空的统计概念，它实际上也包括了归属于生活垃圾的商业办公垃圾、街道清扫垃圾及农贸市场垃圾等，其值高于居民家庭产生的生活垃圾。城市生活垃圾人均日产量为 0.7～1.5 kg/(人・d)，通常经济越发达，产量越高，这是由于较高的人民生活水平、活跃的社会活动、频繁的人口流动等都会增加废弃物排放。例如，深圳市 2018 年实际人口约 2 190 万人，生活垃圾日产量为 26 037 t，即人均日产量为 1.2 kg/(人・d)；衡水市 2016 年主城区常住人口约 50 万人，垃圾日产量 400 t，即人均日产量为 0.8 kg/(人・d)。除经济因素外，生活习惯、季节因素、产业状况（如旅游业）等也会对生活垃圾的产生量和组分造成一定影响，因此在考察或估计一个地区的生活垃圾产生情况时，需要充分考虑当地的自然、社会、经济条件。

图 1.4 为基于我国统计数据的生活垃圾清运及处理情况。收集到的生活垃圾在过去主要采用填埋方式处置，但填埋处置需占用大量土地，无法实现可持续管理。随着近年来生活垃圾分类工作的推进，焚烧处理占比快速增加，已经成为我国最主要的生活垃圾处理方式。

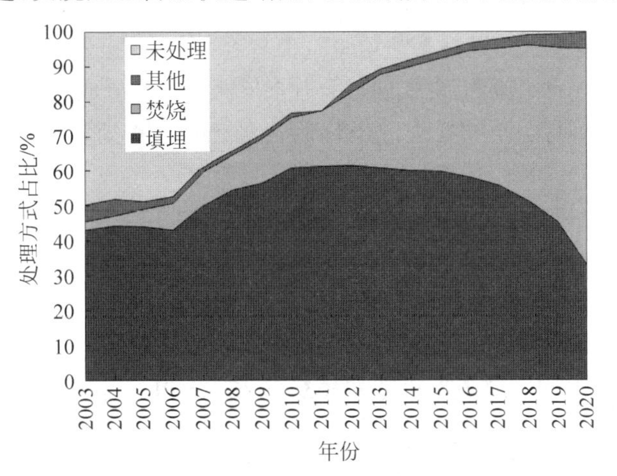

图 1.4 我国生活垃圾清运量及处理方式

彩图 1.4

同时，厨余垃圾的生化处理设施也在迅速增加，其处理量占到全部生活垃圾处理量的5%左右。

5. 厨余垃圾

厨余垃圾，是家庭厨余垃圾、餐厨垃圾、果蔬垃圾等的统称。家庭厨余垃圾是指家庭日常生活中丢弃的果蔬及食物下脚料、剩菜剩饭、瓜果皮等易腐有机垃圾；餐厨垃圾是指餐馆、饭店、单位食堂等的饮食剩余物以及后厨的果蔬、肉食、油脂、面点等加工过程的废弃物；果蔬垃圾，一般是指来自于农贸市场、超市等果蔬集中售卖区产生的废弃水果、蔬菜以及果蔬加工过程中产生的果皮、菜叶等。实际收集到的厨余垃圾中有时也会混有废餐具、塑料、纸巾等。厨余垃圾含水率一般为75%～90%，而固体组分主要包括蛋白质、淀粉、糖类、脂类等有机物，这些组分大多可生物降解，因此容易腐烂变质、散发恶臭、滋生病菌。此外，我国厨余垃圾中还含有一定的盐分，其含量受饮食习惯的不同差异很大，一般在0.02%～1.5%，而高盐分含量不利于厨余垃圾的处理。

我国厨余垃圾产生量巨大，随着垃圾独立收运体系的完善，处理量呈快速上升趋势。以深圳市为例，2021年全市厨余垃圾收运处理规模已经达到5 500 t/d，而全部厨余垃圾产生量超过11 000 t/d，即相当于人均产生量0.5 kg/(人·d)。厨余垃圾可以采用厌氧消化技术处理，将有机质转化为沼气，进行产热、发电，也可以通过好氧堆肥的方式进行处理，获得有机肥料。近年来，黑水虻养殖也成为厨余垃圾处理的重要途径，使用厨余垃圾喂养黑水虻幼虫，未羽化的成虫可以作为蛋白饲料原料。除单独收运处理外，厨余垃圾也可直接破碎后进入污水管网，但这需要合适的管网条件和足够的污水厂负荷。

6. 污水污泥

污水污泥包括工业废水污泥和城镇市政污泥。由于工业废水种类繁多，工业污泥性质也差异很大，部分属于危险废物。市政污泥是城镇生活污水处理系统中产生的废物，包括原污水中的惰性物质、活的或死亡的微生物及其分泌的胞外物质、污水处理过程中加入的药剂等。由于市政污泥产生量大、处理负担重，是本书介绍的重点，后文中所述污泥如无特殊说明均指市政污泥。根据污水处理过程中污泥产生工段的不同，污泥又可以分为初沉污泥和剩余污泥，但我国大多数污泥处理工艺均将这两者合并处理。污泥中除含有大量水分外，还包括有机质和无机质。无机质主要是硅、钙、镁等矿物成分，组成类似黏土。污泥有机质含量一般在60%～70%，易于生物处理或干化后焚烧处理。需要注意的是，我国许多地区污泥有机质含量仅30%～50%，在选择处理方式时需要予以考虑。污泥有机质组分主要是蛋白质、多糖、脂类等，此外，难以生物降解的木质纤维素含量10%～30%，腐殖酸含量10%～15%。因此，污泥是一种高含水率、多组分构成的复杂废物，无论是以有机质、无机质为资源化对象，还是单纯以某一类组分或元素为资源化对象，它们在污泥中的比例都很低。因此，污泥具有贫资源的特点，如果仅围绕某一类组分设计处理流程，效率不高，而对某一类组分(如生物炭、蛋白质、磷)的过度追求可能会导致处理费用和环境负荷的大幅增加，因此应从废弃物消纳的角度综合考虑污泥的处理处置系统。

随着我国污水产生量、处理率和处理标准的提高，污泥产生量也逐年增长(见图1.5)。根据我国城乡建设统计年鉴，至2019年，污泥干固体已超过900万吨，折合含水率80%的脱水污泥4 500万吨。我国污泥处理长期滞后于污水处理，污泥有效无害化处理率较低，而对于获得妥善处理处置的污泥，又以填埋处置为主，干化焚烧、厌氧消化/好氧堆肥与土地利用的比例较小。近年来，随着对污泥处理工作的重视，污泥处理设施获得了快速发展。

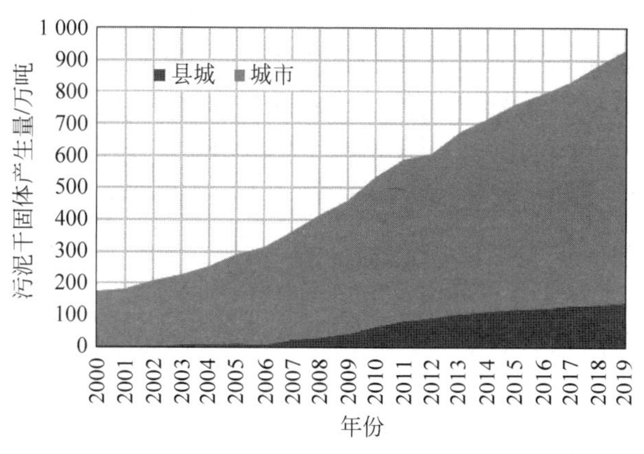

图1.5 我国历年城镇市政污泥干固体产生量

1.3 固体废物的常用处理处置技术

固体废物种类繁多，物理、化学性质差异很大，相应的固体废物处理处置技术也大不相同。常用处理处置技术包括分选、脱水、干燥、堆肥、厌氧消化、焚烧、填埋、土地利用、建材化等。按照在固体废物管理链条上的位置，这些技术可以分为处理技术和处置技术，前者是固体废物管理的中间步骤，即固体废物经此过程后还需要进一步处理，如焚烧、堆肥；后者对应固体废物的最终出路，如填埋、土地利用和建材化。按照固体废物的处理原理，这些技术可以分为物理处理技术、化学处理技术和生物处理技术等。此外，热处理是固体废物处理过程中的一种常用方法，它既包括热化学处理（如焚烧），也包括热物理处理（如干燥），均涉及到热量的产生、传递、利用和回收，也可以单独作为一类。按照所要处理组分的不同，这些技术还可以分为水分去除技术、有机物处理技术和无机物处理技术。从固体废物处理角度，最后一种分类方式更适于读者的理解和实际工程的应用，因此本书主要采用这种方式对不同技术进行解析。当然，一些技术处理过程中也会涉及多类组分的去除或转化，这时以其主要目的进行划分。

1. 分选技术

对于某些含有多种组分的固体废物而言，分选是处理处置流程的第一步，通过分选可以实现不同组分的分离，便于后续处理处置。经过源头分类后分离度较好、组分相对单纯的固体废物，无需进行分选；而对于能够直接处理复杂固体废物的技术而言，也无需分选，例如焚烧用于混合生活垃圾处理。常用的分选方式包括重力分选、水力分选、风力分选、磁力分选、色度分选和人工分选等。

2. 脱水技术

在大多数情况下，水分是影响固体废物处理效能的关键因素，高含水率固体废物往往需要先脱除水分再进行处理。脱水方式包括重力分离、离心分离、过滤分离、蒸发分离等，常用技术包括重力浓缩技术、多种机械脱水技术、热干燥、真空干燥等。

3. 有机质处理技术

有机质按照生物降解性能的不同可以分为可降解有机质和难降解有机质，前者可以利用生物处理方式进行去除或转化，常用技术包括好氧堆肥、厌氧消化等；后者可以采用热化学方式进行去除或转化，常用技术包括焚烧或混烧、热解、气化、液化等。有机质主要元素包括碳、氢、氧、氮、硫、磷，因此有机质的生物或热化学转化特性与其元素含量密切相关。有机质的组分及其存在特性与固体废物的脱水性能密切相关，如污泥，因此生物法和热化学处理的一个显著区别是，生物法可以在水分存在的条件下进行反应，这样先去除有机质再进行脱水可以避免有机质对脱水过程的负面影响，而热化学法需要先对固体废物进行脱水(不包括液化)。

4. 无机质处理技术

固体废物中的无机成分种类很多，从处理角度而言，关注的主要是具有环境危害性的重金属，其次是可以建材利用的矿物成分。针对重金属的环境风险，主要技术手段包括固定化，即改变重金属的存在形态，使其难以在自然条件下释放出来；分离富集，使重金属从处理对象中分离出来，形成相对富集的类矿物，便于回收或处置；转变重金属价态，通过氧化或还原使重金属从毒性较高的价态向无毒或低毒价态转变。针对固体废物中的矿物成分，建材利用方式包括制砖(烧结砖或免烧砖)、制陶粒、制水泥等。

1.4 固体废物处理处置工程项目的实施

固体废物处理处置工程项目的建设运营，需要满足国家、主管部门和地方的总体规划、相关专项规划的要求。固体废物处理项目总体流程与一般项目相同，均包括投资决策阶段、工程设计阶段、采购与施工阶段和交付使用阶段。具体流程如图 1.6 所示。

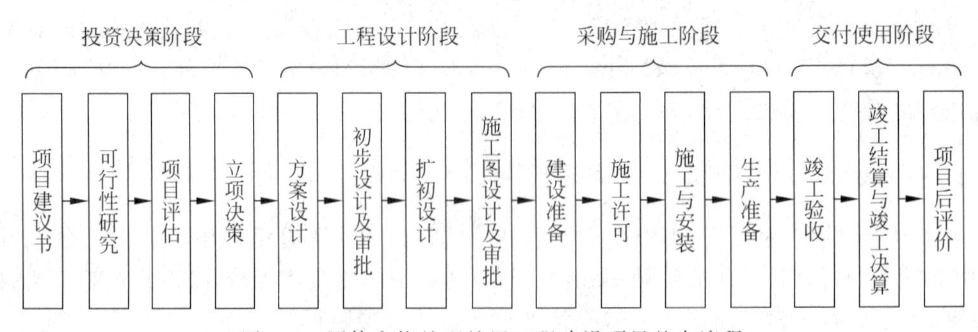

图 1.6 固体废物处理处置工程建设项目基本流程

1. 投资决策阶段

投资决策阶段，又称为建设前期工作阶段，固体废物处理处置项目主要包括项目建议、项目选址、可行性研究、环境影响评价等内容。

1）项目建议

项目建议书是由新建、扩建项目的筹建单位或项目法人向其主管部门（城市管理局、生态环境局、住房和建设局、规划和自然资源局、发展和改革委员会等）上报的文件，要根据国家和地方的有关规划和政策、固体废物处理处置需求、社会经济条件和项目自身的条件，系统论述项目设立的必要性和可能性，并对拟建项目提出框架性的总体设想，并给出概略的投资估算。项目建议书可供项目审批机关做出初步决策。项目建议书经批准后，由当地发展和改革委员会办理“项目核准登记”手续，签发《项目核准登记证》，或直接与当地政府签订相关意向协议。项目筹建单位或法人依据《项目核准登记证》或意向协议成立项目公司。涉及特许经营的固体废物处理处置项目，项目公司还要进一步获得《特许经营协议书》。

2）项目选址

项目公司协同主管部门进行项目选址。通常固体废物处理处置项目要求距离周边居住区、商业办公区、学校、医院等有一定的安全距离，同时尽量选在人群密集点下风向。选址完成后，项目公司即可委托有关单位进行地质勘探，并到规划和自然资源局办理土地使用权手续（土地租赁与购买与其他项目类似，一些固体废物处理处置项目会使用政府划拨用地，这需要依据项目建议阶段的审批意见办理）。

3）可行性研究与环境影响评价

上述工作完成后，可委托专业咨询机构编制《可行性研究报告》和《环境影响评价报告》。可行性研究是对项目在技术上和经济上是否可行所进行的科学分析和论证。固体废物处理处置项目的可行性研究报告一般包括：项目背景、必要性、处理对象和规模、技术方案比选、资源材料和公用设施情况、建厂条件和厂址方案、环保措施、企业组织定员及培训、实施进度建议、投资估算和资金筹措、社会和经济效益等。

在该阶段的环境影响评价，需要对项目的潜在污染、环境影响和资源、能源消耗进行分析，考察预防性措施的有效性，明确项目实施后能否满足相关环境要求。环境影响评价报告分为三个层次，项目对环境可能造成重大影响的，应当编制报告书；对环境可能造成轻度影响的，可编制报告表；对环境影响很小时，不需要进行环境影响评价的，应填报环境影响登记表。

上述报告经专家评审后送国家发展和改革委员会、规划和自然资源局、生态环境局、城市管理局、住房和建设局等主管部门审批。

2. 工程设计阶段

固体废物处理处置项目获得批复后即可进行工程设计，在该阶段需要进一步勘察厂址，以便为设计提供准确依据。

1）勘察过程

复杂工程分为初勘和详勘两个阶段，初勘用于初步设计，详勘用于施工图设计。厂址经批准后，初勘工作主要是查明厂址的地质条件，对场地内各建筑地段的稳定性和工程地质问题定量评价，为各建筑的布局、形式、规模、基础、不良地质现象防治工程等设计工作提供依据。详勘是要针对具体建筑物地基或具体的地质问题，为施工图设计和施工提供计算参数和可靠依据。

2）设计过程

设计过程一般划分为两个阶段，即初步设计阶段和施工图设计阶段，对于大型复杂项目,可根据不同行业的特点和需要,在初步设计之后增加技术设计阶段。初步设计是可行性研究之后对项目方案的具体设计,主要内容包括:①设计依据和设计指导思想;②项目规模、处理工艺、主要设备、技术经济指标;③材料药剂、水电燃气用量及其来源、外部协作条件;④主要建筑物、构筑物、公用辅助设施和生活设施等;⑤占地面积、土地利用情况和总图布置;⑥环境保护方案、抗震和人防措施;⑦生产组织劳动定员;⑧建设时序;⑨项目总概算;⑩设计图纸及说明书。初步设计经主管部门审批后,项目被列入国家固定资产投资计划,方可进行下一步的施工图设计。

施工图设计是利用图纸把设计者的意图和设计计算结果表达出来,作为施工依据,其主要内容包括:①图纸目录;②各分部工程的详图和零部件、结构件、材料、设备明细表;③验收标准和方法;④工程预算书。施工图设计文件,应满足设备材料采购、非标准设备制作和施工的需要。施工图一经审查批准,不得擅自进行修改,如有修改、必须重新报请原审批部门,由原审批部门委托审查机构审查后再批准实施。

3. 采购与施工阶段

固体废物处理处置项目完成设计工作后,即进入施工阶段。施工之前首先需要进行施工准备,包括组建项目法人、征地、拆迁、“三通一平”等;组织材料、订购设备;办理工程质量监督手续;委托工程监理;选择施工单位;办理施工许可证等。上述工作完成后,项目单位可申请开工。

4. 交付使用阶段

固体废物处理处置项目建成后应组织工程竣工验收。验收合格后,项目单位编制竣工决算,项目开始试运行,经测试合格后,项目进入正式运行阶段。经一段时间运行后,开展项目后评价,利用费效分析、对比分析、统计预测等方法对项目的立项决策、设计施工、竣工投产、生产运营等全过程进行系统评价,这是固定资产管理的一项重要内容,也是固定资产投资管理的最后一个环节。

1.5 固体废物处理处置工程项目的投融资模式

固体废物处理处置工程项目的投资费用差异较大,除政府性投资项目、企业使用自有资金之外,一些大型投资项目常采用政府和社会资本合作的模式。

1. 建设-运营-移交(build-operate-transfer,BOT)

BOT 模式下,政府特许企业进行某固体废物处理处置项目的投资、建设和运营,政府可以为该项目提供一些优惠政策,例如土地无偿划拨、协助申请项目补助等;项目建成后由企业运营,特许期限一般在 10～30 年,政府许可企业收取固体废物处理费及出售资源化产品以清偿贷款、回收投资并赚取利润;政府对项目有所有权、监督权和调控权,项目特许经营期满后,项目应无偿移交政府。

2. 建设-拥有-运营(build-own-operate,BOO)

与 BOT 模式相比,BOO 模式下,企业最终无需移交项目,而项目产权一直为企业所有。

由于BOT模式下企业没有项目所有权，而且项目最终会移交政府，有可能存在设备设施维护管理差的问题；而在BOO模式运营中，投资、产权归属和运营责任同属承建单位，相对利于管理。

3. 建设-拥有-运营-移交(build-own-operate-transfer，BOOT)

与BOT模式相比，BOOT模式下，企业在项目建设完成后，在特许期内既有经营权又有所有权，这可以促进企业做好项目的管理、维护。但与BOO方式相比，BOOT模式中，项目期满后，项目所有权也要由企业转交给政府。

4. 建设-移交-运营(build-transfer-operate，BTO)模式

与BOT模式相比，BTO模式下，企业在项目建设完成后，即将设施所有权移交给政府，随后政府再特许该企业长期经营该项目，使企业通过收取固体废物处理费及出售资源化产品以清偿贷款、回收投资并赚取利润。

5. 建设-租赁-移交(build-lease-transfer，BLT)

与BOT模式相比，BLT模式下，企业在项目建设完成后，将其租赁给政府进行经营，政府每年付给企业相当于租金的回报，租赁期结束后，整个项目完全归政府所有。

6. 移交-经营-移交(transfer-operate-transfer，TOT)

TOT模式是指政府将建设好的项目的一定期限的产权和经营权，有偿转让给企业，由企业进行运营管理；企业在约定时间内通过经营收回全部投资和得到合理的回报，并在合约期满之后，再将项目移交给政府。

7. 公私合作模式(public-private-partnership，PPP)

PPP模式是指针对某个固体废物处理处置工程项目，政府与社会资本以特许权协议为基础形成伙伴式的合作关系，并签署合同明确双方的权利和义务。广义上，PPP模式涵盖前述全部模式，其目的是减少政府的初期投入、降低项目的运行风险；狭义上，PPP更强调政府与企业的全程合作，与BOT模式相比，政府对项目中后期建设管理运营过程参与更深，企业对项目前期科研、立项等阶段参与更深，政府和企业均全程参与。财政部《政府和社会资本合作模式操作指南》(财金[2014]113号)指出，除前述模式外，PPP项目还可以采用改建-运营-移交(retrofit-operate-transfer，ROT)、委托运营(operation and maintenance，O&M)、管理合同(management contract，MC)等模式，具体运作方式取决于收费定价机制、项目投资收益水平、风险分配基本框架、融资需求、改扩建需求和期满处置等因素。

1.6 我国固体废物的管理体系

1.6.1 固体废物的主要管理部门

我国固体废物管理涉及多个行政机构。根据《固体废物污染环境防治法》，国务院环境保护行政主管部门对全国固体废物污染环境的防治工作实施统一监督管理；国务院有关部门在各自的职责范围内负责固体废物污染环境防治的监督管理工作；县级以上地方人民政府环境保护行政主管部门对本行政区域内固体废物污染环境的防治工作实施统一监督管理；县级以上地方人民政府有关部门在各自的职责范围内负责固体废物污染环境防治的监督管理工作。国务院建设行政主管部门和县级以上地方人民政府环境卫生行政主管部门负责生活垃圾的清扫、收集、贮存、运输和处置的监督管理工作。因此，固体废物的管理主要涉及生态环境部门与城市建设管理部门。图 1.7 显示了我国固体废物管理涉及的两类政府管理部门，即环保系统与住建系统，前者侧重于环境监督以及危险废物、工业废物的管理，而后者侧重于生活源固体废物如生活垃圾、餐厨垃圾、城市粪便等的管理。在不同级别上，主管机构的名称可能发生变化，但它们涉及的固体废物管理工作职能基本一致。

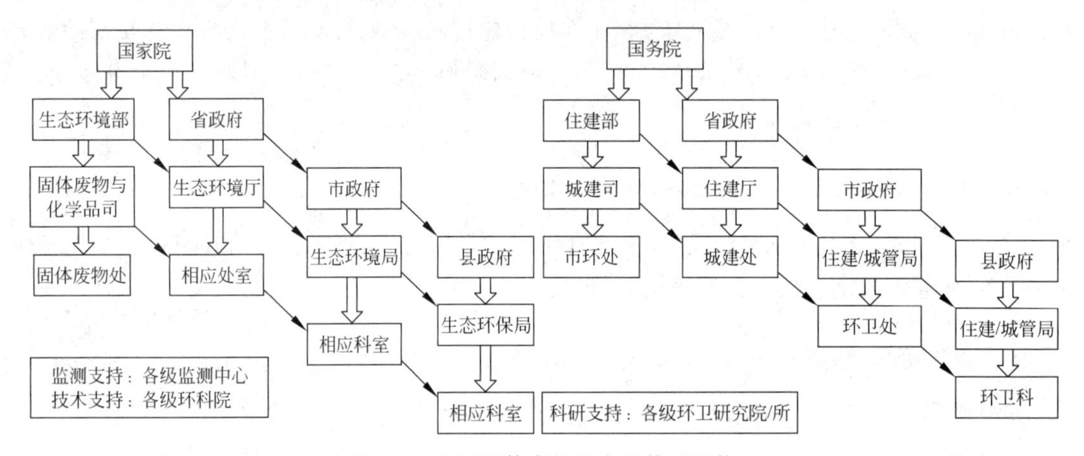

图 1.7 我国固体废物的主要管理机构

1.6.2 固体废物管理的法规体系

《固体废物污染环境防治法》是我国固体废物管理的基本法律依据，自 1996 年 4 月 1 日施行以来，已经历四次修订和两次修正，体现了我国固体废物管理的基本理念、机构职能、法律责任等重要事项。除前述固体废物管理机构外，其余要点包括：

1. 固体废物管理的基本原则

《固体废物污染环境防治法》第三条为“国家对固体废物污染环境的防治，实行减少固体废物的产生量和危害性、充分合理利用固体废物和无害化处置固体废物的原则，促进清洁生产和循环经济发展”。该条款一方面确定了固体废物管理的减量化、资源化和无害化等基本原则，另一方面也明确了这三项原则的相互关系，即首先进行源头控制，减少固体废物的质量或危害性(reduce)，从而降低后续处理的负担；对于已经产生的固体废物，要充分考虑可能的合理利用途径，实现废物再用(reuse)或资源循环(recycle)；对于最终残留的固体废物，要保证其无害化，避免对生态环境和人体健康产生危害。这些内容也体现了国际社会普遍认可的“3R”原则，并在“3R”的基础上，保证固体废物的无害化。

该条款也指明了实现废物减量化、资源化和无害化的两条路径，即发展清洁生产和循环经济。我国《清洁生产促进法》自 2003 年 1 月 1 日开始施行，清洁生产是指不断采取改进设计、使用清洁的能源和原料、采用先进的工艺技术与设备、改善管理、综合利用等措施，从源头削减污染，提高资源利用效率，减少或者避免生产、服务和产品使用过程中污染物的产生和排放，以减轻或者消除对人类健康和环境的危害。我国《循环经济促进法》自2009年1月1日起施行，循环经济是指在生产、流通和消费等过程中进行的减量化、再利用、资源化活动的总称。从上述定义可以看出，清洁生产是在生产过程中贯彻“3R”理念，而循环经济是将“3R”理念全面覆盖社会经济活动，当然，这两者不仅仅涉及固体废物的管理，也适用于水资源、原材料、能源等诸多生产要素的管理。

2. 固体废物污染防治的法律责任

《固体废物污染环境防治法》第五条为“国家对固体废物污染环境防治实行污染者依法负责的原则。产品的生产者、销售者、进口者、使用者对其产生的固体废物依法承担污染防治责任”。第十六条为“产生固体废物的单位和个人，应当采取措施，防止或者减少固体废物对环境的污染”。这些条款说明，从生产者到消费者都应当实施措施减少固体废物产生、避免固体废物污染。在该法第五章中，也对违反本法规定的单位和个人提出了较为详细的处罚措施。

3. 固体废物的境内与跨境转移

固体废物的产生地和处理设施可能处于不同区域，因此面临转移管理的问题。《固体废物污染环境防治法》第二十三条规定“转移固体废物出省、自治区、直辖市行政区域贮存、处置的，应当向固体废物移出地的省、自治区、直辖市人民政府环境保护行政主管部门提出申请。移出地的省、自治区、直辖市人民政府环境保护行政主管部门应当商经接受地的省、自治区、直辖市人民政府环境保护行政主管部门同意后，方可批准转移该固体废物出省、自治区、直辖市行政区域。未经批准的，不得转移。”该条款说明了固体废物境内转移的基本管理原则，即跨区域转移需经接受地的生态环境厅等管理部门批准。

《固体废物污染环境防治法》第二十四条规定“禁止中华人民共和国境外的固体废物进境倾倒、堆放、处置”。第二十五条规定“禁止进口不能用作原料或者不能以无害化方式利用的固体废物；对可以用作原料的固体废物实行限制进口和非限制进口分类管理”。与该条款相呼应，2017年7月27日，国务院办公厅发布《禁止洋垃圾入境推进固体废物进口管理制度改革实施方案》，提出“分批分类调整进口固体废物管理目录”“逐步有序减少固体废物进口种类和数量”。2018年4月13日，生态环境部、商务部、国家发展和改革委员会和海关总署发布联合公告，调整《进口废物管理目录》，到2019年年底，仅有金、铂废碎料和废钢铁为非限制进口，其他如不锈钢、钛、镁、锆、钨、钒等废碎料、生活源和工业源废塑料、废纸、废五金类、废纺织原料等将禁止进口。2018年6月24日，中共中央、国务院发布《关于全面加强生态环境保护坚决打好污染防治攻坚战的意见》，要求全面禁止洋垃圾入境，严厉打击走私，大幅减少固体废物进口种类和数量，2020年年底基本实现固体废物零进口。

4. 一般工业固体废物的管理

《固体废物污染环境防治法》首先强调推广减少工业固体废物产生量和危害性的生产工艺和设备，限期淘汰产生严重污染环境的工业固体废物的落后生产工艺、落后设备。其次，企业事业单位应当合理选择和利用原材料、能源和其他资源，采用先进的生产工艺和设备，减少工业固体废物产生量，降低工业固体废物的危害性。最后，企业事业单位应当对其产生的工业固体废物加以利用，不能利用的需要建设贮存设施、场所，安全分类存放，或者采取无害化处置措施。同时，我国实行工业固体废物申报登记制度，产生工业固体废物的单位应当向所在地县级以上地方人民政府环境保护行政主管部门提供工业固体废物的种类、产生量、流向、贮存、处置等有关资料。

5. 生活垃圾的源头分类与处理

《固体废物污染环境防治法》提出"对城市生活垃圾应当及时清运，逐步做到分类收集和运输，并积极开展合理利用和实施无害化处置"。生活垃圾分类是我国近期重点开展的固体废物处理工作之一。我国 2007 年出台的《城市生活垃圾管理办法》已经指出，分类收运处理生活垃圾管理的重要原则。2017 年出台的《生活垃圾分类制度实施方案》进一步要求，到 2020 年年底，基本建立垃圾分类相关法律法规和标准体系，形成可复制、可推广的生活垃圾分类模式，在实施生活垃圾强制分类的城市，生活垃圾回收利用率达到 35%以上；必须将有害垃圾作为强制分类的类别之一，同时参照生活垃圾分类及其评价标准，再选择确定易腐垃圾、可回收物等强制分类的类别。随后，住建部发布《关于加快推进部分重点城市生活垃圾分类工作的通知》，要求在 2020 年年底前，46 个重点城市基本建成生活垃圾分类处理系统，基本形成相应的法律法规和标准体系，形成一批可复制、可推广的模式，在进入焚烧和填埋设施之前，可回收物和易腐垃圾的回收利用率合计达到 35%以上；在单位食堂和餐饮单位设置专门容器用于投放餐厨垃圾，以"干湿分开"为重点，引导居民将滤出水分后的厨余垃圾分类投放。上述法规提出了我国垃圾分类的基本模式，即分为有害垃圾、厨余垃圾、可回收物和一般垃圾，各地根据自身的不同社会经济特点，在此基础上发展了各有特色的生活垃圾分类模式，目前正在从点到面逐渐铺开。

针对农村生活垃圾，住建部也先后出台了《关于全面推进农村垃圾治理的指导意见》(建村[2015]170 号)、《关于推广金华市农村生活垃圾分类和资源化利用经验的通知》(建村函[2016]297 号)和《关于开展第一批农村生活垃圾分类和资源化利用示范工作的通知》(建办村函[2017]390 号)等文件，推进农村生活垃圾的分类治理。总体上，生活垃圾分类将成为我国未来一段时期内固体废物管理的一个重要趋势。

6. 危险废物的管理原则

《固体废物污染环境防治法》对危险废物管理提出了原则性要求，包括制定国家危险废物名录，规定统一的危险废物鉴别标准、鉴别方法和识别标志；要求从事收集、贮存、处置危险废物经营活动的单位，必须向县级以上人民政府环境保护行政主管部门申请领取经营许可证；从事利用危险废物经营活动的单位，必须向国务院环境保护行政主管部门或者省、自治区、直辖市人民政府环境保护行政主管部门申请领取经营许可证；转移危险废物的，必须填写危险废物转移联单，跨省、自治区、直辖市转移危险废物的，应当向危险废物移出地省级人民政府环境保护行政主管部门申请，移出地省级人民政府环境保护行政主管部门应当商经接受地省级人民政府环境保护行政主管部门同意后，方可批准转移该危险废物。与这些法条相呼应，我国《国家危险废物名录》于 2008 年 8 月 1 日开始施行，其修订版于 2016 年 8

月1日开始施行；《危险废物鉴别标准》《危险废物鉴别技术规范》《危险废物经营许可证管理办法》等也在不断完善。

在《固体废物污染环境防治法》的基础上，我国已经发展了相对完善的固体废物管理法规体系，主要包括：①固体废物分类标准，规定不同废物的鉴定与分类方法，例如《固体废物鉴别标准 通则》(GB 34330—2017)；②固体废物监测标准，规定不同废物产生、运输、处理过程的监测、检测和评价方法，例如《生活垃圾卫生填埋场环境监测技术要求》(GB/T 18772—2017)；③固体废物污染控制标准，对不同废物产生和处理过程以及处理设施的污染物排放提出控制要求，例如《生活垃圾焚烧污染控制标准》(GB 18485—2014)；④固体废物处理设备、设施技术标准和规范，对固体废物处理设备、设施提出标准化要求，对处理设施和技术方案提出规范化要求，例如《生活垃圾堆肥处理技术规范》(CJJ 52—2014)。

固体废物的破碎与分选

固体废物通常由多种组分构成，例如水分、无机物、有机物等，这些组分在固体废物处理过程中可能互相干扰，增加处理难度，降低资源化效率，因此把不同类型的固体废物或者固体废物的不同组分分开是固体废物处理的首要步骤（一些固体废物或组分存在协同效应或不影响后续处理，此时无需分类或分选）。在各种分选方案中，源头分类操作最为简单，投入成本最少，效率最高，是首选方案。例如，某些企业产生多种工业固体废物，但这些废物来自于不同生产环节，只需要将不同环节产生的固体废物分开收集即可。对于组分复杂的固体废物，要采用多种分选技术把不同类型的材料或组分进行分离。

当固体废物各类组分或材料紧密结合时，在分选处理前，通常还要进行拆解或破碎处理，拆解可以采用人工，破碎可以采用各类破碎机。破碎处理和分选处理有时多级、交错进行，以便提高系统处理效率。此外，一些处理处置工艺对固体废物尺寸也有一定要求，需要预先将较大尺寸的废物破碎成较小尺寸的物料。

总体上，固体废物的破碎与分选模式、分离程度取决于后续处理的目的和手段，同时也影响处理手段的选择和处理目的的达成，两者相互依赖并相互影响。在各类组分中，水分的分离或去除相对特殊，后文将单独描述。

2.1 破碎处理

破碎处理设备和工艺的选择主要取决于所处理的固体废物类型与要达到的破碎程度。在破碎过程中，物料粒径与产物粒径之比为破碎比，工程上常用物料的最大粒径与破碎后的最大粒径之比表示。对于尺寸较大的固体废物，往往需要多步破碎处理（粗碎、中碎、细碎、粉碎），分别采用不同类型的破碎设备。

1. 颚式破碎机

颚式破碎机由机架、偏心轴、动/定颚板、飞轮、肘板、保险装置等组成（见图 2.1）。颚式破碎机运行时，电动机驱动皮带和皮带轮，通过偏心轴使动颚上下运动，当动颚上升时，肘板与动颚间夹角变大，推动动颚板向固定颚板运动，其间的物料被压碎或劈碎；当动颚下行时，肘板与动颚间夹角变小，动颚板在拉杆、弹簧的作用下，远离固定颚板，此时已破碎的物料从破碎腔下口排出。动颚随飞轮旋转作周期性运动从而持续压碎和排泄物料，实现批量生产。

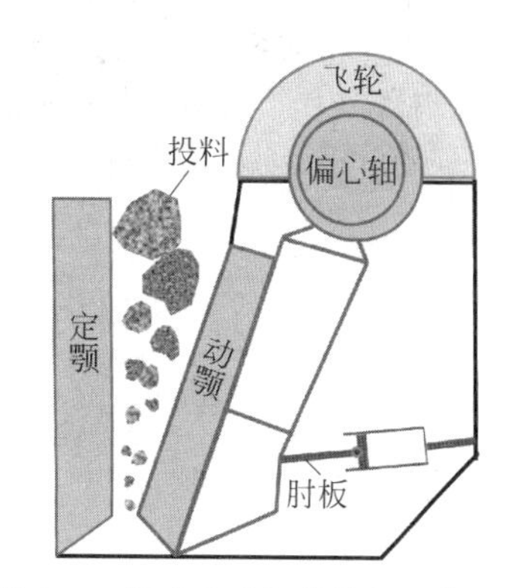

图 2.1　颚式破碎机结构与工作原理

颚式破碎机结构简单、运行可靠、成本较低、适应性广，处理量为每小时数吨至上百吨，可以破碎抗压强度小于 300 MPa 的各类物料，例如建筑垃圾、煤矸石、废玻璃等。由于颚式破碎机进料口尺寸大，排料口开度易调整，因此可以处理粒径为 10～120 cm 的固体废物，而破碎后物料粒径可以达到 1～30 cm，从而实现对废物的初步破碎。基于颚式破碎机的工作原理，其衬板为主要易磨损部件，另外破碎后针片状物料含量较高。

2. 圆锥破碎机

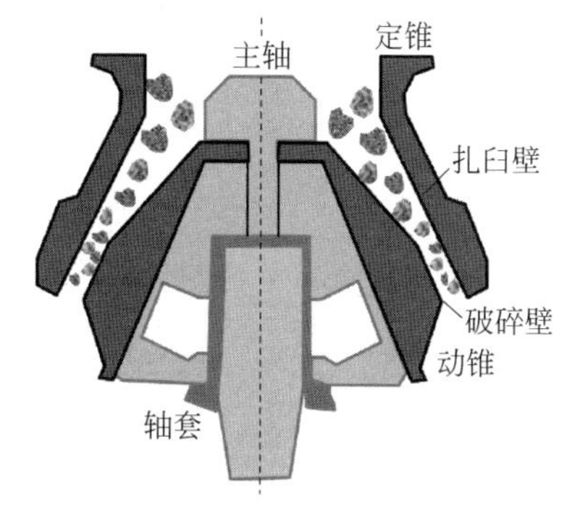

图 2.2　圆锥破碎机结构与工作原理

圆锥破碎机由定锥、动锥、偏心套、传动部、支承部等部件组成（见图 2.2），有弹簧和液压两种支承方式，据此可分为弹簧圆锥破碎机、单缸液压圆锥破碎机、弹簧液压（西蒙斯）圆锥破碎机、全液压圆锥破碎机、多缸液压圆锥破碎机等。圆锥破碎机运行时，电动机通过皮带轮、三角带将动力传递给传动轴，传动轴和一对锥齿轮带动偏心轴套转动，圆锥破碎机的轴心线在偏心轴套的迫使下旋摆，使破碎壁和轧臼壁时而靠近、时而远离；物料在破碎腔内不断地受到挤压、撞击和弯曲而被破碎。

圆锥破碎机磨损相对较轻、扬尘少，不易产生过度粉碎，但其结构复杂、价格较贵。圆锥破碎机处理量为每小时数吨至上百吨，可以处理抗压强度小于 350 MPa 的各类物料，例如各类建筑垃圾等，其进料尺寸通常小于 50 cm，出料尺寸可以达到 5 mm，是常用的中、细碎设备。在圆锥破碎机基础上发展起来的旋回破碎机，具有更大的处理能力，但是尺寸大、机体高、自重大、结构复杂、价格昂贵，适用于大型破碎项目。

3. 反击式破碎机

反击式破碎机（见图 2.3）利用冲击能来破碎物料，机器内部转子高速旋转，物料进入后受转子上的板锤撞击而破碎，然后又被抛向反击装置上被再次破碎，从反击衬板上弹回后又受到板锤作用，随着这一过程反复进行，物料由大到小被破碎至所需粒径，由出料口排出。根据机器内部转子的数量和运行方式，反击式破碎机可以分为单转子、双转子两类，单转子又包括可逆式和不可逆式，双转子则有同向转动式和异向转动式。

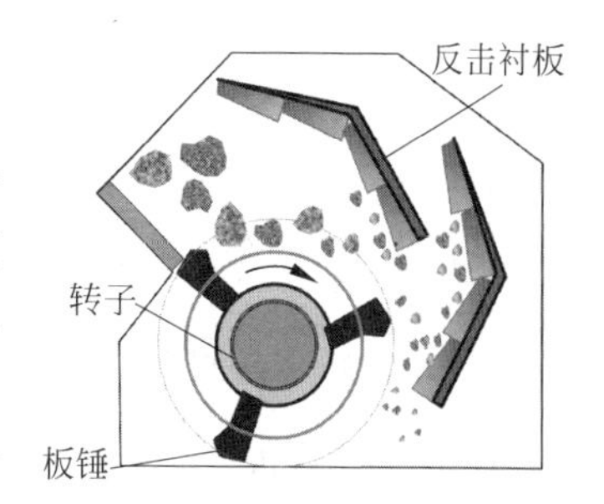

图 2.3　反击式破碎机结构与工作原理

反击式破碎机结构简单、破碎比大、产品细、粒形好，而且排料粒径大小可以调节，但板锤和衬板为易磨损件,并会产生较多扬尘。反击式破碎机可以处理粒径小于 50 cm、抗压强度小于 350 MPa 的物料,处理量为每小时数吨至上百吨,产生中、细碎物料。反击式破碎机可以用于建筑垃圾、电子废物、废玻璃等的处理,但不宜破碎塑性和黏性物料。

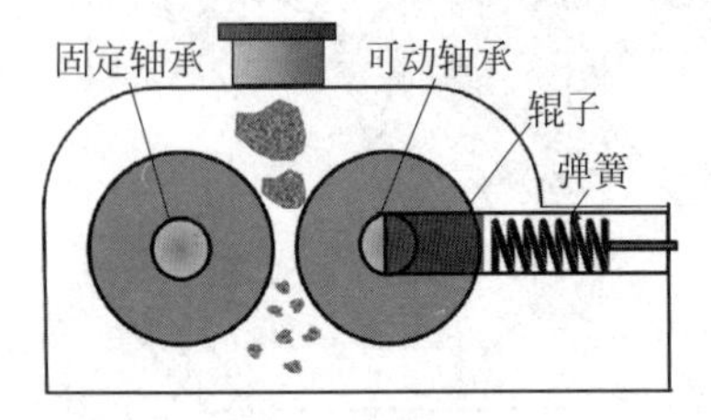

图 2.4　辊式破碎机结构与工作原理

4. 辊式破碎机

辊式破碎机是利用一对或若干对相向转动的圆辊挤碎物料(见图 2.4)。物料经上部加料口落入两辊之间,受摩擦力作用被带入两辊之间而被压碎,破碎后的物料自下部漏出。对辊中,通常一个辊子是固定的,另一个可移动,这样通过调整对辊之间的距离,就可以控制产品的最大粒径。辊子还接有弹簧保险装置,当过硬的物料进入对辊之间时,弹簧被压缩,迫使可动破碎辊横向移动,增大排料口,使过硬的物料通过,随后弹簧恢复原状,机器照常工作。

辊式破碎机可以处理多种大小、抗压强度小于 150 MPa 的物料,如建筑垃圾、废玻璃、电子废物、大件垃圾、餐厨/果蔬垃圾、绿化废物等。有的辊式破碎机采用光辊,对物料主要起挤压、研磨、破碎的作用,常用于物料的中、细碎;有的辊式破碎机带有辊齿,对物料主要起到劈碎和撕裂的作用,主要用于物料的粗碎。辊式破碎机构造简单,维护方便,制造成本低,但辊皮和物料直接接触,因此辊皮需要经常更换,且保险弹簧总是处于振动状态,易疲劳损坏,也需定期更换。

5. 锤式破碎机

锤式破碎机(见图 2.5)和反击式破碎机原理相近,主要依靠冲击能破碎物料。电机带动转子高速旋转,转子上挂有多个锤头,物料进入破碎腔后受到高速回转的锤头冲击、剪切而破碎,然而冲向架体内挡板、筛条,大于筛孔尺寸的物料被筛板截留继续被锤头打击、研磨,直到破碎至目标粒径后通过筛板排出机外。锤式破碎机也包括单转子、双转子、可逆式和不可逆式等类型,而锤头又分为铰接式和固定式,或者单排、双排和多排圆盘等型式。

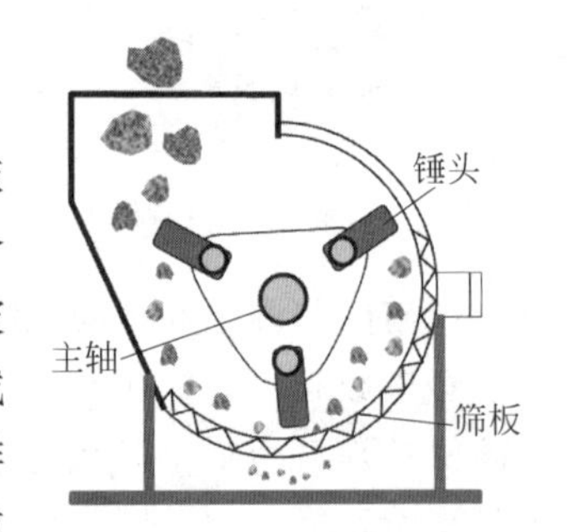

图 2.5　锤式破碎机结构与工作原理

锤式破碎机破碎比大、产品细、粒形好,但锤头易磨损,并会产生较多扬尘。锤式破碎机可以处理粒径小于 50 cm、抗压强度小于 150 MPa 的物料,处理量为每小时数吨至上百吨,产生细碎物料,出料粒径小于 3 cm。锤式破碎机可以用于部分建筑垃圾等的处理,但不适于破碎含水率在 12%以上和黏性的物料。

6. 剪切式破碎机

剪切式破碎机(见图 2.6)主要由两条刀轴组成,由马达带动刀轴使动刀的刀钩勾住物料向下撕,对辊的刀片通过剪切、挤压作用撕裂物料,破碎后的物料由破碎机底部直接或经筛网排出。剪切式破碎机包括往复式和旋转式两类,前者由一组往复刀具和一组固定刀具交替平行布置;后者装有 1~2 个固定刀具和 3~5 个旋转刀。

剪切式破碎机噪声较低、破碎比大、出料粒径大,对韧性物料破碎效果好,可以将大件固体废物拆解成直径 10 cm 以下的碎片，处理规模为每小时上百千克至数吨。剪切式破碎机的相对刀辊上的刀与刀之间的间隙是固定的，比较薄的垃圾可能会挤在缝隙间，一些塑料绳可能会缠绕在轴上；如果调小间隙，则粉碎大块物料的效率低，而且摩擦耗能较高。剪切式破碎机可用于电子废物、大件垃圾、餐厨/果蔬垃圾、绿化废物、废塑料、废轮胎、废铁皮、废旧织物等的破碎处理。

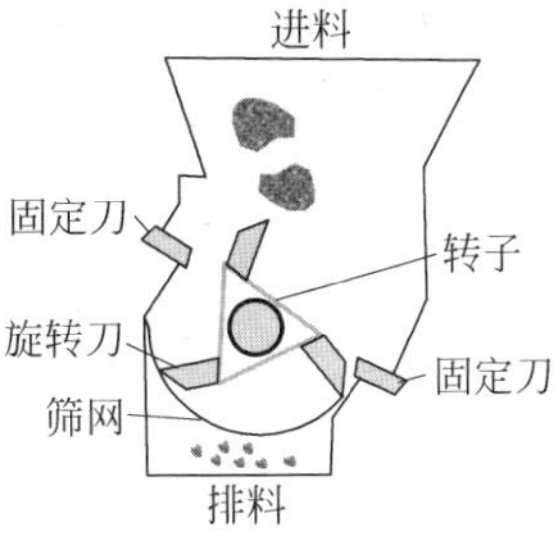

图 2.6　剪切式破碎机结构与工作原理

7. 球磨机

球磨机(见图 2.7)在筒体内放置不同规格的钢球作为研磨介质，当筒体转动时，这些钢球在摩擦力、惯性和离心力作用下附在筒体内衬板上被带起，当带到一定高度时再受重力作用而跌落，从而通过砸、压、挤等方式将物料磨细，粉碎后的物料可以通过筛网排出。球磨机的处理能力与钢球充填率有关，适当提高充填率可以增加钢球磨碎物料的概率和物料自磨作用，充填率达到 45%时球磨机负荷为最大，充填率超过 45%时其负荷迅速下降。当钢球在圆筒顶部受到的离心力和向心力(重力)相等时，钢球将贴在桶壁上不会下落，此时对应的筒体转速为临界速度。为了保证球磨效果，球磨机的转速应小于临界速度，以使钢球跌落；但筒体转速也不能过小，否则无法将钢球带起。

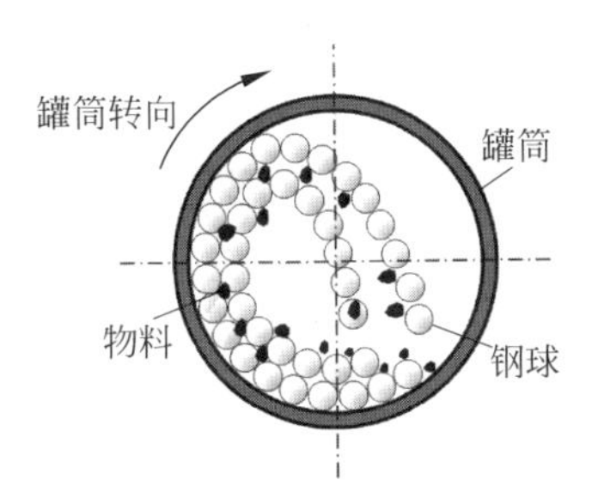

图 2.7　球磨机结构与工作原理

球磨机结构简单，但电耗较高，噪声较大，钢球和衬板也容易损耗。球磨机可以用于物料破碎后的高细粉碎，出料粒径可以达到 1 cm 以下。根据物料含水率的不同，球磨处理可以分为干式或湿式。根据这些特点，球磨机可以用于餐厨垃圾、果蔬垃圾、污泥等的预处理。

8. 低温破碎

前述机械破碎装置总体上存在能耗大、噪声高、振动强、粉尘多的缺点，为避免上述缺点，塑料、橡胶类的固体废物还可以采用低温破碎。低温破碎利用了材料在低温条件下脆化的特点。由于不同材料的低温脆化温度不同，因此低温破碎还可以实现材料的分选。例如，聚氯乙烯(PVC)的脆化温度为－25～－45℃，高密度聚乙烯(HDPE)的脆化温度为－100～－140℃，低密度聚乙烯(LDPE)的脆化温度为－55～－80℃，聚丙烯(PP)的脆化温度为－35℃。

低温破碎通常需要配置制冷系统，一般采用无毒、不燃的液氮作为制冷剂，由于液氮价格昂贵，所以一般仅用于机械处理难破碎的物料。物料首先经过预冷，然后进入冷却装置浸没，在液氮作用下变脆，然后由冲击式破碎机将其破碎。一些含有塑料、橡胶的复杂固体废物，例如废轮胎、废线路板等，经低温破碎后，不同组分就便于分离了。

上述常用破碎机类型与特点汇总见表 2.1。这些破碎设备和方法可以灵活组合；而针对不同废物的特点，这些设备还可以改造为专用设备，例如，在剪切式破碎机基础上发展出来的垃圾破袋机、在辊式破碎机基础上发展出来的绿化废物粉碎机等。比选破碎设备时，除考虑适应的物料种类、尺寸等，还要进一步考察其能耗、维护成本、设备尺寸、生产安全等情况,以满足项目的具体要求。

表 2.1 常用破碎机类型与特点

类型	适用物料尺寸	出料尺寸	适用物料
颚式破碎机	10～120 cm	粗碎	建筑垃圾、废玻璃等
圆锥破碎机	<50 cm	中/细碎	建筑垃圾
反击式破碎机	<50 cm	中/细碎	建筑垃圾、电子废物、废玻璃等
辊式破碎机	<50 cm	中/细碎	建筑垃圾、废玻璃、电子废物、大件垃圾、餐厨/果蔬垃圾、绿化废物
锤式破碎机	<50 cm	中/细碎	建筑垃圾
剪切式破碎机	<50 cm	中/细碎	电子废物、大件垃圾、餐厨/果蔬垃圾、绿化废物、废塑料、废轮胎、废铁皮、废旧织物等
球磨机	<5 cm	粉碎	餐厨/果蔬垃圾、污水污泥等
低温破碎	—	中/细碎	废塑料、废橡胶等

2.2 分选处理

分选处理包括人工分选和机械分选。机械分选利用了物料的不同物理性质或化学性质,如粒径、密度、重量、磁性、电性、弹性、颜色等,分选工艺包括筛选、风选、浮选、磁选、电选、摩擦与弹跳分选、光电分选等。

一台分选设备或一条分选生产线可能存在若干个出料口,用于分离若干种组分。当有两个出料口时为两级分选机(一级为目标组分,另一级为其余组分),当有三个及以上出料口时称为多级分选机。分选过程可以用图 2.8 概括。

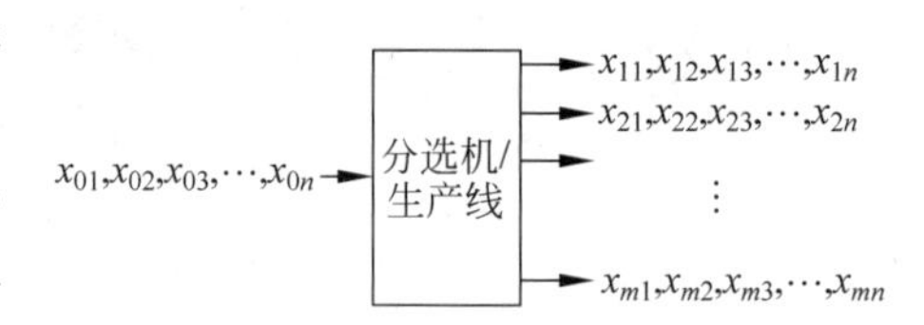

图 2.8 分选过程的数学表示

图 2.8 中,进料里的 $x_{01},x_{02},\cdots,x_{0n}$ 分别代表各组分的质量,n 表示组分的类别;在出料中,m 表示出口编号。例如,x_{33} 代表第三个出口排出的第三类组分的质量。根据质量平衡,有下述关系:

$$x_0 = x_{01} + x_{02} + \cdots + x_{0n} \tag{2-1}$$

$$x_{0n} = x_{1n} + x_{2n} + \cdots + x_{mn} \tag{2-2}$$

分选设备或生产线的效率可以用回收率及产品纯度表示,前者代表了某组分从某出料口排出的比例,而后者代表了该组分在该出料口排料中的比例。一般某一类组分从一个特定出口排出,例如,第一个出口可以以第一类组分为目标产物,第二个出口可以以第二类组分为目标产物,以此类推。当第 m 个出口以第 n 类组分为目标产物时,该组分的回收率(R_n)及纯度(P_n)为

$$R_n = x_{mn}/x_{0n} \tag{2-3}$$

$$P_n = x_{mn}/x_m \tag{2-4}$$

式中,x_m 为第 m 个出料口排出的各类组分总质量($x_m = x_{m1} + x_{m2} + \cdots + x_{mn}$)。

2.2.1 筛选

1. 筛分原理

筛选处理是利用一个或多个孔径的筛网分离不同粒径的固体废物,该过程包括物料分层(细物料向下层转移)和细料过筛(细物料通过筛孔成为筛下物)两个过程。要实现上述过程,物料需要处于松散状态,且物料和筛面之间存在适当的相对运动,这样才能使细物料向下移动并通过筛孔。通常粒径小于筛孔尺寸3/4的颗粒容易达到筛面并过筛,称为易筛料;其余为难筛料。

影响筛选效率的因素包括物料粒径分布、颗粒形状、含水率和含泥量、筛分设备、操作方式等。易筛料越多筛选效率越高;圆形颗粒最易过筛,而长条或片状颗粒较难通过圆形或方形筛孔,但可通过长方形筛孔;物料中的水分(含水率5%~8%)和泥沙可能使物料中的细颗粒聚集,堵塞筛孔,降低筛分效率,而含水率低于5%时的干筛选和含水率高于10%~15%时的湿筛选通常效率较高;筛分设备的筛孔形状、大小和筛面大小、倾斜度、运动强度都会影响筛分效果,通常筛面倾角控制在10°~15°;操作过程中,要提高筛分效率,需要均匀给料,并及时清理、维护筛面。

筛选效果可以用式(2-3)和式(2-4)表示,但是分选效果还是取决于物料本身的粒径分布,因此可以用筛选效率(R_s)表示:

$$R_s = m_2/(m \cdot \alpha) \tag{2-5}$$

式中,m_2为筛下物质量,kg;m为入筛固体废物质量,kg;α为入筛固体废物中小于筛孔尺寸的组分比例,%。这一计算方式需要称量全部入筛废物和筛下物的质量,有时不便于操作,这时可以采用下述取样检测的方式。根据质量平衡关系,有

$$m = m_1 + m_2 \tag{2-6}$$

$$m\alpha = m_1\beta + m_2 \tag{2-7}$$

式中,m_1为筛上物质量,kg;β为筛上物中小于筛孔尺寸的组分比例,%。将上述两式合并,可以得到,

$$m_2 = (\alpha - \beta)m/(1 - \beta) \tag{2-8}$$

将其代入式(2-5),可以得到,

$$R_s = (\alpha - \beta)/[\alpha(1 - \beta)] \tag{2-9}$$

利用式(2-9),可以从废物及其筛上物中取样测定α和β,再计算筛分效率。

2. 筛分设备

筛分设备主要包括固定筛、滚筒筛、振动筛和摇动筛等。

固定筛的筛面固定,根据筛面结构又分为格筛和条筛两种。前者由纵横均匀交错的筛格组成,一般安装在粗破碎机之前,以保证进料大小适宜;后者由平行排列的金属棒组成,主要用于粗碎和中碎之前。固定筛可以水平或倾斜安装,倾斜安装是为了保证进料能沿筛面下滑,此时固定筛的安装倾角应大于进料对筛面的摩擦角,一般为30°~35°。筛孔尺寸一般不小于5 cm,是筛下组分粒径的1.1~1.2倍;而条筛筛条之间的宽度应大于固体废物中最大粒径的2.5倍。固定筛构造简单、无需动力、设备便宜、维修方便,在固体废物处理中应

用广泛，但其处理效率较低，筛分效率一般为50%～60%，有时筛孔易被堵塞。

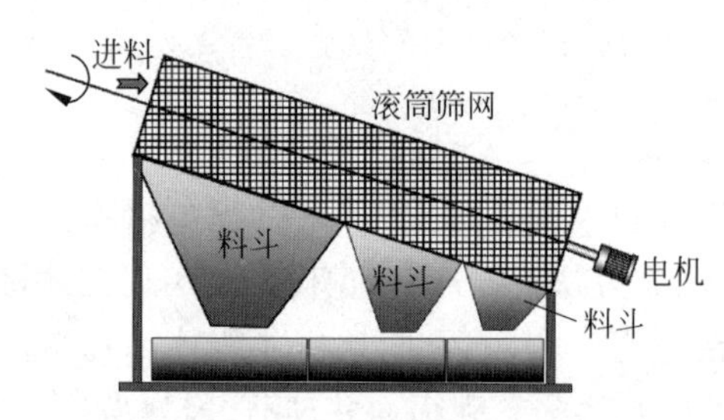

图 2.9 滚筒筛结构与工作原理

滚筒筛是一个倾斜的、可旋转的圆筒，筒壁上开有许多筛孔（见图 2.9）。物料在随圆筒转动、翻滚时，较小的颗粒最终进入筛孔筛出。圆筒以慢速转动（10～15 r/min），部分物料沉积在底部，而部分物料随滚筒转动带起，在一定高度呈抛物线抛落，此时滚筒筛的筛分效率最高。如果滚筒筛的转速继续提高至某一临界速度，颗粒受到的离心力和向心力（重力）平衡，则颗粒会附在筒壁上不会掉下，筛分效率降低。这与球磨机的原理类似。在适当的转速下，滚筒筛越长，物料在筒内的停留时间越长，则筛分效率越高。滚筒筛可以多段组合，每段的筛孔尺寸不同，便于筛选出粒径从小到大的目标产物。

振动筛由筛网和振子组成，振子（偏心轮等）通过往复式运动带动筛网振动，从而使物料在筛面上产生相对运动，较细的颗粒透过筛网落下（见图 2.10）。按筛面的运动轨迹，振动筛可以分为直线振动筛、圆振动筛、椭圆振动筛、高频振动筛。由于筛面剧烈振动，物料较少堵塞筛孔，使振动筛具有较高的筛分效率和生产效率，而且其构造简单、拆换筛面方便，每吨物料筛分所消耗的电能较少。摇动筛本质上也是振动筛的一种，但摇动筛的筛面进行摇摆运动，对物料影响小，可以避免物料在剧烈振动时发生变形、损坏，适用于难筛分的细小颗粒与粉状固体废物。

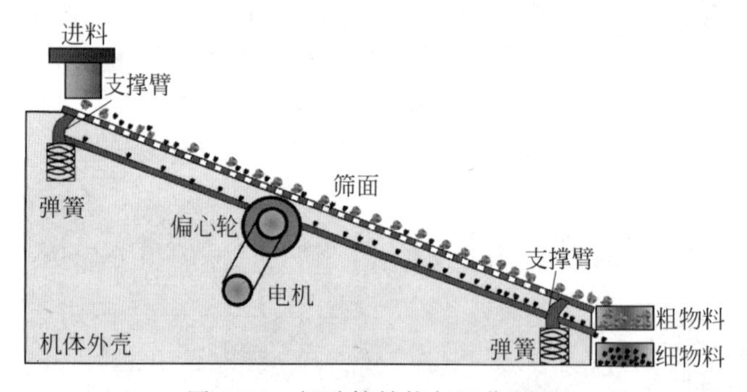

图 2.10 振动筛结构与工作原理

2.2.2 风选

风选又称气流分选，是利用不同物料组分在空气中沉降速率的差异进行分离。固体废物颗粒在空气气流作用下，密度大的沉降末速度大，运动距离比较近；密度小的沉降末速度小，运动距离比较长。在固体废物处理过程中，风选常用于去除灰尘、杂质，分离塑料、纸张等轻质物料。

物料悬浮在气流中时，其运动受重力（F_1）、气流浮力（F_2）和气流阻力（F_3）的作用。当三个力达到平衡、物料加速度为零时的速度为末速度，此时有 $F_1=F_2+F_3$，即

$$\rho_s Vg=\rho_a Vg+0.5C_D v^2\rho_a A \tag{2-10}$$

根据上式，颗粒速度为

$$v=\sqrt{\frac{4(\rho_s-\rho_a)gd}{3C_D\rho_a}} \tag{2-11}$$

式中，ρ_s 为物料颗粒密度；V 为颗粒体积，如颗粒为规则球形，则 $V=\pi d^3/6$，d 为颗粒直径，当物料颗粒不是规则球形时 d 可以用“有效直径”代替，即等投影面积圆的直径或等体积球形的直径；g 为重力加速度；ρ_a 为气流密度；v 为颗粒相对气流速度；A 为颗粒在运动方向上的投影面积；C_D 为阻力系数，与颗粒的尺寸及运动状况有关，通常用雷诺数 Re 来表述：

$$Re=\frac{vd\rho_a}{\mu}=\frac{vd}{\gamma} \tag{2-12}$$

式中，μ 为空气黏度系数；γ 为空气动黏度系数。如果气流为层流(雷诺数 $Re\leqslant 1$)，流体能一层层地绕过颗粒并在颗粒后部合拢，流线层次分明，这时颗粒受到的阻力主要是各层流体以及颗粒与流体之间相互滑动时的黏性阻力，其大小与雷诺数有关，即 $C_D=24/Re$，此时可以得到颗粒在流体中运动的斯托克斯公式：

$$\rho_s Vg=\rho_a Vg+3\pi\mu dv \tag{2-13}$$

即

$$v=\frac{(\rho_s-\rho_a)d^2 g}{18\mu} \tag{2-14}$$

当气流为过渡流时(雷诺数 $1<Re\leqslant 1\,000$)，惯性导致颗粒后部边界与流体发生分离而产生漩涡，引起动能损失，此时颗粒在流体中受到的阻力包括颗粒侧边各层流体相互滑动时的黏性摩擦力和颗粒后部动能损失引起的惯性阻力。C_D 值可以采用如下经验公式计算：

$$C_D=\frac{24}{Re}(1+0.15Re^{0.687}) \tag{2-15}$$

当气流为湍流时($1\,000<Re\leqslant 2\times 10^5$)，颗粒后部的涡流迅速破裂并形成新的涡流，此时黏性阻力占比下降，惯性阻力起主要作用，因此阻力系数 C_D 与雷诺数无关，趋于固定值，可取 0.44。更高雷诺数条件下，C_D 可取 0.1 或者查 C_D-Re 图得到。

风力分选设备按工作气流的方向分为水平、垂直和倾斜三种类型，图 2.11 为倾斜式气流分选机的一种类型。当分离后的轻质物料不易沉降时，用筛网或旋流分离器将其分离。在旋流分离器中，空气和固体颗粒沿切向进入旋流器室，在室内产生高速旋转运动，质量较大的固体颗粒向旋流器壁靠近，速度逐渐降低，最后在重力作用下落在旋流器的底部，空气

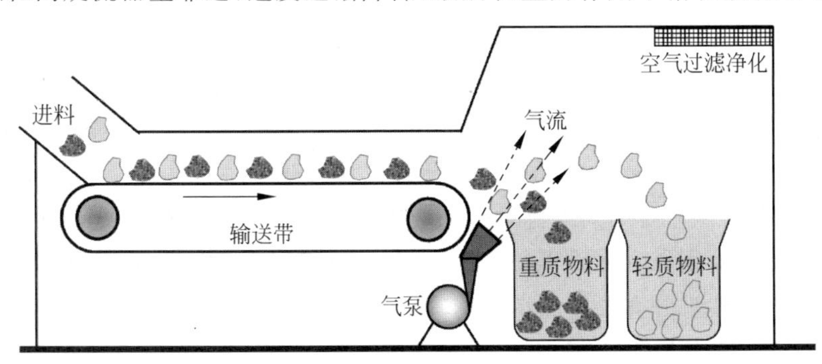

图 2.11　风选机结构与工作原理

通过中心管排出。气流分选机的性能，可以利用分选效率表示，还需要考虑空气用量，较少的空气用量意味着较低的处理成本。

2.2.3 浮选

浮选又称水力分选，其原理与风选类似，只是流体介质从气体变成了液体(见图 2.12)。浮选适于处理细粒及微细粒物料，主要用于选矿，也可以用于处理不同性质的固体废物颗粒。常用的液体介质为水，但有时为了分离两种不同比重的颗粒，可以专门配制浮选液，使它的比重介于两种颗粒比重之间。例如，四溴乙烷和丙酮的混合物比重为 2.4，可以将铝从较重的物料中分离出来；五氯乙烷比重为 1.67，可以用于选煤。此外，还可以向液体中加入微细的重介质粉末，如硅铁与水按比例 85∶15 混合的悬浊液比重可以达到 3.0 以上，这些重介质可以通过磁选或浮选分离回收。

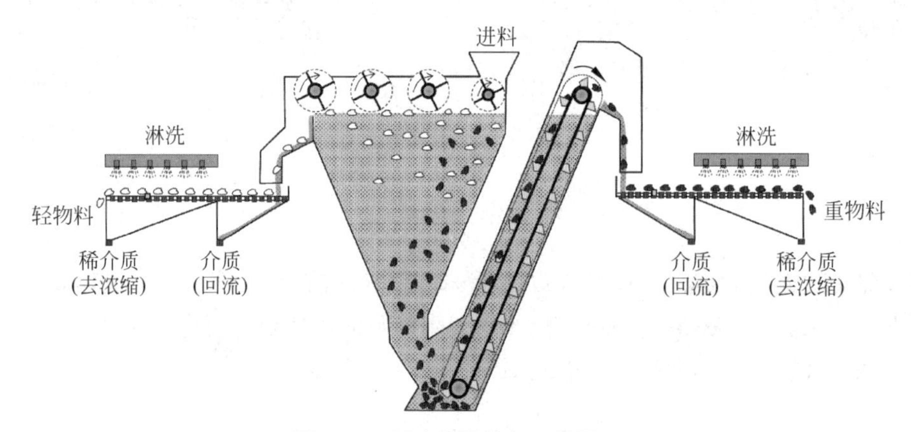

图 2.12 浮选机结构与工作原理

在浮选过程中，除了利用物料与水、物料之间的密度差之外，还可以向水中通入气体，再利用表面活性剂，将物料颗粒黏附在气泡表面，从而利用气泡携带物料颗粒上升，实现固液分离。采用的表面活性剂一般有两种：一种表面活性剂可以稳定气泡，也叫起泡剂，其疏水端在气-液界面的气泡一方，亲水端在液体内；另一种表面活性剂用于连接物料颗粒与气泡，其一端选择性黏附在物料颗粒表面，而向外的疏水端插入气泡内。这样，在表面活性剂的配合作用下，物料颗粒与气泡绑定在一起上浮，达到分离的目的。

2.2.4 磁选

某些固体废物或某些组分具有不同的磁性，它们在磁场中受到磁力不同。除磁力外，在磁选设备中，物料还会受到机械力(包括重力、离心力、介质阻力、摩擦力等)等作用。磁选本质上是利用磁力和机械力对不同组分的不同作用而实现的。磁性物料所受磁力的大小与其本身磁性有关，非磁性物料主要受机械力的作用，因此可以在磁选设备中分离为磁性组分和非磁性组分(或强磁性组分和弱磁性组分)，其分离应满足以下条件：

$$F_{磁} > F_{机} \tag{2-16}$$

式中，$F_{磁}$ 为作用在磁性组分上的磁力；$F_{机}$ 是与磁力方向相反的所有机械力的合力。

磁选机中的磁场为非均匀磁场。均匀磁场中各点的磁场强度大小相等，方向一致，则磁性颗粒在均匀磁场中只受转矩的作用，使其长轴平行于磁场方向；在非均匀磁场中，颗粒不仅受转矩的作用，还受磁力的作用，使其向磁场梯度增大的方向移动，最后被吸在磁极上。根据磁场强弱，磁选机可以分为三类：弱磁场磁选机，磁场强度为$(0.6\sim1.6)\times10^5$ A/m，用来分离强磁性颗粒；中磁场磁选机，磁场强度为$(1.6\sim4.8)\times10^5$ A/m，用来分离中等磁性颗粒；强磁场磁选机，磁场强度为$(4.8\sim20.8)\times10^5$ A/m，用来分离弱磁性颗粒。

在磁选机中，物料处于工作介质中，工作介质可以是气体或液体。以气体为工作介质的为干式磁选机，常用于固体废物中磁性组分的分离（图 2.13）；以液体为工作介质的为湿式磁选机，一般用于工业固体含铁废料中铁的回收，或者浮选过程中重介质的回收。

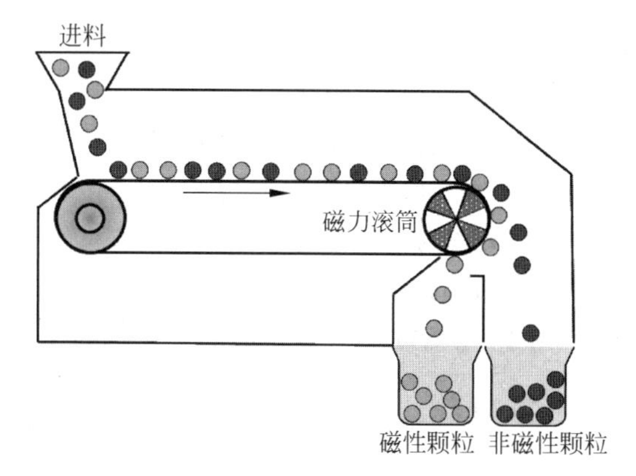

图 2.13　磁选机结构与工作原理

2.2.5　电选

电选原理与磁选原理相似。不同固体废物或不同组分具有不同电性，它们在高压电场中受到不同的作用力，并在其他力场配合下彼此分离。电选设备按物料带电方式分类，有接触传导式、电晕带电式、摩擦带电式；按电场特征分类，有静电式、电晕式、复合式。实际生产中常用的为鼓式（或辊式）电选机，其结构与工作原理如图 2.14 所示。物料颗粒达到辊筒表面后随辊筒转动进入电晕电场区。由于空间带有电荷，导体和非导体颗粒都获得负电荷（与电晕电极电性相反）。导体颗粒在获得负电荷的同时还会把电荷快速传给辊筒，当它随辊筒转动离开电晕电场区而进入静电场区时，其剩余负电荷逐渐减少直至放完，并从辊筒表面获得正电荷而被辊筒排斥，在电力、离心力和重力分力的综合作用下，它从辊筒表面脱离落下。非导体颗粒放电速度慢，剩余负电荷多，因此与辊筒相吸，附着在辊筒上随之转动至辊筒后方，被毛刷强行刷下。半导体颗粒运动轨迹介于导体与非导体颗粒之间。这样，三类不同电性的物料颗粒就完成了电分选。

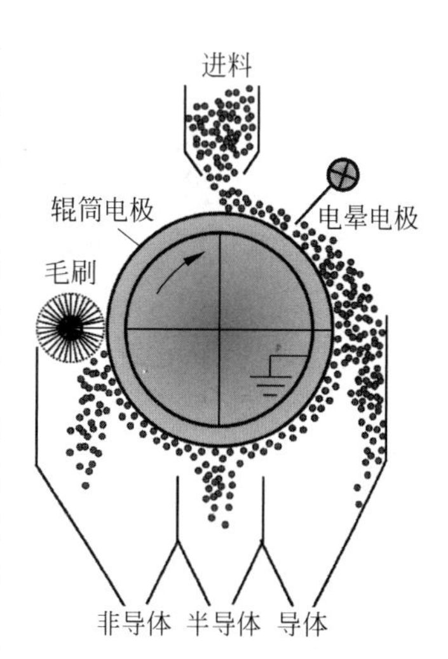

图 2.14　电选机结构与工作原理

在上述过程中，物料颗粒进入电选设备电场后受到的力有库仑力、非均匀电场吸引力和界面吸引力等，机械力有重力和离心力等。根据库仑定律，带电颗粒受到的库仑力为颗粒电荷与颗粒所在位置的电场强度的乘积。库仑力的作用是促使颗粒吸引在辊筒表面上。非均匀电场引起的作用力与距离电晕电极的远近有关。越靠近电晕电极,非均匀电场引起的作用力越大,越靠近辊筒表面电场越近乎均匀,非均匀电场引起的作用力越小。非均匀电场引起的作用力比库仑力小数百倍(对 1 mm 颗粒),因此可忽略不计。界面吸引力是颗粒剩余电荷和辊筒表面对应位置感应电荷之间的吸引力(感应电荷与剩余电荷大小相同,符号相反),促使颗粒吸向辊筒表面。导体颗粒放电速度快,剩余电荷少,所以其界面吸引力接近于零,而非导体颗粒界面吸引力较大。因此,库仑力和界面吸引力均促使颗粒贴附在辊筒表面,这两种力的大小均取决于颗粒的剩余电荷,而颗粒的剩余电荷又取决于颗粒的界面电阻。导体界面电阻小,剩余电荷少,所受的库仑力和界面吸引力就小,非导体则相反。

2.2.6 摩擦与弹跳分选

不同固体废物或不同组分的摩擦系数和碰撞恢复系数(塑性)不同,它们在斜面上运动时会产生不同的运动轨迹。物料从斜面顶端进入并沿斜面向下运动,其中球形颗粒在斜面上产生滑动、滚动和弹跳运动,弹跳后脱离斜面的颗粒又会在重力和空气阻力的作用下回落到斜面上;纤维状颗粒主要有滑动和弹跳运动,但它弹跳后受空气阻力影响大,在空气中迅速减速,弹跳距离短;片状高摩擦力物料几乎全靠滑动。依据这些运动轨迹的差异可以分离不同物料颗粒。

摩擦与弹跳分选机除了可以采用固定斜面外,还可以采用振动斜面,利用振打器加大不同颗粒的运动轨迹差异。斜面也可以自下向上运动,利用不同物料摩擦力的差异,使摩擦力小的物料从下段和两侧分流,而摩擦角大于斜面倾角的物料会被运输至顶端分流。摩擦与弹跳分选还可以与筛选结合起来,斜面采用筛网结构,在物料摩擦弹跳的同时利用筛网分流细小颗粒。图 2.15 为摩擦与弹跳分选机结构与工作原理。

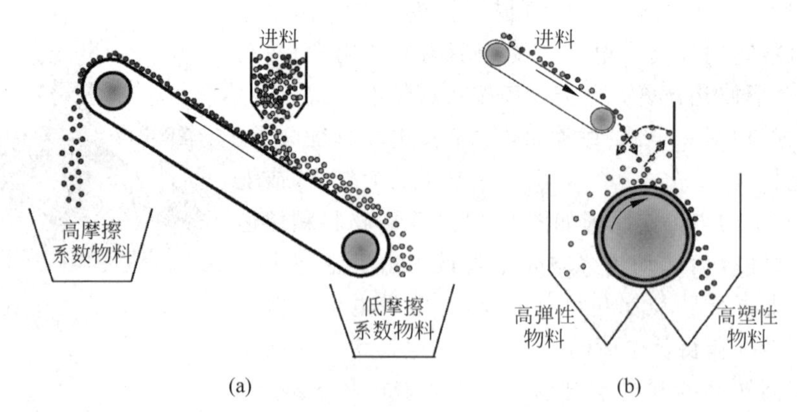

图 2.15 摩擦与弹跳分选机结构与工作原理

(a) 基于物料不同的摩擦系统;(b) 基于物料不同的弹性

2.2.7 光电分选

光电分选利用了不同物料的光吸收或光反射特性差异,可以据此判断物料的种类并对特定物料进行机械处理,使其与其他组分分离。光电分选常用的光源有 X 光、近红外光等,常用于分离不同成分或不同颜色的塑料、玻璃等废物。在光电分选前,物料需要进行筛分分级，使每条生产线上的颗粒大小尽量一致，同时清除杂质，保证光信号清晰。在光电分选时，需要使物料颗粒依次通过光检测区，光检测系统包括光源、透镜、感光装置等。当物料通过光检测系统后，被识别出来的某种组分就会在分离系统受到机械力作用(例如喷气嘴吹动)，使其从物料中脱离出来。光电分选机结构与工作原理如图 2.16 所示。

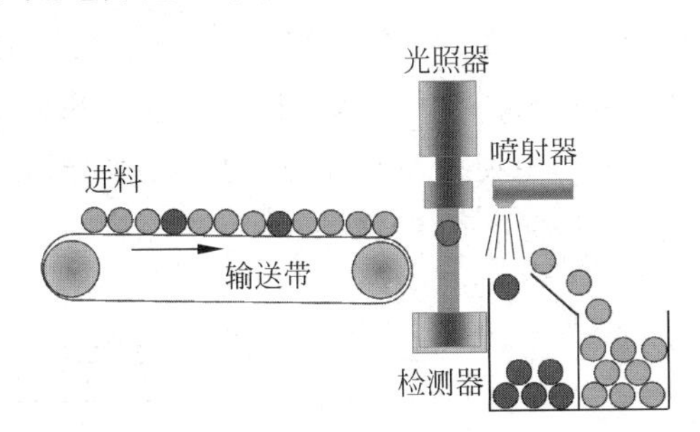

图 2.16　光电分选机结构与工作原理

2.3　应用案例

2.3.1　废玻璃的破碎与分选

玻璃是一种无机固体材料，其熔融体冷却后不结晶。玻璃的种类很多，按照玻璃的化学成分，可以分为非氧化物玻璃和氧化物玻璃。非氧化物玻璃主要是硫系玻璃和卤化物玻璃。硫系玻璃由除氧之外的氧族元素(S、Se、Te 等)与 As、Ga 等元素组成，还可以掺入 Si、Sn、Pb、B、Zn、Ti、Ag 等元素，多用于红外光学领域。卤化物玻璃以 BeF_2 或 $ZnCl_2$ 为主要成分，BeF_2 具有与 SiO_2 相似的结构(石英或方石英结构)，也主要用于光学领域。氧化物玻璃包括硅酸盐玻璃、硼酸盐玻璃和磷酸盐玻璃等。硅酸盐玻璃主要成分为 SiO_2，是以石英砂、纯碱、长石及石灰石等为原料，经混和、高温熔融、匀化后加工成形，再经退火而得，是我们日常使用的主要玻璃类型，占玻璃使用总量的 90%以上。硼酸盐玻璃主要成分为 B_2O_3，主要用作光学玻璃、真空封接玻璃、测量仪器玻璃等。磷酸盐玻璃主要成分为 P_2O_5，可用作低色散光学玻璃或其他特种玻璃。按照 SiO_2 与辅料含量的不同，硅酸盐玻璃又可分为石英玻璃(SiO_2 含量约 99.5%)、高硅玻璃(SiO_2 含量约 96%)、钠钙玻璃(SiO_2 含量 70%～75%，还含有 Na_2O 和 CaO 等)、铅硅玻璃(主要含 SiO_2 与 10%～25%的 PbO)、铝硅玻璃(主要含 SiO_2 与 20%以上的 Al_2O_3)、硼硅玻璃(由 B_2O_3、SiO_2 和少量 MgO 组成)等。除上述差异外，有时还会在玻璃原料中加入着色剂，如着色金属离子、化合物胶体及金属胶体粒子等，或在玻璃表面覆盖有色图层，使玻璃制品呈现不同的颜色，以便在不同场合使用。

不同的玻璃具有不同的组分，因此具有不同的物理化学性能，如颜色、熔点、硬度、光折射率等，相应地也具有不同的性质和用途。当这些玻璃产品被废弃后，必须进行分选，以便区分不同玻璃的类型，使其再生后满足产品的功能要求。分选后的废玻璃可以用作玻璃的原料，这是废玻璃利用的主要途径。分选后的废玻璃纯度越高，品质越好，则它再生利用时的用量就越大，甚至废玻璃可以作为唯一的原料。某些废玻璃可以用作其他类型玻璃生产的部分原料，但需要控制用量。此外，废玻璃还可以制作玻璃片或玻璃砂，用作建材添加剂、塑料添加剂、滤床骨料、微晶玻璃原料等。

本节以常用的饮料玻璃瓶为例，介绍玻璃瓶的破碎、分选与回收利用过程。大多数玻璃瓶为钠钙硅酸玻璃，化学成分包括70%～74%的SiO_2，10%～14%的CaO与MgO，13%～16%的Na_2O与K_2O，1.5%～2.5%的Al_2O_3。无色玻璃瓶原料中Fe_2O_3的含量很低(约0.03%)，而绿色玻璃瓶(如啤酒瓶)原料中会添加少量Cr_2O_3和Fe_2O_3，棕色玻璃瓶原料中添加硫-碳或MnO_2和Fe_2O_3。各类玻璃瓶的处理工艺具体如图2.17所示(也可以采用其他组合方式)。

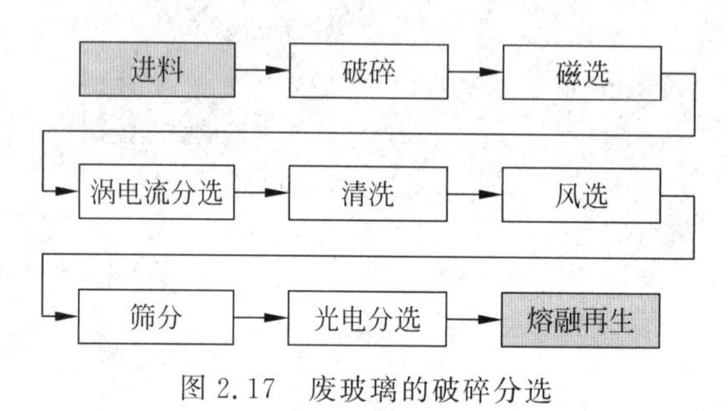

图2.17　废玻璃的破碎分选

各步骤功能如下：

(1) 人工捡拾：通过人工去除大块的非玻璃污染物；

(2) 破碎：采用辊式破碎机将玻璃瓶打成碎片，并分离瓶盖、瓶塞；

(3) 磁选：采用磁选机去除黑色金属；

(4) 涡电流分选：采用涡电流分选机去除有色金属；

(5) 清洗：包括湿法和干法，前者采用滚筒清洗机，滚筒内壁带有螺旋叶片，碎玻璃在螺旋推进下前进并被水力冲洗，脱去表面的纸或塑料附着物；后者可以采用去标签机，通过刀片和玻璃之间、玻璃碎片之间的研磨去除表面的纸或塑料附着物；

(6) 风选：采用风选机去除纸片、纤维、塑料等轻质物料；

(7) 筛分：采用振动筛去除玻璃微粉或大片玻璃，大片玻璃可以返回至破碎环节；

(8) 光电分选：采用玻璃色选机，将碎玻璃按颜色分为不同成品，同时去除杂色玻璃、石子、金属、塑料、瓷片、瓦片等杂质；

(9) 熔融再生：不同类型的玻璃碎片用于不同再生产品的加工制造。此外，分类好的碎玻璃也可以进一步加工成玻璃粉或玻璃砂，用作其他产品的原料。

2.3.2 废塑料的破碎与分选

塑料是以单体有机物通过加聚或缩聚反应聚合而成的高分子化合物，此外还含有少量填料、增塑剂、稳定剂、润滑剂、色料等添加剂。生活中常用的塑料有聚乙烯(PE)、聚丙烯(PP)、PVC(聚氯乙烯)、聚苯乙烯(PS)、聚对苯二甲酸乙二醇酯(PET)等。塑料制品废弃后，可以采用焚烧、热解、气化、液化、裂解等热化学方法处理，获得能量、燃料或资源产品，也可以进行造粒，用作再生塑料制品的原料。不同的塑料制品或塑料部件采用了不同的塑料类型，因此这些废塑料在再生造粒之前需要进行破碎分选。

废塑料常用的破碎分选工艺如图2.18所示。

各步骤功能如下：

(1) 破碎：将各类塑料制品破碎成细小的碎片；

(2) 一次风选：将废塑料分成轻、重两类，轻组分塑料以PE、PP和PS为主，重组分塑料以PVC、PET为主；

(3) 二次风选：根据塑料密度和摩擦因数差异，采用风力摇床分选，将前述轻组分进一步分为密度较轻且接近的PE和PP，以及密度较大的PS；

(4) 一次光电分选：根据塑料吸光性差异，采用X射线分选机，将前述重组分塑料分为PVC和PET；

(5) 二次光电分选：对于轻组分塑料，可以通过光电分选分离PE和PP。

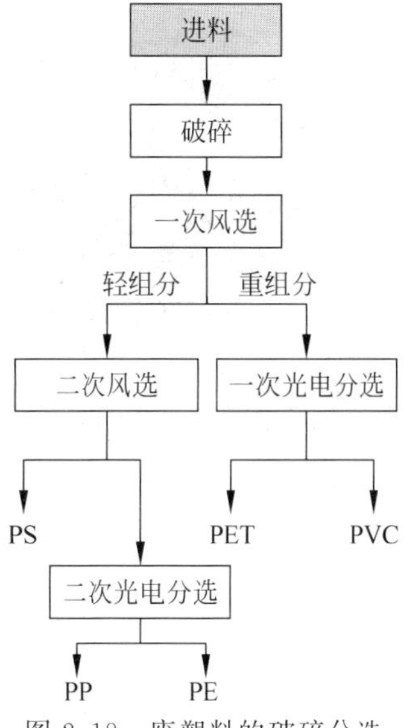

图2.18　废塑料的破碎分选

2.3.3　废家具的破碎与分选

废家具的种类很多，涉及到的材料也很多，因此进入拆解工厂后，首先要进行人工拆解，将大块的物料分离，然后再通过多级破碎、分选系统依次分离不同材料，分别予以回收利用。图2.19是某一个废旧家具处理厂工艺流程，包括重型链板输送机、各类破碎机、各类分选机、降尘系统、打包系统、智能控制系统等。

各步骤功能如下：

(1) 破碎机：通过不同级别的剪切式破碎机将拆解后的废家具破碎为碎片，碎片粒径不断减小；

(2) 磁选机：将混杂在物料中的铁分离出来；

(3) 滚筒筛或分选：将轻质物料如织物、塑料、皮革等分离出来；

(4) 涡电流分选：将混在物料中的有色金属分离出来。木屑可以作为生物质燃料，用于发热、产电。

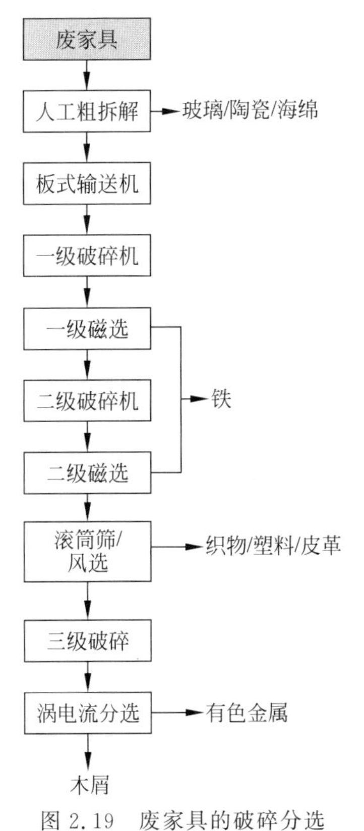

图2.19　废家具的破碎分选

固体废物的脱水与干化

固体废物中通常含有一定量的水分，在污泥、餐厨垃圾等固体废物中，水分还是主要组分。通常固体废物的处理或利用均以有机物或无机物为目标，因此固体废物处理时首先需要将水分去除或降低至一定水平。水分的脱除方法按照原理可以分为两类，即同相分离与相变分离。前者利用重力分离或机械过滤的方式分离水分与其他组分，水均以液相存在；后者利用晾晒、加热、生物转化的方式将固体废物中的液态水转化为水蒸气，从而与其他固态组分分离。由于水的相变过程需要较多能量，因此对于高含水率的固体废物，往往先采用重力分离或机械过滤的方式去除大部分水分，再利用加热方式去除残余水分。本章依次对主要的水分脱除技术进行介绍，包括浓缩、机械脱水、热干化、太阳能干化、自然干化等。虽然浓缩和机械脱水的处理对象一般不是固体废物，但处理后的产物又往往属于固体废物，因此也在本章简单介绍。

3.1 固体废物中的水分

固体废物中的水分含量差异很大，有的几乎完全干燥，有的含水率高达80%～90%(但仍以固态或半固态形式存在)。这些水分存在形式不同，可以从不同角度进行分类，例如水分与固体物料之间结合的能量等级，水分在不同温度下的演变，水分与固体颗粒之间结合形式等。目前最常用的是基于脱水/干燥操作的分类模式，即分为自由水(free water)与结合水(bound water)。自由水是指与物料不以物理或化学结合方式存在的水分，其蒸汽压与同温度下纯水的饱和蒸汽压相同；结合水是指与物料以物理或化学结合方式存在的水分，其流动性低，蒸汽压低于同温度下纯水的饱和蒸汽压。结合水又可以根据结合程度的不同分为机械结合水(mechanically bound water)、物理结合水(physically bound water)和化学结合水(chemically bound water)，脱水方式如下：

(1) 自由水，也叫非结合水，一般可以通过重力浓缩或轻度机械力去除。

(2) 机械结合水，固体颗粒毛细管中的水分，也叫毛细水或间歇水，可以通过重度机械力和加热去除。

(3) 物理结合水，也叫表面水或润湿水，通过吸附或吸收作用固定在固体颗粒表面，可以通过加热去除。

(4) 化学结合水，与固体颗粒以氢键等强化学键相连，是生物体的构成部分，需要通过加热至105℃以上去除。

固体废物中水分存在的形态见图3.1。

结合水代表了与纯水性质不同的水分，与胶体结合后，水的物理、化学和电学特征会发生改变，例如蒸汽压、熵和焓的下降。因此，可以依据这些变化进行结合水的测定，包括热重法、差热法、膨胀曲线法、电导率法、介电常数法等。

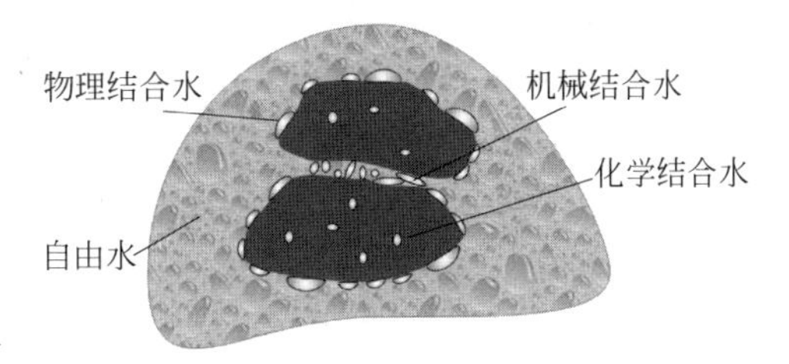

图3.1　固体废物中水分存在的形态

重力浓缩、气浮浓缩可用于去除固液混合物中的大部分自由水，而机械脱水可以去除固液混合物中的残余自由水和部分机械结合水。当自由水和机械结合水较多时，固液混合物更接近于牛顿流体，而非固体废物，但脱除自由水和机械结合水的过程与后续固体废物的处理过程密切相关，因此这些内容也在本章简要介绍。

对于高含水率废物，含固率的微小降低都会导致废物体积和质量的显著减少，因此脱水是实现废物减量化的首要手段。不同含水率废物体积(质量)的变化情况如图3.2所示。图中以含水率99%的初始废物质量为100，经浓缩后含水率降至95%时，质量减小为原来的1/5；经机械脱水后含水率降至80%时，质量减小为原来的1/20。如以含水率80%的物料为基准，经深度脱水或热干化后含水率降至60%时，质量减小为原来的1/2。

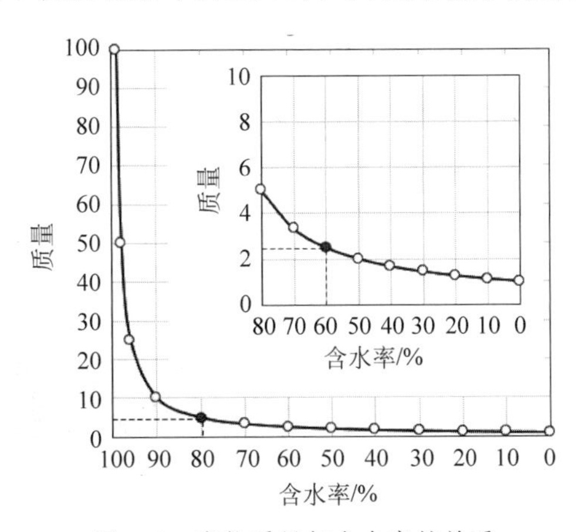

图3.2　废物质量与含水率的关系

3.2　重力浓缩与气浮浓缩

3.2.1　重力浓缩

重力浓缩是利用固体颗粒与水分之间的相对密度差来实现固液分离的。重力浓缩常用于处理污水厂排放的污泥，以及其他含有较多自由水的固液混合物，本节以污泥为例进行介绍。经重力浓缩后，初沉污泥含水率可从95%～97%降至90%～92%，剩余污泥含水率可从 99.2%～99.6%降至 97%～98%，对于两者的混合污泥，含水率可由 96%～98.5%降至 93%～96%。重力浓缩操作简单，运行费用低，动力消耗小，但占地面积大，停留时间长，污泥容易厌氧发臭，并导致污泥中磷的释放。要达到除磷要求，需要对浓缩后产生的上清液进行化学除磷，或者采用处理时间短的机械浓缩替代重力浓缩，具体可参考机械脱水一节。

根据运行方式不同，重力浓缩构筑物可以分为间歇式和连续式两类。

1. 间歇式重力浓缩池

污泥处理量较少时，可以采用间歇式重力浓缩池，池形为矩形或圆形。一次进料充满浓缩池后停止进料，使进料在池中停留一定时间，污泥颗粒发生沉降，从而与水分分离。对于给定的进料，固液分离效果主要取决于停留时间。停留时间应通过污泥的量筒沉降试验确定，一般不少于 12 h。浓缩池顶部设置溢流槽用于排出上清液，在池底或一定深度的池壁上设置排泥口。

2. 连续式重力浓缩池

连续式重力浓缩池可分为竖流式或辐流式，分别如图 3.3 和图 3.4 所示。竖流式重力浓缩池适于较小的处理量，一般不设刮泥机，污泥室的截锥体斜壁与水平面所形成的角度，应不小于 50°。原污泥从中心筒上方进入，向下经反射板进入沉淀区，絮体颗粒沉降至底部形成浓缩污泥，经排泥管抽出；分离出的上清液经浓缩池上部的溢流槽排出。中心筒按污泥流量计算，沉淀区按分离出来的污水流量进行设计。辐流式浓缩池的污泥处理量更大，底坡一般采用 0.05，底部设有刮泥机。原污泥经沉淀池中心底部的进泥管进入，从进泥管顶部以辐射状向四周排入沉淀区，絮体颗粒沉降至底部形成浓缩污泥，经刮泥机缓缓刮至池中心的污泥槽，然后经排泥管排出；分离出的上清液经浓缩池上部的滗水槽排出。

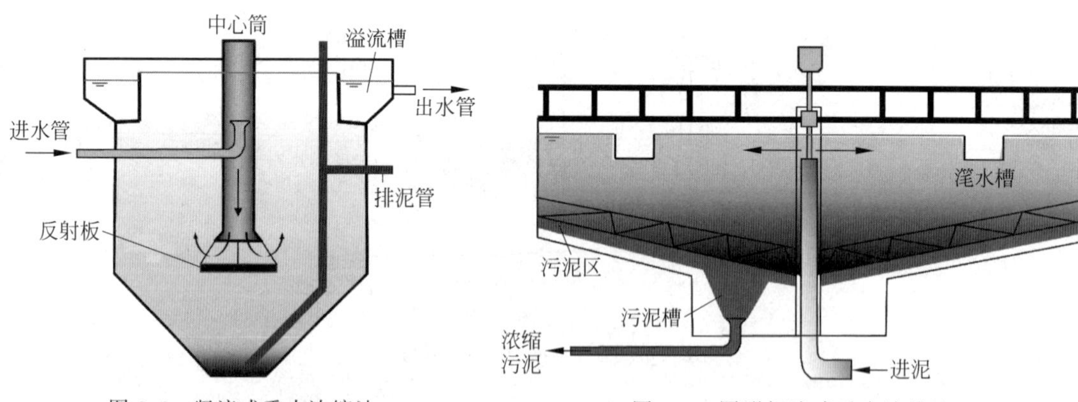

图 3.3　竖流式重力浓缩池　　　　图 3.4　圆形辐流式重力浓缩池

重力浓缩池的设计应参考来料的性质、浓度和重力沉降实验的结果，常用设计参数包括：

(1) 固体通量(或固体负荷)：单位时间内通过单位浓缩池表面的干固体量，一般为 10～35 $kg/(m^2 \cdot d)$。当来料重力沉降性能较好时(如初沉污泥)，固体负荷可取较大值；当来料重力沉降性能较差时(如剩余污泥)，应采用较小值。

(2) 水力负荷：单位时间内通过单位浓缩池表面积的上清液溢流量，单位为 $m^3/(m^2 \cdot d)$。初沉污泥的最大水力负荷可取 1.2～1.6 $m^3/(m^2 \cdot h)$；剩余污泥取 0.2～0.4 $m^3/(m^2 \cdot h)$。对于给定项目，来料性质和处理量是确定的，此时按固体负荷计算出浓缩池的面积后，应与按水力负荷核算出的面积进行比较，取较大值。

(3) 水力停留时间(HRT)：一般为 12～24 h。

(4) 浓缩池深度：根据处理量、浓缩池面积和水力停留时间可以计算浓缩池主体的深度，一般为 2～3 m，池壁高出水面 0.5 m。浓缩池底部污泥槽容积应根据浓缩污泥量及浓缩污泥在污泥槽中的停留时间确定，停留时间一般为 6～8 h，此外，污泥槽侧边与水平面的夹角应大于 50°，底边长度 1～2 m，这样可以计算污泥槽的深度。

污泥在浓缩池停留时存在厌氧状态，会释放臭气，因此应采取密闭除臭措施。此外，浓缩池的刮泥机上还可设置浓缩栅条，协助污泥絮体形成和沉降。浓缩过程中，有时部分污泥絮体会上浮到浓缩池的表面，因此浓缩池还需要设置去除浮渣的装置。在一些温暖地区，浓缩池中还会有季节性的藻类暴发，也需要通过投加药剂、强化混凝等方式予以控制，避免影响污水厂的运行。

3.2.2 气浮浓缩

气浮浓缩与重力浓缩相反，是依靠大量微小气泡附着在固体颗粒的周围，使颗粒比重小于水而上浮，在气浮浓缩池表面将上浮的固体颗粒收集，而在气浮浓缩池底部排出清液，就实现了固液分离，其工艺原理如图 3.5 所示。气浮浓缩池有圆形和矩形两种，多为矩形。矩形池的长宽比为(3∶1)～(4∶1)，深度与宽度之比一般小于 0.3，有效水深为 3～4 m，池中水平流速为 24～60 cm/min。气浮浓缩法的气固比一般为 0.01～0.04(体积比)，表面水力负荷范围为 1～3.6 $m^3/(m^2 \cdot h)$，固体通量范围为 1.8～5 $kg/(m^2 \cdot h)$，污泥回流比为 25%～35%。所用溶气罐的容积折合加压溶气在水中的停留时间为 1～3 min，罐体高度与直径之比为 2～4，溶气工作压力为 0.3～0.5 MPa。

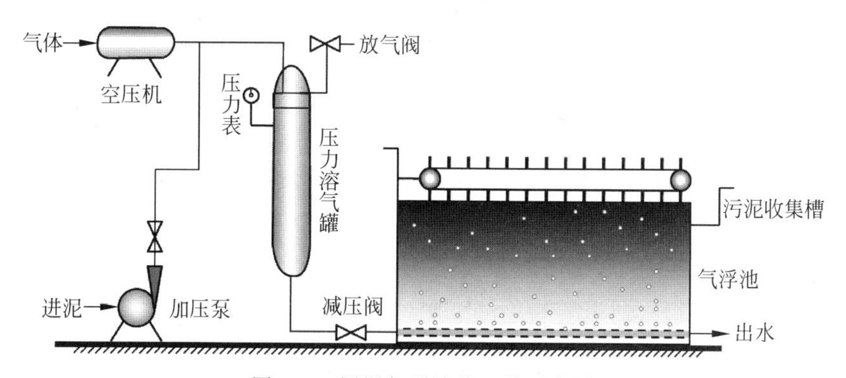

图 3.5　污泥气浮浓缩工艺示意图

气浮浓缩法对于比重接近于 1 的污泥尤其适用。气浮浓缩法的固体物质回收率可达 99%，分离液中的悬浮固体在浓缩后可以降到 100 mg/L 以下，浓缩污泥含固率可达 5%～7%。与重力浓缩相比，气浮浓缩速度快，水力停留时间短，处理时间约为前者的 1/3，构筑物占地面积小。当使用空气进行气浮浓缩时，池内溶解氧水平较高，污泥不易腐败发臭。气浮浓缩需要向浓缩池中曝气，动力费用较高，适用于处理量不大的情况，例如小型污水厂的污泥浓缩、水华水体的旁路除藻等。此外，如果污泥中含有较多表面活性剂，会使气泡与污泥颗粒之间的黏附性能下降，只产生大量泡沫而浓缩效果较差。

3.3 机械脱水

高含水率的物料经浓缩处理后，大部分自由水被去除，而残余的自由水和机械结合水可以用机械脱水设备进一步去除。机械脱水的原理是利用物料中固体颗粒的某一性质（尺寸、密度、电荷等）与水的差异，利用外界机械力（如离心力、压力）或电磁力（如电渗透脱水）实现物料中水分与固体颗粒的分离。常用的机械脱水设备有真空过滤机、离心脱水机、叠螺脱水机、带式压滤机、板框压滤机等。对于同一种物料，往往可以选择多种脱水机械，具体可依据物料性质、处理需求和场地环境等确定，而脱水过程的运行参数和处理效果，需要根据类似项目的经验和实验结果确定。为了增强机械脱水设备的脱水效果，有时还要在脱水前对物料进行调理。

3.3.1 物料调理

在固液分离时，一方面要将水分尽量分离，另一方面也要求脱出的水分中固体颗粒尽量少。上述目标的达成，不仅依赖于水分的存在形态，也取决于固体颗粒本身的性质，如表面电荷、胞外聚合物组分、有机质含量等。对于脱水困难的废弃物，可以先进行调理，改变固体颗粒的性状和水分存在的状态，再进行机械脱水。常用的调理方法有酸碱中和、混凝、热处理、冻融处理等。中和主要用于处理酸性或碱性含固体颗粒的废水；混凝是最常用的调理方法，可以使微小颗粒密实、变大，易于沉降或过滤去除；热处理通过加热破坏颗粒的原有结构，使颗粒内的水分和有机质释放出来，部分大分子有机质分解，从而提升处理对象的脱水性能；冻融处理通过降温升温过程，使水分先凝结再融化，破坏固体颗粒的原有结构，提升处理对象的脱水性能，适于处理不宜加热的废弃物。

1. 混凝

混凝是通过投加化学药剂等方法使水中的胶体粒子和微小悬浮物聚集的过程，包括凝聚与絮凝两个过程。水中颗粒表面通常带有电荷，颗粒之间相互排斥而稳定。凝聚（coagulation）是向水中加入凝聚剂（电解质），离子被选择性地吸附于颗粒表面，使颗粒表面带电量降低，颗粒间的斥力下降，从而互相结合发生聚集。絮凝（flocculation）是向水加入絮凝剂（无机或有机聚合物），通过絮凝剂的吸附（颗粒与絮凝剂结合）、架桥（不同颗粒通过絮凝剂连接）、网捕和卷扫（高分子絮凝剂形成的网状结构物理捕集颗粒）作用，将小的颗粒聚合成大的絮体，使其便于沉降或过滤去除。

常用的凝聚剂有氯化铝、氯化铁、氯化钙等，常用的絮凝剂有非离子型聚丙烯酰胺（PAM）等，有时一些化学药剂同时具有凝聚和絮凝作用，如聚合硫酸铁、聚合硫酸铝、聚合氯化铁、聚合氯化铝、阳/阴离子型 PAM 等，这些药剂可以统称为混凝剂，或者依据它们在某种场景下的具体作用称为凝聚剂或絮凝剂。影响混凝效果的主要因素包括混凝剂的性质、水温、pH、水中杂质、水力条件等。以 PAM 为例，阳离子 PAM 适用于带负电荷、含有机物的悬浮物，形成的絮团大而致密；阴离子型 PAM 适用于浓度较高的带正电荷的无机悬浮物，以及悬浮粒子较粗（粒径为 0.01～1 mm）、pH 为中性或碱性的悬浊液；非离子型 PAM 适用于有机、无机混合的酸性或中性的悬浊液，它和阴离子 PAM 形成的絮团小而疏松。

除混凝剂外，调理过程中还可能用到助凝剂。助凝剂不起混凝作用，但可以调节污泥的 pH，改变胶体稳定性，提高混凝剂的效果，强化絮体网状结构。常用的助凝剂包括生石灰、硅藻土、粉煤灰等。

2. 热处理

高温高压处理可以破坏固体颗粒的结构，释放出物理结合水和化学结合水，从而改变物料的脱水性能。以污泥为例，热处理条件一般为 160～200℃、0.6～1.5 MPa、无氧、30～60 min，处理后的污泥无需添加药剂，可以直接用板框压滤机进行压滤，脱水污泥的含水率可低至 50%～60%，而且高温处理实现了污泥消毒，便于后续利用。热处理的缺点是加热能耗较高，同时污泥中一些挥发性物质会释放出来，增加臭气处理负担，脱水后产生的滤液中有机质浓度也很高，需要妥善处理。热处理技术不仅可以用于改善污泥的机械脱水，也可以作为生物处理的预处理手段，其具体工艺可参考第 4 章的有关内容。

3. 冻融处理

冻融是一种通过冷冻融解来改变废物胶体性质，进而改变其凝聚沉降性能的处理方法。以污泥为例，冰冻时，污泥中的水分形成冰晶，与固体颗粒剥离，并对颗粒造成机械破坏。融解后，污泥的胶体性质被破坏，固体颗粒得以凝集沉降。冻融后，污泥的沉降速度和过滤速度比冻融前可提高几十倍，可不加混凝剂进行机械过滤，含水率低至 50%～70%。

冻融法可以取得与热处理类似的效果，适于处理不宜加热的物料，通常在寒冷地区使用，以便利用天然的低温条件。加热时，可以采用多种热源，如工业废热、太阳能、地热能、天然气等。冻融法的处理周期相对较长，占地面积一般较大，还需要额外热源，因此应用很少。

3.3.2　脱水设备

1. 真空过滤机

真空过滤机的工作原理是，在负压（0.04～0.07 MPa）作用下，物料中的液体透过滤布被抽走，而固体颗粒被滤布所截留，从而实现固液分离。真空过滤机应用了表面过滤机理，当物料中的液体流向滤布时，大于或者是相近于滤布孔隙大小的固体颗粒会首先以架桥的方式在介质表面形成初始层，初始层孔隙比滤布孔隙小，这样就截留了更小的颗粒，因此不断沉积的固体颗粒便逐渐在初始沉积层上形成具有一定厚度的滤饼。此外，一些微小颗粒在穿透滤饼层的过程中，还可以被滤饼层吸附。真空过滤机分为间歇操作和连续操作两种。间歇操作的真空过滤机可过滤各种浓度的悬浮液，连续操作的真空过滤机适于过滤含固体颗粒较多的悬浮液。连续式真空过滤机包括转鼓式、圆盘式、带式等，转鼓式真空过滤机结构如图 3.6 所示。其中，每个扇格都有圆孔，而过滤机一端的固定部件上也有弧形孔道，弧形孔道又与真空泵相连，在弧形孔道的角度内，扇格内的空气被抽走，形成负压，物料进行脱水；当某一个扇格转过弧形孔道，进入反吹区后，其圆孔又和固定部件上的圆孔对接，而此时外部空气压缩机进行鼓气，对滤布进行反吹清洗。

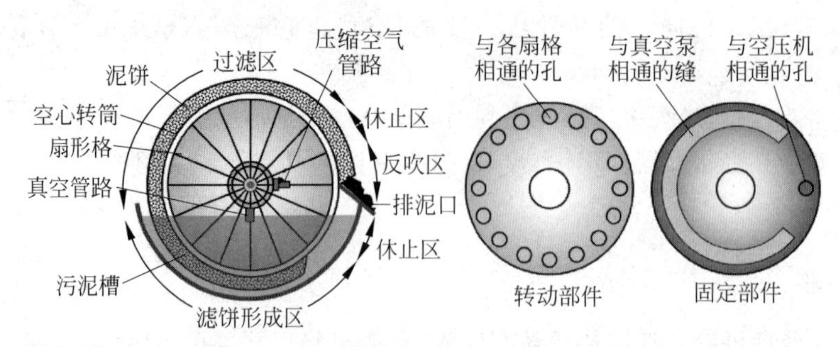

图 3.6 转鼓式真空过滤机结构示意图

真空过滤机处理量大，可用于多种物料的脱水，但不适于处理黏性和含细小颗粒的物料。对于污泥而言，脱水后滤饼含水率降至 70%～80%。对于固体颗粒沉降速度快的物料，应在滤布上部进料，使过滤方向与重力方向一致，粗颗粒首先沉降，减少滤布和泥饼层的堵塞；在难过滤的物料（如胶体）中混入如硅藻土、膨胀珍珠岩等较粗的固体颗粒，可使泥饼层变得疏松；物料黏度较大时，可适当加热以降低黏度。这些措施都能加快过滤速度。

2. 离心脱水机

离心脱水机的工作原理是，利用离心力使物料中的固体颗粒与水分分离，因此它不适用于处理固体颗粒与水分比重接近的悬浊液。离心脱水机有立式和卧式两类，立式离心脱水机常用于生物医药、精细化工、食品加工、化学实验等领域，而在污泥等固体废物处理领域常用的是卧式离心脱水机，也称作卧螺脱水机或卧螺式离心脱水机。当处理污泥时，离心脱水机内的转鼓转动，使污泥颗粒向转鼓内壁移动脱水物料，形成污泥层，污泥层在差速螺旋的推动下向转鼓的锥端移动并最终排出，分离出的水分经返流管从转鼓的另一端排出，顺流式离心脱水机结构如图 3.7 所示。

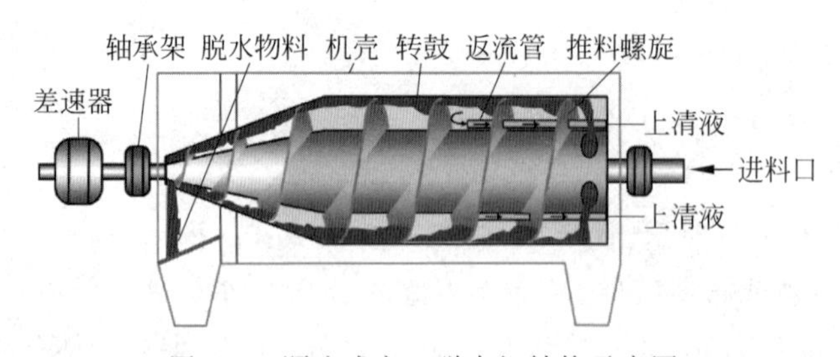

图 3.7 顺流式离心脱水机结构示意图

离心脱水机结构相对简单，可以自动控制，连续运行，处理能力大，脱水泥饼的含水率可降至 70%～85%，不过离心脱水机的机体较大，耗电量较高，噪音较大，运行维修成本较高。此外，离心脱水机对进料的最大流量和固体流量都有严格限制，为了避免调理过程中增大固体流量，物料离心脱水前的调理一般不采用无机药剂。

3. 叠螺脱水机

叠螺脱水机的工作原理是，物料在螺旋轴的叶片旋转产生的推动力作用下向出口移动，由于螺旋轴的螺距逐渐降低，物料所受到的压力不断提升，水分在压力作用下从游动环和固定环间的微小滤缝流出，脱水后的固体部分从出料口排出。叠螺脱水机的结构如图3.8所示。由于螺旋轴的叶片直径要比游动环部分的直径更大，在运动过程中旋片的运动同时也会带动游动环从而让游动环运动起来，使得游动环和固定环之间产生相对运动，实现清洗功能，防止过滤间隙堵塞。

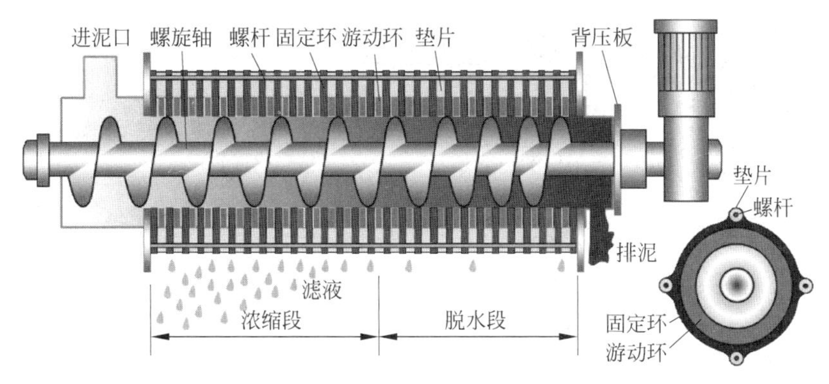

图3.8 叠螺脱水机结构示意图

叠螺脱水机包括浓缩段和脱水段，因此可以用于物料的浓缩脱水一体化处理，但不宜处理含金属颗粒的物料。对于污泥而言，脱水后物料含水率可降至80%左右。该脱水机结构简单，可自动化运行，其螺旋轴的转速低，为2～7 r/min，电机功率小，因此能耗相对于板框压滤机更低。叠螺脱水机不使用滤布，易损件少，使用寿命较长，不宜堵塞，维护管理成本较低。

4. 带式压滤机

带式压滤机的工作原理为，利用具有渗透水分、截留固体颗粒功能的滤带挤压物料，使物料中的水分透过滤带排出，而固体颗粒截留在滤带内。滤带通常由涤纶、锦纶、丙纶、维纶等高分子材料制成，可以依据物料的不同性质选择具有耐酸碱、耐热、耐磨及合适孔隙的材料。在带式压滤机的进料端，物料首先在重力作用下脱水，然后进入楔形挤压区使物料成型，接着进入压榨区挤压脱水，脱水后的物料在出料端排出。为了保证持续稳定运行，带式压滤机还具有清洗滤带、调节张力的附属装置。带式压滤机的结构如图3.9所示。由于带式压滤机各段的长度、处理时间可以灵活调控，所以带式压滤机也可以延长重力脱水段，用于物料浓缩，从而成为浓缩、脱水一体机。

带式压滤机可以实现自动化运行，但需要一定的水量清洗滤带，滤带、清洗喷嘴等都需要及时更换。带式压滤机可用于真空过滤难以脱水的化学污泥及其他污泥的脱水处理，单机处理能力大，脱水后泥饼含水率可以降至70%～80%。此外，带式压滤机还广泛用于其他工业废渣的脱水处理。

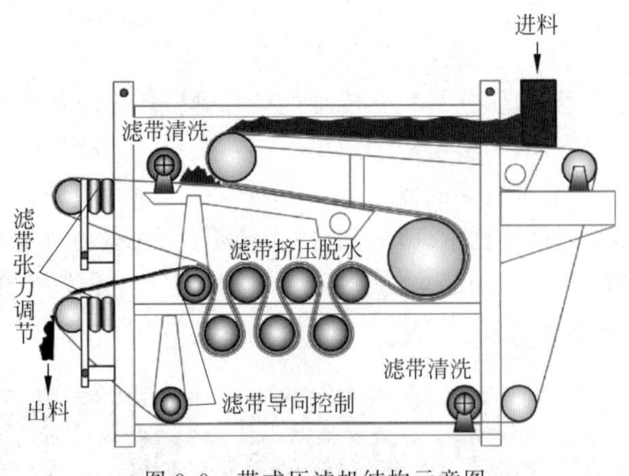

图 3.9 带式压滤机结构示意图

5. 板框压滤机

板框压滤机与真空过滤机类似，也是利用滤布进行固液分离的设备，但板框压滤机采用正向压力而非负压。板框压滤机由交替排列的滤板和滤框组成，两块滤板和之间的滤框就构成了一个滤室。滤板的表面有沟槽，其凸出部位支撑着表面的滤布。压滤机利用横梁支撑着一系列的滤板和滤框，并通过电动或液压装置压紧它们。滤板和滤框之间的滤布可以起密封垫片的作用。滤框和滤板的边角上有通孔，组装后构成完整的通道，能通入物料、洗涤水和引出滤液。由供料泵将物料加压到 0.2～0.6 MPa 后送入滤室，在滤布上截留固体颗粒，直至充满滤室。滤液穿过滤布，沿滤板的沟槽流至板框边角通道，集中排出。最后，打开压滤机卸除滤渣。脱水后，可通入洗涤水清洗滤布，洗涤后，有时还通入压缩空气，除去剩余的洗涤液。清洗完毕后，可以重新压紧板、框，开始下一工作循环。板框压滤机的结构原理和实际运行如图 3.10 所示。

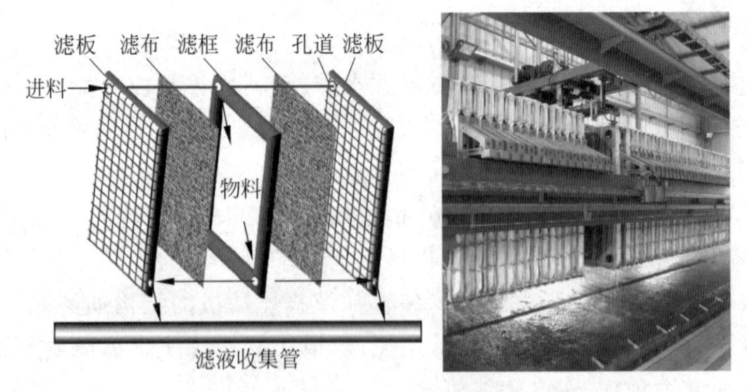

图 3.10 板框压滤机结构原理示意图和实际运行图

板框压滤机的脱水处理是间歇运行的，但目前已可以实现自动化操作。板框压滤机处理量较小，基建设备投资较大，运行维护相对复杂，但板框压滤机过滤推动力大，滤饼含固率高。对于污水厂污泥，板框压滤机处理后泥饼含水率一般可降至 70％～80％，而当强化无机药剂(如 $FeCl_3+CaO$)调理时，含水率还可以进一步降至 50％～60％。

3.4　热干化技术

热干化是利用热能使物料中水分(也可以是其他溶剂)蒸发去除的技术,通常用于处理机械结合水和物理结合水,而高温(105℃以上)热干化还可以去除部分化学结合水。干化所需的热量是通过对流、传导或热辐射的方式从热源传递给干化对象的。按照热源的不同,干化方法可以分为热干化、自然干化和生物干化等几种类型。热干化的热源来自于化石能源的转化(如燃煤/油/气锅炉、电力、余热蒸汽、余热烟气等),自然干化的热源是自然环境中可以直接利用的太阳能、风能或地热能等,而生物干化利用了固体废物好氧生物处理时有机质氧化释放的热量。

3.4.1　热干化的基本原理

1. 传热方式

(1) 热对流工艺:利用干化介质的流动把热量由热源传递给物料。常用的干化介质包括空气、氮气、氦气、饱和蒸汽或过热蒸汽、余热烟气等,其中烟尘具有一定的磨蚀性,而且可能含有腐蚀性气体,可能导致设备腐蚀。干化介质与物料直接接触,它不仅向物料输送热量,还会携带从物料中蒸发出的水分并将其带离干化反应器。对流过程包括自然对流和强迫对流,前者是由于温度不均匀而引起流体内压强或密度不均匀,从而导致流体流动的过程,例如在固体废物好氧堆肥时,堆体发热使得内部空气温度升高,密度减小,从而携带水分向上流动,而堆体周边的干冷空气向堆体流动进行补充,这就构成了自然对流。强迫对流是利用泵、风机等外力的推动而造成流体的受迫运动,从而强化热量传递,这是热干化采用的主要传热方式。

(2) 热传导工艺:利用干化介质将热量通过导热界面传递给物料,即物料与干化介质不直接接触,它们之间存在一个固定不变的接触面。这种间接传热方式使用的干化介质除热对流工艺中所用的各类气体外,还可以使用导热油、熔盐等。导热是物质的属性,可以在固体、液体及气体中发生。然而,对于温度分布不均匀的流体,往往同时存在对流和传导过程,而单纯的导热一般发生在密实的固体中。各种物质的导热能力不同,常用材料中,金属的导热能力最强。

需要注意的是,上述方式是从干化工艺的角度进行划分的。在热力学上,对流传热是流体各部分之间发生相对运动导致热量由高温流体转移到低温流体的现象,热传导是物体各部分无相对位移或不同物体直接接触时依靠分子、原子及自由电子等微观粒子热运动而进行的热量传递现象。因此,前述两类干化工艺实际上都涉及到干化介质(流体)内部的对流传热过程,以及干化介质、固定物料、干化介质彼此之间的热传导过程。热对流和热传导工艺如图3.11所示。

(3) 热辐射工艺:任何高于绝对零度的物体都可以产生电磁波,而电磁波携带了能量,因此也是热辐射。物体温度越高,辐射出的总能量就越大,短波成分也越多。热辐射的波长覆盖范围理论上可从0直至∞。在固体废物热干化处理中常用的有可见光、红外线和微波。由于电磁波的传播无需任何介质,所以热辐射是在真空中唯一的传热方式。辐射换热过程

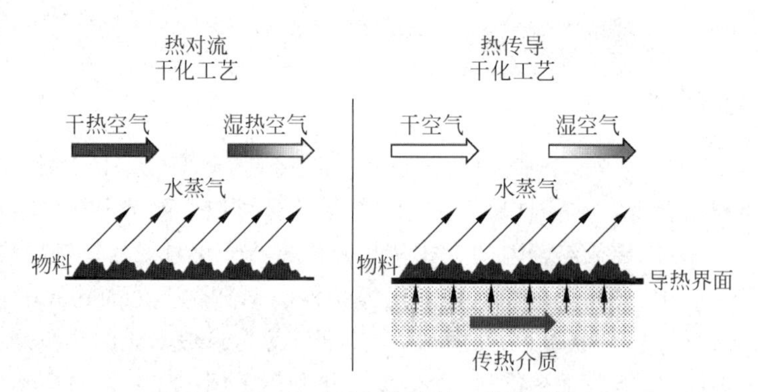

图 3.11 热对流和热传导工艺示意图

存在两次能量形式的转化，即某一物体的部分内能转化为电磁波发射出去，当电磁波到达另一物体表面时，被吸收转化为内能。当两个物体温度相同时，辐射换热仍在不断进行，只是每一物体辐射出去的能量，等于吸收的能量，从而处于动态平衡的状态。当两个物体之间存在温差时，高温物体辐射给低温物体的能量大于低温物体辐射给高温物体的能量，这样，在整体上，高温物体将低温物体加热。

不同传热方式各具特点，需要根据物料种类和干化需求进行选择：

(1) 热对流方式使热空气与物料直接接触，干化效率高，设备投资少，但热损失较多，热效率较低，干化尾气处理负担较重。这类干化设备包括闪蒸干化机、转筒干化机、带式干化机、流化床干化机、喷雾干化机等。

(2) 热传导方式为间接接触干化，适于颗粒态固体废物，干化效率低于热对流方式，但热损失较少，尾气污染负荷较低。蒸发的水蒸气或有机溶剂由真空泵抽出或用少量气体排出，气体是湿分的载体而不是主要的载热体。这类设备包括碟式干化机、桨叶干化机、盘式干化机等。

(3) 辐射传热方式依靠各种电磁波加热物料，热效率较高，但产生辐射的能耗很高，这类设备主要有微波干化机、红外干化机等。

上述方式还可以联合使用，比如带式干化机可以同时采用热传导(通过输送带加热)和热对流方式加热物料，也可以分段使用，如碟式＋带式二段干化机。

2. 干化过程

干化包括传热和传质两个过程。传热就是热能传递给物料使其升温的过程，传质就是物料中的水分从物料内部迁移到表面并从表面蒸发的过程。物料表面水汽化，是由于物料表面的蒸汽压高于周边环境(气体)中的蒸汽压，水分从物料表面移入周边环境；物料内部水分迁移是扩散过程，当物料表面水分被蒸发，物料表面的湿度低于物料内部湿度，水分从物料内部向表面转移。因此，热干化需要两个基本条件：一是有足够的热量用于水分迁移和蒸发；二是物料表面的蒸汽压高于周边环境中的蒸汽压。由于物料具有一定的几何尺寸，其表面和内部的传热传质速率是不同的，而且随着物料的干燥，其表面和内部的传热传质速率还会发生变化。因此，热干化过程可以分为恒速干化和减速干化两个阶段，前者较快且稳定，后者的干化速率(式(3-1))会逐渐降低。

$$V=-\frac{m_s \mathrm{d}X_s}{A\mathrm{d}t} \tag{3-1}$$

式中，V 为干化速率，kg/(m^2·h)；m_s 为固体干重，kg；X_s 为干基含水率，%；A 为蒸发面积，m^2；t 为干化时间，h。当蒸发面积未知时，也可以用单位时间的蒸发水量来表示干化速率。

1）恒速干化阶段

在热干化的开始阶段，物料内部水分扩散至表面，使物料表面保持充分湿润，即表面湿含量大于周边环境的最大吸湿能力，所以干化速率取决于表面水分的汽化速率。由于热干化过程中周边环境基本稳定，所以干化速率也基本不变。这一阶段称为恒速干化阶段。该阶段物料表面的传热（吸收来自干化介质或热辐射的热量）和传质过程（水分蒸发）起着主导作用。因此，提高干化介质的速度和温度、降低携带水分的载体的湿度都可以提高干化速率。在这一阶段，物料吸收的热量几乎全部用于水分蒸发，而物料很少升温，故热效率较高。因此该阶段的脱水是比较容易的，所去除的水分主要是自由水。

2）减速干化阶段

经过恒速干化阶段后，随着物料水分含量不断降低，物料内部水分的迁移速率小于物料表面的汽化速率，干化过程开始受到物料内部传热、传质速率的制约，干化速率逐渐降低。物料含水率越低，尺寸越大，干化速率降低越明显。此时，物料吸收的热量，除用于汽化水分外，还有一部分用于物料升温，直至物料温度接近干化介质（热传导和热对流工艺）的温度。该阶段的干化速率取决于水分和蒸汽在物料内部的扩散速率，因此要增大干化速率，可以升高物料温度，减小物料尺寸。

上述两个阶段的过程可以用图3.12表示。其中，X_s^* 为平衡含水率，为热干化过程可达到的最低含水率；X_s^c 为临界含水率，为恒速干化阶段结束点的含水率。

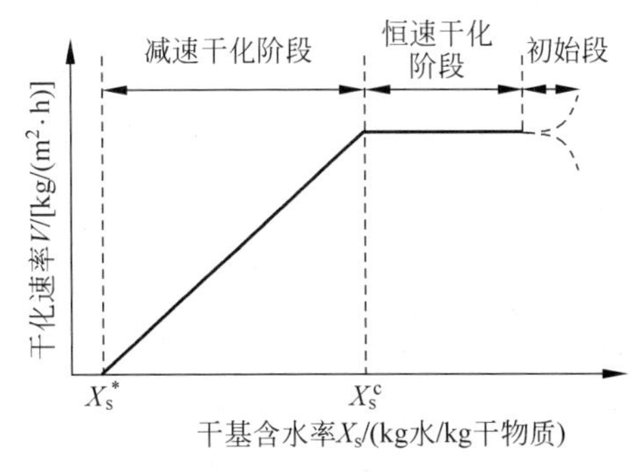

图3.12 恒定干化条件下干化速率的变化

3.4.2 热干化过程的计算

热干化过程涉及传热和传质，遵循能量守恒定律和质量守恒定律。对于常用的采用空气作为介质的热干化过程，其计算内容主要包括蒸发水量、干化介质消耗量和需热量。干化介质既是热量的载体，同时又会将物料中蒸发出来的湿分带出干化器外。在对流干化过程中，最常用的干化介质是空气，为避免干化对象本身在热空气中挥发、氧化、燃烧，有时会使用氮气或其他惰性气体。这里以空气为例进行说明，不含水蒸气的空气为干空气，含有水分的空气为湿空气，自然界中的空气都含有少量水分，因此常用的干化介质为湿空气。

1. 蒸发水量

热干化过程中，水分从物料中向空气迁移，存在如下关系

$$m_1 = m_2 + W \tag{3-2}$$

$$m_s = m_1(1 - X_1) = m_2(1 - X_2) \tag{3-3}$$

式中，m_1、m_2 和 m_s 分别为湿物料干化前质量、干化后质量和干物料质量，kg；W 为干化过程脱去水分的质量，kg；X_1 和 X_2 分别为干化前后的湿基含水率，kg 水/kg 物料。依据上述两式，水分蒸发量为

$$c_s = \frac{W}{m_2} = \frac{m_1 - m_2}{m_2} = \frac{m_1}{m_2} - 1 = \frac{1 - X_2}{1 - X_1} - 1 = \frac{X_1 - X_2}{1 - X_1} \tag{3-4}$$

式中，c_s 为以干化产品为基准的蒸发水率，kg 水/kg 产品。

2. 携湿空气量

大气中水蒸气的分压一般为 200～300 mPa，大都处于不饱和的过热状态，所以它的比体积很大，分子间距离足够远，可作为理想气体处理。湿空气中水蒸气含量可以用水蒸气分压、空气湿度或相对湿度表示。空气湿度又称为绝对湿度，是空气中单位质量绝干空气所含有的水蒸气的质量。在干化过程中，湿空气中含有的水蒸气的质量不断变化，而其中绝干空气仅作为载热体和载湿体，它的质量或质量流量不变。根据湿度的定义有

$$x = \frac{m_w}{m_a} = \frac{M_w n_w}{M_a n_a} \tag{3-5}$$

式中，x 为湿度或绝对湿度，为单位质量绝干空气所含的水蒸气质量，kg 水/kg 绝干空气；m_w 和 m_a 分别为水蒸气和绝干空气的质量，kg；M_w 和 M_a 分别为水和绝干空气的摩尔质量，g/mol；n_w 和 n_a 分别为湿空气中水蒸气和绝干空气的物质的量，mol。

将 M_w=18 g/mol 和 M_a=29 g/mol 代入式(3-5)，可以得到

$$x = \frac{18n_w}{29n_a} = 0.622\frac{p_w}{p_a} = 0.622\frac{p_w}{p - p_w} \tag{3-6}$$

式中，p、p_w 和 p_a 分别为湿空气总压力、水蒸气分压和绝干空气分压，kPa。上式说明，湿度与湿空气总压以及水蒸气分压有关，当总压一定时，湿度仅取决于水蒸气分压。如果水蒸气分压 p_w 等于同温度下水的饱和蒸汽压 p_s，表明湿空气达到饱和状态，湿空气已无吸湿能力，不能作为对流干化的介质。这时湿空气的湿度称为饱和湿度，即

$$x_s = 0.622\frac{p_s}{p - p_s} \tag{3-7}$$

水蒸气分压或绝对湿度只能表明湿空气中水蒸气的含量，不能反映湿空气是否具备吸湿能力。由于饱和蒸汽压反映了该温度下空气容纳水蒸气的极限，所以可以用水蒸气分压与同温度下水的饱和蒸汽压之比来表征湿空气的吸湿能力，即相对湿度：

$$\psi = \frac{p_w}{p_s} \tag{3-8}$$

ψ 越小，表明空气湿度与饱和状态相距越远，对于绝干气体，ψ 为 0，而对于饱和湿空气，ψ 为

100%。由于 p_s 仅仅是湿空气温度 T 的函数，因此可以说相对湿度仅取决于湿空气总压和温度。相对湿度越小，表明空气的携湿能力越强，就越有利于物料的干化。

当空气用于带走物料中蒸发出的水分时，空气湿度会逐渐增加，而进出干化设备的绝干空气量不变，因此有

$$W = m_1X_1 - m_2X_2 = m_ax_2 - m_ax_1 \tag{3-9}$$

式中，x_1 和 x_2 分别为进出干化设备的空气湿度，kg 水/kg 绝干空气。当空气采用间接换热器加热时，加热器进口空气湿度与自然环境湿度一致，用 x_0 表示自然环境湿度，即 $x_1 = x_0$，因此，干空气消耗量为

$$m_a = \frac{W}{x_2 - x_0} \tag{3-10}$$

为了计算方便，常以蒸发每千克水所需干空气为基准，用 l(kg 干空气/kg 水)表示：

$$l = \frac{1}{x_2 - x_0} \tag{3-11}$$

从式(3-11)可知，空气湿度越高，则干空气消耗量越大。由于干空气经换热后温度升高，饱和含水率提高，进入干化设备前拥有更多的携湿能力，而干化设备出口的温度也影响出口空气的湿度，因此干空气消耗量还与温度有关。

3. 需热量及供热空气量

外界提供给干化设备的热量除用于从物料中蒸发水分外，还用于物料升温、干化设备散热以及物料输送装置的加热等。以空气为例，其热量用焓来表示。湿空气的焓等于干空气的焓与所带水蒸气的焓之和。湿空气的比焓为 1 kg 绝干空气和所带的 x kg 蒸汽从 0℃升高到湿空气温度所需的总热量，即

$$H = C_a \times T + x \times (C_g \times T + \gamma_0) \tag{3-12}$$

式中，左侧 H 为湿空气的比焓；右侧第一项为绝干空气的比焓，第二项为水蒸气的比焓，单位均为 kJ/kg 干空气。C_a 为绝干空气的比热容，1.01 kJ/(kg・℃)；T 为湿空气温度，℃；x 为空气湿度，kg 水/kg 绝干空气；C_g 为水蒸气的比热容，1.93 kJ/(kg・℃)；γ_0 为水在 0℃的汽化热，2 492 kJ/kg。

从式(3-12)可以看出，空气的温度越高，其比焓就越大，可供传递的热量就越多。同时，空气的温度越高，空气和物料之间的温度差就越大，传热效率也就更高。对于以空气为干化介质的热干化过程而言，热量平衡为

$$q_k = q_w + q_a + q_m + q_h + q_z \tag{3-13}$$

式中，q_k 为加热器对空气的加热量，q_w 为蒸发水分消耗的热量，q_a 为尾气带走的热量，q_m 为物料升温热损失，q_h 为输送设备热损失，q_z 为干化设备散热损失。其中，

$$q_k = lW(h_1 - h_0) \tag{3-14}$$

$$q_m = m_2c_{m2}(T_{m2} - T_{m1}) \tag{3-15}$$

$$q_h = m_hc_h(T_{h2} - T_{h1}) \tag{3-16}$$

$$q_z = \sum KA\Delta T \tag{3-17}$$

式中，l 为蒸发 1 kg 水分所需的干空气的量，kg；W 为所脱除水分的质量，kg；h_0 为进入加

热器前空气的焓值，h_1 为空气离开加热器时的焓值，kJ/kg 干空气；m_2 为干化后产品质量，kg；c_{m2} 为干化后产品比热容，kJ/(kg・℃)；T_{m1} 和 T_{m2} 分别为物料进出干化设备时的温度，℃，T_{m1} 通常取环境温度，当物料水分含量很高时，可比空气温度略低一些，T_{m2} 取决于尾气参数和产品水分，通常在干化设备出口处湿空气的干湿球温度之间①，在恒速干化期间，近似于空气的湿球温度，在减速干化期间，物料接近于平衡水分时，可取空气的干球温度；m_h 为干化时经过干化设备内部的输送设备的质量，kg；c_h 为输送设备材质的比热容，kJ/(kg・℃)；T_{h1} 和 T_{h2} 分别为输送设备进出干化设备时的温度，℃；A 为散热表面积，m^2；K 为器壁传热系数，kJ/(m^2・h・℃)；ΔT 为器壁和周围空气的平均温差，℃。

式(3-13)可以计算用于传热的干空气的量。如果空气需要同时满足传热和携湿要求，就需要取式(3-11)和式(3-13)所得结果的较大值。

在计算实际空气流量时，常用到湿比体积(m^3/kg)这一概念，即单位质量干空气的体积以及所含水蒸气的体积之和。干空气的湿比体积 V_a 和水蒸气的湿比体积 V_w 分别为

$$V_a = \frac{22.4}{29}\left(\frac{101.3}{p} \times \frac{273+T}{273}\right) \tag{3-18}$$

$$V_w = \frac{22.4}{18}\left(\frac{101.3}{p} \times \frac{273+T}{273}\right)x \tag{3-19}$$

对于$(1+x)$kg 湿空气，在 1 标准大气压下，将上两式相加，可以得到湿空气比体积为

$$V_H = (0.773 + 1.244x)\frac{273+T}{273} \tag{3-20}$$

上述湿比体积也可通过查湿比体积表获得。

4. 干化设备的处理能力

干化设备的处理能力可以用蒸发量、入口和出口的含水率进行推导，根据式(3-2)和式(3-3)，可以得到

$$m_1 = W\frac{1-X_2}{X_1-X_2} \tag{3-21}$$

例如：一个水蒸发量为 3 000 kg/h 的干化器，如果将含水率为 80%的污泥干化到 20%，则该干化设备的污泥处理能力为

$$3\,000 \times (1-20\%)/(80\%-20\%) \times 24/1\,000 = 96 \text{ t/d}$$

3.4.3 热干化设备的比选

干化设备选型时，首先应根据固体废物的性质进行初选，而后根据固体废物处理量计算出单位时间的蒸发水量并放大 20%～30%来确定干化机蒸发量，以此为参数进行干化机型号的选择。此外，选型过程中还需参考当地的生产条件、热源供给、投资大小、工人素质、卫生要求等。值得注意的是，很多固体废物成分复杂，其干化过程难以精准计算，需要依靠经

① 干球温度是暴露于空气中而又不受太阳直接照射的干球温度计上所读取的数值，即所测量空气的真实温度，与测量时空气中的湿度无关；湿球温度也称作绝热饱和温度，在绝热条件下，充足的水与有限的空气接触，水蒸发所需的潜热完全来自于空气温度降低所放出的显热，当空气湿度达饱和状态且系统达到热平衡时，系统的温度即为湿球温度，通常用湿球温度计近似测量(无法达到严格绝热条件)。

验和小规模实验的数据来作为干化装置采购和调试的依据。

1. 闪蒸干化机

闪蒸干化机(flash dryer)的工作过程是,热空气由入口管以切线方向进入干化机底部的环隙,然后螺旋状上升,同时含固率50%～60%的湿物料由给料机定量加入干化机内,并与热空气进行充分热交换,较大较湿的物料在搅拌器作用下被机械破碎,物料中的水分迅速蒸发,含水率降至8%～10%,干燥且小颗粒的物料随旋转气流一并上升,输送至旋风分离器进行气固分离,分离后的尾气则经布袋除尘装置处理后排空。闪蒸干化工艺如图3.13所示。

闪蒸干化机的主体为一个圆筒形干燥室,由底部粉碎流化段、中部干燥段和顶部分级段组成,能同时完成物料的粉碎、干燥、分级等操作。干燥室底部为装有搅拌器的倒锥形结构,它使空气流体的截面自下而上不断扩大,底部气速高,上部气速低,从而使下部的大颗粒与上部的小颗粒都能处于良好的流化状态。倒锥形结构还缩短了搅拌轴悬臂的长度,增加了运行的可靠性。干燥室上部设有分级环。物料在气体的夹带下螺旋上升,在离心力的作用下,粒径小的物料在内环,较大较湿的物料在外环。小颗粒在水分达到要求时被气体从干燥室中心处带出,较大较湿的颗粒被分级环截留返回到破碎干燥段继续处理,从而保证产品含水量和粒度均匀。

闪蒸干化机用搅拌桨破碎物料,用热传导方式干燥物料,干化效率高。闪蒸干化适于处理泥饼、膏糊、泥浆状物料,物料在干化机内停留时间短,水分瞬间蒸发。对于高含水率的物料,可以用适当比例的干化产物与之混合,再将低含水率的混合物送入闪蒸干化机。干化产品的质量受到温度、风速、风量、破碎效率的影响,但干化产品含水率较低,因此不适用于污泥等固体废物的半干化(含水率50%左右)。此外,对于含有可燃组分的固体废物,为了避免高温干化颗粒发生爆燃,干化介质通常采用低含氧量的空气或惰性气体,进行闭路循环,这样,气体就需要反复除尘、洗涤和加热,动力消耗和热损失较高。

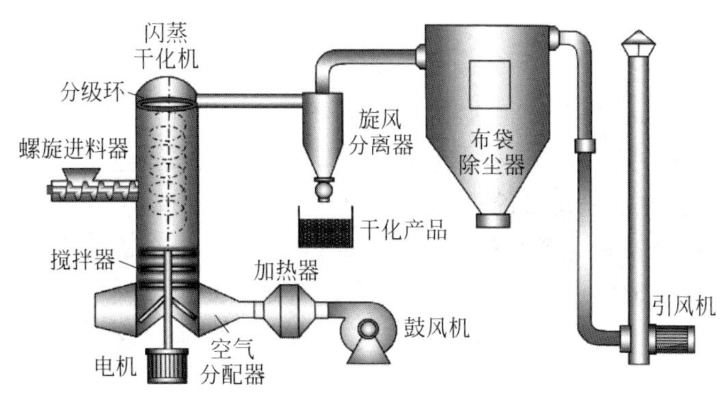

图3.13 闪蒸干化工艺示意图

2. 转筒干化机

转筒干化机(rotary dryer)也称作滚筒干化机、转鼓干化机或回转式干化机,由进料装置、与水平面呈一定倾斜角度的圆筒、排料装置及其他辅助装置构成。湿物料从转筒一端加入,随转筒翻滚,筒内壁上均布的抄板进一步翻动、破碎物料,使物料在干燥器内均匀分散,并与顺流或逆流的热空气或热烟气充分接触，干燥后的物料从干化机另一端的星形卸料阀排出。转筒的旋转速率和干化气体的流速、温度取决于物料性质和处理要求。转筒干化机及其对应的干化工艺如图 3.14 所示。

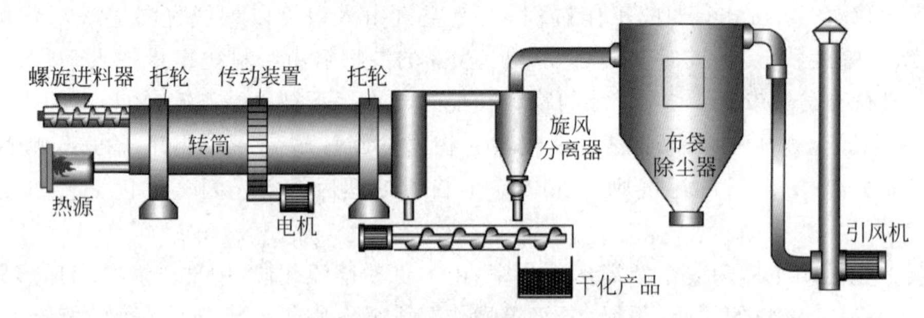

图 3.14　转筒干化机工艺示意图

对于转筒干化工艺，当要求物料达到较高的干化程度时，可以采用逆流干化，高温热风首先接触即将排出干化机的低含水率物料，可以进一步提升物料的干化程度；当对物料干化程度要求不高时，可以采用顺流干化，高温热风首先接触刚进入干化机的湿物料，此时水分蒸发快，可以提升干化机的处理效率。

除直接干化方式(热对流干化)外，转筒干化机还可以采用间接加热方式(热传导干化)，即采用双层转筒，内筒内为物料，内外筒之间为传热介质，如热空气、导热油等。直接加热方式的干燥效率高，但干化气体用量大，尾气处理负荷重。此外，要处理有机固体废物时，为避免干燥颗粒发生爆燃，需要降低干化气体含氧量或采用惰性气体，进行循环利用；而间接加热方式的干化气体用量小，尾气处理负担轻，但干化效率不如直接加热方式。

转筒干化机适应性强，干化效率高，但生产设备占地面积较大，能耗较高，转动部件需定期维护。与闪蒸干化机类似，转筒干化机可以实现物料的全干化，但不易实现物料含水率的精确控制，因此不适用于污泥等物料的半干化。

3. 带式干化机

带式干化机(belt dryer)内部由若干条输送带组成，物料由加料器均匀地铺在输送带上，输送带通常采用 12～60 目的不锈钢丝网。热风由下往上或由上往下穿过输送带上的物料，将其干燥并带走水分。输送带的长度和运行速度可根据物料所需的干燥程度进行调整，也可将不同设备进行串联。为了避免某些物料糊在输送带上，导致网孔堵塞，这些物料可通过预处理加工成条状或颗粒状，以提高热风与物料的接触面积，进而提高水分蒸发效率。除利用热风加热外，带式干化机还可以同时加热不锈钢传送带从而通过传导方式加热物料，构成对流、传导联合干化机。带式干化工艺如图 3.15 所示。

带式干化机可干化多种物料，由于多层输送带叠加，带式干化机占地面积小，且可翻转或者倒载以松动物料，提高干化速率。因为带式干化机输送带的速度可以调节，进而控制物料达到不同的含水率，所以它可以用于污泥的半干化。

4. 水平碟式干化机

水平碟式干化机(horizontal disc dryer)也简称碟式干化机。该干化机由定子(外壳)和

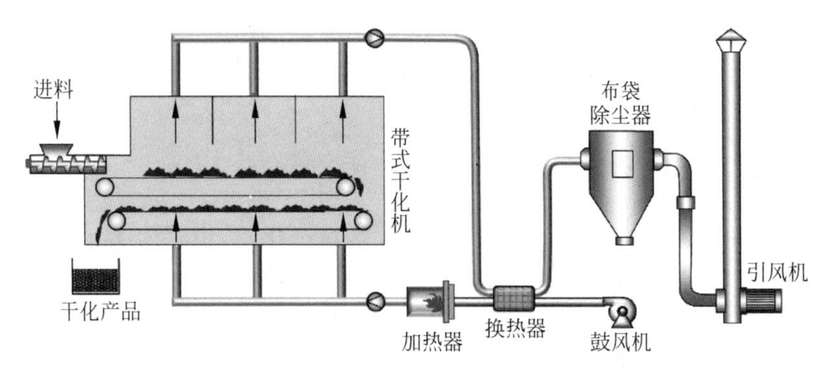

图 3.15　带式干化工艺示意图

转子(转盘)及驱动装置构成。外壳为水平放置的圆筒,而转子的中心轴是一个中空轴,所有的转盘焊接在该轴上,每片转盘由两个对扣的圆盘组成,内腔与中空轴相通。为了提高转盘的坚固性,空心转盘内分布多个支撑杆。加热介质由干化盘的一端进入,从另一端导出。转盘边缘装有推进/搅拌器,可以使物料均匀缓慢地通过整个干化机,在此过程中被加热干燥。干化器外壳为圆柱形外壳,上部有突起,以容纳废蒸汽,并设有废蒸汽出口。加热介质为蒸汽时,换热产生的冷凝水通过管子导入中心管,最终排出机外。在每两片转盘之间装有刮刀,刮刀固定在外壳(定子)上。刮刀可以疏松盘片间的物料,使废蒸汽快速离开,有时还采用真空泵抽吸蒸汽,此时也可以称为真空碟式干化机。水平碟式干化机结构如图 3.16 所示,其尾气处理等后续工艺与前述干化机类似。

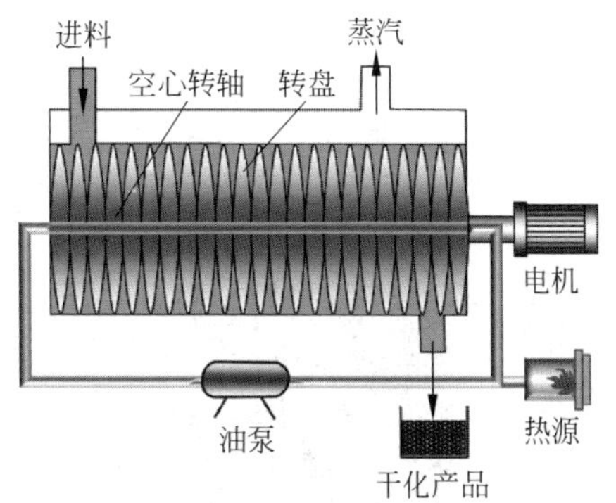

图 3.16　水平碟式干化机结构示意图

水平碟式干化机对物料初始含水率适应性较高,既适用于半干化,又适用于全干化工艺,使用灵活。设计紧凑,传热面积大,设备占地与厂房空间与其他干化机相比较小。采用热传导方式,可以减少惰性气体用量,节约循环能耗,后续处理负担轻,但对于低含水率物料的干化效率相对较低。此外,水平碟式干化机存在很多运动部件,维修费用较高。另外,为了避免转盘磨损,也不适宜处理含有大量硬质颗粒的固体废物。

5. 桨叶干化机

桨叶干化机的工作原理与转盘干化机相似,但内部不是连续排列的转盘,而是固定在两组或四组中空轴上的桨叶,空心桨叶与中心轴相通(见图 3.17)。桨叶干化机为热传导加热,优势与转盘干燥机类似。此外,楔形桨叶相向旋转,叶片的两个斜面反复搅拌、压缩、松弛并推进物料,桨叶之间以及物料与楔形面之间的相对运动产生洗刷作用,能够洗刷掉桨叶上附着的物料,使叶面具有较强的自洁能力,从而改善传热。

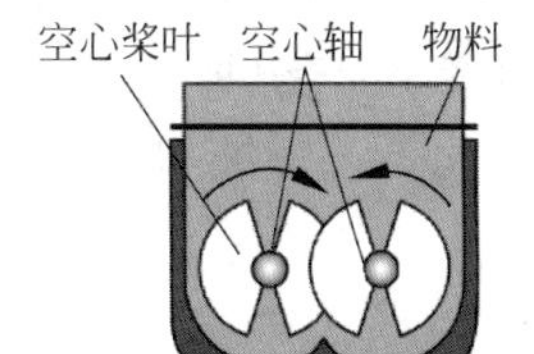

图 3.17　桨叶干化机截面示意图

根据处理对象和要求的不同,桨叶干化机的对轴或者桨叶的数量、转速、传热体的温度和干燥时间都可以进行调整。桨叶干化机转轴容易被物料中的柔韧物料缠绕，因此不适宜处理含有很多毛发、塑料丝类的固体废物。另外，为了避免转盘磨损，也不宜处理含有大量硬质颗粒的固体废物。

6. 垂直盘式干化机

垂直盘式干化机(vertical disc dryer)也简称转盘干化机，由一组上下排列的空心圆盘组成，圆盘中通入热风。干燥过程中，物料由顶部加入，落在最上层的圆盘上，在转动耙叶的刮耙作用下，不断翻滚干燥，并沿螺旋线流过干燥盘表面，然后在圆盘边缘的孔道落入下一层圆盘；在下一层圆盘，物料继续翻动干燥，并沿螺旋线向圆盘中心移动，然后在中央孔道落入下一层。重复上述过程，直至干化产品从最下层圆盘排出。加热物料后的热风作为湿分载体，从干化机底部通入，从顶部携带水分离开，经冷凝、除尘后排放。转盘干化机也可以不需要湿分载体，此时用真空泵将机内的水蒸气吸出，此时为真空转盘干化机，可以减少尾气处理量。真空转盘干化机结构如图 3.18 所示，其后续工艺与前述干化机类似。

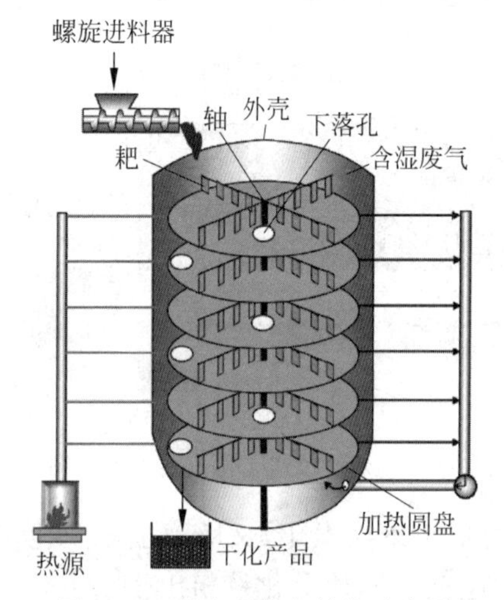

图 3.18 转盘干化机结构示意图

转盘干化机采用热传导方式，设备占地小，尾气量少，风机电耗少，而且可以根据物料性质和产物要求调节主轴转速和各加热盘的温度，但这一工艺较难精确控制产物含水率，一般仅用于物料的全干化。为了便于物料在加热圆盘上移动和均匀加热，物料以颗粒状为佳。对于含水率较高、黏度较大、难以成型的物料，可以返混干化产物，调节混合物含水率和外形，再加入干化机。对于污泥而言，常用的调节设备是涂层机，即将湿污泥涂敷在干化污泥外层，这一方式也被称为“珍珠”干化工艺。

7. 流化床干化机

流化床干化机(fluidized bed dryer)底部设有气流分布板，粉粒状、膏状等流动性物料投入在气流分布板上，而热风从底部进入流化床后吹动物料，与之接触换热，物料也发生碰撞、破碎。当热风流速较低时，由物料颗粒间流过，整个物料层不动；当风速增大后，物料层开始膨胀，颗粒间隙增大；当风速增大到一定程度，一部分物料呈现悬浮状态，即气-固混合床，也就是流化床。流化床中悬浮的物料就像沸腾的液体，因此又称作沸腾床。当风速进一步增大，颗粒全部被气流带走，就变成气体输送了。因此，气流速度是流化床干化机的关键控制参数，适宜的气流速度应介于使料层开始呈流态化和将物料带出之间。经干燥后，达到水分与粒度要求的物料被热风带出干化机，经旋风与袋式除尘器收集，而未达要求的物料在干化机内循环干化。流化床干化工艺系统如图 3.19 所示。

流化床干化机的换热可通过外置加热器进行，将加热后的惰性气体或饱和蒸汽等干化介质导入干化机；也可以采用床内换热器进行。当用床内换热器时，需要合理布置换热器，避免对床内物料流动有负面影响。此时，流化床同时存在热对流加热和热传导加热。在干化床底部放入石英砂等惰性载体，当它们在一定流速的气流作用下流化时，可以使湿物料黏附在其表面，继而使之成为一层干燥的外壳。由于惰性载体互相碰撞摩擦，又会使干外壳脱落，被介质流带走；而载体自身又与新的湿物料接触，再形成干外壳。如此循环，使细的湿黏物料也可在流化床干燥机中得到充分的干燥。

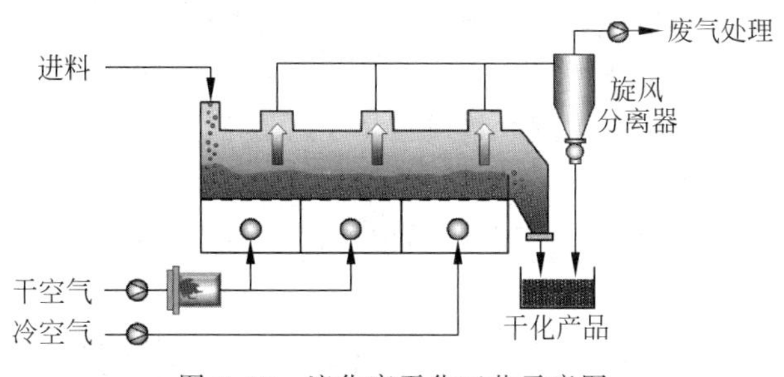

图 3.19　流化床干化工艺示意图

流化床干化机无运动部件，结构简单，对物料初始含水率适应性广，不需要干物料返混，但不能精确控制物料干化程度。由于使用一定速度的气体使物料悬浮，流化床干化机气体用量很大，后续冷凝、除尘费用高，而且载气需要反复冷却、加热，因此热损失较大。此外，由于物料颗粒长时间与流化床内件和内壁碰撞摩擦，会缩短这些部件的寿命。

8. 喷雾干化机

喷雾干化机适用于粉末或泥浆态物料的处理，其整体工艺类似于闪蒸干化机。物料经喷雾器从干化机顶部以小液滴或微小颗粒形态喷入干化机内，而热风从干化机顶部或上部侧方以螺旋形均匀进入，与物料雾团充分接触，使物料快速干化。较重的干化物料直接从干化机底部排出，而较轻的干化物料经旋风分离器回收，尾气进一步经过冷凝、除尘处理。喷雾干化系统如图 3.20 所示。喷雾干化水分蒸发快，干化程度高，适宜进行全干化，但用气量较大，尾气含尘量高，处理负担较重。

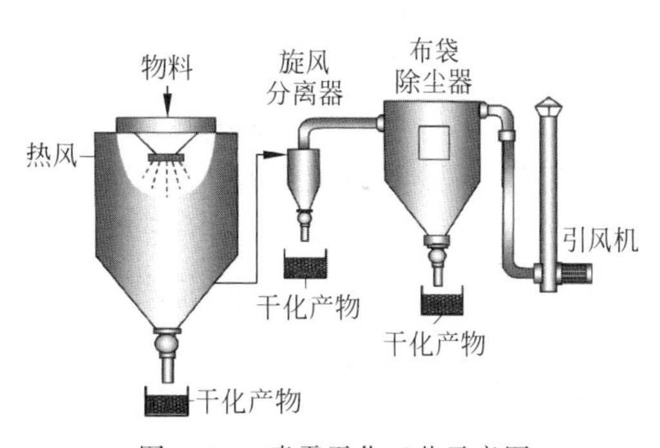

图 3.20　喷雾干化工艺示意图

除上述热干化设备外，还有一些干化设备可以用于特殊固体废物的处理。例如，红外干化机、微波干燥机可以利用电磁波无损干燥物料，但能耗较高，适合于对干化产物要求较高、可供再利用的物料。

3.4.4　热干化过程的调控

要保证固体废物热干化系统的良好运行，需要尽量降低干化能耗、避免安全事故、防止二次污染。

1. 进出料调整

不同固体废物中的水分含量和存在形式不同，会影响固体废物的热干化效率。根据热干化的基本原理，要促进颗粒内部水分的迁移和热量的传输，可以降低物料黏度、减小颗粒粒径。例如，在带式干化机前采用成型机，在转盘干化机前采用造粒机等。干物料返混，与湿物料进行调配混合，是调整进料性状的重要方式，但是需要注意避免过度干化。

以污泥为例，不同含水率污泥的颗粒表面积、黏度和水分分布显著不同，会影响热干化过程。例如，污泥在60%含水率时黏性很大，容易在器壁上黏结，干化相对缓慢，且显著降低热传导效率，一般通过干泥返混避开该阶段。干泥返混不仅可以使进入干化机的物料含水率下降至60%以下，避免胶黏相，还可以增强系统对来料含水率波动的适应性，改善物料在干化机内的受热条件，有效缩短处理时间，但干泥返混也会增加热损失，过度干化也会增加粉尘浓度，进而提高爆炸风险。

2. 参数选择

热干化工艺参数主要有干化温度、空气湿度(以空气作为载湿气体)、干化时间等。干化温度越高，空气湿度越低，则物料表面的蒸发强度越大，空气的不饱和度越高，携湿能力越强，物料的干化速率也越快。然而，干化温度过高时，也会增加某些固体废物中有机组分的挥发，增加尾气处理负担；而低温干化可以避免上述问题，同时也会降低干化粉尘燃烧爆炸的风险。物料在干化设备中停留时间越长，换热和水分扩散蒸发时间越长，物料干化程度越高，同时干化设备的处理量下降，单位产品能耗上升，因此，干化时间需要根据物料性质和出料要求调整。

干化介质与物料流动方向可以相同，也可以相反。前者称为顺流干化，湿物料先与干热空气接触，水分蒸发快，半干物料在干化设备的另一端与低温高湿空气相遇，水分蒸发慢，干化污泥平衡水分增加，含水率较难降到10%以下。后者称为逆流干化，湿污泥先与低温高湿空气接触，蒸发速率慢，半干污泥在干化设备的另一端与干热空气相遇，含水率可降到10%以下，但干化速度仍较慢，且污泥温度易上升到与热空气相近的程度，因此出料端的空气温度不易过高。前者可用于半干化，后者可用于全干化，也有一些干化设备先后采用了这两种方式。

3. 能耗控制

对于固体废物的热干化处理系统，热能的支出通常占运行成本的80%以上。因此，减少干化系统的热能损耗是控制干化成本的关键。水分从环境温度(假设20℃)升温至工作温度(一般80～100℃)，每千克水需要吸收大约334 kJ的热量，而蒸发需要吸收热量约2 255 kJ，因此水分蒸发至少需要2 589 kJ/kg的热能。除此之外，热干化系统还存在热能损失，干化设备本身还需要消耗电能。热干化设备的热耗通常大于0.8 (kW·h)/kg水(2 880 kJ/kg水)，而电耗为0.1～0.3 (kW·h)/kg水，这两部分能量是热干化系统优化的对象，调控方案包括：

(1) 选择余热资源。在条件允许的地区，尽量选择工业废热作为干化热源，如余热烟气、余热蒸汽等，这可以降低热能成本，并且通过热量的梯级利用提高了整体的热效率。此外，在某些低温干化的场合，还可以选择地源热泵[①]、空气源热泵[②]等新型热源。

---

① 地源热泵是通过输入少量电能等高品位能源使陆地浅层能源由低品位热能向高品位热能转移的装置，包括地埋管地源热泵、地下水地源热泵和地表水地源热泵等。

② 空气源热泵是通过输入少量电能等高品位能源使热量从低位热源空气流向高位热源的装置。

(2) 改进热量传输。影响热干化能量损耗的因素包括热源的类型、传输、储存和利用的条件。加热方式不同,热损失也不同,但无论是热传导还是热对流,通过热交换器的换热均存在8%～15%的热损失。热源能量在传输、储存过程中也会导致热损失,其影响因素包括管线保温条件、输送距离、环境温度等。要减少供热有关的热损失,可以使用高效的换热器,缩短传输距离,加强保温。

(3) 调整物料性状。如前所示,改变物料颗粒大小、含水率、组分等,都可以影响干化热效率。

(4) 优化工艺条件。热传导工艺比较适用于较高含水率物料的半干化,而热对流工艺适于全干化。热对流工艺中,由于热气能与失去表面水的颗粒紧密接触,在其周围形成稳定的汽化条件,因此热对流方式对于含水率小于50%的污泥干化效率更高。固体废物的热干化程度应与处理要求匹配,没有必要追求最低的含水率,这样可以节约热量消耗。干化介质流量越大,即单位时间进入干化设备的干化介质体积越多,在同样的湿度和温度条件下,其携湿、传热潜力就越大,干化效率就更高。然而,干化介质的流动需要能量推动,流量越大,能耗越高。因此,干化介质的流量应在满足干化需求的条件下控制在一定范围内。此外,还可以减少工艺步骤、缩短工艺路线、缩小尾气洗涤前后的温差。

4. 安全保障

有些固体废物的含水率波动较大。如果进料含水率相对于设计值更高,则物料干化程度可能达不到设计要求,此时可以适当延长干化时间。如果进料含水率相对于设计值低,物料就有可能过度干化,产物温度升高,烟尘含量增加,爆炸风险也随之增大,此时需要缩短干化时间,降低湿分载体的含氧量。一般而言,为避免爆炸,粉尘浓度应控制在60 g/m^3 以下,而湿分载气的含氧量应低于12%。此外,产物温度、气体湿度和物料湿度对提高粉尘爆炸下限具有重要影响。根据上述机理,要保障热干化安全,可以采取以下措施:

(1) 优先选择低温干化,优先选择热传导工艺,其气体量小、粉尘浓度低、物料温度低、氧气含量低;

(2) 控制粉尘浓度,热对流系统采用闭路循环,气体进入干化器前通过冷却水洗涤降低粉尘浓度;

(3) 控制载气含氧量,氧气超标时采用氮气惰性化;

(4) 提高系统湿度,可以使用蒸汽作为干化气体,蒸汽回路的氧含量低,并且可提高粉尘爆炸下限。

干化过程中除了存在燃烧爆炸风险外,干物料的输送、储存和燃料的输送、储存过程都面临安全风险,需要进行系统的安全风险评价,制定完善的控制措施。

5. 污染控制

在前述的热干化设备介绍中,仅提到了颗粒物的控制。然而,很多固体废弃物含有易挥发的有机组分,在热干化过程中会产生多种气态污染物和冷凝污水。例如,污泥热干化过程中常存在臭气问题,这就不能仅靠旋风除尘和袋式除尘净化尾气,还需要额外的恶臭处理系统。因此,在热干化工艺设计中,一定要考虑尾气污染的控制问题,主要有两类方式:

(1) 采用间接加热或/和闭路循环,尽量减少废气和污染物的排放。

(2) 降低干化温度，减少污染气体的挥发。实际上，很多有机物的挥发温度高于200℃，包括有毒的苯、酚及相应化合物。

(3) 对于排出的尾气，依据其组分进行妥善处理。

6. 防止磨蚀

有些固体废物含有坚硬的细小颗粒，可能造成干化设备磨蚀。例如，我国很多污水厂排放的污泥无机质含量高、含砂量大，砂粒在干化过程中会逐渐磨损设备内件。针对这一问题，可以对物料进行预处理，如对污泥进行旋流脱砂；还可以采用带式干化机等物料与输送部件之间相对运动较少的干化设备；或者在干化机的关键部位采用耐磨损、耐腐蚀材料，如高标不锈钢、镀铬材料、陶瓷喷涂材料等。

3.5 其他干化技术

1. 冷冻干燥

热干化技术通过加热物料实现水分蒸发，而加热过程有可能改变物料本身的性质，不能满足某些固体废物处理的要求，此时可以采用冷冻干燥技术。先将固体废物进行冷冻，然后使冰在真空或低压条件下(低于水的三相点压力)直接升华[①]，实现水分去除。由于真空冷冻干燥技术在低温、低氧环境下进行，大多数热化学反应和生物反应停滞，且处理过程中无液态水存在，水分以固体状态直接升华，使物料原有结构和形状得到最大程度保护。

冷冻干燥也需要外界热量的供给和水蒸气的排除。在升华开始阶段，如果物料温度相对较高，升华所需要的潜热来自物料本身的显热；随着升华的进行，物料温度下降至与干化机蒸汽分压相平衡的温度，此时，若没有外界供热，升华干燥将停止。在外界供热的情况下，升华所生成的蒸汽如果不及时排除，蒸汽分压就会升高，物料温度也随之升高，当达到物料的冻结点时，物料中的冰晶就会融化，冷冻干燥也就无法进行了。

冷冻干燥前可以进行预处理，以便调整物料的形态结构，使其便于干燥。在冷冻阶段，冻结的时间越短，物料冻结越快，其内部结晶越小，对物料微观结构的机械损伤越小，但快速冷冻需要的成本更高。在真空干燥阶段，通过对冷冻物料的加热使水分升华，加热方式除常用的热传导、热对流外，还广泛使用红外加热、微波加热等方式。

2. 自然干化

自然干化是一类充分利用自然环境实现物料水分去除的工艺。由于大气通常不饱和，含有水分的物料在环境温度、湿度、通风和日照条件下，水分也会缓慢蒸发，达到平衡，这与我们晾晒衣物的原理一样。与热干化相比，自然干化处理成本低，但处理周期长，受天气变化影响大，通常需要大的物料堆放场地，同时一些有机固体废物还会产生大量臭气，因此仅适用于天气干燥、对处理时间要求低、周边环境不敏感或废物在该环境条件下不再释放污染

---

① 水的沸点和熔点与压力有关，随压力的降低，水的熔点变化很小，而沸点越来越低，趋向熔点。当压力降到一定程度时，水的沸点和熔点重合，冰就可以不经液态而直接汽化为气体，这一过程称为升华。

物的物料。

为了加速自然干化进程，避免二次污染，可以采取以下措施：

(1) 物料应尽量均匀、分散堆放，增加比表面积，促进热量和质量的传递。

(2) 堆放场地设计应充分考虑通风需求，形成自然对流，提高携湿能力，避免厌氧条件下恶臭气体的产生。

(3) 尽量增强日光直射，充分利用温室效应，促进物料升温。

(4) 尽量选择天气干燥的时间段，同时为了避免大气降水和地表径流的渗入，必要时应使用透明塑料膜遮盖，铺设底部防水层。

(5) 高含水率固体废物在自然干化过程中可能产生渗沥液，此时需要设计收集、导排和处理系统，避免物料堆体存在厌氧环境产生恶臭，避免对土壤和水体造成二次污染。

3. 生物干化

生物干化(biodrying)广义上属于自然干化，它是在自然干化的基础上，进一步利用植物或微生物的活动促进物料水分的去除。目前常用的有利用植物蒸腾作用[①]的芦苇床，以及利用微生物活动放热的发酵干燥。这两类技术具有与自然干化类似的特点，运行成本较低但处理周期很长，容易受到环境条件的影响。

芦苇床目前主要用于污泥的干化和稳定。首先将芦苇种植于人工湿地的填料层中，然后将污泥间歇性排入，其中水分经填料层以及后形成的污泥层下渗，而固体物质被截留在填料层表面，再通过蒸发作用和植物蒸腾作用去除水分。芦苇床可以改善污泥脱水有三方面的原因，一是芦苇根部使污泥层疏松，增加了脱水通道，二是芦苇的蒸腾作用强化了水分向大气的转移，三是污泥有机质矿化促进了水分向下渗漏。随着水分的脱除以及植物根系、微生物对污泥有机质的转化，污泥逐渐变成类似土壤的基质。因此，芦苇床不仅可以实现污泥的干化，还可以同步实现污泥的稳定化。

生物干化狭义上就是指发酵干燥，就是利用可生物降解废物发酵时产生的热量对废物加热以减少其水分。虽然发酵干燥与堆肥处理一样依赖于微生物好氧发酵过程，但两者的工艺条件有所区别。当发酵过程用于物料干化时，通常采用高温发酵，维持堆体高温，避免过度通风，以便使物料中的水分尽快蒸发。此外，发酵干燥也不需要堆肥过程包含的二次发酵步骤，无需使有机质腐殖化。在这样的工况下，发酵干燥的微生物种类和发挥的作用与堆肥技术也有所不同。

4. 太阳能干化

热干化使用的热源主要是各类燃料燃烧产生的热量或电力转化的热量，为了节约能源，在太阳能丰富的地区可以直接利用太阳能为主要能源对固体废物进行干燥。自然干化也主要利用了太阳能，但太阳能干化更强调对太阳能的高效利用技术。太阳能干化系统适合太阳辐射强度常年较大且土地资源充足的地区，我国幅员辽阔，属于太阳能资源丰富国家之一，各地太阳能年辐射量 3 350～8 370 MJ/m^2，年日照时数大于 2 000 h 的地区约占我国总

---

① 蒸腾是指植物根系吸收土壤中的水分，将其输送至体表(主要指叶子)，然后通过水蒸气的形式使其散发到大气中的过程。蒸腾作用不仅受外界环境的影响，还会受到植物的调节和控制。

面积的 2/3 以上，西藏、青海、新疆、甘肃、宁夏、内蒙古高原的总辐射量为全国最高，四川盆地、贵州等地太阳能资源相对最贫乏。总体上，我国很多地区具备太阳能干化的自然条件，但是太阳能干化时间长达 30～90 天，占地面积很大，固体废物处理规模通常较小。

太阳能干化可分为温室型和集热式两类。温室型太阳能干化系统应用较多，在国外已有数百个小型项目。温室型太阳能干化系统通常由温室大棚、翻泥装置及通风除臭装置组成。温室大棚可以采用水泥或砖砌地面，辅以透明顶棚和保温墙壁(例如保温系数 3.2 W/(m^2·K)的多层气泡膜)。物料堆放在温室地板上，厚度一般为 20～50 cm，利用翻料机每天搅拌混合物料数次到十几次，由鼓风机和抽风机组合输送空气从物料表面带走湿分。太阳能干化系统结构如图 3.21 所示，其构造简单、管理方便，但同时也易受天气影响。为了提高太阳能干化系统的稳定性，可以采用集热式太阳能干化系统。首先利用太阳能集热器将太阳能转变为恒定水温的热水，将其通入温室地板下铺设的回形管，通过地板热传导对污泥进行加热。当然，太阳能集热器获得的热水还可以作为机械热干化的热源之一。为了弥补太阳能非稳定供应的不足，还可以通过辅助热源来增强系统的干化效率，例如增加红外灯照射、加热通风空气等，集热式太阳能干化系统还可以对接其他热源加热循环水，而对于有机固体废物，还可以将太阳能干化与生物发酵干化结合在一起。

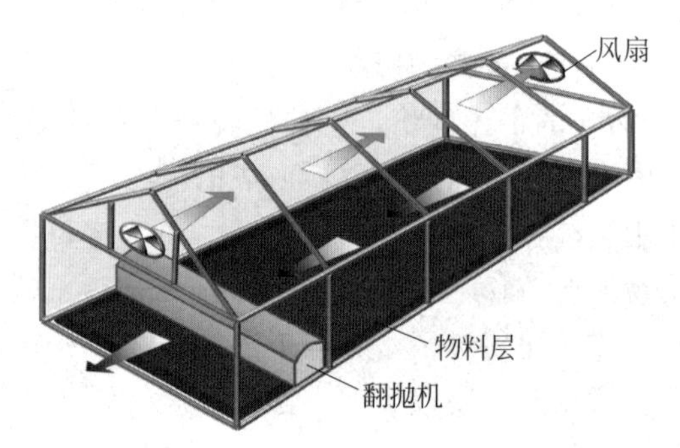

图 3.21　太阳能干化系统结构示意图

表 3.1 列出了国外一些太阳能污泥干化项目。太阳能干化系统处理规模一般较小，但占地面积很大，适宜于居住分散、太阳能和土地资源丰富的地区。太阳能干化系统的优势是污泥干化所需热能绝大部分由太阳能提供，而机械设备消耗的电能不到 100 (kW·h)/t H_2O，其中通风电耗约占 2/3，翻泥和排水等约占 1/3。与此对照，传统机械热干化所需能耗(含热能需求和机械电耗)850～1 100 (kW·h)/t H_2O。太阳能干化与传统热干化方式相比，初期投资成本基本相当，但是运行成本上前者约为后者的 1/3。

表 3.1　国内外太阳能干化污泥项目

项目情况	处理量(以脱水污泥计)	工艺	物料层厚度/cm	用地面积/m^2	干化产品含水率	干燥时间/d	能耗/((kW·h)/t H_2O)
德国南部	0.2 t/d	温室＋生物干化	42.5	—	＜10％	64～83	22～28
希腊 Kavala	16.5 t/批	温室＋生物干化	25	66	5％	8～31	83

续表

项目 情况	处理量(以脱水污泥计)	工艺	物料层厚度/cm	用地面积/m^2	干化产品含水率	干燥时间/d	能耗/((kW·h)/t H_2O)
塞浦路斯帕福斯市	20 t/d	温室型	15	3 853	20%	30～40	77.3
沙特 Medina	270 t/d	温室型	25	25 000	20%	25	—

3.6　干化系统设计与实例

3.6.1　案例背景

某污水厂每日产生脱水污泥 400 t/d，需要进行污泥干化，以便于后续建材化利用。污水厂毗邻热电厂，共有四台机组，每台机组排放的烟气量为 120 万 m^3/h，温度为 160℃，这些烟气尚未有效利用，因此将其作为污泥干化的热源。热电厂余热烟气来源如图 3.22 所示。

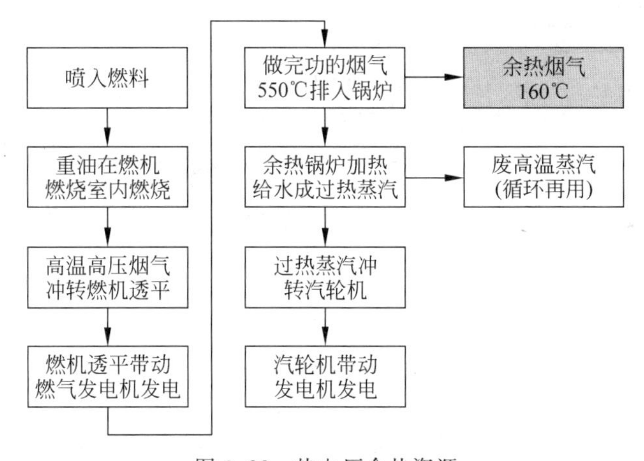

图 3.22　热电厂余热资源

余热烟气温度较高，直接干化污泥时可能导致污泥中挥发性有机质的大量释放，加重尾气处理负担；同时余热烟气中含有的粉尘、硫氧化物、氮氧化物也会增加尾气处理负担，加重干化设备腐蚀，因此将余热烟气换热为 100℃热水，将其通过管道引入到污泥干化车间作为热源。这可以充分利用电厂锅炉的余热资源，虽然其热耗要稍高于采用高温蒸汽，但是热水的品质成本远低于高温蒸汽。

3.6.2　工艺设计

考虑热源条件和处理对象性质，本项目经过比较选择了低温带式干化工艺，系统运行温度在 100℃以下，可以减少污泥中挥发性有机质的逸散，降低系统安全风险，同时可以灵活调节干化污泥的含水率，便于对接后续处理处置步骤。

脱水污泥通过给料泵输入布泥装置，布泥装置将污泥挤压成长条状并均匀地铺设在输送带上，输送带通过调频器进行无级调速，在干化机内缓慢移动，污泥中的水分被穿过输送带的干燥空气带走。在下层输送带的末端有一冷却区，干化污泥会降温至40℃，然后由出料装置排出。吸收了水分的热风温度下降，大部分经100℃水加热后在装置内循环利用(用于提供热量)，少部分进行冷凝脱水后再加热循环利用(用于携带湿分)，还有少量经处理后排放，同时有相应量的新空气补充到系统中。项目设置4条生产线，每条生产线的工艺流程如图3.23所示，其中的风量为计算得到。

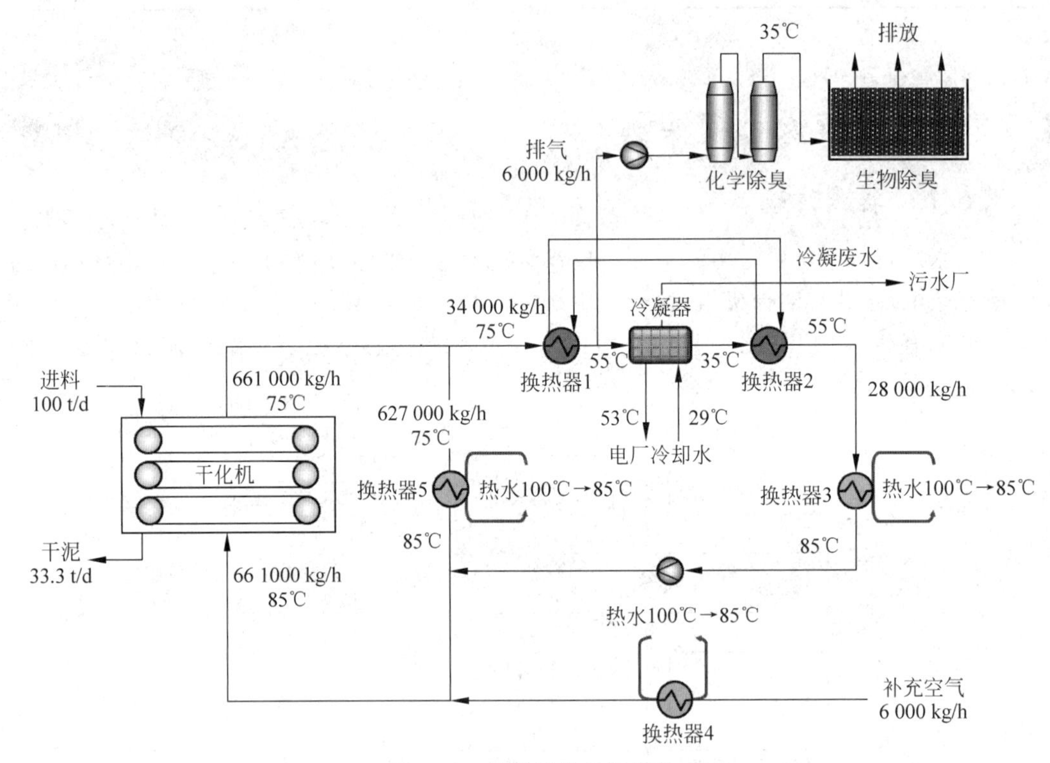

图3.23 污泥干化系统方案

污泥干化后产生的尾气需进行净化，同时从污泥输送、储存等区域收集的臭气也需要处理。参考《城镇污水处理厂污染物排放标准》(GB 18918—2002)中的二级标准，干化项目的污染气体处理后的厂界排放浓度应满足表3.2的要求。不进人或很少进人的地方，空气交换量为2～3次/h；偶尔有人进入的空间，空气交换量为2～3.5次/h；长时间有人工作的空间，空气交换量为4～7次/h。根据前述尾气量和各空间收集的臭气量，需要处理的气体总量为45 000 m^3/h。选用化学淋洗(酸洗＋碱洗)＋生物除臭作为本项目的除臭方法，这一方法管理方便，操作简单，对臭气的处理较为彻底，可以确保达标排放。

表3.2 废气排放浓度

废　　气	允许浓度最高值/(mg/m^3)
NH_3	1.5
H_2S	0.06
臭气浓度(无量纲)	20

3.6.3　工艺计算

1. 蒸发水量

考虑到脱水污泥性质的波动，按其含水率的上下限(75%～85%)和平均值(80%)进行计算，干化污泥目标含水率为40%，据此可以计算出每日的蒸发水量。后续以污泥含水率从80%降至40%为例进行说明(其他情况见表3.3)，蒸发水量为

$$400-400\times(1-80\%)\div(1-40\%)=266.67(\mathrm{t/d})$$

2. 循环水量

带式干化机设计热耗为0.9 (kW・h)/kg H_2O，而干化装置的设计单位电耗为0.1 (kW・h)/kg H_2O。根据日蒸发水量，可以计算出每日水分蒸发的热量需求。从表3.3也可以看出，进场污泥含水率的波动(75%～85%)会导致系统能耗的成倍变化。因此，污水厂污泥含水率应尽量控制在80%以内。

$$266.67\times 1\,000\times 0.9=240\,000\ ((\mathrm{kW\cdot h})/\mathrm{d})$$

热交换器的进水水温为100℃，出水水温为85℃，可提供热量为15 000 kcal/t。考虑热水加热热风的效率为90%，则每天需循环热水为

$$240\,000\times 3\,600\div 90\%\div 4.184\div 15\div 1\,000=15\,296(\mathrm{t/d})$$

3. 余热烟气量

余热烟气和热水换热效率设为90%，则需烟气提供热量为

$$240\,000\times 3\,600\div 90\%\div 90\%\div 24=4.44\times 10^7(\mathrm{kJ/h})$$

烟气初始温度160℃，假设其温降为100℃，平均工作温度130℃，该状态下比重为0.900 2 kg/m^3，比热为1.076 7 kJ/(kg・K)。则需要烟气量为

$$\Delta t=4.44\times 10^7\div(0.900\,2\times 1.076\,7\times 60)=7.63\times 10^5(\mathrm{m^3/h})$$

当进泥含水率波动时，使用烟气量为(5.35×10^5)～(11.45×10^5) m^3/h。一台机组的烟气总量为12×10^5 m^3/h，可以满足污泥干化需求。

表3.3　污泥干化系统的主要处理参数

序号	指　　标	单位	计算值		
1	需要处理的干污泥量	t/d	80	80	80
2	进泥含水率	%	85	80	75
3	进泥含固率	%	15	20	25
4	进泥湿污泥流量	t/d	533.33	400.00	320.00
5	24 h运行时湿污泥量	t/h	22.22	16.67	13.33
6	干化出泥含水率	%	40	40	40
7	干化出泥含固率	%	60	60	60
8	干化污泥出泥量	t/d	133.33	133.33	133.33
9	每日蒸发水量	t/d	400	266.67	186.67
10	每小时蒸发水量	kgH_2O/h	16 666.67	11111.11	7 777.78

续表

序号	指　　标	单位	计算值		
11	单位水蒸发能耗	$(kW\cdot h)/kgH_2O$	0.9	0.9	0.9
12	每日耗热量	$(kW\cdot h)/d$	360 000	240 000	168 000
13	每日循环水供热量	kJ/d	1.44×10^9	9.60×10^8	6.72×10^8
14	每日循环水量	t/d	22 945	15 296	10 707
15	烟气供热量	kJ/h	6.66×10^7	4.44×10^7	3.11×10^8
16	烟气消耗量	m^3/h	11.45×10^5	7.63×10^5	5.35×10^5

4. 循环风量

首先，根据循环风的携湿需求进行分析。根据水量平衡，有如下关系：

补充空气中的水分＋污泥中要去除的水分＝排放空气中的水分＋排放的冷凝水

以单条生产线为对象进行计算。每条生产线的污泥处理量为 100 t/d，将其干化至含水率 40%需要去除水分 2 778 kg/h。系统需要补充少量新空气用于携带气态污染物排出，依据经验设为 6 000 kg/h(绝干空气量，该值不影响系统平衡)。当地平均气温为 25℃，相对湿度为 75%，绝对湿度为 14.93 g/kg，则新空气带入系统的水分为 90 kg/h。在冷凝器之前的排风为 55℃饱和空气，绝干空气量为 6 000 kg/h，绝对湿度为 114.48 g/kg，则排风带走的水分为 687 kg/h。这样，冷凝器排放的水分为

$$2\,778 + 90 - 687 = 2\,181\ (\mathrm{kg/h})$$

冷凝器入口为 55℃的饱和空气，绝对湿度为 114.48 g/kg；出口为 35℃的饱和空气，绝对湿度为 36.55 g/kg。根据全系统水分的质量平衡，可以得到经过冷凝的循环干空气量：

$$2\,181 \times 1\,000 \div (114.48 - 36.55) = 2.80 \times 10^4\,(\mathrm{kg/h})$$

其次，根据系统的热量需求进行分析。根据能量平衡，热水供热与循环风在换热器 3、4、5 处获得的能量相等。

100℃热水换热提供的全部热量为

$$0.9 \times 2\,778 \times 3\,600 = 9.00 \times 10^6\,(\mathrm{kJ/h})$$

换热器 3，入口温度 55℃，绝对湿度 36.55 g/kg，焓值为 151 kJ/kg(参考式(3-18)计算，下同)；出口温度 85℃，绝对湿度保持为 36.55 g/kg，焓值为 183 kJ/kg。因此，循环风在换热器 3 处得到的热量为

$$2.80 \times 10^4 \times (183 - 151) = 8.96 \times 10^5\,(\mathrm{kJ/h})$$

换热器 4，入口空气焓值为 63.18 kJ/kg，升温至 85℃后，焓值为 125.50 kJ/kg。因此补充空气获得的热量为

$$6000 \times (125.50 - 63.18) = 3.74 \times 10^5\,(\mathrm{kJ/h})$$

换热器 5，入口温度 75℃，绝对湿度为 114.48 g/kg，焓值为 377.61 kJ/kg；出口温度 85℃，绝对湿度不变，焓值为 389.91 kJ/kg。因此，换热器 5 处的干空气流量为

$$(9.00 \times 10^6 - 8.96 \times 10^5 - 3.74 \times 10^5) \div (389.91 - 377.61) = 6.27 \times 10^5\,(\mathrm{kg/h})$$

这样，就可以计算出全系统的循环风量。进出干化器的干空气为

$$2.8 \times 10^4 + 6\,000 + 6.27 \times 10^5 = 6.61 \times 10^5\,(\mathrm{kg/h})$$

最后，对系统进行校核。

(1) 整个系统的能量平衡如下:

热水供热 + 补充空气的焓 + 进泥的焓 = 排放空气的焓 + 出泥的焓 + 冷凝水的焓 + 热损失

补充空气带入干化系统的热量为

$$6\,000 \times 63.18 = 3.79 \times 10^5 (kJ/h)$$

进泥 25℃,流量为 4 166.67 kg/h,比热为 3.8 kJ/(kg·℃),它带入干化系统的热量为

$$4\,166.67 \times 3.8 \times 25 = 3.96 \times 10^5 (kJ/h)$$

排放空气的焓值为 352.99 kJ/kg,它带走的热量为

$$6\,000 \times 352.99 = 2.12 \times 10^6 (kJ/h)$$

排泥 40℃,流量为 1 388.89 kg/h,比热为 1.2 kJ/(kg·℃),它带走的热量为

$$1388.89 \times 1.2 \times 40 = 6.67 \times 10^4 (kJ/h)$$

冷凝器干空气流量为 2.80×104 kg/h,其入口焓值为 352.99 kJ/kg,出口焓值为 128.90 kJ/kg,则冷凝水带走的热量为

$$2.80 \times 10^4 \times (352.99 - 128.90) = 6.27 \times 10^6 (kJ/h)$$

则系统的热损失(如设备、管道散热等)为 9.29×10^5 kJ/h,约占系统能耗的 10.32%,与干化设备的实际水平符合。

(2) 对干化机本身。

干空气流量 6.61×10^5 kg/h,入口温度 85℃,绝对湿度为 110.28 kJ/kg,焓值 378.75 kJ/kg,出口温度 75℃,绝对湿度 114.48 kJ/kg(与前述冷凝器入口绝对湿度相同),焓值 377.61 kJ/kg。进出口焓值基本相等。干空气带走的水分为

$$6.61 \times 10^5 \times (114.48 - 110.28) \div 1\,000 = 2\,778\ (kg/h)$$

这与之前的设定相符,系统可以达到平衡。上述计算过程的详细步骤见表 3.4,其中绝对湿度可以查表得到。

计算得到的各部分的循环风量(绝干空气量)可以根据式(3-26)换算为湿空气体积,以便于设备选型。

表 3.4　污泥干化系统热量与能量平衡计算

项　　目	单位	数值	备　　注
热源能耗	kJ/h	9 000 000	
需要去除的水量	kg/h	2 777.78	
补充新鲜干空气量	kg/h	6 000	
新空气温度	℃	25	依照当地天气
新空气相对湿度	%	75	依照当地天气
新空气绝对湿度	g/kg	14.93	依照当地天气
新空气焓值	kJ/kg	63.18	用式(3-18)计算
新空气带入系统水量	kg/h	89.58	
新空气带入的热量	kJ/h	379 056	
排出系统的干空气	kg/h	6 000	
排风的温度	℃	55	

续表

项　　目	单位	数值	备　　注
排风的相对湿度	%	100	
排风的绝对湿度	g/kg	114.48	
排风的焓值	kJ/kg	352.99	用式(3-18)计算
随排风带走的水分	kg/h	686.88	
随排风带走的热量	kJ/h	2 117 917	
冷凝器排出的水分	kg/h	2 180.48	
冷凝器入口温度	℃	55	
冷凝器入口相对湿度	%	100	
冷凝器入口绝对湿度	g/kg	114.48	
冷凝器入口焓值	kJ/kg	352.99	用式(3-18)计算
冷凝器出口温度	℃	35	
冷凝器出口相对湿度	%	100	
冷凝器出口绝对湿度	g/kg	36.55	
冷凝器出口焓值	kJ/kg	128.901 6	用式(3-18)计算
冷凝器进干空气量	kg/h	27 979.95	
冷凝器释放的热量	kJ/h	6 269 878	
进泥流量	kg/h	4 166.67	
进泥比热	kJ/(kg·K)	3.8	
进泥的焓	kJ/h	395 834	
排泥流量	kg/h	1 388.89	
排泥比热	kJ/(kg·K)	1.2	
排泥的焓	kJ/h	66 666.83	机内冷却到40℃
热损失	kJ/h	928 760	
热损失占供热比	%	10.32	
换热器1入口温度	℃	75	
换热器1入口绝对湿度	g/kg	114.48	
换热器1出口温度	℃	55	
换热器1出口绝对湿度	g/kg	114.48	
换热器2入口温度	℃	35	
换热器2入口绝对湿度	g/kg	36.55	
换热器2出口温度	℃	55	
换热器2出口绝对湿度	g/kg	36.55	
换热器3入口温度	℃	55	
换热器3入口绝对湿度	g/kg	36.55	
换热器3入口焓值	kJ/kg	150.51	用式(3-18)计算
换热器3出口温度	℃	85	

续表

项　目	单位	数值	备　注
换热器3出口绝对湿度	g/kg	36.55	
换热器3出口焓值	kJ/kg	182.93	用式(3-18)计算
换热器3的干空气量	kg/h	27 979.95	
经换热器3获得的能量	kJ/h	907 005	
换热器4入口温度	℃	25	
换热器4入口绝对湿度	g/kg	14.93	
换热器4入口焓值	kJ/kg	63.18	用式(3-18)计算
换热器4出口温度	℃	85	
换热器4出口绝对湿度	g/kg	14.93	
换热器4出口焓值	kJ/kg	125.50	用式(3-18)计算
换热器4的干空气量	kg/h	6 000	
经换热器4获得的能量	kJ/h	373 973	
换热器5入口温度	℃	75	
换热器5入口绝对湿度	g/kg	114.48	
换热器5入口焓值	kJ/kg	377.61	用式(3-18)计算
换热器5出口温度	℃	85	
换热器5出口绝对湿度	g/kg	114.48	
换热器5出口焓值	kJ/kg	389.91	用式(3-18)计算
经换热器5获得的能量	kJ/h	7 719 022	
换热器5的干空气量	kg/h	627 080	
进出干化机的干空气量	kg/h	661 060	
进干化机温度	℃	85	
进干化机绝对湿度	g/kg	110.28	
进干化机焓值	kJ/kg	378.75	用式(3-18)计算
出干化机温度	℃	75	
出干化机绝对湿度	g/kg	114.48	
出干化机焓值	kJ/kg	377.61	用式(3-18)计算
带走的水分	kg/h	2 777.78	依据进出风量和湿度计算

3.6.4 设备选型

湿污泥输送：进泥量为13.33～22.22 t/h，采用三台8～12 t/h流量的污泥泵，两用一备；采用2条污泥输送管(DN400钢管)。

湿污泥料仓：设置4个容积为30 m^3料仓，便于灵活调配和检修。

热干化机组：污泥输送至干化车间后经污泥布料机投入到干化机传送带上进行加热干燥。车间共有污泥干化机组4套。在干化机尾部，干化污泥从下带被投入排料箱，两组干化设备对应一条皮带输送机，干料输送至二维可伸缩输送机处，并由后者将干污泥提升至平底料仓。

干污泥出料：采用链板输送机将干化料仓的污泥提升至 2 个水平螺杆输送机，在每个水平螺杆输送机上面设置 3 个出料口，每个出料口对应一个载重量为 10 t 的装卸箱。装卸箱顶部污泥料位计与螺旋输送机出口设置的电动刀闸阀联动。

干污泥运输：干污泥出料口共 6 个装卸箱，另配置 4 只在 4 辆载重 10 t 的运输车上周转使用，每辆车每天运行 4 趟。干料间设置卷帘门，防止臭气外溢，在室内设置臭气收集管道，将臭气统一送至除臭系统进行处理。

其他附属设备包括热水循环设备、冷凝器、冷凝水输送等。该项目主要设备清单见表 3.5。

表 3.5 项目设备清单

功能单元	设备明细	数量	主要参数
污泥进料	污泥输送泵(包括液压柱塞泵、配套给料机、泵液压动力包)	3 台 (2 用 1 备)	单台流量 8～12 m^3/h 功率 45 kW/台
	污泥输送管	2 条	管径 400 mm 每条长度 600 m
	湿污泥料仓与配套的滑架破拱装置(每套为双滑架)	4 座	单座容积 30 m^3
	进料用偏心螺杆泵(包括高压软管及连接件)	8 台	单台流量 1.5～2.5 m^3/h 功率 15 kW/台
干化车间 (4 条线)	污泥布料机(包括切割装置和行走驱动装置)	4 台	切割装置的异步电机功率 2×0.55 kW 驱动装置的异步电机功率 2×0.25 kW
	带式干化机	4 台	每台含烘干带 4 层、清洗装置 4 套和喷淋装置 2 套
	风道系统	4 套	
	循环鼓风机	4 组 (每组 5 台)	每台最大风量 125 500 m^3/h 驱动电机功率 75 kW/台
	排风鼓风机	4 台	每台最大风量 10 000 m^3/h 驱动电机功率 5.5 kW/台
	热气回收加压鼓风机	4 台	每台最大风量 39 200 m^3/h 驱动电机功率 37 kW/台
	热回收系统	4 组	每组功率 184 kW 空气流量 32 500 kg/h 1 台回流泵 2.2 kW 1 套管道系统
	热交换器	4 组 (每组 5 套)	每套功率 538 kW 空气流量 121 000 m^3/h 空气进口温度 75℃，出口温度 85℃ 进水温度 100℃，出水温度 85℃
	冷凝装置(热交换器)	4 个	每个功率 2.455 kW 空气流量 34 000 kg/h 空气进口温度 55℃，出口温度 35℃ 进水温度 30℃，出水温度 39℃

续表

功能单元	设备明细	数量	主要参数
干泥输送	皮带输送机(将干化污泥输送至链板输送机)：每条对应2组干化机	2条	输送能力>3 m^3/h 皮带机宽度500 mm，总长度18 m 电机功率1.5 kW
	链板输送机(将干化污泥提升至水平螺杆输送机)	2套	输送能力>3 m^3/h 运输装置的宽度400 mm 电机功率4 kW 链条宽度390 mm
	水平无轴螺旋输送机(将干化污泥运输至装卸箱内)	2台	能力>3 m^3/h 电机功率1.5 kW
	污泥装载箱	10台	装载量10 t/台 $L\times B\times H=3.5\ m\times 2\ m\times 1.5\ m$
除臭系统	酸洗塔	1	$\phi 2.50\ m, H=9.01\ m$
	碱洗塔	1	$\phi 2.50\ m, H=9.01\ m$
	风机	3	$Q=15\ 000\ m^3/h$
	生物滤池	1	$Q=45\ 000\ m^3/h$

固体废物的好氧堆肥

固体废物中的有机物种类很多，可以分为可生物降解有机质和难生物降解有机质。前者可以采用好氧堆肥、厌氧消化等生物法进行处理，利用微生物作用将其转化为肥料或沼气，实现固体废物的资源化、能源化利用。在微生物作用过程中，固体废物需要提供足够的有机质和适量的水分，同时要避免某些毒性成分对微生物产生抑制效应。因此，为了创造最佳的生物反应条件，在生物处理之前，一般预先对固体废物进行破碎、分选、脱水等处理。

好氧堆肥是一种常用的生物处理技术，它利用好氧微生物将可生物降解的有机质转化为二氧化碳、水和稳定的腐殖质，并利用过程中产生的高温杀灭病原微生物。好氧堆肥产物(有时也简称堆肥，此时可以把处理过程称为堆肥化，分别对应英文的 compost 和 composting，但从中文词汇结构考量，本书以“堆肥”表示技术或工艺，以“堆肥产物”特指固体废物好氧堆肥后获得的目标固态产物)是一类棕黑色、腐殖化的疏松物质，可以作为肥料或土壤改良剂。因此，好氧堆肥可以实现固体废物的稳定化、无害化和资源化。好氧堆肥本质上也可以通过有机质和水分的部分去除实现固体废物的减量化，但有时掺加的辅料量较多，使得堆肥产物的质量、体积相对于固体废物原料变化不大。

4.1 好氧堆肥的基本原理

在好氧堆肥过程中，固体废物中的有机质在有氧条件下，被好氧微生物利用，通过分解代谢(氧化还原过程)和合成代谢(生物合成过程)将有机质逐步转化为二氧化碳、水、腐殖质和细胞质。在微生物代谢过程中，大分子的复杂有机质首先在胞外酶的作用下分解为溶解性小分子有机物，这些物质可以透过微生物的细胞壁、细胞膜进入胞内，并在体内进一步降解或用于合成细胞质。有机质的降解还会释放出热量，这些热量会改变固体废物堆肥体的温度，并反过来影响微生物的生长与活性。

总体上，有机质的分解过程可以用式(4-1)表示，其中产物中的部分水分在吸收热量后会以水蒸气的形式排出。细胞质分解过程可以用式(4-2)表示，细胞质合成过程可以用式(4-3)表示。

$$C_aH_bO_cN_d+\left(\frac{nx}{4}+a-nw+\frac{b}{4}-\frac{d}{12}+\frac{nz}{12}\right)O_2\longrightarrow$$

$$nC_wH_xO_yN_z(\text{堆肥产物})+(a-nw)CO_2+\left(\frac{b}{2}-\frac{nx}{2}-\frac{d}{6}+\frac{nz}{6}\right)H_2O+$$

$$\left(\frac{d}{3}-\frac{nz}{3}\right)HN_3+\text{能量} \tag{4-1}$$

$$C_5H_7NO_2+5O_2\rightarrow 5CO_2+2H_2O+NH_3+\text{能量} \tag{4-2}$$

$$nC_xH_yO_z+NH_3+\left(nx-5+\frac{ny}{4}-\frac{nz}{2}\right)O_2\longrightarrow$$

$$C_5H_7NO_2+(nx-5)CO_2+\left(\frac{ny}{2}-2\right)H_2O \tag{4-3}$$

4.1.1　好氧微生物的作用

微生物在固体废物堆肥过程中起到了核心作用，其来源包括固体废物本身携带的微生物（如污泥堆肥时污泥本身含有多种微生物），人工加入的接种物（如园林绿化废物堆肥时加入污泥、粪渣、牛粪等接种）或菌剂，以及来自于周边环境中的微生物（如堆体附近土壤、空气等环境介质中微生物迁入堆体）。在堆肥处理过程的不同阶段，各类微生物协同作用，使有机质分解、转化，影响着堆体环境，同时微生物本身也受到堆体环境的影响，群落结构和数量发生着有规律的演化。

1. 细菌

细菌（*Bacteria*）是一类原核生物，通常有球形、杆形和螺旋形。它们可以分泌胞外酶分解大分子有机物，并进一步利用小分子有机物合成细胞质或将其分解产生热量。好氧堆肥初期，温度较低，堆体内主要是嗜温细菌。随着热量的积累，堆肥温度升高，部分嗜温细菌死亡，嗜热细菌成为主体，主要为杆菌。当堆体中大部分易降解有机物被分解，有机质氧化释放的热量减少，堆肥温度下降，嗜热细菌减少，嗜温细菌又开始增多。

细菌在堆肥过程中占微生物的绝大部分。堆肥过程中的典型细菌有枯草芽孢杆菌（*Bacillus subtilis*），地衣芽孢杆菌（*Bacillus licheniformis*）和环状芽孢杆菌（*Bacillus circulans*）等芽孢杆菌属。芽孢杆菌是好氧或兼氧革兰氏阳性菌，都可以在恶劣环境条件下进入孢子休眠期，形成具有明显抗逆作用、适应极性环境的芽孢；而环境适宜生长时，芽孢就进入生殖生长期，成长为活跃的细菌。枯草芽孢杆菌广泛分布在土壤及腐败的有机物中，以容易在枯草浸汁中繁殖而得名。它可以利用蛋白质和多种糖，分解色氨酸，且不会产生毒素。地衣芽孢杆菌是一种土壤中常见的嗜热细菌，具有较强的蛋白酶、脂肪酶、淀粉酶的活性，可以使复杂大分子有机物分解。环状芽孢杆菌以菌落内部圆形流动而得名，常见于土壤、污水中，是一种兼氧菌，也可以分解各类大分子有机物。

2. 放线菌

放线菌（*Actinomycetes*）也是一类原核生物，属于细菌域放线菌门，能形成分枝菌丝，主要以孢子繁殖。放线菌的菌丝可分为营养菌丝、气生菌丝和孢子丝。营养菌丝也叫基内菌丝，主要功能是吸收营养物质，有的可产生不同的色素；气生菌丝叠生于营养菌丝上，又称二级菌丝；孢子丝是在气生菌丝上长出的可以分化形成孢子的菌丝。放线菌广泛存在于土壤、水等环境介质中，大多数是好氧菌，少数是兼氧菌和厌氧菌。它们能够分解淀粉、蛋白质、纤维素、半纤维素、木质素等。

在堆肥过程中，典型的放线菌有链霉菌属（*Streptomyces*）、小单胞菌属（*Micromonospora*）、高温放线菌属（*Thermoactinomyces*）等。链霉菌主要分布在土壤中，为好氧或兼氧菌，有较强的分解蛋白质、淀粉、纤维素、木质素等的能力。小单胞菌大多为好氧菌，能够分解蛋白质、淀粉以及不易降解的纤维素、几丁质、木聚糖等。高温放线菌具有发育良好的菌丝，可以适应堆肥高温条件，能够分解淀粉、纤维素、木质素和蛋白质。根据基因分析，高温放线菌更接近于芽孢杆菌属，同时它也会产生内生孢子，因此也有人将其归类于芽孢杆菌。

3. 真菌

真菌（*Fungi*）属于真核生物域真菌界，包括壶菌门、接合菌门、子囊菌门、担子菌门等4门。在堆肥过程中，真菌是木质素和其他复杂有机质的重要分解者。真菌可以分为中温真菌和高温真菌，中温真菌生长温度范围在5～37℃，主要存在于堆肥初期和后期。高温真菌的最佳生长温度在40～50℃，包括嗜热真菌、青霉菌、白地霉、枝孢菌、曲霉、毛霉、根霉和犁头霉等。当温度达到60℃时，真菌几乎消失。在堆肥过程的后期，其他易降解有机质分解完成，堆体温度降低，真菌开始发挥主要作用。真菌可以利用分泌的胞外酶和具有机械穿插能力的菌丝协同降解纤维素、半纤维素和木质素等有机物，其中，白腐菌具有最强的木质素分解能力。

4. 原生动物

原生动物属于真核生物域原生动物界，它们由单细胞组成，能够运动，广泛存在于土壤、淡水和海水环境中，大多数为异养生活，少数（如眼虫）体内有叶绿素，可以进行光合作用。纤毛虫等原生动物有时会出现在堆肥过程中，存在于堆肥物料的水滴中且以细菌或者真菌为食。

5. 后生动物

除上述微生物外，堆肥系统中还可能存在其他的微小动物，它们属于真核生物域动物界，也被称为后生动物。线虫（*Aschelminthes*）普遍存在于土壤、淡水和海水环境中，绝大多数营自生生活，少部分营寄生生活。线虫种类丰富，在堆肥过程中，开始主要是一些仅以细菌为食的线虫，随后以细菌为食的头叶科线虫和以真菌为食的滑刃科线虫开始出现，在堆肥的腐熟期拟单齿线虫（以细菌为食）占优势，最后是粒线虫（以真菌为食）占主导。轮虫身体为长形，头部有一个由1～2圈纤毛组成、能转动的轮盘，可以帮助轮虫运动和摄食。此外，还有跳虫、潮虫、蚯蚓等，它们在堆体稳定化和物质循环中也发挥了一定作用。

4.1.2 有机质的好氧转化

有机固体废物中，淀粉、蛋白质、脂类等属于易降解有机质，纤维素、半纤维素降解相对缓慢，而木质素降解最难。纤维素、半纤维素和木质素可以结合在一起形成木质纤维素，受到木质素的包裹，纤维素、半纤维素的降解也受到影响。有机质的具体降解路径如下：

1. 淀粉的分解

淀粉是易降解糖类的代表，包括直链部分（葡萄糖由 α-1,4-糖苷键连接）和支链部分（与直链连接处为 α-1,6-糖苷键）（见图 4.1）。淀粉降解的主要步骤包括水解为葡萄糖，葡萄糖的氧化分解。

参与淀粉水解的酶主要有淀粉酶、脱支酶和麦芽糖酶。淀粉酶是指参与淀粉 α-1,4-糖苷键水解的酶，包括 α-淀粉酶和 β-淀粉酶。α-淀粉酶也叫内切淀粉酶、α-1,4-葡萄糖水解酶，该酶随机作用于淀粉链内部的 α-1,4-糖苷键，而对 5 个非还原末端的葡萄糖基不起作用。在 α-淀粉酶的作用下，直链淀粉的水解产物为葡萄糖、麦芽糖、麦芽三糖、低聚糖，而支链淀粉的水解产物为葡萄糖、麦芽糖、麦芽三糖、极限糊精。β-淀粉酶也叫外切淀粉酶，可以从淀粉的非还原末端每次切下 2 个葡萄糖基，在其作用下，直链淀粉的水解产物为麦芽糖，而支链淀粉的水解产物为麦芽糖和极限糊精。脱支酶是指参与淀粉 α-1,6-糖苷键水解的酶，可以将淀粉支链脱离。麦芽糖酶可以将麦芽糖进一步水解为葡萄糖。

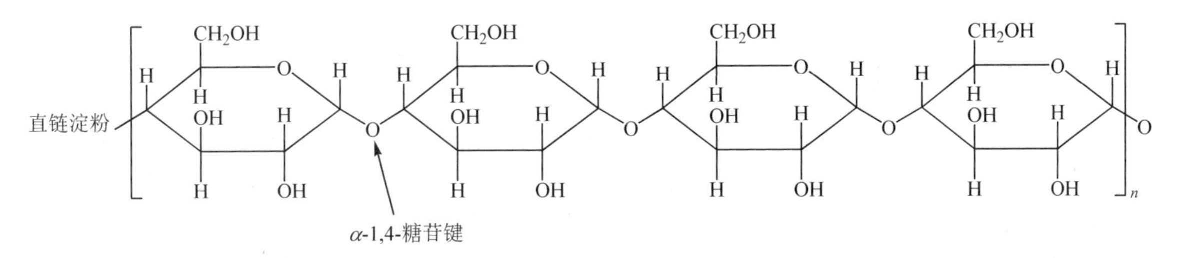

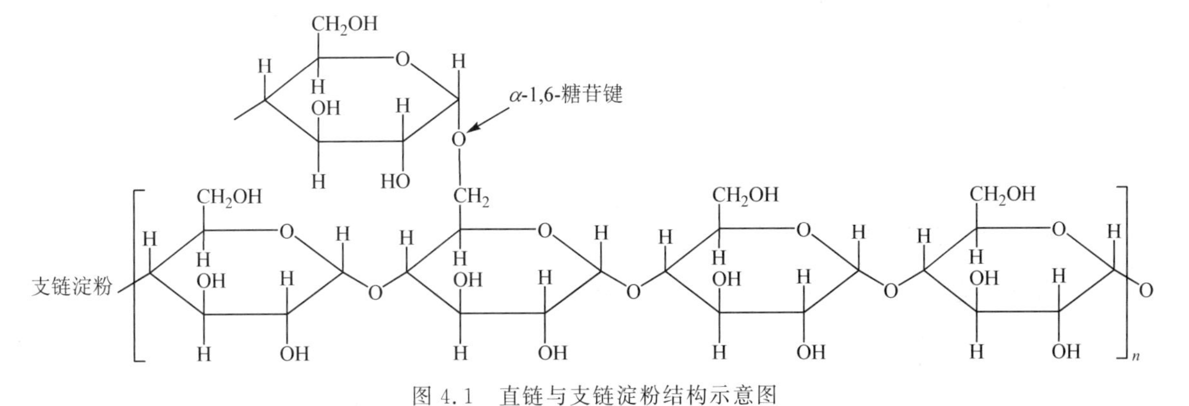

图 4.1　直链与支链淀粉结构示意图

2. 纤维素的分解

纤维素是由数百至上万个 β-D-葡萄糖通过 β-1,4-糖苷键连接的直链分子（见图 4.2）。纤维素是植物细胞壁的主要成分，通常与半纤维素、果胶和木质素结合在一起。纤维素是自然界中分布最广、含量最多的一种多糖，占植物界碳含量的 50%以上。一般木材中，纤维素占 40%～50%，还有 10%～30%的半纤维素和 20%～30%的木质素。木材中的纤维素分子整齐规则的排列，葡萄糖分子的羟基在分子内部或外部与氢离子结合，没有游离羟基，形成结晶构造，这样酶分子和水分子难以入侵到内部。纤维素可以在纤维素酶或酸的作用下水解为 β-葡萄糖，结晶纤维素比无定形部分难降解。纤维素具有许多同质异晶体，因此纤维素酶也具有多样性，许多微生物可以产生两种以上的纤维素酶，协同降解纤维素。

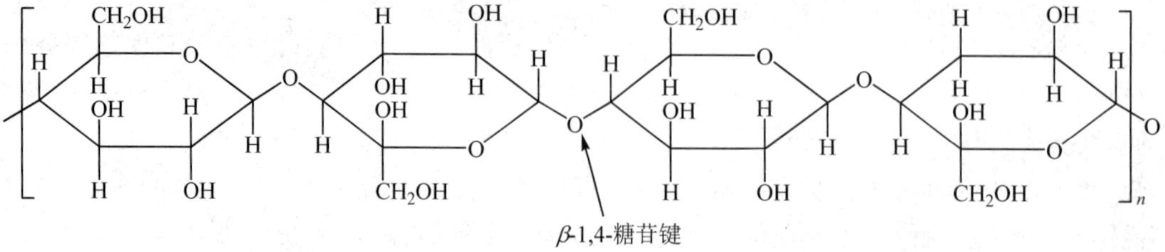

β-1,4-糖苷键

图 4.2 纤维素的结构

根据水解纤维素的功能特点，纤维素酶可以分为内切纤维素酶、外切纤维素酶、纤维二糖酶。内切纤维素酶可以作用于纤维素内的无定形区，随机水解 β-1，4 糖苷键，产生大量小分子纤维素，也提供更多的纤维素末端。外切纤维素酶也叫纤维二糖水解酶，用于纤维素分子的末端，依次切下纤维二糖，它可以作用于纤维素分子内的结晶区、无定形区和羧甲基纤维素。纤维二糖酶可以将纤维二糖水解为葡萄糖。

3. 半纤维素的分解

半纤维素是由几种不同类型的单糖构成的异质多聚体，这些糖是五碳糖和六碳糖，包括葡萄糖、木糖、甘露糖、阿拉伯糖和半乳糖等。单糖聚合体间分别以共价键、氢键、醚键和酯键连接，它们与伸展蛋白、其他结构蛋白、壁酶、纤维素和果胶等构成具有一定硬度和弹性的细胞壁，半纤维素主要分为三类，即聚木糖类、聚葡萄甘露糖类和聚半乳糖葡萄甘露糖类。半纤维素与纤维素间无化学键合，相互间有氢键和范德华力存在。半纤维素与木素之间也可能以苯甲基醚的形式连接起来，形成木素一碳水化合物的复合体。

半纤维素需要在多种半纤维素酶的作用下降解为单糖。除酶作用外，半纤维素还可以在碱、酸作用下水解，且遇酸后远较纤维素易于水解。

4. 木质素的分解

木质素是由苯丙烷单元通过碳-碳键和醚键连接而成的非晶态无定形聚合物，在植物中主要位于纤维素纤维之间，起抗压作用。苯丙烷是木质素的基本结构单元，对应三种醇单体，包括 β-香豆醇、松柏醇和芥子醇(见图 4.3)。它们分别对应 3 类复杂酚类聚合物，即对羟苯基木质素、紫丁香基木质素和愈创木基木质素。

与纤维素、半纤维素相比，木质素的生物降解最为困难。在微生物酶作用下，木质素结构单元间的连接键断裂，并对侧链进行修饰，使原来的高分子化合物分解为低分子物质。木质素降解酶主要包括锰过氧化物酶、木质素过氧化物酶和漆酶。此外，芳醇氧化酶、乙二醛氧化酶、葡萄糖氧化酶、酚氧化酶、过氧化氢酶、新阿魏酰酯酶、对香豆酰酯酶也与木质素的降解密切相关。锰过氧化物酶可以在过氧化氢存在时氧化酚型木质素与木质素模型物，使芳香环多聚体氧化分解。木质素过氧化物酶也可以在过氧化氢存在时氧化分解芳香环多聚体，并催化断裂木质素侧链的 C_α-C_β 链。漆酶是一种含四个铜离子的多酚氧化酶，它可以

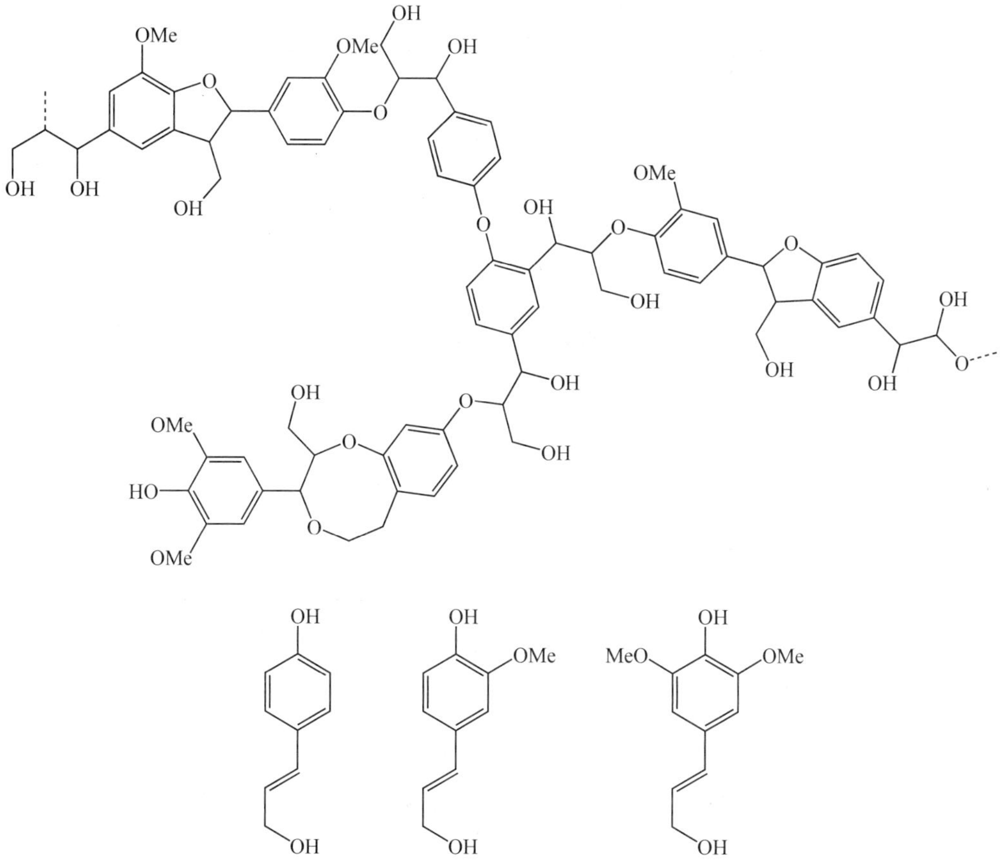

b-香豆醇　　松柏醇　　芥子醇

图 4.3　木质素与其典型结构单元

在没有过氧化氢和其他次级代谢产物时催化氧化有机质，破坏木质素苯酚结构单元，这被认为是木质素降解的启动步骤。苯酚被氧化后产生含苯氧自由基的活性基团，导致芳香基裂解。一般认为漆酶催化底物氧化和对 O_2 的还原是通过四个铜离子协同地传递电子和价态变化实现的，整个反应过程需要连续的单电子氧化作用来满足漆酶的充分还原，还原态的酶分子再通过四电子转移传递给分子氧，使其还原为水。例如，漆酶催化合多酚化合物如氢醌时，底物氢醌首先向漆酶转移 1 对电子生成半醌-氧自由基中间体，然后是不均等非酶反应，2 分子半醌生成 1 分子氢醌和 1 分子苯醌。漆酶同时具有催化解聚和聚合木质素的作用，因此单独存在时不能降解木质素，只有同时存在其他酶，避免反应产物重新聚合时，才有较高的木质素降解效率。

自然界中木质素的完全降解是真菌、细菌、放线菌及相应微生物群落共同作用的结果，其中真菌起着主导作用，放线菌降解能力次之，细菌降解能力最弱。降解木质素的真菌主要有白腐菌、褐腐菌、软腐菌等，其中白腐菌的降解能力最强。白腐菌对木质素的降解主要依靠特殊的胞外水解酶和氧化酶的作用，存在至少 3 种降解过程：①丙烷基侧链 C_α-C_β 链氧化断裂形成苯甲酸；②β-芳醚键和侧链结构改变；③芳香环通过氧化开环发生降解。白腐菌对木质素的降解是以自由基为基础的链反应过程，这种自由基反应是非特异性的，可以导致各种连接键的断裂，使木质素解聚成各种低分子量片段，如小分子羧酸、醇等，再通过三羧酸循环等途径彻底氧化成为CO_2。

5. 单糖的分解

淀粉、纤维素、半纤维素等多糖氧化分解产生葡萄糖等单糖。糖的分解代谢是生物体取得能量的主要方式，主要有3条途径：糖的无氧氧化（糖酵解）、糖的有氧氧化和磷酸戊糖途径（pentose phosphate pathway，PPP途径）。在有氧条件下，葡萄糖在细胞质内经糖酵解（Embden-Meyerhof-Parnas pathway，EMP途径）生成丙酮酸，丙酮酸在原核生物细胞质和真核生物线粒体内生成乙酰辅酶A（乙酰CoA），乙酰CoA再经过三羧酸（TCA）循环（或乙醛酸循环，只有植物有）最终生成CO_2和水。TCA循环中柠檬酸合酶、异柠檬酸脱氢酶、α-酮戊二酸脱氢酶复合体是反应的关键酶和调节点。葡萄糖生成丙酮酸的EMP途径总反应过程如下：

$$C_6H_{12}O_6 + 2NAD^+ + 2Pi + 2ADP \rightarrow 2CH_3COCOOH + 2NADH + 2H^+ + 2ATP + 2H_2O$$

葡萄糖还可以经PPP途径生成CO_2和水。这也是戊糖分解代谢的主要途径。此途径是由6-磷酸葡萄糖（G-6-P）开始，故亦称为己糖磷酸旁路。其总反应过程为

$$G\text{-}6\text{-}P + 12NADP^+ + 7H_2O \rightarrow 6CO_2 + Pi + 12NADPH + 12H^+$$

6. 蛋白质的分解

在好氧堆肥过程中，微生物分泌多种酶使蛋白质水解。蛋白酶是水解蛋白质肽链的酶的总称，也叫肽酶，按其降解多肽的方式分成内肽酶和端肽酶两类。前者可把大分子量的多肽链从中间切断，形成分子量较小的朊和胨；后者也叫外肽酶，可分为羧肽酶和氨肽酶，它们分别从多肽的游离羧基末端或游离氨基末端逐一将肽链水解生成氨基酸。氨基酸除用以合成微生物自身的蛋白质、多肽及其他含氮物质外，还可以通过脱氨作用、转氨作用、联合脱氨或脱羧作用分解成α-酮酸、胺类及CO_2。α-酮酸可以转变成糖、脂类或再合成某些非必需氨基酸，也可以经过TCA循环氧化成CO_2和水，并放出能量。

7. 脂类的分解

脂肪在微生物体内酶作用下水解为甘油、脂肪酸。甘油经甘油激酶作用生成3-磷酸甘油，然后脱氢生成磷酸二羟丙酮，再沿糖酵解途径变为丙酮酸，丙酮酸生成乙酰CoA，然后经TCA循环氧化成CO_2和水，并放出能量。脂肪酸可经β-氧化、丙酸氧化、α-氧化、ω-氧化、不饱和脂肪酸氧化等途径分解。在主要的β-氧化过程中，脂肪酸首先在ATP、CoA-SH、Mg^{2+}存在下由脂酰CoA合成酶催化生成脂酰CoA，脂酰CoA在脂肪酸β-氧化酶系催化下，进行脱氢、加水、再脱氢及硫解等4步连续反应，脂酰基断裂生成一分子乙酰CoA和一分子比原来少了两个碳原子的脂酰CoA。这一过程重复进行，脂肪酸逐步分解为乙酰CoA。这一反应在脂酰CoA烃链的α、β-碳原子间进行，最后β-碳被氧化成酰基，故称为β-氧化。乙酰CoA经TCA循环生成CO_2和水，并放出能量。

8. 腐殖质的形成

腐殖质（humus）在环境中广泛存在，如土壤、湖泊、河流、海洋中，是动植物遗体经过长

期的物理、化学、生物作用而形成的多种复杂有机物，分子量从数百至数十万，含有芳苯环及羧基、酚基、酮基等多种含氧官能团及氨基、环氮基、甲基等不含氧基团，具有良好的生理活性和吸收、络合、交换等功能，对碳循环、土壤理化性质、环境质量等方面有重要影响。腐殖质大致可以分为胡敏酸(humic acid)、富里酸(fulvic acid)、胡敏素(humin，也称为腐黑物)等，胡敏酸可溶于碱但不溶于酸，富里酸可溶于碱也可溶于酸，而胡敏素既不溶于碱也不溶于酸。二价和三价的胡敏酸盐是不溶于水的，而富里酸的二价和三价盐均溶于水。胡敏酸和富里酸更具环境重要性，它们可以统称为腐殖酸(在农业领域有时也称为腐植酸)；有时也将胡敏酸单独称为腐殖酸，而将胡敏酸和富里酸称为总腐殖酸；本书为便于阅读，采用前一种方式。腐殖酸上有活泼的氢离子，呈弱酸性，组成元素主要为C、O、H，约占90%，此外还有N、S等元素。腐殖酸本身可以作为肥料成分，用于改善土壤性质，目前工业生产中主要从泥炭、褐煤和风化煤等原料中提取。腐殖酸类肥料多为复合肥，与氮、磷、钾、铁等微量营养元素一起构成硝基腐殖酸、腐殖酸钙和腐殖酸铁等；也有用纯腐殖酸作为肥料的，主要是将腐殖酸溶于水，配成腐殖酸液态肥，对植物进行喷洒或浇灌，促进植物生长；腐殖酸液态肥也可以提高种子发芽率，因此也被用于浸种。

在有机固体废物好氧堆肥过程中，原料中的腐殖酸会逐步演化，而其他有机质除矿化为CO_2和水外，也会转化为腐殖酸，从而实现堆肥产品的稳定化。因此，可以用腐殖酸含量，尤其是分子量更大的胡敏酸含量，作为评估堆肥产品成熟度的指标。腐殖酸的具体形成过程还缺乏定论，通常认为腐殖酸源自木质素及其分解产物或多酚的转化，其中，木质素来源的醌以及由微生物合成的醌是形成腐殖质的主要中间物质，另外，还原糖和氨基酸经过非酶聚合形成的褐色含氮聚合物也可能是腐殖酸的成分之一。

4.1.3 堆肥的影响因素

影响固体废物好氧堆肥的因素很多，其中供氧和温度是两个最重要的影响因素，其他因素还包括物料的有机质含量、含水率、粒径、碳氮比、碳磷比、辅料等。

1. 有机质含量

有机质是堆肥过程中微生物转化的对象，可以释放热量维持堆体温度。如果物料中有机质含量过低，就不能满足微生物生长的需求，分解产生的热量也不能维持堆肥所需要的温度，无害化效果和肥料性能都会变差。因此，用于堆肥的固体废物有机质含量不宜低于50%，对于有机质含量偏低的物料，可以掺加高有机质含量的辅料进行调配。虽然高有机质含量的固体废物适宜堆肥，但有机质快速分解时需要大量氧气，需要采取措施保证堆体的氧气供应充足，同时堆体温度可能会升至70℃以上，也需要通过通风或翻堆进行控制。

2. 水分含量

水分是微生物生长必需的物质，堆体内物质的迁移转化和微生物体内的物质代谢，都需要足够的水分。然而，过高的水分含量会影响堆体通风，引起厌氧环境，同时水分蒸发会带走大量热量，使堆体难以升温。因此，物料中的初始水分含量一般应保持在40%～60%，物料有机质含量高时，水分含量可以略高；物料有机质含量偏低时，水分含量也适宜略低。对于过高含水率的物料，如脱水污泥(含水率80%)，可以掺加低含水率的物料作为辅料。对于过低含水率的物料，可以适当喷洒水分，维持堆体合适的含水率。

3. 氮磷含量

堆肥过程依赖于好氧微生物，它们需要代谢各类碳源产生能量并合成细胞质，同时也需要氮、磷等营养元素。因此，要促使微生物高效转化有机质，就需要提供营养均衡的原料。碳氮比是影响微生物活性的关键因素，微生物自身的碳氮比为4～30，用作其营养的物料碳氮比也应在此数值范围内，一般为(20∶1)～(30∶1)。过高过低的碳氮比都会影响堆肥效率，此时需要引入辅料进行调配。秸秆、枝叶、草沫、木屑等固体废物的碳氮比较高，而鸡粪、猪粪、粪渣、污泥等固体废物的碳氮比较低，它们可以优化搭配进行共堆肥。在堆肥后期，随着碳的转化，堆料的碳氮比会逐渐降低。如果堆肥产品的碳氮比过高，微生物降解这些有机质时会与植物竞争土壤中的氮，从而直接或间接阻碍植物的生长发育。

除碳和氮以外，磷也是堆肥过程中微生物生长所必需的重要营养元素。适宜的碳磷比通常为(75∶1)～(150∶1)。污泥、粪便等固体废物都含有丰富的磷，因此这类废物不需要额外调节磷含量。

4. 颗粒粒径

堆肥原料的颗粒粒径对处理效率有显著影响。一方面，颗粒越小，比表面积越大，生物反应越易进行；另一方面，颗粒越小，彼此间的空隙也越小，更容易被水分堵塞，影响堆体通风供氧，同时颗粒破碎的成本也越高。因此，堆肥适宜的颗粒粒径一般为1～6 cm，材质较软的物料，如废纸、厨余垃圾、污泥等，粒径应大一些；材质较硬的物料，如绿化废物、秸秆等，粒径可以小一些。

5. 温度

固体废物堆肥过程中，有机质分解产生的热量会使堆体温度上升，温度变化反过来又会影响微生物活性。温度过低时，有机质分解速率慢，无法杀灭病原微生物；温度过高时，微生物大量死亡，活性受到抑制，有机物分解停滞，堆肥质量也无法达到要求。因此，维持堆体的适宜温度是保障有机质转化和病原微生物灭活的基本要求。堆肥高温期(55℃以上)一般应维持5天以上[①]。为了满足堆体升温要求，除了采用有机质含量和水分含量合适的物料外，还可以给堆体进行保温，或适当加大堆体以减少比表面积，进而减少散热。需要注意的是，堆体过大也会影响氧气、二氧化碳和水分等物质的传输，可能在堆体内部产生厌氧状态，甚至抑制生物反应。要避免堆体温度过高，则可以加强堆体翻堆和通风，带走多余热量。

6. 氧气

通风供氧是好氧生物处理过程的基本要求。供氧量取决于原料中有机物含量和元素组成以及可生物降解的比例，可以使用式(4-1)计算理论氧气量，再换算成理论空气量。在工程中，为了保证堆体充分好氧，一般实际通风量是理论空气量的2倍以上。在强制通风静态堆肥时，风量适宜为0.05～0.20 $m^3/min/m^3$ 堆料；在机械发酵仓内，则需要依据生产试验

---

① 生活垃圾堆肥处理技术规范 CJJ 52—2014。

确定。在堆层高度低于 3 m 时，风压可以按堆层每升高 1 m 增加 1 ～1.5 kPa 计算。物料有机质含量或含水率低时，风压可取下限，反之取上限。

4.2　好氧堆肥的处理过程

堆肥工艺通常由前处理、一次发酵（也叫快速发酵）、二次发酵（也叫腐熟）、后处理等环节组成，此外还需要除臭、产物加工、贮存等配套工序。一般工艺步骤如图 4.4 所示。

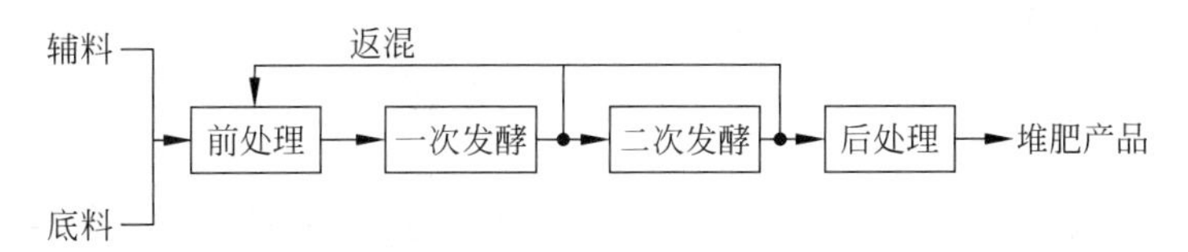

图 4.4　堆肥的常用工艺步骤

1. 前处理

堆肥原料中可能含有不适合堆肥或者对堆肥过程有不利影响的成分，需要预先去除；原料还需要具备合适的碳氮比和含水率，以便于微生物繁殖，因此需要进行预先调配；原料本身可能颗粒过大或者大小不够均匀，需要进行破碎、均质处理，以提高原料的比表面积，帮助微生物降解有机物，同时改善堆体的孔隙率与透气性能，以便均匀充分地通风供氧。要达到除杂、均质的目标，可以采用破碎、分选等手段进行原料处理；对于碳氮比、含水率等问题，可以使用合适的辅料，与原料混合后使混合物满足堆肥要求。

市政污泥、化粪池粪渣、禽畜粪便、池塘底泥、厨余垃圾、园林废物等有机废弃物可以作为堆肥原料，也可以彼此作为辅料。其他常用的辅料还有木屑、秸秆、稻壳、树叶、草沫、树皮、干果壳等，它们既可以增加堆体碳氮比，降低堆体含水率，还可以提高堆体孔隙率，促进通风。此外，一些不降解材料如橡胶颗粒、陶粒、沸石等也可以用于改善堆体形状，但堆肥后这些辅料（也可以叫作调理剂）需要从堆肥产品中分离出来。

此外，对于缺乏丰富微生物的有机固体废物，还需要对原料进行接种，接种物可以是污泥、牛粪、沼泽土等。在堆肥的持续运行过程中，还可以返混一次发酵或二次发酵后的部分物料，实现对原料的接种和性状调节（含水率、粒径等）。

2. 一次发酵

随着有机质的转化，固体废物的好氧堆肥过程大致可以分为升温、高温和降温阶段，在这一过程中，有机质大量降解，仅剩下降解困难的木质素等有机物。不同物料的一次发酵时间长短不同，一般在 4～20 天。这一过程需要大量氧气，因此一般采用翻堆搅拌或强制通风的方式满足有机质氧化的要求。如果原料中不含有木质素等难降解有机物，堆肥过程可以只采用一次发酵，但需要对产品的稳定性进行评估，保证满足肥料施用要求。

1）升温阶段

升温阶段亦称中温阶段、产热阶段。在堆肥初期，嗜温好氧微生物活跃，主要是细菌，其次是放线菌和真菌。它们降解原料中的易降解有机物，同时释放出大量热能，使堆体从环境温度逐步上升至 55℃左右。升温阶段较短，通常堆体温度在 3～5 天内即可上升至 55℃以上。在该阶段，糖类、蛋白质、木质素等不能被完全降解。

2）高温阶段

堆体温度上升至55℃以上后，即可视为高温阶段。在该阶段，嗜温微生物受到抑制甚至死亡，嗜热微生物开始活跃，升温阶段产生的中间产物继续分解，而半纤维素、纤维素和蛋白质等大量分解。由于嗜热微生物的适宜温度有所不同，在高温阶段嗜热微生物的群落结构随温度变化而演替。在50℃左右活动的主要是嗜热真菌和放线菌；温度上升到60℃时，真菌几乎完全停止活动，仅有嗜热放线菌与细菌在活动；温度升到70℃以上时，大多数嗜热微生物死亡或进入休眠状态。因此，堆肥高温阶段一般控制温度在55～70℃，这是因为大多数微生物在此范围内最活跃，降解能力最强，而大多数致病微生物可在此温度段被杀死。

3）降温阶段

随着堆体温度的升高，有机质被大量降解并部分转化为腐殖质，相应地，微生物从对数生长期逐渐进入到减速生长期和内源呼吸期。在内源呼吸期后期，堆体中只剩下难降解的木质素和新生成的腐殖质等，此时微生物活性下降，发热量减少，堆体温度下降。该阶段是好氧堆肥的降温阶段，此时嗜温微生物重新变成优势菌，对残余有机物进一步分解转化，腐殖质不断增多，因此也叫腐熟阶段。降温后，堆体需氧量显著减少，含水量明显降低，堆体孔隙增加，氧扩散能力增强，此时可只采用自然通风。

3. 二次发酵

经过一次发酵后，为了使尚未分解的及较难分解的有机物全部分解，得到腐殖酸等比较稳定的有机物，通常还需要进行二次发酵。二次发酵时，堆体温度较低，由于需氧量少，堆体孔隙多，因此可以采用自然通风。二次发酵时间一般为30～90天，时间较长。在不需要种植作物的土地上，也可以直接施用一次发酵的产物，利用自然条件完成腐熟过程。

4. 后处理

经过二次发酵后的堆肥产物，还要根据肥料要求进一步调控其粒径、水分和氮磷钾等营养元素含量等，对于含有杂质的产物还要利用各种分选设备去除杂质。最终堆肥产品可装袋后出售。

5. 除臭

在充分好氧的反应条件下，堆肥过程释放的臭味很少，但由于堆体中不可避免地存在少量厌氧区，因此会产生氨、硫化氢、甲基硫醇、胺类等臭味物质。此外，在固体废物进场、储存、输送过程中，也可能产生臭味，因此必须对各车间内部空气进行脱臭处理。除臭方法包括物理法、化学法和生物法。物理法是利用活性炭、沸石等对臭气进行吸附，但该方法效率较低。化学法是利用酸、碱水溶液对臭气中的臭味物质进行吸收，也包括在堆体等位置喷洒除臭剂。生物法是利用成熟堆肥构建生物滤池（见图4.5），令臭气流过，使臭味物质

图4.5 布置在堆肥车间外侧的生物滤池除臭装置

在微生物作用下分解。近年来,等离子体氧化系统也被用于除臭处理,在外加电场的作用下,电晕或介质放电产生等离子体,高能粒子可以使臭味物质分解,同时自由基还可以氧化臭味物质,使它们转变为无臭的小分子物质。由于生物滤池法成本最低,效果良好,在各类固体废物堆肥项目中广泛应用。

6. 贮存

堆肥产品的施用具有季节性,因此堆肥企业要满足产品贮存需求。堆肥产品可以在室内堆放,也可以室外堆放,但需要防水、避雨,还可以袋装后贮存,保持干燥透气。

4.3 好氧堆肥的工艺类型

好氧堆肥项目采用的前处理工艺类似,包括料仓、输送机、破碎机、混料机等设备。运输车辆进入厂区称重后,将固体废物卸入贮料仓或进料斗中,然后通过破碎、筛分、混料等设备进行物料预处理,处理好的物料被堆成适当形状的堆体,或置入发酵设施/设备中。目前常用的好氧堆肥工艺包括静态垛式、发酵槽式、发酵塔式和滚筒式等。

1. 静态垛式

静态垛是不采用翻堆操作的条垛。经前处理的有机固体废物以垛状堆置,可以排列成多条平行的条垛。条垛的断面形状可以是梯形、近三角形等,具体可以根据物料特性确定。条垛上面用塑料布或简易棚挡雨,地面应坚硬平整,堆体依靠有机质氧化散发的热量升温,一般不采用保温措施。静态垛根据运行方式可以分为自然通风静态垛和强制通风静态垛。当条垛依靠空气自然扩散供给空气时,称为自然通风静态垛,堆层高度宜为1.2～1.5 m,当物料有机物和水分含量较高时可取下限。当条垛依靠底部通风管路供氧时,称为强制通风静态垛(见图4.6),堆体高度应不超过2.5 m,而当原料含水率较高时,堆体高度不应超过2.0 m。由于静态垛通风依赖于空气在堆体缝隙的扩散和转移,因此物料应保持松散。如采用木屑、树皮等难降解辅料改善堆体结构时,可以在一次发酵后将其从产物中分离,重复使用。为了强化微生物接种,可以将堆肥产物返混,或者在条垛布置好后,在表面覆盖一层过筛的堆肥产物。

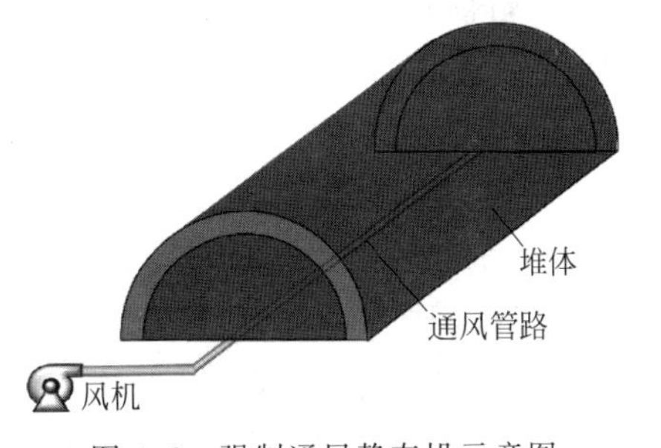

图4.6　强制通风静态垛示意图

静态垛式堆肥工艺简单,运行维护成本低,但堆肥周期较长,容易受天气环境的影响,在通风受阻的情况可能产生恶臭。堆体表面氧气充足,但温度较低,堆体内部供氧受限,但温度较高,因此堆体不同部位物料的反应程度可能有较大差距。因此,静态垛式堆肥适用于具有空旷场地、天气温暖干燥、对处理周期要求低的场景。

2. 翻垛式

为了克服静态垛存在的不足,在大规模的条垛系统中,可以采用机械设备对条垛进行翻动。通过堆体的翻动，使物料均匀，同时增强了供氧和水分散发，因此可以提高堆肥效率，减少占地面积。由于翻堆会造成堆体热量的大量散失，因此翻堆次数也不宜过于频繁。对于翻垛式堆肥系统，如果有强制通风，可以每天或每 2 天翻堆 1 次；如果没有强制通风，适宜每天翻堆 1～3 次，气温较高时可以取较大值。

翻垛机械可以使用铲车或者专门的翻垛设备。翻垛设备有多种形式，图 4.7 为一种常用的形式。翻垛设备一般在下方设有轮胎或导轨，推动设备沿堆体两侧前行；上方设有操控室，控制前进速率和翻抛强度；中间为翻堆的机械装置，如桨叶、翻板、滚筒、戽斗等。

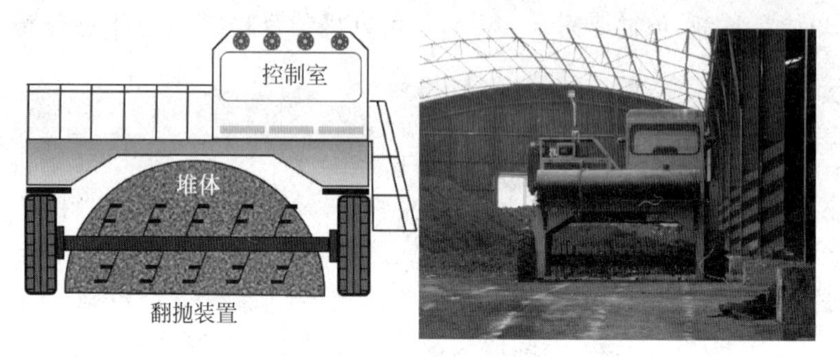

图 4.7　堆肥翻垛机械示意图与实物照片

3. 槽式

在场地堆置条垛时，上窄下宽，也很难保证条垛的不同截面完全一致。为了进一步节约用地，均匀物料，可以使用发酵槽系统。发酵槽即砌筑的长方形槽，将前处理好的物料堆置其中，底部布设通风管道，这样有利于通风供氧，同时槽壁也有一定的保温效果(图 4.8)。发酵槽堆料深度一般宽 3～5 m，高 2～3 m。与翻垛式堆肥系统类似，发酵槽式堆肥系统也可以使用各类翻堆设备，其行走装置安装在槽壁的顶上。

一个发酵槽式堆肥系统往往包含数十座发酵槽，每座用来处理一天或若干天的物料。当一座发酵槽内的物料发酵完成，即清空用于下一批次的进料处理。为了避免雨水进入并集中收集臭气，发酵槽式堆肥系统往往设置在室内。通过负压抽吸将室内空气收集起来进行除臭处理，从而维持厂区的环境卫生。

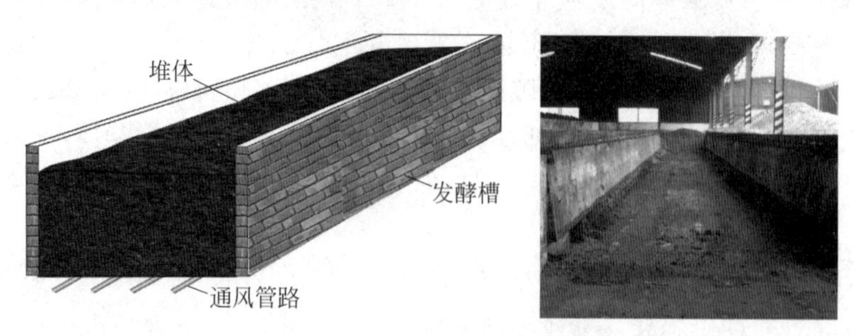

图 4.8　发酵槽式堆肥系统示意图和实物照片

4. 塔式

前述静态垛式、翻垛式、发酵槽式堆肥系统本质上都是条垛式系统，采用序批式操作。为了提高处理效率，减少占地面积，可以采用连续式密闭堆肥系统。常用的有塔式和滚筒式。好氧堆肥化是在高于环境的温度下进行，故堆肥化过程会因辐射、对流及传导产生热损失。在条垛式堆肥时，存在表面热损失及机械翻堆热损失，但在保温良好的密闭式发酵仓中进行堆肥时，热损失将大为减少。

发酵塔是一种立式多段发酵设备，外形为圆筒形，高度一般为 4～5 m，如图 4.9 所示。整个设备被水平分隔成多层，物料在各层上堆积发酵，同时在旋转耙子的作用下，一边搅拌翻料一边向下料口移动，然后在下料口落入下一层。各层下料口交错排列，物料在各层充分停留后下落，直至掉落到发酵塔底部，由卸料装置排出。塔内设有通气管，各层设有通气口，通过鼓风或抽吸作用，使新鲜空气进入到各层。塔内上部前几层是物料升温阶段，达到中部时达到高温阶段，达到底部时进入降温腐熟阶段。发酵塔式堆肥系统物料搅拌充分，排出的气体便于收集，但设备费用和动力费用都比较高。

5. 滚筒式

滚筒式堆肥系统有多种形式，其中丹诺(Dano)式应用广泛，如图 4.10 所示。滚筒结构简单，物料在滚筒内反复升高、跌落，使物料均化并接触氧气。筒体倾斜放置，物料从位置较高的一端进入，当物料沿旋转方向被带动上升然而下落时，会向位置较低的一端移动。这样，物料可以连续进入滚筒，并经过堆肥后从出口连续排出。滚筒直径一般为 2.5～4.5 m，长度为 20～40 m，旋转速度为 0.2～3.0 r/min，筒内物料填充率为 50%～80%。滚筒式堆肥系统能适应多种物料的连续式处理，处理效率高，而且臭味气体容易收集，但水平放置的筒体占地面积较大，同时转动部件增加了系统的运行维护费用。

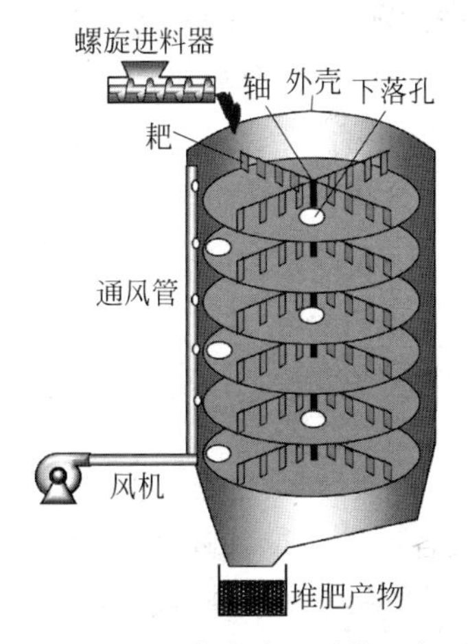

图 4.9 发酵塔式堆肥系统示意图

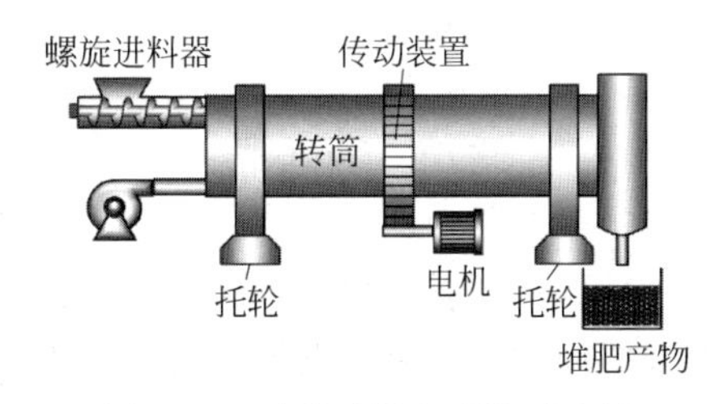

图 4.10 滚筒式堆肥系统示意图

4.4 好氧堆肥的运行管理

虽然近年来我国建设了多座固体废物好氧堆肥设施，但很多设施运行状况欠佳，存在堆肥过程不稳定、厂区恶臭严重、堆肥产物品质差等问题。因此，当固体废物好氧堆肥系统建成后，要达到良好的运行效果，还需要关注如下运行管理问题。

1. 原料

含有可降解有机质的固体废物可以进行好氧生物处理，但当有机质含量过低时，氧化过程释放的热量有限，难以达到好氧堆肥高温期时长的要求，堆肥效果难以保证。因此，用于堆肥的固体废物有机质含量不宜低于50%，对于有机质含量偏低的物料，可以掺加高有机质含量的辅料进行调配。有机固体废物含水率也会影响好氧堆肥效果，对于过高含水率的物料，一般应采用低含水率辅料进行调配，或者进行产物返混；对于过低含水率的物料，可以向堆体喷洒一定的水分，最终使物料中的水分含量保持在40%～60%。有机固体废物的碳氮比对堆肥过程具有明显影响，如果自身的碳氮比不能满足堆肥原料要求，就需要使用辅料进行调理。

除对上述主要成分的要求外，用于堆肥的原料中还不应含有过多对微生物具有显著毒性的成分，以免对好氧微生物造成抑制甚至灭活。从产物土地利用的要求出发，原料中也不应含有过多可能导致二次污染的有害成分，例如各类重金属、多氯联苯等。为了避免上述问题，我国已经出台了一系列国家或部门标准，例如，《城镇污水处理厂污泥处置 园林绿化用泥质》(GBT 23486—2009)、《城镇污水处理厂污泥处置 农用泥质》(CJ/T 309—2009)等，在进行固体废物好氧堆肥可行性分析时，应对原料的有关性质和堆肥潜力进行细致分析。

2. 辅料

在固体废物的好氧堆肥处理时，为了调整物料的有机质含量、碳氮比和含水率，改善堆体的孔隙度，往往需要向固体废物颗粒中添加辅料。常用的辅料包括木屑、秸秆、绿化废物等。辅料的类型及其用量是影响好氧堆肥处理效果的重要因素。当辅料中木质素含量较高时，混合后堆料的腐熟周期将会延长。除满足改善堆肥物料的要求外，辅料的可得性也是需要重点关注的因素。以秸秆为例，如果堆肥厂需要到农田收集分散产生的秸秆作为辅料，其收集、运输成本将会过高，影响项目可行性。因此，如何因地制宜选择廉价易得的辅料，是堆肥技术需要首先解决的问题。

3. 通风

固体废物好氧堆肥处理过程常用的通风方式有：①自然通风供氧；②向肥堆内插入通风管(未接入风机，被动式通风)；③利用斗式装载机及各种专用设备翻堆，在物料翻动过程中实现与氧气的接触；④用风机强制通风供氧。前两者依赖空气的自然流动，由于堆体温度高于周边环境，堆体内热空气上升，外界冷空气向堆体流动。后两者是规模化堆肥厂采用的主要方式，一般配合使用。在一次发酵过程中，强制通风和翻堆同时采用；在二次发酵过程中，可以低频次翻堆。

在强制通风时，可以连续通风或间歇通风。通风的目标包括补充氧气和调控堆体温度，因此采用连续通风还是间歇通风，主要取决于上述两个目标。为了保证堆体合适的氧气浓度和温度，一般对堆体内氧气浓度和温度进行在线监测，然后利用自动控制系统调整通风频次或通风量。除了监测堆肥体中的氧气含量外，还可以检测排气中的O_2浓度(或CO_2浓度)，一般O_2的适宜体积浓度为14%～18%。当堆体温度偏低时，可以适当减小风量；而当堆体温度偏高时，可以适当增加风量。

4. 返混

为了对进料进行接种并调节进料的性质，可以使堆肥产物部分回流，与进料混合。回流量应根据回流目的确定。如以接种为目标，可以采用较小的回流量；如以调节进料含水率为目标，可以利用质量平衡进行计算。例如，厨余垃圾含水率 80%（有机质含量（VS/TS）为 95%），需要通过堆肥产物（含水率 40%）调节含水率至 60%，则 1 t 进料需要 1 t 的回流量。原料中干物质（TS）为 0.20 t，其中有机质（VS）为 0.19 t，无机质为 0.01 t；假设堆肥过程有机质去除率为 70%，而无机质质量不变，则经过堆肥后，有机质残余 0.06 t，无机质为 0.01 t，则堆肥后干物质为 0.07 t。回流的产物中干物质为 0.60 t，假设它在堆肥过程不降解，则堆肥后出料中的干物质总量为 0.67 t，出料含水率为 40%，则总质量为 1.12 t。系统的质量平衡如图 4.11 所示：

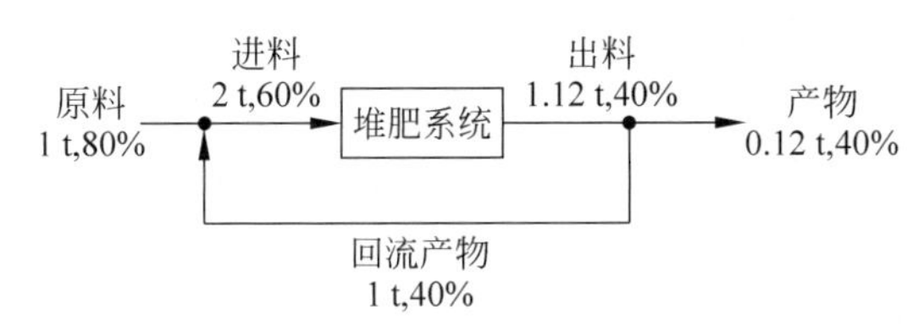

图 4.11　堆肥系统产物回流的质量平衡

5. 温度

无害化是固体废物处理处置的基本原则，在好氧堆肥实现固体废物资源化的同时，必须保证固体废物的无害化。好氧堆肥实现固体废物无害化的目标有两个，一是将易腐败分解的有机质转化为 CO_2 或稳定的腐殖酸，避免固体废物在堆放过程中污染环境；二是将固体废物中的致病微生物和蛔虫卵等灭活，避免传播疾病。在好氧堆肥过程中，病原微生物的灭活主要是由于酶的热灭活。因此，好氧堆肥过程的温度控制，除了满足有机质分解转化需求外，也要满足致病微生物灭活的要求。低温条件下，热灭活是可逆的，而在高温条件下，酶大部分变性，热灭活不可逆。酶的失效会导致细胞丧失功能而死亡。热灭活的效果还依赖于高温保持的时间。表 4.1 列举了病原微生物灭活的温度和相应的时间。蛔虫卵的耐热性与其他病原微生物大致相当，杀灭蛔虫卵的条件也可灭活其他常见病原微生物，因此可以把蛔虫卵杀灭情况作为病原微生物灭活效果的指标。

表 4.1　堆肥中部分病原微生物灭活所需的温度和时间

微生物/虫卵	灭活所需的温度与相应时间	
	温度/℃	时间/min
沙门氏菌	60	15
粪大肠杆菌	60	30
绦虫囊尾蚴	55	5
蛔虫卵	50	60
非洲猪瘟	60	20

根据上述常见病原微生物灭活条件，好氧堆肥应保持 55℃以上高温 5～7 d；如果堆层

温度达到 70℃，则需维持 3～5 d。由于堆肥物料很难完全均匀，堆体各处的温度也不尽相同，因此堆料中的颗粒物可以保护内部的微生物，堆体中的低温区也可能使病原微生物存活。在实际操作中，堆肥高温期一般要比理论值更长一些，以确保无害化效果，同时还要对堆肥产物进行检测，核查粪大肠菌群和蛔虫卵的灭活效果。

6. 生物干化

在堆肥过程中，固体废物中的有机质逐渐分解转化，释放出热量，使部分水分蒸发散失，因此堆肥后物料的含水率有明显下降。这意味着好氧堆肥也可以用来实现固体废物的干化，此时该工艺可以称为"生物干化"。生物干化不以土地利用为目的，只需达到部分的稳定化和无害化，满足短期保存和运输的目的即可。当以焚烧为最终处置目标时，甚至要求适当限制微生物的降解能力，尽量保持产物中的有机组分，以提高产物的热值。因此，生物干化以降低含水率为目标，而对高温期长短和腐熟程度没有要求；与此不同，好氧堆肥的主要目的是固体废物的资源化和无害化，需要保证一定的温度与发酵周期，以生成高度腐熟的、满足土地安全使用标准的有机肥。通常，生物干化周期约为好氧堆肥周期的 1/3～1/2。

在生物干化过程中，固体废物水分蒸发所需的能量来自于原料中有机物的生物氧化。一般而言，当原料中水分含量与有机质含量的比值小于 10 时，有机质散发的能量可以满足干化需求；当该比值大于 10 时，水分含量过高，堆肥升温困难，难以达到干化效果。

在好氧堆肥过程中，通风的作用为供氧和调节堆体温度；而在生物干化过程中，通风还起到带走水分的作用。达到上述目标所需的空气量不同，对于高含水率物料，生物干化需要的空气量明显多于好氧堆肥。具体可参考第 3 章进行分析。如果通风量过大，堆体热量散失过多，影响水分蒸发；如果通风量过小，堆体可以升温，有利于水分蒸发，但是单位时间内空气携湿量就会减少。因此，需要在两者之间找到优化的通风量，而这个通风量与好氧堆肥的最佳条件并不一样，一般前者高于后者。

4.5 堆肥产物的品质与施用

堆肥产物的土地利用是固体废物通过好氧堆肥实现资源化的必要步骤。为了满足不同土地利用的要求，堆肥产物需要满足一系列的污染物浓度标准、卫生标准和肥料标准，这些标准分别来自于环保部门和农业部门。

4.5.1 堆肥产物的品质要求

1. 腐熟度的要求

固体废物堆肥过程中，除矿化为 CO_2 和水外，有机质会逐步腐殖化，从而实现稳定化。腐熟度是堆肥产物(对于土地利用而言)应该首先满足的要求，虽然腐殖质不是肥效成分，但对于改善土壤理化性质具有重要作用；未充分腐熟的产物，残留的可降解有机物在施用后会在土壤中继续生物分解，与作物争夺土壤中的营养元素和氧气，还可能霉变毒害作物种子。要评价堆肥产物的腐熟度，可以有如下方法：

1）直接观察法

堆肥腐熟后，产物颜色应为黑色、黑褐色或棕褐色，这是腐殖质的颜色；同时其气味应为潮湿的泥土气味，没有恶臭等味道。

2）化学检测法

有机质降解率：这是表征有机质转化情况的宏观指标。以污泥为例，好氧堆肥后，污泥本身的有机质降解率一般大于 50%（不含辅料）。

碳氮比变化：经过堆肥后，碳元素大量转化为 CO_2，因此碳氮比降低，一般原料碳氮比应高于产物碳氮比 2～3 倍。

耗氧速率变化：在腐熟阶段，因为可降解有机质日趋减少，因此耗氧速率逐渐趋于零。持续采集堆体中的气体，测量其中的 O_2 含量，然后计算单位时间内的变化，可以获得耗氧速率，也可以测量 CO_2 的生成速率。

淀粉消失法：堆肥过程中淀粉被微生物分解，其含量逐渐减少，腐熟堆肥中淀粉应全部分解消失。将堆肥产物放入高氯酸钾溶液中，经搅拌、过滤后用碘液检验滤液，如果滤液变黄并略有沉淀物，即表示堆肥产物腐熟稳定；若滤液为蓝色，则表明堆肥产物中仍含有较多淀粉，末腐熟稳定。该方法简单方便，适用于现场检测，但堆肥原料中淀粉含量较低时，该方法不适用。

3）植物生长法

种子发芽实验是检验堆肥产物品质最直接、最有效的方法（见图 4.12，具体实验方案可参考本书附录），因此我国多个有关堆肥产品的标准中都使用了种子发芽率这一指标。对于品质良好的堆肥产物，种子发芽率一般大于 80%（不同种子有所差异，可以进行对照试验）。除了发芽率，还可以测定芽的根系、茎叶生长情况和总质量来进行综合比较。此外，还可以直接将堆肥产物用于植物种植实验，通过观察、检测植物的生长状况来判断堆肥产物品质，但该方法周期较长。

图 4.12　不同浓度的厨余垃圾堆肥产物浸提液用于小麦草种子发芽的实验结果

2. 营养成分要求

在固体废物堆肥产物中，氮磷钾是主要的营养元素，此外还可能含有微量营养元素，如硒、铁、锰等。通常固体废物中的营养元素含量较低，无法与化肥相比，但堆肥产物中的营养元素可以缓慢释放，具有长效有机肥的特点。

根据施用要求，可以利用不同营养盐对堆肥产物进行调理，提高其营养成分含量。

3. 有害成分限制

在固体废物堆肥产物中，可能存在重金属等有害成分，它们超过一定限值时会导致土壤污染，并进而影响作物生长和生态健康。因此，对于堆肥产物的土地利用，我国有许多标准进行规范，堆肥产物中有害成分含量必须低于一定水平。

4. 产品储存要求

堆肥产品的施用，通常具有季节性，而堆肥生产需持续进行，因此堆肥产品需要较长时间的贮存。为了避免贮存过程中产生生化反应、释放恶臭等，堆肥产品含水率一般控制在40%以下，而袋装堆肥的含水率应低于20%，且最好加工成颗粒肥便于透气，而较低的含水率也有利于产品运输。

4.5.2 堆肥产物的施用要求

堆肥产物加工为产品后，可以用于农业、园林绿化、土地改良等，但堆肥产品的不当施用也可能引起一些负面效应。例如，高无机质含量堆肥的过量施用可能引起土壤的砂化和盐渍化；持续的施用可能会造成土壤中重金属的积累；堆肥中的氮磷等元素可能会溶解进入地表水或地下水，导致水环境问题。因此，堆肥产物施用时，需要遵循有关标准、规范的要求，同时考虑肥效的保持。例如，堆肥产物与碱性肥料共同施用，可能会导致氨的挥发。下面结合具体固体废物的堆肥产物进行分析。

4.5.3 污泥堆肥产物的要求

好氧堆肥是污泥处理的主要资源化处理技术之一。我国《城镇污水处理厂污染物排放标准》(GB 18918—2002)规定，污泥堆肥产物含水率应低于65%，有机物降解率应大于50%，蠕虫卵死亡率应大于95%，粪大肠菌群菌值[①]应大于0.01。当堆肥处理后的污泥进行农用时，其污染物必须满足表4.2的要求。可以看出，由于重金属在酸性土壤中更易迁移，在酸性土壤施用时，该标准对污泥(堆肥产物)重金属含量要求更严。

表 4.2 污水厂污泥农用的污染物控制标准限值

序号	控制项目	最高允许含量/(mg/kg 干泥)	
		在酸性土壤上(pH<6.5)	在中性和碱性土壤上(pH≥6.5)
1	总镉	5	20
2	总汞	5	15
3	总铅	300	1 000

① 粪大肠菌群是一群需氧及兼性厌氧，在44.5℃、24h内能分解乳糖、产酸产气的革兰氏阴性无芽孢杆菌。菌值是含有一个粪大肠菌的克数或毫升数，越高表示粪大肠菌群越少，可以参考《粪便无害化卫生标准》(GB 7959—87)，采用多管发酵法测定。

续表

序号	控制项目	最高允许含量/(mg/kg 干泥)	
		在酸性土壤上(pH<6.5)	在中性和碱性土壤上(pH≥6.5)
4	总铬	600	1 000
5	总砷	75	75
6	总镍	100	200
7	总锌	2 000	3 000
8	总铜	800	1 500
9	硼	150	150
10	石油类	3 000	3 000
11	苯并(a)芘	3	3
12	多氯代二苯并二噁英/多氯代二苯并呋喃(PCDD/PCDF,ng TEQ/kg 干泥)	100	100
13	可吸附有机卤化物(AOX,以 Cl 计)	500	500
14	多氯联苯(PCB)	0.2	0.2

当污泥堆肥产物用于园林绿化,《城镇污水处理厂污泥处置 园林绿化用泥质》(GBT 23486—2009)中对污泥的要求为,含水率<40%,氮磷钾($N+P_2O_5+K_2O$)含量≥3%,有机质含量≥25%,蛔虫卵死亡率>95%,粪大肠菌群值>0.01,种子发芽指数>70%。此外,污染物还要满足如表4.3所示限值,这与表4.2的要求基本一致。在施用时,需要根据土壤污染情况和植物需氮量确定污泥的合理使用量,同时避免对地下水和土壤的污染,在坡度较大或地下水水位较高的地点不应使用污泥,在饮用水水源保护地带严禁使用污泥。

表4.3　污泥用于园林绿化时的污染物控制标准限值

序号	控制项目	最高允许含量/(mg/kg 干泥)	
		在酸性土壤上(pH<6.5)	在中性和碱性土壤上(pH≥6.5)
1	总镉	5	20
2	总汞	5	15
3	总铅	300	1 000
4	总铬	600	1 000
5	总砷	75	75
6	总镍	100	200
7	总锌	2 000	4 000
8	总铜	800	1 500
9	硼	150	150
10	矿物油	3 000	3 000
11	苯并(a)芘	3	3
12	可吸附有机卤化物(AOX,以 Cl 计)	500	500

当污泥用于土地改良(如盐碱地、沙化地和废弃矿场土壤的改良)时,《城镇污水处理厂

污泥处置 土地改良用泥质》(GBT 24600—2009)中对污泥的要求为,含水率<65%,氮磷钾($N+P_2O_5+K_2O$)含量≥1%,有机质含量≥10%,蛔虫卵死亡率>95%,粪大肠菌群值>0.01,细菌总数<10^8 MPN/kg 干泥。此外,污染物还要满足如表 4.4 所示限值。在施用时,饮用水水源保护区和地下水位较高处不宜使用,每年每万平方米土地施用量不应大于 30 t。

表 4.4 污泥用于土地改良时的污染物控制标准限值

序号	控制项目	最高允许含量/(mg/kg 干泥)	
		在酸性土壤上(pH<6.5)	在中性和碱性土壤上(pH≥6.5)
1	总镉	5	20
2	总汞	5	15
3	总铅	300	1 000
4	总铬	600	1 000
5	总砷	75	75
6	总镍	100	200
7	总锌	2 000	4 000
8	总铜	800	1 500
9	总硼	100	150
10	矿物油	3 000	3 000
11	可吸附有机卤化物(AOX,以 Cl 计)	500	500
12	多氯联苯(PCB)	0.2	0.2
13	挥发酚	40	40
14	总氰化物	10	10

针对污泥的农业土地利用,《城镇污水处理厂污泥处置 农用泥质》(CJ/T 309—2009)中对污泥提出了更严格的标准。例如,含水率≤60%,粒径≤1 cm,杂质含量≤3%,蛔虫卵死亡率≥95%,粪大肠菌群值≥0.01,有机质含量≥200 g/kg 干基,氮磷钾($N+P_2O_5+K_2O$)含量≥30 g/kg 干基,种子发芽指数≥60%。此外,污染物还要满足如表 4.5 所示限值,其中,A 级污泥可以用于蔬菜、粮食作物、油料作物、果蔬、饲料作物、纤维作物(蔬菜收获 30 d 禁止施用,根茎类作物按照蔬菜限制标准);而 B 级污泥仅可用于油料作物、果蔬、饲料作物、纤维作物,而不能用于蔬菜、粮食作物。在施用时,农田年施用污泥量累计不应超过 7.5 t/(hm^2),连续施用不超过 10 年;湖泊周围 1 km 范围内和洪水泛滥区禁止施用。

表 4.5 污泥农用时的污染物浓度限值

序号	控制项目	限值/(mg/kg)	
		A 级污泥	B 级污泥
1	总砷	<30	<75
2	总镉	<3	<15
3	总铬	<500	<1 000
4	总铜	<500	<1 500

续表

序号	控制项目	限值/(mg/kg)	
		A级污泥	B级污泥
5	总汞	<3	<15
6	总镍	<100	<200
7	总铅	<300	<1 000
8	总锌	<1 500	<3 000
9	苯并(a)芘	<2	<3
10	矿物油	<500	<3 000
11	多环芳烃	<5	<6

4.5.4　禽畜粪便堆肥产物的要求

禽畜粪便是典型的农业固体废物，适合采用堆肥处理，其产物可以回归农田。我国《畜禽粪便堆肥技术规范》(NY/T 3442—2019)要求，经好氧堆肥后，禽畜粪便堆肥产物应满足表4.6的要求。

表4.6　禽畜粪便堆肥产物质量要求

项　　目	指标	项　　目	指标
有机质含量(以干基计，%)	≥30	总砷(以干基计，mg/kg)	≤15
水分含量(%)	≤45	总汞(以干基计，mg/kg)	≤2
种子发芽指数(%)	≥70	总铅(以干基计，mg/kg)	≤50
蛔虫卵死亡率(%)	≥95	总镉(以干基计，mg/kg)	≤3
粪大肠菌群数(个/g)	≤100	总铬(以干基计，mg/kg)	≤150

除上述主要重金属指标外，禽畜粪便中的新兴污染物也应予以关注。自20世纪50年代以来，抗生素广泛用于畜禽养殖业，用来治疗和预防动物疾病，促进动物生长。全球抗生素约50%用于禽畜养殖，其中磺胺类、四环素类、β-内酰胺类、大环内酯类等应用较多。在动物体内，少部分抗生素参与机体代谢发挥药效，大多数抗生素和抗生素代谢物随粪、尿排出体外。在对山东省养猪场的调查中，有9种抗生素被检出，平均检出浓度为0.1～2.6 mg/kg，其中金霉素的最大检出浓度达到764 mg/kg。

在堆肥过程中，禽畜粪便的抗生素含量相对较低，对好氧堆肥微生物的影响有限，而抗生素本身可以得到不同程度的降解。沈颖等发现，在良好堆肥的情况下，大部分四环素类抗生素降解率都超过50%，其中土霉素降解率接近90%。类似地，郭树清等发现，猪粪、鸡粪经过35 d的堆肥，四环素类抗生素都有明显的降解。虽然堆肥对禽畜粪便中的抗生素有明显的去除作用，但仍有部分抗生素残留在堆肥产物中。当该堆肥产物施用于土地后，抗生素被土壤吸附，一方面会继续被土壤微生物降解，另一方面也可能对土壤微生物产生抑制甚至灭活作用，改变土壤养分循环，影响植物生长。因此，针对禽畜粪便堆肥后的土地利用，需要采取措施避免抗生素、重金属的负面影响。

4.6 好氧堆肥系统设计与实例

好氧堆肥具有系统简单、技术成熟、成本较低的优势，我国已经建设了多座固体废物好氧堆肥设施，处理对象包括污泥、餐厨垃圾、禽畜粪便、农业秸秆、绿化废物等。

4.6.1 污泥的好氧堆肥

好氧堆肥是实现污泥资源化利用的主要途径之一，经过好氧堆肥，污泥含水率下降，有机质降解、腐熟，同时保留了氮、磷、钾等营养元素，产物可以进行土地利用。这里以某污泥堆肥工程实例进行说明。

1. 污泥性质与辅料配比

为了保证土地利用的安全性，首先需要对项目处理对象和辅料情况进行分析。本项目处理规模 200 t/d，污泥性质如表 4.7 所示。可以看出，污泥的有机质、氮、磷含量较高，而且重金属含量较低，适宜堆肥处理，而且可以预期产物能够满足 CJ/T 309—2009 中 A 级要求。堆肥完成后，根据产物用途再进一步与有关标准进行对照。

表 4.7 污泥性质分析

项　　目	含量	农用标准(CJ/T 309—2009，A 级)
有机质含量/(VS/TS，%)	60	≤60%
含水率/%	80	≥20%
氮/(%，干基)	5	$(N+P_2O_5+K_2O)\geq 3\%$
磷/(%，干基)	3	
钾/(%，干基)	0.5	
总砷/(mg/kg，干基)	19	<30
总镉/(mg/kg，干基)	2	<3
总铬/(mg/kg，干基)	130	<500
总铜/(mg/kg，干基)	460	<500
总汞/(mg/kg，干基)	2	<3
总镍/(mg/kg，干基)	25	<100
总铅/(mg/kg，干基)	80	<300
总锌/(mg/kg，干基)	1 150	<1 500
苯并/(a)芘/(mg/kg，干基)	0.5	<2
矿物油/(mg/kg，干基)	120	<500
多环芳烃/(mg/kg，干基)	1	<5

污泥含水率较高而碳氮比较低(约 9∶1)，因此适宜采用低含水率、高碳氮比的辅料。根据该项目所在地周边条件，选择小麦秸秆、玉米秸秆等作为辅料。干秸秆含水率约 10%，碳氮比约 80∶1。根据这些性质，设污泥用量与秸秆用量的配比为 x∶1，则混合后的物料碳氮比为

$$(x\times 20\%\times 9+1\times 90\%\times 80)\div(x\times 20\%\times 1+1\times 90\%\times 1)=20\sim 30$$

因此，x 应为 10～25。为了适当减少辅料用量，降低成本，采用 15 份污泥对 1 份秸秆，

此时碳氮比为 25∶1，混合物含水率为

$$(15\times80\%+1\times10\%)\div(15+1)=76\%$$

该含水率过高，因此掺入返混料。返混料中的可降解有机质基本降解完全，因此不影响混合料的碳氮比。返混料含水率 40%，设污泥与返混料用量比例为 1∶y，最终混合料含水率为 60%，则有：

$$(15\times80\%+1\times10\%+15y\times40\%)\div(15+1+15y)=60\%$$

计算得到 y 为 0.8。这样，我们就得到了好氧堆肥的进料配方，即污泥用量∶秸秆用量∶返混料用量＝15∶1∶12。

2. 工艺方案

秸秆经破碎后与污泥、返混料进行混合，然后经一次发酵、二次发酵得到堆肥产物，堆肥产物进行筛分，将筛上物和部分筛下物返混，其余筛下物作为产品进行加工。根据质量平衡，原料（污泥、秸秆）中干物质为

$$200\times20\%+13\times90\%=51.7\ \text{t/d}$$

经过堆肥过程，假设污泥有机质降解率为 50%，秸秆基本为有机质，降解率为 35%，即干物质减少

$$(200\times20\%\times60\%\times50\%+13\times90\%\times35\%)=16.1\ \text{t/d}$$

则堆肥后干物质残留

$$51.7-16.1=35.6\ \text{t/d}$$

堆肥产物含水率为 40%，则其总质量为

$$35.6\div(1-40\%)=59.3\ \text{t/d}$$

因此，通过有机质分解与水分蒸发减少的质量为

$$200+13-59.3=153.7\ \text{t/d}$$

其中，有机质减少 16.1 t/d，水分减少 137.6 t/d。这样，经过好氧堆肥处理，污泥（200 t/d）转化为堆肥产物（59.3 t/d），质量减少 70%；由于产物质地蓬松，体积减量率略低。

好氧堆肥全过程物流如图 4.13 所示。需要注意的是，在堆肥过程中，供给的氧气会与有机质中的碳、氢结合，释放出水分和二氧化碳，因此发酵过程中释放的气体（水蒸气和二氧化碳）质量会高于图中所示。

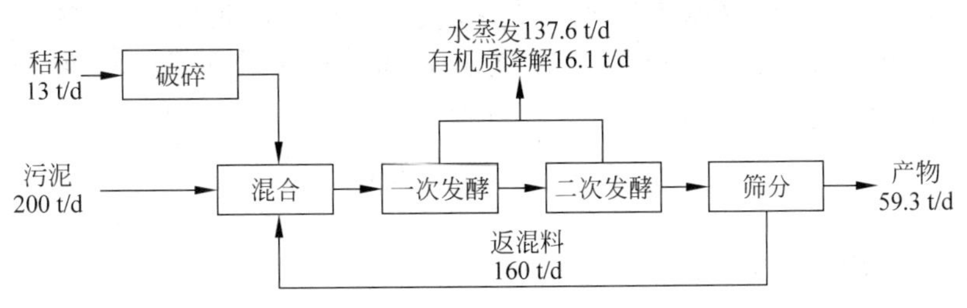

图 4.13　污泥好氧堆肥过程的物流图

在上述工艺中，各步骤设计如下：

（1）前处理：对秸秆进行破碎，使其粒径为 1～2 cm，然后与污泥和返混料进行混合。

（2）一次发酵：采用发酵槽工艺，一次发酵周期 20 天，共设计 20 条发酵槽。每条发酵

槽用于处理 373 t 的混合料(一天的量),其堆积后体积约为 500 m^3。发酵槽宽 5 m,有效高度 2 m,长 50 m。发酵槽底部铺设通风管,鼓风机根据堆体温度及氧含量自动启停,同时采用机械翻堆设备。

(3) 二次发酵:采用自然通风静态垛工艺。经一次发酵后,混合料体积明显减少,孔隙率提升,因此可以采用自然通风静态垛。

(4) 筛分:利用振动筛对腐熟物料进行筛分,粒径大于 1 cm 的颗粒物回流,而粒径小于 1 cm 的颗粒物部分回流,部分作为产品。产品可进一步加工,装袋。

3. 主要设备

好氧堆肥主要设备包括破碎设备、输送设备、通风设备、监测设备、翻堆设备、除臭设备等(见表 4.8)。

表 4.8 污泥堆肥项目主要设备表

序号	设备	数量	用　途	参　数
1	秸秆粉碎机	1 台	破碎秸秆减小粒径	处理量 15 t/d
2	输送机	4 台	物料的输送	
3	混料机	1 台	混合物料	处理量 380 t/d
4	在线温度计	20 组	检测堆体温度	
5	在线氧气仪	20 组	检测堆体氧气含量	
6	槽式多功能机	1 台	平整堆体,插拔温度、氧气探头	
7	翻堆机	1 台	翻堆使其均匀	翻堆量 500 m^3/h
8	鼓风机	7 台	堆体曝气,每 3 条槽共用 1 台	风量 140 m^3/min,风压 10 kPa
9	生物除臭系统	1 套	对厂区臭气进行处理	生物滤池 24 座,臭气达标排放

除臭系统计算如下。在发酵车间设置通风系统,车间中的气体收集后进入生物滤池。生物滤池内部填充发酵产物,微生物经驯化后可以降解臭气组分。发酵车间设有 H_2S 和 NH_3 监测探头,当它们的浓度超过《工作场所有害因素职业接触限值》中的规定值时,启动报警系统,并开启发酵车间气体收集系统。一次发酵车间总面积为 6 000 m^2,厂房高度为 7 m,发酵槽堆积物料所占空间约 10 000 m^3,厂房净容积约 32 000 m^3,设计换气次数为 3 次/h,故除臭系统处理量为 96 000 m^3/h。生物滤池设计表面负荷为 200 $m^3/(m^2 \cdot h)$,滤池占地面积为 480 m^2。单座滤池为圆柱形,直径 5 m,则截面积约 20 m^2,共需 24 座生物滤池。每座滤池内部从上至下依次为顶部尾气收集区(0.3 m)、顶部布水区(0.6 m)、物料填充区(1.2 m)、底部布气区(0.2 m)和底部排水区(0.4 m),总高度 2.7 m。为了使进入滤池的臭气充分湿润,可以在生物滤池前设置加湿塔。

4. 项目投资

污泥堆肥所需的主要建(构)筑物包括秸秆粉碎棚、混料间、好氧堆肥车间、筛分及成品棚、生物滤池等,以及附属的综合楼(含控制室、变配电室)、消防及生活水泵房等。按 200 t/d

的处理规模估计，厂区占地为40～50亩。项目工程造价约5000万元。

污泥堆肥运行成本主要包括电费、油费、人工费、辅料费等，直接成本一般在60～120元/t，总处理成本90～150元/t。

4.6.2 厨余垃圾处理机

厨余垃圾处理机包括两种类型，一种是破碎原理，通过机械破碎将厨余垃圾打成浆状，然后输入下水管网，最终在污水处理厂处理，或者脱水干燥，运至处理厂处理；另一种是基于好氧堆肥原理的处理机，可以实现厨余垃圾的源头分散处理，从而减轻厨余垃圾收集、运输负担。本章介绍后一种处理机。相对于传统的好氧堆肥工艺，厨余垃圾处理机把多个处理步骤高度集成在一个箱体内，可以用较小的占地面积实现厨余垃圾的处理。

1. 工艺流程

厨余垃圾处理机内主要包括垃圾提升机、剪切式破碎机、螺旋挤压脱水机、油水分离器和发酵仓。经过破碎与脱水后，厨余垃圾含水率降低、质地均匀，然后在外加菌剂(或堆肥产物返混)的作用下，在筒仓内进行好氧发酵，筒仓内一般设有机械搅动装置，具有翻堆功能，有的还配有强制通风和保温功能，保证氧气供应和堆体升温。发酵腐熟的产物从处理机排出，可以进行土地施用。在脱水步骤产生的废水首先进行油水分离，油脂可以进行回收，外运加工生物柴油；脱油废水进行处理达标后排入下水管网。为了避免臭气污染，处理机通常还配有除臭设备，可以采用活性炭吸附、等离子体除臭等方式。

2. 运行管理

虽然厨余垃圾处理机内各功能单元高度集中，但仍遵循好氧堆肥的一般规律。厨余垃圾经过破碎、脱水和混料后，其碳氮比、含水率应满足堆肥的一般要求。如果含水率较高，则容易产生厌氧环境，堆肥升温困难，此时可以先加热蒸发部分水分，或者混入低含水率辅料。厨余垃圾碳氮比一般在(15∶1)～(25∶1)，如果碳氮比偏低，则可以适当增加树叶、草沫等绿化废物。在厨余垃圾好氧堆肥过程中，由于处理机内的堆体通常较小，产热量较少，堆体升温过程容易受到环境条件影响，因此可以采取一定的保温措施甚至可以采取适当的加热措施。处理周期取决于厨余垃圾性质，以易降解有机质为主的物料处理周期较短，而含有较多木质纤维素的物料处理周期较长，一般为10～30天。过短的处理周期不能实现有机质的稳定化，产物施用后会影响植物生长。

3. 产物施用

厨余垃圾处理机产生的堆肥产物，通常就近施用，如作为园林绿化用肥。施用前应对产品腐熟度和盐分进行分析，避免未腐熟和高盐分的堆肥产物抑制植物生长。腐熟度可以采用种子发芽指数表征，一般要大于70%。

固体废物的厌氧消化

1881 年,法国工程师 Mouras 首先采用厌氧生物反应器处理废水及其沉淀物,随后厌氧生物处理技术得到了快速发展。脱胎于废水处理的有机废物厌氧消化技术自 20 世纪 60 年代以来逐步推广。由于厌氧消化具有实现废物稳定化、减量化和回收可再生能源的特点,获得了广泛应用,处理对象包括农业有机废物、园林绿化废物、部分工业废物、城市污水污泥、有机生活垃圾等。我国从 20 世纪 90 年代开始建设污泥厌氧消化设施,如北京高碑店污水处理厂、杭州四堡污水处理厂等,目前全国还有多座污水处理厂正在建设新的污泥厌氧消化设施;随着我国餐厨垃圾分类收运处理工作的推进,北京、深圳等许多城市也建设了餐厨垃圾厌氧消化处理设施;在农业废弃物处理领域,厌氧消化也被广泛用于禽畜粪便、作物秸秆的处理以及农户沼气系统的建设。

5.1 厌氧消化的基本原理

厌氧消化是利用厌氧微生物分解有机质的过程。在无氧环境中厌氧微生物的作用下,有机质历经水解、酸化、产乙酸、产甲烷等步骤实现逐步降解,最终转化成甲烷、二氧化碳和水等。这一过程可以用下式表示:

$$C_nH_aO_b+\left(n-\frac{a}{4}-\frac{b}{2}\right)H_2O\longrightarrow\left(\frac{n}{2}-\frac{a}{8}+\frac{b}{4}\right)CO_2+\left(\frac{n}{2}+\frac{a}{8}-\frac{b}{4}\right)CH_4 \tag{5-1}$$

5.1.1 有机质的厌氧转化

有机质的厌氧降解过程可以分为水解酸化、产氢产乙酸、产甲烷等三个阶段,如图 5.1

所示。其中，水解产酸和产氢产乙酸步骤有时合称发酵[①]，这样可以把厌氧消化过程分为发酵（或产酸）和产甲烷两个阶段，这也是两相厌氧发酵工艺的基础。

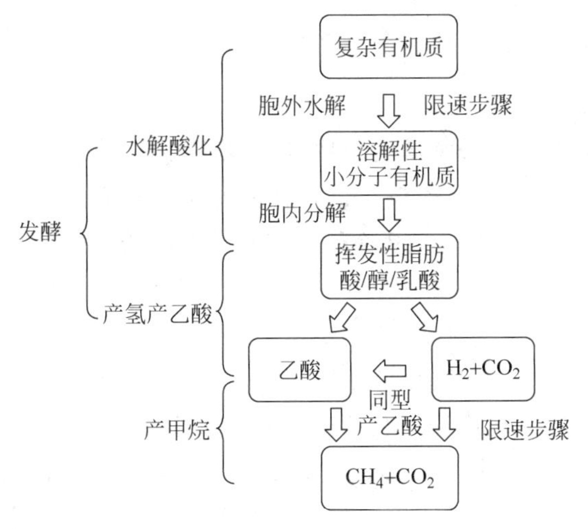

图5.1　厌氧消化的基本生化过程

1. 水解酸化

水解酸化阶段包含有机物的水解和酸化两步，主要由发酵细菌完成。发酵细菌首先产生多种胞外酶，催化高分子有机物如蛋白质、淀粉、脂类等水解转变为氨基酸、葡萄糖、脂肪酸、甘油等小分子物质。水解得到的小分子有机物被吸收到微生物体内后会通过多种不同的代谢途径完成分解，转化为更简单的化合物如挥发性脂肪酸（VFAs）、氨等，最后释放到细胞外，同时产生能量维持微生物生长。

葡萄糖的胞内分解包括糖酵解途径（EMP）、戊糖磷酸途径（HMP）、Entner-Doudoroff途径（ED）、磷酸戊糖解酮酶途径（PK）和磷酸己糖解酮酶途径（HK）等。系统中占优势的代谢途径受各种环境因子的决定，但各种途径大都会产生还原性氢供体NADH（还原型辅酶Ⅰ）或NADPH（还原型辅酶Ⅱ），需要电子受体接受其电子以完成氧化再生，使细胞内的$NADH/NAD^+$和$NADPH/NADP^+$保持平衡。当电子传递体系缺乏时（如厌氧环境中），上述分解过程的某些中间产物（如丙酮酸等）会充当电子受体，完成还原型辅酶Ⅰ（Ⅱ）的氧化再生，即发酵过程。

水解酶与底物接触的难易程度是影响水解速率的关键。在污泥厌氧消化中，作为反应底物的有机物大部分存在于构成活性污泥的微生物的细胞体内，在细胞壁和细胞膜的屏蔽

① 在工业上，发酵泛指利用微生物生产目标产物的过程。在生理学上，生物氧化过程包括有氧呼吸、无氧呼吸和发酵。有氧呼吸是细胞或微生物利用分子氧作为电子受体将有机质逐步氧化的过程，葡萄糖首先在细胞质中无氧分解为丙酮酸，然后在线粒体氧化为二氧化碳和水；无氧呼吸是厌氧和兼性厌氧微生物在无氧条件下以NO_3^-、NO_2^-、SO_4^-等为电子受体将有机质逐步氧化的过程，葡萄糖首先在细胞质中无氧分解为丙酮酸，然后在细胞质中转化为乳酸或者乙醇和二氧化碳，释放的能量相对有氧呼吸较少；发酵是微生物将有机物氧化释放的电子直接交给底物本身未完全氧化的某些中间产物，同时释放能量并产生不同代谢产物的过程。因此，严格来说，产甲烷过程也属于发酵（以CO_2作为电子受体产甲烷不属于生理学意义的发酵过程，但属于工业发酵范畴）。在环境工程中，发酵常用于概括产甲烷之前的生化反应阶段，以便于与产甲烷过程区分，本书采用这种用法。

下难以释放出来参与反应。因此细胞的死亡和自溶过程成为整个反应的限速步骤。针对这种情况，可以使用物理、化学或生物方法对污泥进行预处理，以破坏污泥絮体和细胞壁，加速生化反应并增加产气量。

2. 产氢产乙酸

小分子有机酸经产氢产乙酸细菌的作用，进一步降解为乙酸、氢气和二氧化碳；在同型产乙酸菌的作用下，氢气和二氧化碳还可以合成为乙酸。除了化能自养的细菌外，一些放线菌也被发现可以通过 Wood-Ljungdahl 途径实现同型产乙酸。

3. 产甲烷

产甲烷菌可以通过三种代谢途径产生甲烷，分别是乙酸营养型产甲烷途径、氢营养型产甲烷途径和甲基营养型产甲烷途径。在乙酸营养型产甲烷途径中，乙酸中的羧基被氧化为二氧化碳，同时还原甲基为 CH_4。大多数产甲烷菌可以利用氢气作为反应第一步的电子供体来启动反应，继而进行氢营养型产甲烷代谢。大多数的氢营养型产甲烷菌还可以利用甲酸代替氢气作为电子供体，由于每个甲酸只能给出两个电子，因此每 1 mol 二氧化碳还原为甲烷，须消耗 4 mol 甲酸。甲基营养型产甲烷过程可使用的基质包括一甲胺、二甲胺、三甲胺、四甲基铵和甲醇等甲基化合物，甲基中的碳会发生歧化反应，每氧化产生 1 mol 的二氧化碳，还原得到 3 mol 的甲烷。上述主要反应如表 5.1 所示。

厌氧消化过程一般以乙酸营养型和氢营养型产甲烷途径为主，在典型的厌氧消化过程中，大约 70% 的甲烷源自乙酸分解，而其余 30% 来自于氢气转化。在不同的厌氧消化反应器中，上述代谢比例会受到运行环境的影响而改变。由于厌氧消化反应器中甲胺和甲醇等甲基化合物本身丰度较低，所以甲基营养型产甲烷途径对厌氧消化产甲烷贡献很少。

对于易水解的有机底物(如餐厨垃圾)，产甲烷过程速率相对发酵过程较慢，因此产甲烷是整个厌氧消化过程的限速步骤。在高负荷条件下，快速进行的发酵过程容易导致过度的酸积累，导致系统 pH 降低乃至失效，因此需要采用适当的负荷，或者进行 pH 调节。对于难水解的有机底物(如污水污泥)，水解步骤相对较慢，是整个厌氧消化系统的限速步骤，此时可通过预处理方式加速污泥絮体颗粒和细胞结构的水解。

表 5.1 厌氧消化的主要生化反应(以纤维素作为底物为例)

反应阶段	基质	功能微生物	反应
水解	纤维素	发酵细菌	$(C_6H_{10}O_5)_n + nH_2O \longrightarrow nC_6H_{12}O_6$
产酸	葡萄糖	发酵细菌	$C_6H_{12}O_6 + 2H_2O \longrightarrow 2CH_3COOH + 2CO_2 + 4H_2$
			$1.5C_6H_{12}O_6 \longrightarrow 2CH_3CH_2COOH + CH_3COOH + CO_2 + H_2O$
			$C_6H_{12}O_6 + 2H_2 \longrightarrow 2CH_3CH_2COOH + 2H_2O$
			$C_6H_{12}O_6 \longrightarrow CH_3CH_2CH_2COOH + 2CO_2 + 2H_2$
			$C_6H_{12}O_6 \longrightarrow 2CH_3CHOHCOOH$
			$C_6H_{12}O_6 \longrightarrow CH_3CHOHCOOH + CH_3CH_2OH + CO_2$
			$C_6H_{12}O_6 \longrightarrow CH_3CHOHCOOH + 1.5CH_3COOH$
			$C_6H_{12}O_6 \longrightarrow 2CH_3CH_2OH + 2CO_2$
			$C_6H_{12}O_6 + H_2O \longrightarrow CH_3CH_2OH + CH_3COOH + 2H_2 + 2CO_2$

续表

反应阶段	基质	功能微生物	反　　应
产氢产乙酸	丁酸	丁酸分解菌	$CH_3CH_2CH_2COOH+2H_2O \longrightarrow 2CH_3COOH+2H_2$
	丙酸	丙酸分解菌	$CH_3CH_2COOH+2H_2O \longrightarrow CH_3COOH+CO_2+3H_2$
	乳酸	乳酸分解菌	$CH_3CHOHCOOH+H_2O \longrightarrow CH_3COOH+CO_2+2H_2$
	乙醇	乙醇分解菌	$CH_3CH_2OH+H_2O \longrightarrow CH_3COOH+2H_2$
	H_2/CO_2	同型产乙酸菌	$2CO_2+4H_2 \longrightarrow CH_3COOH+2H_2O$
产甲烷	H_2/CO_2	氢营养型产甲烷菌	$CO_2+4H_2 \longrightarrow CH_4+2H_2O$
	甲酸	氢营养型产甲烷菌	$4HCOOH \longrightarrow CH_4+3CO_2+2H_2O$
	乙酸	乙酸营养型产甲烷菌	$CH_3COOH \longrightarrow CH_4+CO_2$
	一甲胺	甲基营养型产甲烷菌	$4CH_3NH_2+2H_2O \longrightarrow 3CH_4+CO_2+4NH_3$
	二甲胺	甲基营养型产甲烷菌	$4(CH_3)_2NH+2H_2O \longrightarrow 3CH_4+CO_2+4CH_3NH_2$
	三甲胺	甲基营养型产甲烷菌	$4(CH_3)_3N+2H_2O \longrightarrow 3CH_4+CO_2+4(CH_3)_2NH$
	四甲基铵	甲基营养型产甲烷菌	$4(CH_3)_4NOH \longrightarrow 3CH_4+CO_2+4(CH_3)_3N+2H_2O$
	甲醇	甲基营养型产甲烷菌	$4CH_3OH \longrightarrow 3CH_4+CO_2+2H_2O$

5.1.2　厌氧微生物的作用

厌氧消化过程中的微生物可以分为发酵菌(产酸细菌)和产甲烷菌两大类。发酵菌大多数是兼性厌氧菌,它在厌氧或兼氧条件下可以把复杂的有机物分解成简单的有机酸等,而产甲烷菌是专性厌氧菌,需要严格的厌氧环境。

1. 发酵菌

多种发酵菌能够参与水解酸化过程,包括梭状芽孢杆菌属(*Clostridium*)、拟杆菌属(*Bacteriodes*)、丁酸弧菌属(*Butyrivibrio*)、真细菌属(*Eubacterium*)、乳酸菌属(*Lactobacillus*)、双歧杆菌属(*Bifidbacterium*)等。水解酸化菌部分是严格厌氧的,部分是兼性厌氧的,它们能够及时消耗掉少量进入厌氧反应器中的氧分子,维持较低的氧化还原电位(ORP)使其适于严格厌氧菌生长。在不同的反应器环境中,受底物、温度、pH和氧化还原电位等影响,微生物代谢途径也会发生变化,形成丁酸发酵、丙酸发酵、乳酸发酵、乙醇发酵等不同类型,产生丁酸、丙酸、乳酸和乙醇等不同产物。后续产乙酸过程对这些发酵产物的利用效率不同,因此可以通过控制反应条件促使适宜的发酵途径占优,提升系统整体产气效率。水解酸化产生的有机酸如不能及时转化为甲烷,就可能通过积累改变系统的pH。水解酸化菌对pH的适应范围宽,如乳酸菌可以在pH=3.2的环境中生长,但过低的pH也会抑制水解酸化菌的活性,甚至会使产甲烷菌灭活。因此,在厌氧消化过程中必须调控好发酵菌和产甲烷菌的互营关系。除细菌外，在厌氧消化过程中还可能存在真菌，也可以实现有机质的水解，如新丽鞭毛菌门(*Neocallimastigomycota*)。当单独使用发酵过程，从有机固体废物中回收特定产物(如乙醇等)时，还可以使用酵母菌等真菌。

产氢产乙酸菌也属于发酵菌，它可以把上一阶段产生的一些中间产物如丁酸、丙酸、乳酸、乙醇等进一步分解为乙酸和氢气。产氢产乙酸菌主要有互营单胞菌属(*Syntrophomonas*)、互营杆菌属(*Syntrophobacter*)、梭菌属(*Clostridium*)、暗杆菌属(*Pelobacter*)、脱硫弧菌属(*Desulfovibrio*)等。它们耐受 pH 波动的能力相对水解酸化菌较差，如果受到抑制，就会积累高浓度的有机酸，从而造成系统酸化，对多种微生物产生毒害作用。另外，产氢产乙酸菌也容易受到产物的反馈抑制，较高的乙酸浓度和氢分压都可能恶化产乙酸过程。因此，产氢产乙酸菌需要与同型产乙酸菌、水解酸化菌和产甲烷菌协同生长，保持互营平衡。丁酸转化乙酸的过程较为容易，而丙酸代谢较难，因此当出现丙酸积累时往往代表厌氧消化系统受到了抑制。

同型产乙酸菌是产乙酸菌中的一种，可以利用 CO_2 作为电子受体，而以乙酸为代谢产物。它们可以利用乙酰辅酶 A(acetyl-CoA)途径或 Wood-Ljungdahl 途径为主要产能途径，以 CO_2 为电子受体合成乙酰辅酶 A 或细胞碳。厌氧消化环境中常见的同型产乙酸菌是氢营养型同型产乙酸菌，它们以 H_2 为电子供体还原 CO_2 生成乙酸，并与系统中的其他利用 H_2 的微生物产生竞争作用。在共培养系统中，H_2 可以通过种间氢转移的作用从产氢微生物传递到耗氢微生物周围，而反应受吉布斯自由能的影响，以不同物质为电子受体时，反应发生由易到难的排序为：硝酸盐或延胡索酸＞硫酸盐＞CO_2(产 CH_4)＞硫磺/ CO_2(产乙酸)，因此当硝酸盐或果糖、硫酸盐等氧化物存在时，H_2 会先被用来还原这几种物质；其次是用于产甲烷。只有当 H_2 浓度升高至一定程度时，同型产乙酸过程才会出现，并与氢营养型产甲烷过程形成竞争。需要注意的是，在过高的氢分压条件下，有可能导致乙酸的过度积累并影响发酵菌的产酸过程，使整个厌氧消化系统受到抑制。常见的同型产乙酸菌包括伍氏醋酸杆菌(*Acetobacterium woodii*)、杨氏梭菌(*Clostridium ljungdahlii*)等。

2. 产甲烷菌

产甲烷菌属于古菌域，广古菌门，与其他细菌相比种类较少。产甲烷菌形态上有杆状、丝状、球状、螺旋状等。绝大多数产甲烷菌是严格厌氧菌，一旦遇到氧气就会马上受到抑制，不能生长繁殖甚至死亡。产甲烷菌也相对敏感，容易受到多种环境因素和物质的抑制。产甲烷菌对各基质的能量转化效率较低，所以其增殖速率也比较缓慢。由于多数产甲烷菌只能利用一两种基质，这种专一性就使得在多数厌氧环境中，有机物转化为 CH_4 的过程依赖于复杂的厌氧微生物群落，产甲烷菌需要利用其他微生物的代谢产物作为反应基质。

目前发现的产甲烷菌株有 200 种以上，从系统发育角度看，产甲烷菌可分为 4 个纲，即：

(1) 甲烷杆菌纲(Methanobacteria)：包括甲烷杆菌目(Methanobacteriales)。

(2) 甲烷球菌纲(Methanococci)：包括甲烷球菌目(Methanococcales)。

(3) 甲烷微菌纲(Methanomicrobia)：包括甲烷微菌目(Methanomicrobiales)、甲烷八叠球菌目(Methanosarcinales)和甲烷胞菌目(Methanocellales)。

(4) 甲烷火菌纲(Methanopyri)：包括甲烷火菌目(Methanopyrales)。

其中，甲烷杆菌目、甲烷球菌目、甲烷微菌目、甲烷八叠球菌目、甲烷火菌目发现较早，也得到了较多的研究。以基于核糖体的系统发育分析和代谢特征分析为标准，这5目产甲烷菌又被分成三类：其中甲烷杆菌目、甲烷球菌目和甲烷火菌目属于第Ⅰ类，甲烷微菌目属于第Ⅱ类，甲烷八叠球菌目属于第Ⅲ类。其中第Ⅱ类在系统发育分析上与第Ⅲ类较接近而与第Ⅰ类有更相似的生理学和代谢特征：第Ⅰ类和第Ⅱ类产甲烷菌都只能利用较少种类的基质，主要包括 CO_2 和 H_2 或甲酸；不具有细胞色素；具有局部还原性的三羧酸(TCA)循环。第Ⅲ类产甲烷菌则可以利用 CO_2 和 H_2、乙酸、甲醇、甲胺等多种基质；具有细胞色素并能利用局部氧化性TCA循环。

从代谢途径上看，2008年发现的甲烷胞菌目属于氢营养型产甲烷菌，且倾向于存在氢分压较低(1～10 Pa)的环境中。它在系统发生学上位于上述第Ⅱ类和第Ⅲ类产甲烷菌之间，且在生态位上与这两类产甲烷菌均有重叠。虽然大部分产甲烷菌较适于生长在湿润、缺氧的还原性环境中，甲烷胞菌目中的菌株则表现出对氧气较强的耐受性，它们曾被发现于干燥且通风充分的山地土壤中。

除上述6个目外，第7目Methanomassiliicoccales于2012年确认，也称为Methanoplasmatales目，属于热原体纲，包括厌氧消化污泥中的候选种 *Methanogranum caenicola*、牛科动物瘤胃中的Rumen cluster C、人类肠道中的候选种 *Methanomethylophilus alvus* 等，它们都具有相似的生理性能。前6目产甲烷菌的产甲烷过程涉及的核心酶类相似，最后一步都由甲基辅酶M还原酶将甲基辅酶M(methyl-S-CoM)转化为甲烷，这一步还原反应中的电子来自 H_2 或还原性辅酶因子 F_{420}。第7目产甲烷菌与前6目产甲烷菌之间有明显差异：它在生理特性上体现出只能在有 H_2 存在的条件下才可以代谢多种甲基化合物生成甲烷的特征，而且在基因层面上该菌缺少其他产甲烷菌中常见的关键酶。

表5.2总结了产甲烷菌7个目的分类及主要代谢与生理特性。

除上述产甲烷菌外，人们在2021年报道了一种不依赖与细菌互营而能直接利用长链烷烃的产甲烷菌 *Ca. Methanoliparum*，它可以直接氧化长链烷烃或含有较长烷基侧链的环己烷和烷基苯，并通过 β-氧化、Wood-Ljungdahl途径进入产甲烷代谢，这一途径也成为继乙酸发酵、CO_2 还原、甲基裂解和氧甲基转化等四条产甲烷途径后的第五条途径，但这一途径目前还未在厌氧消化反应器中发现。

在上述多种产甲烷菌中，可利用乙酸产甲烷的古菌只有甲烷八叠球菌属(*Methanosarcina*)和甲烷鬃毛菌属(*Methanosaeta*)。大多数厌氧消化系统以乙酸营养型产甲烷途径为主。甲烷鬃毛菌属专性利用乙酸，是目前已知的唯一一种只能利用乙酸作为能量来源的产甲烷菌。甲烷八叠球菌属可以利用多种基质，除乙酸外还有甲醇、甲胺和氢气。甲烷鬃毛菌属需要利用2 mol ATP来辅助活化1 mol乙酸，而甲烷八叠球菌属仅需利用1 mol ATP，因此甲烷八叠球菌属比甲烷鬃毛菌属有较高的生物量产率。甲烷鬃毛菌属中古菌呈细丝状形态，有较强的吸附能力，往往是颗粒污泥形成过程中的核心并可以耐受高进料率的冲击。同时，也由于细丝状的形态，该菌拥有较大的比表面积，更容易受如高浓VFAs、游离氨等毒性物质的抑制。甲烷八叠球菌属为球形，且往往团聚在一起，更容易适应极端条件，因此往往在反应器不稳定阶段占优。表5.3列出了不同产甲烷菌的一些动力学数据，甲烷鬃毛菌属的表观基质亲和常数和基质阈值都略低于甲烷八叠球菌属，前者更适于在低浓度的乙酸环境中生活，后者更适应高浓度的乙酸环境。在特殊厌氧消化环境中，乙酸营养型产甲烷途径也可能被氢营养型产甲烷途径代替，这是由于后者对高温、高负荷等不利条件具有更高的耐受性。

表 5.2 产甲烷菌系统分类及主要代谢特性

目 Order	科 Family	属 Genus	主要底物*	最适宜温度/℃	常见生境
甲烷杆菌目 Methanobacteriales	甲烷杆菌科 Methanobacteriaceae	甲烷杆菌属 *Methanobacterium*	H_2,(甲酸)	37～45	厌氧反应器、淡水沉积物、沼泽土壤、瘤胃
		甲烷短杆菌属 *Methanobrevibacter*	H_2,甲酸	37～40	动物胃肠道、厌氧反应器、稻田、腐败木质
		甲烷球形菌属 *Methanosphaera*	H_2+甲醇	37	动物胃肠道
		甲烷嗜热杆菌属 *Methanothermobacter*	H_2,(甲酸)	55～65	厌氧反应器
	甲烷嗜热菌科 Methanothermaceae	甲烷嗜热菌属 *Methanothermus*	H_2	80～88	温泉
甲烷球菌目 Methanococcales	甲烷球菌科 Methanococcaceae	甲烷球菌属 *Methanococcus*	H_2,甲酸	35～40	海底沉积物
		甲烷嗜热球菌属 *Methanothermococcus*	H_2,甲酸	60～65	海底地热沉积物
	甲烷热球菌科 Methanocaldococcaceae	甲烷热球菌属 *Methanocaldococcus*	H_2	80～85	海底地热沉积物
		甲烷干热菌属 *Methanotorris*	H_2	88	海底地热沉积物
甲烷火菌目 Methanopyrales	甲烷火菌科 Methanopyraceae	甲烷火菌属 *Methanopyrus*	H_2	98	海底地热沉积物

续表

目 Order	科 Family	属 Genus	主要底物*	最适宜温度/℃	常见生境
甲烷微菌目 Methanomicrobiales	甲烷微菌科 Methanomicrobiaceae	甲烷微菌属 *Methanomicrobium*	H_2，甲酸	40	厌氧反应器、地下水、瘤胃
		甲烷袋状菌属 *Methanoculleus*	H_2，甲酸	20～55	厌氧反应器、水体沉积物、稻田、油田、温泉
		产甲烷袋菌属 *Methanofollis*	H_2，甲酸	37～40	厌氧反应器
		产甲烷菌属 *Methanogenium*	H_2，甲酸	15～57	海底沉积物、淡水沉积物、稻田、动物胃肠道
		叶形甲烷菌属 *Methanolacinia*	H_2	40	海底沉积物
		甲烷盘菌属 *Methanoplanus*	H_2，甲酸	32～40	油田
	甲烷螺菌科 Methanospirillaceae	甲烷螺菌属 *Methanospirillum*	H_2，甲酸	30～37	厌氧反应器、海底沉积物
		产甲烷石状菌属 *Methanocalculus*	H_2，甲酸	30～40	油田
	甲烷粒菌科 Methanocorpusculaceae	甲烷粒菌属 *Methanocorpusculum*	H_2，甲酸	30～40	厌氧反应器、淡水沉积物

续表

目 Order	科 Family	属 Genus	主要底物*	最适宜温度/℃	常见生境
甲烷八叠球菌目 Methanosarcinales	甲烷八叠球菌科 Methanosarcinaceae	甲烷八叠球菌属 *Methanosarcina*	H_2，甲胺，乙酸	35～60	厌氧反应器、海底沉积物、淡水沉积物、瘤胃
		甲烷拟球菌属 *Methanococcoides*	甲胺	23～35	海底沉积物
		甲烷喜盐菌属 *Methanohalobium*	甲胺	40～55	高盐沉积物
		甲烷嗜盐菌属 *Methanohalophilus*	甲胺	35～40	高盐沉积物
		甲烷叶菌属 *Methanolobus*	甲胺	37	高盐沉积物
		甲烷食甲基菌属 *Methanomethylovorans*	甲胺	20～50	淡水沉积物、厌氧反应器
		甲烷微球菌属 *Methanimicrococcus*	H_2，甲胺	39	动物胃肠道
		甲烷盐菌属 *Methanosalsum*	甲胺	35～45	高盐沉积物
	鬃毛甲烷菌科 Methanosaetaceae	甲烷鬃毛菌属 *Methanosaeta*	乙酸	35～60	厌氧反应器、淡水沉积物
甲烷胞菌目 Methanocellales	甲烷胞菌科 Methanocellaceae	甲烷胞菌属 *Methanocella*	H_2	25～40	稻田/山地土壤、湿地
Methanomassiliicoccales	Methanomassiliicoccaceae	*Methanomassiliicoccus*	H_2＋甲基化合物	25～45	人类肠道、瘤胃、反应器

注：*号代表部分菌种使用该基质。

表 5.3　产甲烷菌部分动力学常数

基质	微　生　物	表观基质亲和常数	基 质 阈 值
H_2	大多数产甲烷菌	3～13 μmol/L	3～12 Pa
甲酸	多种产甲烷菌	5～580 μmol/L	15～26 μmol/L
乙酸	甲烷八叠球菌属	3.0～4.5 mmol/L	0.6～1.2 mmol/L
	甲烷鬃毛菌属	0.1～1.2 mmol/L	5～75 μmol/L

5.1.3　微生物互营与反应热力学

在固体废物的厌氧消化系统中，产甲烷过程是由发酵菌和产甲烷菌两大类微生物协作完成的。发酵菌的酸化产物为产甲烷菌提供了食物，同时可以避免产物积累，稳定系统的pH。产甲烷菌还会与部分非产甲烷菌竞争乙酸及氢气等基质。这些相互作用最终形成复杂的菌群结构和食物网。

发酵菌与产甲烷菌的相互依附在热力学上也具有重要意义。发酵菌降解有机物得到中间产物 VFAs，VFAs 的进一步分解在标准状态下是吸热过程，故不能自发进行，而产甲烷菌可以消耗其降解产物从而拉动其化学平衡向产物方向进行（见表 5.4），这种合作关系称为“互营”。

表 5.4　厌氧消化过程有机酸降解的吉布斯自由能

底物	反应方程（pH＝7，1 atm）	ΔG^0/(kJ/mol)	
		35℃	55℃
丙酸	$CH_3CH_2COOH+2H_2O \longrightarrow CH_3COOH+3H_2+CO_2$	78.62	78.93
丁酸	$CH_3CH_2CH_2COOH+2H_2O \longrightarrow 2CH_3COOH+2H_2$	49.65	49.29
戊酸	$CH_3CH_2CH_2CH_2COOH + 2H_2O \longrightarrow CH_3COOH + CH_3CH_2COOH+2H_2$	47.46	47.14
乙酸	$CH_3COOH \longrightarrow CH_4+CO_2$	−32.66	−34.9
氢气	$CO_2+4H_2 \longrightarrow CH_4+2H_2O$	−137.48	−140.62

注：反应方程中 H_2、CH_4 和 CO_2 皆为气态，H_2O 为液态；ΔG^0 为标准状态下的吉布斯自由能变化。

在互营氧化产甲烷过程中，种间电子传递(interspecies electron transfer，IET)是关键环节，它决定了有机物降解和产甲烷过程能否高效有序地进行。IET 也是互营细菌和产甲烷菌相互依赖共同突破热力学能垒维持生长的重要手段，主要涉及种间 H_2 转移(interspecies hydrogen transfer，IHT)和种间甲酸转移(interspecies formate transfer，IFT)，以及直接种间电子传递(direct interspecies electron transfer，DIET)等。氢营养型产甲烷菌普遍存在，H_2 是它还原 CO_2 生成甲烷的直接电子供体，其分子小、易扩散，而且许多厌氧微生物细胞内含有氢化酶，因此发酵细菌和产甲烷菌的 IHT 过程十分普遍。发酵细菌在氧化有机物的同时，以质子为电子受体产生 H_2，这一过程常与 NAD^+/NADH、FAD/$FADH_2$ 以及 Fd(ox)/Fd(red)（铁氧化还原蛋白）等氧化还原中间体的相互转化相偶联，由于 H^+/H_2 的氧化还原电位较低($E^{\circ\prime}=-414$ mV)，导致这些偶联反应在标准状态下的自由能变化为正值，因而无法进行，只有当体系中 H_2 分压降低时，这些反应方可进行。产甲

烷菌对 H_2 的消耗能够降低 H_2 分压，从而拉动互营细菌产 H_2 反应的进行。产甲烷菌的耗 H_2 过程主要与 Fd(ox)/Fd(red)或辅酶 F420/F420-H_2 相偶联，但不同菌维持其产甲烷所需的最低 H_2 分压临界值有所不同，对于含细胞色素 c 的产甲烷菌而言，其临界 H_2 分压大于 10 Pa，而不含细胞色素 c 的产甲烷菌的临界 H_2 分压则小于 10 Pa。所以在整个互营产甲烷体系中，当 H_2 分压过高时，互营细菌的产 H_2 过程受抑制，而产甲烷菌的耗氢过程被激活；相反，当 H_2 分压过低时，产 H_2 过程被激活，而耗 H_2 过程被抑制。互营细菌和产甲烷菌之间通过调节 IHT 来实现降解有机质产甲烷过程。IFT 与 IHT 类似，丙酸和丁酸互营细菌中都检测到了甲酸脱氢酶的编码基因，而由丙酸和丁酸降解所产生的甲烷分别占到全部甲烷生成量的 35%和 8%。

5.1.4 厌氧消化的影响因素

厌氧消化系统中有机质的降解效率受到厌氧条件、底物成分、温度、pH、营养元素、抑制物质、接种物和搅拌等因素的影响。

1. 氧化还原电位

厌氧环境是厌氧生化反应能够进行的基本条件。厌氧环境的主要衡量指标是系统的氧化还原电位(ORP)，即某一种物质从还原态流向氧化态所形成的电位差。厌氧消化系统的 ORP 是由系统内各类氧化性物质和还原性物质共同决定的。不同的厌氧消化系统以及不同的厌氧微生物所要求的 ORP 不尽相同。产甲烷菌适宜的 ORP 在−350 mV 以下，而高温产甲烷菌需要的 ORP 更低，而发酵菌适宜的 ORP 范围较宽，因此单相厌氧消化系统的 ORP 应首先满足产甲烷的要求，保持在−350 mV 以下。

2. pH

环境 pH 对微生物活性的影响有：引起细胞膜表面的电荷变化，进而影响微生物的物质输送和代谢调控；改变有机化合物的存在形态，如 VFAs 在酸性条件下呈现分子状态，在中性或碱性条件下呈现离子态，多数化合物在非离子状态更容易通过细胞膜，使微生物的生命活动受到影响；降低酶的活性，进而影响微生物的生长繁殖和对底物的利用；改变细胞膜的流动性，使高温对微生物的伤害增加。产甲烷菌对 pH 的变化非常敏感，一般在 pH=6.8～8.0 时产甲烷菌活性较强，超出此范围则活性受到抑制。

反过来，微生物活动也会影响厌氧消化系统的 pH。碳水化合物分解速率比其他有机物快，大量的碳水化合物分解会造成有机酸迅速增加而使 pH 下降；产甲烷菌失活后，发酵过程产生的乙酸等有机酸逐渐积累，会导致 pH 进一步下降。当基质以含氮有机物为主时，代谢过程中产生的 NH_3 等碱性物质会使消化液 pH 上升。

如果系统难以维持 pH 近中性条件，除了调整厌氧消化系统的运行参数，如底物组成、有机负荷、固体停留时间等，还可以投加缓冲物质，如 $NaHCO_3$、Na_2CO_3 等；对于快速酸化的系统，可以加入 NaOH 或 $Ca(OH)_2$ 进行中和。

3. 温度

不同微生物对温度的适应性不同。厌氧消化系统中，大多数微生物在中温条件(35℃左右）下活性较高，因此大多数厌氧消化工艺采用中温条件。一些嗜热微生物适宜在 50～55℃条件下生长，消化效率更高，因此可以采用高温厌氧消化。不过，高温厌氧消化系统所需耗热量较多，而且高温微生物对温度变化较为敏感，物种多样性低，过程稳定性较差，容易受到环境条件、进料负荷波动的影响，运行管理要求更高。虽然厌氧微生物在更低或更高的温度下，也可进行生化反应，但处理效率会显著下降，如图 5.2 所示。

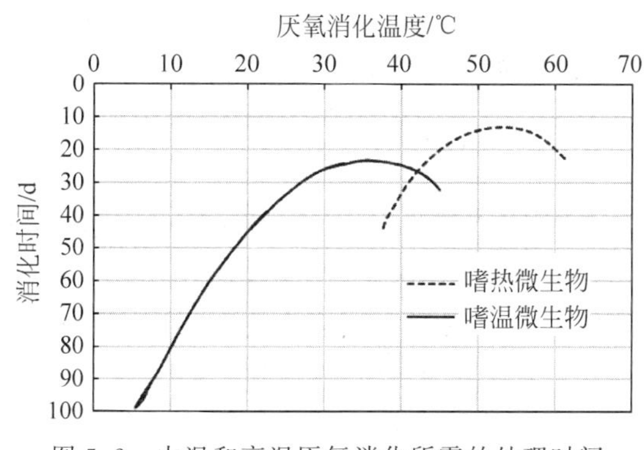

图 5.2　中温和高温厌氧消化所需的处理时间

4. 底物成分

不同底物的产沼气潜力不同，根据碳水化合物、脂肪、蛋白质的大致元素组成，可以估计它们的产沼气潜力，如表 5.5 所示。可以看出，脂肪具有最高的产甲烷潜力，但是脂类降解相对较慢，容易影响厌氧消化系统的运行。首先，油脂的疏水性决定了被它包裹的厌氧微生物不能有效地与溶解性物质接触，这会直接中断产甲烷菌将 VFAs 转化为甲烷的途径，同时油脂本身容易积聚在消化液表面并可能堵塞管道；其次，油脂在降解过程中会产生长链脂肪酸（LCFAs），而 LCFAs 也能够包被产甲烷菌，与产甲烷菌细胞壁结合并造成产甲烷菌活性下降；最后，油脂分解产生的 LCFAs 还会形成脂肪酸钙，在反应器、管道、泵内形成结垢，影响物料输送。因此，对于高油脂含量的有机废物，一般先进行脱油处理，回收到的油脂可以用于加工生物柴油，获得更高的经济效益。对于已经积累的油脂层，除了物理清除外，还可以投加脂肪酶促进浮油层水解。与脂类相比，蛋白质降解相对较快，而淀粉、葡萄糖等碳水化合物降解最快，纤维素等碳水化合物降解较慢。

表 5.5　不同有机物的沼气产生量及其组成

有机物分类	沼气发生量及其组成（体积分数）			甲烷发生量/（L/kg）
	体积/（L/kg）	CH_4/%	CO_2/%	
碳水化合物	790	50	50	395
脂肪	1 250	68	32	850
蛋白质	704	71	29	500

底物中的碳氮比、碳磷比是影响厌氧消化性能的重要因素。碳氮比以（16∶1）～（25∶1）为宜。碳氮比过小，细菌生长减慢，氮不能被充分利用，过剩的氮变成游离氨，可能抑制甲烷菌的活动，进而抑制厌氧消化的进行。碳氮比过高，有可能导致 VFAs 的积累，使系统酸化。通过不同有机废物的搭配，可以改善底物的碳氮比等性质，因此共消化是提高厌氧消化效率的重要方法。

5. 游离氨

蛋白质被微生物降解后，其中的有机氮就转化为氨氮。若氨积累超过一定浓度，就会抑制功能菌群的活性。一般认为，氨抑制主要由溶液中的游离氨造成。游离氨可以穿过细胞膜并解离，造成细胞内部环境的 pH 改变进而引起微生物代谢活性的下降。游离氨氮(FAN)与总氨氮(TAN)的关系如式(5-2)所示，其中，pKa 为氨的解离常数，与温度有关，35℃时为 8.95，所以氨对微生物菌群的抑制作用与温度、pH 有关。

$$FAN = \frac{TAN}{1 + 10^{(pKa-pH)}} \tag{5-2}$$

在厌氧消化过程中产生的氨氮部分以游离氨形式存在，pH 越高游离氨浓度越高，当 FAN 浓度达到 80～100 mg/L 时，会对传统的低浓度厌氧消化产生抑制效应。相对而言，高固体厌氧消化系统对游离氨具有更好的适应能力。Duan 等通过实验得出对污泥中温高固体厌氧消化系统产生轻度、中度和重度抑制的 TAN 及 FAN 浓度范围，如表 5.6 所示。微生物经驯化可以对抑制因素产生适应性。例如经高 TAN 浓度(2 420 mg/L)环境驯化后的产甲烷菌，进入 TAN 浓度为 3000 mg/L 的环境可立刻代谢产 CH_4 而没有停滞期。另外，不同菌种也对氨氮有不同的耐受能力，优势菌种的改变也有可能造成系统耐受能力的增强。例如与产甲烷菌相比，厌氧产酸菌能耐受更高浓度的氨氮；氢营养型产甲烷菌比乙酸营养型产甲烷菌具有对氨氮更强的耐受力。

表 5.6　高固体厌氧消化氨氮的抑制范围

抑制程度	FAN/(mg/L)	TAN/(mg/L)
无	＜250	＜2 000
轻度	250～400	2 000～4 000
中度	400～600	3 000～4 000
严重	600～800	3 000～4 000

6. 挥发性脂肪酸

在正常的厌氧消化反应器中，VFAs 以乙酸为主，因此根据消化系统中 VFAs 的累积程度和乙酸在其中的占比可以一定程度上判断系统的稳定情况。VFAs 抑制机理与氨氮相似：非离子化的 VFAs 分子进入细胞内部并解离，造成 pH 改变进而影响微生物代谢。pH 是影响非离子化 VFAs 浓度的关键因素，在弱碱性条件下，总酸浓度的提高并不能显著增多非离子化 VFAs 的量。各种 VFAs 中，丙酸对厌氧消化反应的抑制作用最明显，当丙酸达到 900 mg/L 时，厌氧微生物数量急剧减少，并显著抑制微生物活性。系统酸化和 pH 降低是厌氧消化系统运行不良的常见原因之一，因此可以用 VFAs/TA(总碱度)比值作为判断消化系统是否处于稳定状态的指标，良好的系统中此值应小于 0.3。高固体厌氧消化系统通常具有微碱性环境和更高的碳酸盐缓冲能力，因此对 VFAs 有更强的耐受能力。Duan 等总结了污泥高固体消化系统中 VFA 的抑制浓度范围，见表 5.7。

表 5.7　高固体消化 VFA 的抑制范围

抑制程度	VFA/(mg/L)	VFA/TA	稳定程度
无	<400	0.02～0.04	稳定
轻度	400～800	0.03～0.12	稳定
中度	1 000～3 000	0.05～0.20	抑制
严重	3 000～4 500	0.19～0.26	崩溃

7. 固体浓度

水分在微生物生长中一方面作为营养基质直接参与多种代谢反应，另一方面也起到溶剂及运输的作用。因此，传统厌氧消化系统的固体浓度一般为 2%～5%。近年来，高固体厌氧消化（HSAD）逐渐受到重视，其进料采用 8%～12%的含固率。高固体浓度可以提高废弃物的处理量和有效容积甲烷产量等，但是高固体浓度也会影响系统的质量、热量传递进而降低有机质向甲烷的转化率。为了应对这一不利因素，可以加强机械搅拌，或者采用水热预处理，加热后物料的黏度下降，有效扩散系数增加。相对于传统低浓度厌氧消化，高固体厌氧消化系统的 pH 通常为微碱性，对游离氨、VFA 等抑制因素也具有更强的耐受能力。

8. 有机负荷与污泥停留时间

有机负荷（OLR）与固体停留时间（SRT）均是厌氧消化系统的重要运行参数，直接影响消化效果。OLR 一般指反应器单位容积每日接受物料中有机物的质量，单位为 $kg/(m^3 \cdot d)$ 或 $g/(L \cdot d)$；SRT 是物料固体在反应器内的平均停留时间，单位为 d。对于常用的完全混合式反应器，OLR 和 SRT 可以按下式计算：

$$\mathrm{SRT} = V_{\mathrm{digester}} / R_{\mathrm{feed}} \tag{5-3}$$

$$\mathrm{OLR} = R_{\mathrm{feed}} \times \mathrm{VS}_{\mathrm{feed}} / V_{\mathrm{digester}} = \mathrm{VS}_{\mathrm{feed}} / \mathrm{SRT} \tag{5-4}$$

式中，V_{digester} 为反应器有效容积，m^3；R_{feed} 为进料率，m^3/d；$\mathrm{VS}_{\mathrm{feed}}$ 为进料中有机质浓度，kg/m^3。

从上式可以看出，OLR 与进料固体浓度、SRT 密切相关。在 OLR 不变的情况下，适当延长 SRT 可以提高有机质降解率，但是会增加反应器容积和投资成本。对于污泥、厨余垃圾等固体废物，SRT 一般为 20～30 天，而高固体厌氧消化往往需要更长的反应时间，Liao 等发现，当污泥含固率从 1.79%升高至 15.67%时，完全消化所需时间从 16 天延长到了 46 天。当 SRT 保持不变时，随着固体浓度的增大，OLR 增大。适当提高 OLR 可以增加单位容积处理量和容积甲烷产量，但 OLR 过高时，容易导致有机质降解不完全，当产甲烷为限速步骤时，还可能导致有机酸积累，使系统酸化。对于污泥、厨余垃圾厌氧消化，OLR 一般在 1.5～3.0 kg $VS/(m^3 \cdot d)$。

9. 盐分抑制

有些固体废物含有较高的盐分，这也会对厌氧消化造成抑制。例如，NaCl 是厨余垃圾的主要成分之一，由于来源不同，NaCl 质量分数介于 0.3%～1.4%，而某些地区的固体废物，由于含有泡菜、腐乳、辣椒酱等高盐食物，其餐厨垃圾有很高的盐含量，NaCl 质量分数达到1.8%～3.0%。对于中温厌氧菌，低浓度的NaCl是一种营养物质，能够通过活化NADH和构建ATP来促进产甲烷过程。另外，适度的NaCl浓度可以抵抗氨氮带来的毒性作用。相反，高浓度的NaCl会因为渗透作用导致微生物细胞脱水，并且盐分中的阳离子是造成毒性作用的主要部分。一般来说，3.5～5.5 g/L NaCl可能导致中度抑制，8 g/L NaCl可能导致严重抑制，而受反应装置、实验条件、底物种类等因素的影响，不同系统之间有一定的差别。对于高盐分的有机固体废物，一方面可以通过稀释、共消化等方法降低底物的盐分浓度；另一方面，可以通过驯化使微生物逐渐适应高盐环境，但需要较长周期。

5.1.5 厌氧消化的数学模型

2002年3月，国际水协会推出了厌氧消化一号模型(ADM1)。该模型描述了厌氧消化中的生化和物化过程，前者通常由细胞内或细胞外酶催化，作用于可生物利用的有机质，有机质首先经胞外酶水解为可溶性单体，这些单体进入细胞内降解，释放出能量并部分转变为细胞本身的生物质；后者不由生物介导，包括液液反应(例如离子缔合与解离，反应迅速)和气液交换(例如气体传输，速率中上)。厌氧消化过程中还存在固液转化(如沉淀或溶解，速率中下)过程，但由于其复杂性，ADM1不包含这一过程。

ADM1将复杂废弃物的厌氧消化划分为5个步骤，包括破解(disintegration)、水解(hydrolysis)、产酸(acidogenesis)、产乙酸(acetogenesis)和产甲烷(methanogenesis)，如图5.3所示。其中，前两个步骤在胞外进行(简单的水溶性有机废弃物的厌氧消化不存在前两个步骤)，后三个步骤在胞内进行。在胞外，复合的废弃物首先破解成颗粒状的碳水化合物、蛋白质、脂类以及惰性物质(不可生物利用的)，这一步包括分解、非酶促衰变、相分离、物理破碎(如剪切力解体污泥絮体)。然后，在胞外水解酶的作用下，颗粒有机质水解为可溶性

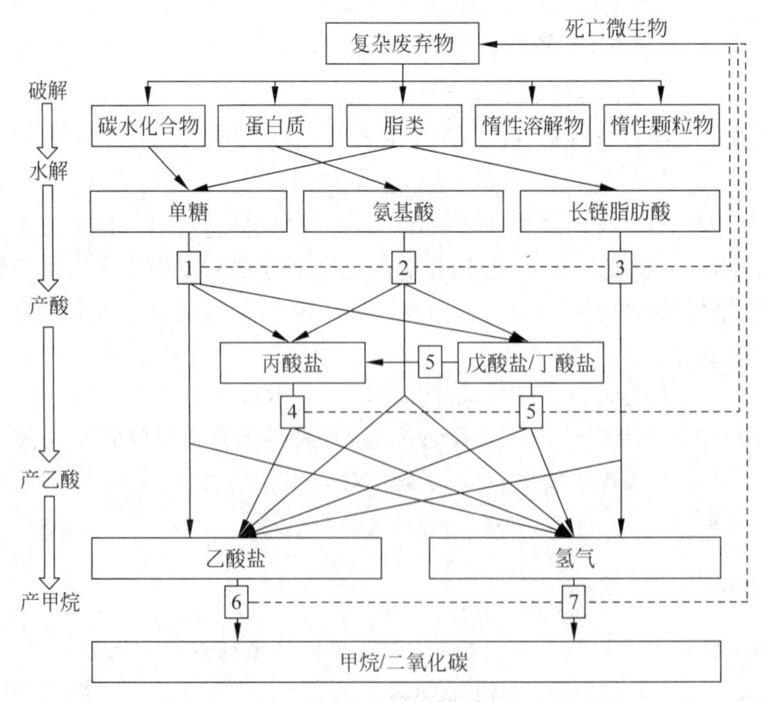

图5.3 ADM1涉及的厌氧消化步骤与生化过程

单体，如单糖、氨基酸、长链脂肪酸等。胞外生化过程符合一阶动力学模型。生物质的死亡也用一阶动力学模型表示，死亡微生物仍以颗粒态物质进行系统循环。可溶性单体进入胞内，分解为 VFA 乃至乙酸和氢气，最终转化为甲烷。胞内生化过程可以用 Monod 模型表示，而生物质的增长隐含在底物的吸收中。ADM1 各参数见表 5.8。

表 5.8 ADM1 各参数的含义与单位

参数	含　义	单　位
C_i	成分 i 的碳含量	kmol C/kg COD
i	成分编号	
I	抑制函数	
j	过程编号	
$k_{A/B,i}$	成分 i 的酸碱常数	
k_{dec}	生物体死亡的一阶分解速率	d^{-1}
$k_L a$	气液传质系数	d^{-1}
k_m	比 Monod 最大吸收速率	d^{-1}
K_a	酸碱平衡常数	
K_H	亨利定律常数	mol/(L・bar)
K_I	抑制常数	$kgCOD/m^3$
K_S	Monod 半饱和常数	$kgCOD/m^3$
N_i	成分 i 的氮含量	kmol N/kgCOD
p_{gas}	气压	bar
pH	$-\lg[S_{H^+}]$	
pKa	$-\lg[Ka]$	
q	流量	m^3
S_i	溶解性组分 i	$kgCOD/m^3$
S_I	抑制成分	$kgCOD/m^3$
t	时间	d
T	温度	K
V	体积	m^3
X_i	颗粒组分 i	$kgCOD/m^3$
$Y_{substrate}$	利用底物生产生物质的产率	kgCOD/kgCOD
$v_{i,j}$	成分 i 在过程 j 中的速率常数	$kgCOD/m^3$
$f_{product,substate}$	从底物到产物的产率（仅分解代谢）	kgCOD/kgCOD
ρ_j	过程 j 的速率	$kgCOD/m^3$

1. 生化反应的描述

ADM1 的生化反应过程涉及 26 个组分，其中溶解性组分（以 S 表示）共 14 种，包括单糖（S_{su}）、氨基酸（S_{aa}）、长链脂肪酸（S_{fa}）、戊酸（S_{va}）、丁酸（S_{bu}）、丙酸（S_{pro}）、乙酸（S_{ac}）、氢气（S_{h2}）、甲烷（S_{ch4}）、可溶性惰性物质（S_I）以及溶解性的无机碳（S_{IC}）、无机氮（S_{IN}）、金属阳离子（S_{cat+}）和阴离子（S_{an-}）；不溶性组分共 12 种，包括初始的复杂废弃物（X_c）、颗粒态碳水化合物（X_{ch}）、颗粒态蛋白质（X_{pr}）、颗粒态脂类（X_{li}）、颗粒态惰性物质（X_I）、单糖降解微生物（X_{su}）、氨基酸降解微生物（X_{aa}）、长链脂肪酸降解微生物（X_{fa}）、戊酸丁酸降解微生物(X_{c4})、丙酸降解微生物(X_{pro})、乙酸营养型产甲烷菌(X_{ac})、氢营养型产甲烷菌(X_{h2})。这些组分的变化可以用下式来概括:

$$\frac{dS_i}{dt}=\frac{S_i q_{in,i}}{V}-\frac{S_i q_{out,i}}{V}+\sum_{j=1\sim19}\rho_j v_{i,j} \tag{5-5}$$

式中,V 为液体或气体体积,m^3;S_i 为组分 i 的浓度,kg COD/m^3;t 为时间,d;$q_{in,i}$ 为组分 i 流入体系的流量,m^3/d;$q_{out,i}$ 为组分 i 流出体系的流量,m^3/d;ρ_j 为过程 j 的反应速率,ADM1 中共有 19 个子过程(编号为 $\rho_1\sim\rho_{19}$),详见表 5.9,这些过程用类似 Monod 方程的基质降解动力学方程描述,而不使用 ASM 系列模型中的微生物增殖动力学方程来描述,这主要是由于厌氧微生物自身增殖相对缓慢;$v_{i,j}$ 为组分 i 对应于过程 j 的速率系数,详见表 5.10。

表 5.9 ADM1 的生化反应动力学速率方程(ρ_j)($j=1\sim19$)

编号	生化反应	速率/[kg COD/(m^3·d)]
ρ_1	复杂废弃物(X_c)破解为颗粒态碳水化合物(X_{ch})、蛋白质(X_{pr})、脂类(X_{li})和颗粒态惰性物质(X_I)与可溶性惰性物质(S_I)	$k_{dis}X_c$
ρ_2	颗粒态碳水化合物水解为单糖(S_{su})	$k_{hyd,ch}X_{ch}$
ρ_3	颗粒态蛋白质水解为氨基酸(S_{aa})	$k_{hyd,pr}X_{pr}$
ρ_4	颗粒态脂类水解为长链脂肪酸(S_{fa})和单糖(S_{su})	$k_{hyd,li}X_{li}$
ρ_5	单糖(S_{su})被降解为戊酸(S_{va})、丁酸(S_{bu})、丙酸(S_{pro})、乙酸(S_{ac})和氢气(S_{h2})	$k_{m,su}\frac{S_{su}}{K_S+S_{su}}X_{su}I_1$
ρ_6	氨基酸被降解为戊酸(S_{va})、丁酸(S_{bu})、丙酸(S_{pro})、乙酸(S_{ac})和氢气(S_{h2})	$k_{m,aa}\frac{S_{aa}}{K_S+S_{aa}}X_{aa}I_1$
ρ_7	长链脂肪酸转化为乙酸(S_{ac})和氢气(S_{h2})	$k_{m,fa}\frac{S_{fa}}{K_S+S_{fa}}X_{fa}I_2$
ρ_8	戊酸被降解为丙酸(S_{pro})、乙酸(S_{ac})和氢气(S_{h2})	$k_{m,c4}\frac{S_{va}}{K_S+S_{va}}X_{c4}\frac{1}{1+S_{bu}/S_{va}}I$
ρ_9	丁酸(S_{bu})被降解为乙酸(S_{ac})和氢气(S_{h2})	$k_{m,c4}\frac{S_{bu}}{K_S+S_{bu}}X_{c4}\frac{1}{1+S_{va}/S_{bu}}I$
ρ_{10}	丙酸(S_{pro})被降解为乙酸(S_{ac})和氢气(S_{h2})	$k_{m,pr}\frac{S_{pro}}{K_S+S_{pro}}X_{pro}I_2$
ρ_{11}	乙酸(S_{ac})营养型产甲烷(S_{ch4})	$k_{m,ac}\frac{S_{ac}}{K_S+S_{ac}}X_{ac}I_3$
ρ_{12}	氢(S_{h2})营养型产甲烷(S_{ch4})	$k_{m,h2}\frac{S_{h2}}{K_S+S_{h2}X_{h2}I_i}$
ρ_{13}	单糖降解微生物(X_{su})的衰亡	$k_{dec,Xsu}X_{su}$
ρ_{14}	氨基酸降解微生物(X_{aa})的衰亡	$k_{dec,Xaa}X_{aa}$
ρ_{15}	长链脂肪酸降解微生物(X_{fa})的衰亡	$k_{dec,Xfa}X_{fa}$
ρ_{16}	戊酸丁酸降解微生物(X_{c4})的衰亡	$k_{dec,Xc4}X_{c4}$
ρ_{17}	丙酸降解微生物(X_{pro})的衰亡	$k_{dec,Xpro}X_{pro}$
ρ_{18}	乙酸营养型产甲烷菌(X_{ac})的衰亡	$k_{dec,Xac}X_{ac}$
ρ_{19}	氢营养型产甲烷菌(X_{h2})的衰亡	$k_{dec,Xh2}X_{h2}$

表 5.10 ADM1 的生化反应速率常数($v_{i,j}$)($i=1\sim24, j=1\sim19$)

组分 过程	1 S_{su}	2 S_{aa}	3 S_{fa}	4 S_{va}	5 S_{bu}	6 S_{pro}	7 S_{ac}	8 S_{h2}	9 S_{ch4}	10 S_{IC}	11 S_{IN}	12 S_I	13 X_c	14 X_{ch}	15 X_{pr}	16 X_{li}	17 X_{su}	18 X_{aa}	19 X_{fa}	20 X_{c4}	21 X_{pro}	22 X_{ac}	23 X_{h2}	24 X_I
ρ_1												$f_{sI,xc}$	-1	$f_{ch,xc}$	$f_{pr,xc}$	$f_{li,xc}$								$f_{xI,xc}$
ρ_2	1													-1										
ρ_3		1													-1									
ρ_4	$1-f_{fa,li}$		$1-f_{fa,li}$													-1								
ρ_5	-1				$(1-Y_{su})f_{bu,su}$	$(1-Y_{su})f_{pro,su}$	$(1-Y_{su})f_{ac,su}$	$(1-Y_{su})f_{h2,su}$		$-\sum_{i=9,11-24} C_i v_{i,5}$	$-(Y_{su})N_{bac}$						Y_{su}							
ρ_6		-1		$(1-Y_{aa})f_{va,aa}$	$(1-Y_{aa})f_{bu,aa}$	$(1-Y_{aa})f_{pro,aa}$	$(1-Y_{aa})f_{ac,aa}$	$(1-Y_{aa})f_{h2,aa}$		$-\sum_{i=1-9,11-24} C_i v_{i,6}$	$N_{aa}-(Y_{aa})N_{bac}$							Y_{aa}						
ρ_7			-1				$(1-Y_{fa})\ 0.7$	$(1-Y_{fa})\ 0.3$			$-(Y_{fa})N_{bac}$								Y_{fa}					
ρ_8				-1		$(1-Y_{c4})\ 0.54$	$(1-Y_{c4})\ 0.31$	$(1-Y_{c4})\ 0.15$			$-(Y_{c4})N_{bac}$									Y_{c4}				
ρ_9					-1		$(1-Y_{c4})\ 0.8$	$(1-Y_{c4})\ 0.2$			$-(Y_{c4})N_{bac}$									Y_{c4}				
ρ_{10}						-1	$(1-Y_{pro})\ 0.57$	$(1-Y_{pro})\ 0.43$		$-\sum_{i=1-9,11-24} C_i v_{i,10}$	$-(Y_{pro})N_{bac}$										Y_{pro}			
ρ_{11}							-1		$(1-Y_{ac})$	$-\sum_{i=1-9,11-24} C_i v_{i,11}$	$-(Y_{ac})N_{bac}$											Y_{ac}		
ρ_{12}								-1	$(1-Y_{h2})$	$-\sum_{i=1-9,11-24} C_i v_{i,12}$	$-(Y_{h2})N_{bac}$												Y_{h2}	
ρ_{13}													1				-1							
ρ_{14}													1					-1						
ρ_{15}													1						-1					
ρ_{16}													1							-1				
ρ_{17}													1								-1			
ρ_{18}													1									-1		
ρ_{19}													1										-1	

注：表中，单糖、氨基酸、LCFA、戊酸盐、顶酸盐、并酸盐、乙酸盐、氢气、甲烷、溶解性惰性物等组分的单位为 kg COD/m^3，无机碳、无机氮的单位为 $kmol/m^3$。

在厌氧消化过程中，生化反应会受到多种因素的抑制。在ADM1中，主要考虑了pH抑制、游离氨抑制、氢抑制以及氮缺乏导致的微生物抑制和戊酸、丁酸降解微生物对丁酸、戊酸的竞争性利用。详见表5.11。除此之外，厌氧消化系统还可能存在长链脂肪酸抑制、盐分抑制等，这些不包含在ADM1中。

表5.11　ADM1的抑制方程

抑制类型	抑制方程	说　明	适用过程
游离氨抑制	$I_{NH_3,X}=\dfrac{1}{1+S_I/K_I}$	非竞争性抑制	7～12
氢抑制	$I_{h2}=\dfrac{1}{1+S_I/K_I}$	非竞争性抑制	7～12
pH抑制	$I_{pH}=\dfrac{1+2\times10^{0.5(pH_{LL}-pH_{UL})}}{1+10^{(pH-pH_{UL})}+10^{(pH_{LL}-pH)}}$	系统发生酸性或碱性抑制	5～12
	$I_{pH}=\exp\left[-3\left(\dfrac{pH-pH_{UL}}{pH_{UL}-pH_{LL}}\right)^2\right]\Big\vert_{pH<pH_{UL}}$ $I_{pH}=1\vert_{pH>pH_{UL}}$	系统只发生酸性抑制	5～12
X_{c4}对丁酸和戊酸的竞争性利用	$I_{bu}=\dfrac{1}{1+S_{bu}/S_{va}}$；$I_{va}=\dfrac{1}{1+S_{bu}/S_{va}}$	竞争性抑制	8～9
二级基质的限制	$I_{IN,lim}=\dfrac{1}{1+K_I/S_I}$	当无机氮浓度S_{IN}趋于零时将抑制吸收	5～12

注：K_I为抑制物I的抑制系数；S_I抑制剂浓度；S_j为过程j的基质浓度。

2. 物化反应的描述

ADM1模型还涉及两类物化反应过程，包括气液传质和酸碱平衡。ADM1中，H_2、CH_4和CO_2是气相、液相之间重要的反应物。由于氨易溶于水，反应过程中产生的氨全部存在于液相中，在气相中不存在氨气组分；同时，由于ADM1不涉及硫酸盐还原，气体中也不包括H_2S。对于H_2、CH_4和CO_2等气体来说，气液传质如下：

$$\rho_{T,i}=k_La(S_{liq,i}-K_Hp_{gas,i}) \tag{5-6}$$

式中，$\rho_{T,i}$是气体i的比质量传递速率；k_La是气液传质系数，为总质量传递系数与比传递面积的乘积，d^{-1}；$S_{liq,i}$是气体组分i在液相中的浓度，$kmol/m^3$；K_H是亨利定律系数，$kmol/(m^3\cdot10^5\ Pa)$；$p_{gas,i}$是气体i分压，10^5 Pa。在25℃下，H_2、CH_4和CO_2的亨利定律系数分别为0.00078、0.00143、0.035 $kmol/(m^3\cdot10^5\ Pa)$，对H_2乘以16，CH_4乘以64，可以把其K_H的单位由$kmol/(m^3\cdot10^5\ Pa)$转化为$kgCOD/(m^3\cdot10^5\ Pa)$。

在ADM1中，溶解性组分的阴阳离子负荷平衡可以用下式表示：

$$S_{Cat^+}+S_{NH_4^+}+S_{H^+}-S_{HCO_3^-}-\frac{S_{Ac^-}}{64}-\frac{S_{Pr^-}}{112}-\frac{S_{Bu^-}}{160}-\frac{S_{Va^-}}{208}-S_{OH^-}-S_{An^-}=0 \tag{5-7}$$

式中，有机酸项的分母代表单位负荷的gCOD含量。这一公式未包括长链脂肪酸和氨基酸的酸碱反应，因为它们的浓度通常很低。厌氧消化系统中的主要离子对包括NH_4^+/NH_3

(pKa=9.25)、CO_2/HCO_3^-(pKa=6.35)、VFA/VFA^-(pKa 约为 4.8)和 $H_2O/OH^-/H^+$ 体系(pKw=14.00),这些 pKa 均指 25℃条件下。它们的平衡方程可以用下列公式表示:

$$S_{IC}-S_{CO_2}-S_{HCO_3^-}=0 \tag{5-8}$$

$$S_{HCO_3^-}-\frac{K_{a,CO_2}S_{IC}}{K_{a,CO_2}+S_{H^+}}=0 \tag{5-9}$$

$$S_{IN}-S_{NH_3}-S_{NH_4^+}=0 \tag{5-10}$$

$$S_{NH_4^+}-\frac{S_{H^+}S_{IN}}{K_{a,NH_4^+}+S_{H^+}}=0 \tag{5-11}$$

$$S_{VFA^-}-\frac{K_{a,VFA}S_{VFA,total}}{K_{a,VFA}+S_{H^+}}=0 \tag{5-12}$$

$$S_{OH^-}-\frac{K_W}{S_{H^+}}=0 \tag{5-13}$$

ADM1 是一个理论模型,主要用于理解厌氧消化中的生化反应,模型可以采用非线性微分方程求解工具进行计算。需要注意的是,ADM1 中忽略了以下过程:葡萄糖降解的其他途径如乳酸型或乙醇型发酵;硫酸盐还原以及由此引起的硫化氢抑制;硝酸盐对电子转移的竞争;弱酸和弱碱的抑制;长链脂肪酸的抑制;乙酸氧化途径;同型产乙酸过程;固体沉淀物的生成(碳酸钙、磷酸钙、碳酸镁、金属硫化物、鸟粪石、磷镁石等)。即使如此,ADM1 模型也过于复杂,离实际应用还有较大距离。

5.2　厌氧消化的处理工艺

一个完整的厌氧消化系统通常由预处理、厌氧消化、搅拌、加热、沼液沼渣处理、沼气利用等单元构成,如图 5.4 所示。

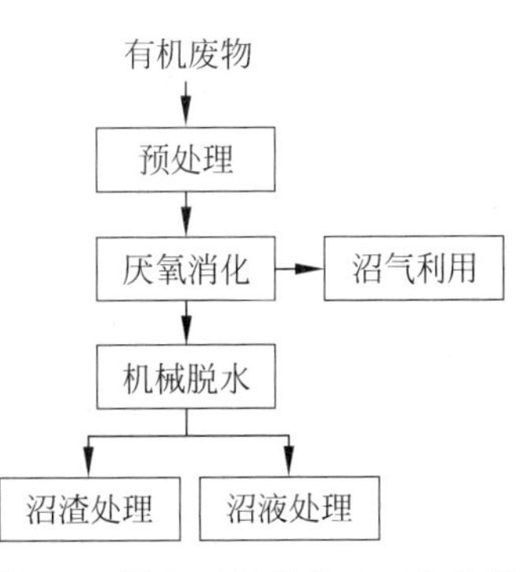

图 5.4　厌氧消化的基本工艺步骤

5.2.1　预处理单元

在固体废物进行厌氧消化前,为了使其满足消化设施的要求、促进传质、调节营养,通常需要对进料进行预处理。有机固体废物一般含固率较高,多以颗粒状、块状等形式存在,还有可能含有不可降解的多种杂质(如塑料袋不仅本身不降解,还有可能缠绕机械搅拌桨叶),为了使它们进入厌氧消化罐后能够与微生物充分接触,加速水解,需要在厌氧消化前对进料进行除杂、破碎、均质。厌氧消化系统进料均质的常用方法包括机械搅拌、高压挤出、球磨处理等。对于存在细胞结构的物料,为了加速水解,促进细胞内含物的释放,可以采用多种预处理方式,如热水解预处理、碱预处理、超声预处理、臭氧预处理、微波预处理等。如果进料中含有较多砂粒,有可能加速设备和反应器的磨蚀,就需要对进料进行除砂处理。如果进料 pH 过高、过低,或者碳氮比不均衡、营养缺失,也需要利用预处理步骤进行进料的调配。

对于常见的污泥厌氧消化系统，在预处理环节一般设有均质池，调节进料污泥含水率，并将其搅拌均匀，然后再输入厌氧消化罐。在均质池，当进料污泥浓度较高时，还可以结合罐体保温对污泥进行适当加热，使污泥颗粒破碎，黏度降低，便于输送；同时热泥可以向罐内输送热量（进泥体积为罐内污泥的 1/20～1/30，对罐内微生物影响很小），实现罐体温度的稳定。污泥热水解预处理（thermal hydrolysis pretreatment，THP）工艺通常采用高温（160～180℃）和高压（0.2～2 MPa）条件，在不供氧条件下处理污泥 20～120 min，使污泥颗粒破碎、有机质溶出，从而提高污泥的厌氧消化或机械脱水性能。该工艺发展至今已有 80 多年的历史。20 世纪 30 年代，Porteous 率先使用 185～200℃的水蒸气加热污泥，反应 30 min 后通过重力作用使污泥固液分离，上清液回到水处理环节，底部污泥脱水处理，该工艺命名为 Porteous 工艺，并随后用于 30 多座污泥处理设施的建设。20 世纪 60 年代，Zimpro 工艺在英国 Hockford 首次投产，通过加热和通入空气来改善污泥脱水性能，并实现部分有机物的氧化，是一种污泥在高含水率下的水热氧化技术。后来因为 Zimpro 工艺反应温度高（250℃以上），同时通入空气作为氧化剂，导致设备腐蚀严重而逐渐停产。经过改良的 Zimpro 工艺反应温度在 200℃以下，但空气的氧化作用基本消失。由于能耗和成本的限制，Porteous 和 Zimpro 工艺逐渐被弃用。目前国内外主流的污泥热水解处理工艺是挪威的 Cambi 工艺和法国威立雅水务公司的 Biothelys、Exelys 工艺。Cambi 工艺的反应温度为 160～180℃，反应分为浆化、热水解和泄压排泥 3 个步骤，经处理后污泥的脱水性能、可生化性和流动性都有了显著提升。1995 年 Cambi 工艺首先应用在挪威哈马尔的 HIAS 污水处理厂，目前全世界应用 Cambi 工艺的工程项目已有 100 多个。北京排水集团在小红门、高安屯等 5 座污泥处理中心使用了 Cambi 工艺。威立雅水务公司的 Biothelys 工艺是一种序批式的污泥热水解处理工艺，采用 150～170℃的高温蒸汽与污泥接触，处理后的污泥有机质降解率提高至 50%，甲烷产量显著增加，可以实现热水解工艺的能量自持。后来威立雅水务公司又开发了连续式的 Exelys 工艺，使用 165℃的水蒸气与污泥在管式换热器中连续反应，后续厌氧消化污泥减量率可以提高 30%。除高温热水解外，THP 也可以在低温（70～90℃）条件下进行，同样可以促进有机质溶出，但污泥脱水性能不如高温热水解。热水解除作为预处理手段外，还可以置于厌氧消化之后，用于对消化污泥的再次强化水解。除水热处理外，碱处理、超声处理等也可以用于污泥的预处理，它们还可以与热水解联合应用。某污泥热水解预处理系统见图 5.5。

图 5.5 某污泥热水解预处理系统

对于常见的厨余垃圾厌氧消化系统，预处理系统更为复杂，需要去除不可生物降解的杂质(如塑料袋、筷子、玻璃等)，然后调节厨余垃圾含水率并将其破碎浆化，最后通过水热处理(一般为80～90℃)分离油脂，避免油脂对厌氧消化系统的负面影响，并通过油脂回收产生一定的经济效益。

5.2.2 厌氧消化单元

厌氧消化单元的工艺类型很多，按有机负荷可以分为低负荷厌氧消化、高负荷厌氧消化；按运行温度可以分为常温厌氧消化、中温厌氧消化和高温厌氧消化；按固体浓度可以分为低浓度厌氧消化、高固体厌氧消化、干式厌氧消化等；按反应步骤可以分为两级厌氧消化和两相厌氧消化等。

1. 常温厌氧消化

由于酶对温度非常敏感，所以温度的变化会极大地影响微生物的生长繁殖和对底物的利用。常温厌氧消化温度一般为15～25℃。这种工艺能耗低，基建投资小，不需设置维温设备，运行管理简便，通常也不进行搅拌，任由物料自然厌氧降解，但消化时间很长。例如，对于农户用沼气池，进料完全降解的周期可能长达3～6个月，负荷一般低于1.5 kg VS/(m^3·d)。因此，常温厌氧消化是一种低负荷厌氧消化工艺。在这种情况下，升高负荷会导致系统失效。例如，对于秸秆类沼气池，水解为限速步骤，高负荷的常温厌氧消化可能导致有机质降解不完全；对于厨余垃圾沼气池，产甲烷为限速步骤，高负荷的常温厌氧消化可能导致系统酸化。

常温厌氧消化反应器一般有农用沼气池、黑膜沼气池等。沼气池的基本结构如图5.6所示。沼气池可以使用混凝土、砖、塑料、玻璃钢等材料，通常设置在地下，以减少外界环境对系统的影响，同时也可以减少占地面积。有时为了避免寒冷天气使厌氧消化停止，也可以在池体内安装加热套管。为了便于排出沼渣，有时也在池底安装沼渣泵。

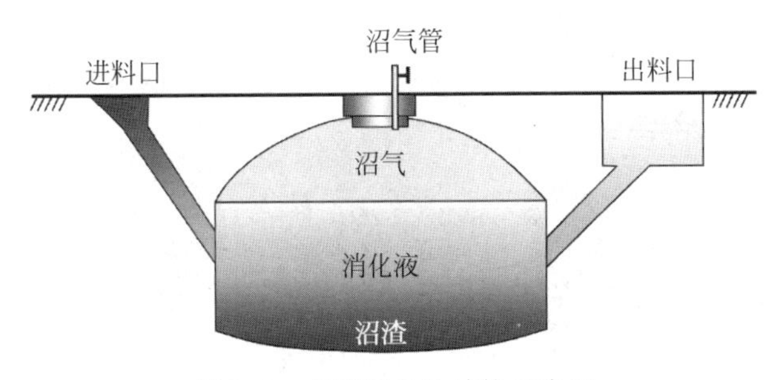

图5.6 农用沼气池结构示意图

黑膜沼气池是用高密度聚乙烯(HDPE)土工膜围合而成的密封系统，常用于禽畜粪污的厌氧消化。HDPE土工膜具有抗拉强度高、抗老化及耐腐蚀性能强、防渗效果好等优点。黑膜沼气池具有施工方便、快速、投资和运行成本低、黑膜利于吸收阳光热量等优点。小型的黑膜沼气池可以直接加工成型，包括进料管、膜池和出料管、沼气存储部分等(见图5.7)。大型的黑膜沼气池可以先在地面挖基坑，然后在底部铺设黑膜，再在上部焊接黑膜，形成密封空间。

图 5.7 小型黑膜沼气池系统

2. 中温厌氧消化

中温厌氧消化采用35℃左右温度,以利于嗜温产甲烷菌的生长。为了促进热量传递,使系统温度均匀,中温厌氧消化系统需要进行搅拌。在这种条件下,系统的物质和能量传输较为迅速,微生物活性较高,系统可以采用较高的有机负荷,通常在1.5～4.8 kg VS/(m^3 · d),因此是一种高负荷厌氧消化方式。中温厌氧消化有机负荷范围较宽,这主要取决于固体废物的性质,特别是其中易降解有机物的比例。例如,厨余垃圾易降解有机物比例高,有机负荷应取较低值,避免系统酸积累;秸秆中易降解有机物比例低,有机物水解酸化速率低,有机负荷可以取较高值。

中温厌氧消化经常采用平底圆柱形、锥底圆柱形和卵形反应器(见图5.8)。平底圆柱形反应器在欧洲应用较为普遍,一般为钢筋混凝土或钢制结构,建造较为简单,其圆柱高径比为1。这种平底反应器要求搅拌系统具有较好的防止和消除沉积物的效果,一般采用池内多点安装的悬挂喷入式沼气搅拌技术,运行费用较高。锥底圆柱形反应器与平底圆柱形反应器类似,但底部为锥形,易于集聚沉积物,可以通过排放管排出,从而减少清掏频率和设备费用。锥底圆柱形反应器的圆柱高径比一般为1.0,近年来倾向于采用较大的高径比(1.5左右),以利于机械搅拌。锥底坡度为(1∶3)～(1∶6)。卵形反应器外形类似于鸡蛋,与传

图 5.8 厌氧消化反应器类型以及圆柱形和卵形消化罐

统圆柱形反应器相比，上部液面面积小，浮渣问题少，便于清除；底部锥体同样便于收集、排出沉积物；同时表面积较小，有利于减少表面散热。

中温厌氧消化温度一般高于环境温度，为了减少散热损失，加强罐体保温，可以在反应器壁外敷设保温隔热材料，如使用绝热板、玻璃纤维、聚苯乙烯塑料等，还可以使用空气夹层。

3. 高温厌氧消化

高温厌氧消化采用55℃左右温度，以利于嗜热产甲烷菌的生长。同样地，为了促进热量传递，使系统温度均匀，因此高温厌氧消化系统也需要进行搅拌。在这种条件下，系统的物质和能量传输较为迅速，嗜热微生物代谢快，生化反应迅速，因此系统可以采用较高的有机负荷，因此也是一种高负荷厌氧消化方式。相对于中温厌氧消化，高温厌氧消化效率更高，周期更短，但由于嗜热微生物菌群结构相对于嗜温微生物更为简单，系统抗逆性较差，容易受到外界环境、运行参数和进料波动的影响，对运行稳定性的要求较高，同时系统能耗较大。因此，大多数有机废弃物处理系统采用中温厌氧消化工艺，仅在个别场景下（进料非常稳定、需要快速处理、占地面积小）采用高温厌氧消化工艺。

高温厌氧消化使用的反应器类型与中温厌氧消化类似，但高温厌氧消化时，有可能产生更多的浮渣、泡沫，因此更需要注意除渣、消泡处理。

4. 两级厌氧消化

固体废物经厌氧消化过程后，仍有部分有机质未完全降解或未完全稳定化，此时可以采用两级消化。第一个反应器为高速消化罐，用于有机质的快速降解，可以采用中温或高温厌氧消化；第二个反应器为二级消化罐，一般不加热也不搅拌，仅用于储存消化液或者使其固液分离，在储存过程中，一些残留有机质可能缓慢降解或稳定化。由于也可能产生沼气，二级消化罐需要具有沼气收集功能。两级厌氧消化工艺所需设施体积大、占地多、费用高，目前已很少用于新项目。

5. 两相厌氧消化

根据厌氧消化的原理，发酵产酸和产甲烷两个过程所需的最优条件不同，为了避免互相之间的干扰，可以采用两相厌氧消化工艺，使发酵产酸和产甲烷在不同的反应器中分别进行（见图5.9）。对于常见的污泥、厨余垃圾等有机固体废物，两相厌氧消化的产酸相pH为4～6，固体停留时间为4～8天；产甲烷相pH为7.0～8.5，固体停留时间为12～20天。理论上，当固体停留时间足够长时，单相厌氧消化和两相厌氧消化的甲烷产率相同，均取决于有机固体废物本身的产甲烷潜力；当固体停留时间较短，有机负荷较高时，由于单相厌氧消化系统可能受到过酸化的抑制，甲烷产率（或有机质去除率）可能降低；相反地，两相厌氧消化系统分离了产酸相和产甲烷相，产甲烷菌可以不受过多VFAs的影响，因此可以保持稳定。这样两相厌氧消化系统在高负荷条件下可以呈现更好的处理效果。由于两相厌氧消化系统相对复杂，投资和运行成本高于单相厌氧消化，因此在没有特殊要求时，一般采用单相厌氧消化工艺，只有当系统存在过酸化风险时（如处理厨余垃圾），才考虑使用两相厌氧消化系统。

单相厌氧消化系统中,沼气中甲烷含量一般在60%左右。在两相厌氧消化系统中,产酸相会产生少量 H_2、CO_2 等气体,而产甲烷相由于减少了产酸、产乙酸过程,因此沼气中甲烷含量可以达到70%以上。这两组气体可以合并,然后进行燃烧发热产电;如果为了获得纯甲烷气体,也可以将来自于产甲烷相的沼气单独提纯。

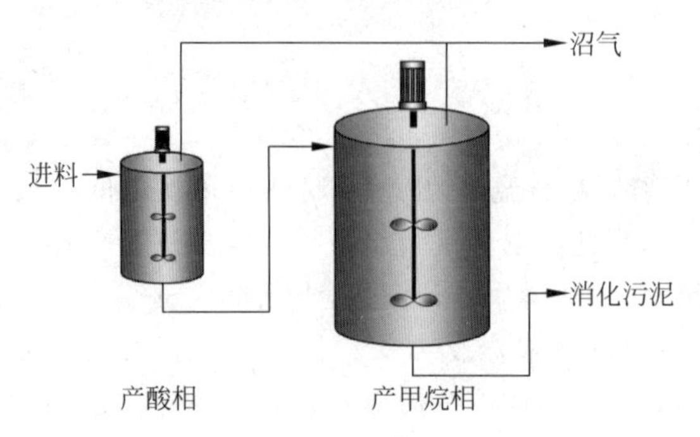

图5.9 两相厌氧消化工艺示意图

6. 高固体厌氧消化

传统的厌氧消化进料含固率一般控制在5%以下,系统均匀性较好,传质效率较高,容易达到较好的处理效果。然而,低浓度的进料也意味着需要更大的反应器容积和更多的加热能耗。针对这一问题,可以采用高固体厌氧消化技术,即将进料含固率提升至5%以上,减少系统中的水分。如物料含固率从5%提升至15%,则消化罐体积可缩减为原来的1/3,从而大幅减少系统占地。根据物料搅拌时的流变学特征,一般可以将固体浓度低于5%的系统称为低浓度厌氧消化系统,系统内物料从类牛顿流体①向非触变性假塑性流体②转变;当固体浓度为5%~15%时,可称系统为高固体厌氧消化系统,此时系统内物料为触变性假塑性流体;当固体浓度提高至15%以上时,物料为黏弹体或固体,可称为干式厌氧消化。高固体厌氧消化系统通常采用圆柱形反应器和机械搅拌装置,与低浓度厌氧消化系统类似,但搅拌功率较高,同时消化前可设置均质池,使物料均匀。干式厌氧消化主要用于各类高含固率有机废弃物的处理,近年来也用于家庭厨余垃圾的处理,常用的连续式工艺有Dranco、Valorga、Kompogas和Laran等工艺(见图5.10)。

Dranco工艺中,新鲜物料与回流消化物料混合后进行加热处理,达到消化温度后,从反应器顶部加入反应器中进行消化,消化物从底端排出,整个系统依靠重力向下推流,但回流物料起到了一定的混合作用。Dranco工艺采用高温厌氧消化,可以处理含固率15%~40%的固体废物,如厨余垃圾、园林垃圾、秸秆、工业有机固废等,停留时间20天左右。

Valorga工艺中,物料与循环渗滤液及浓缩污泥混合后,被送入反应器中,反应器中的新旧物料在由底部注入的高压沼气的作用下实现混合。整个反应器为垂直的柱状罐体,其中心处设有与罐高一致、宽为2/3直径的竖直隔墙,进出料孔设在隔墙的两侧,确保物料在

---

① 牛顿流体为任一点上的剪应力都与剪切变形速率呈线性函数关系的流体。

② 假塑性流体是表观黏度随着剪切应力或剪切速率的增大而减小的流体。在恒定的温度下,如果剪切速率保持不变,流体的切应力和表观黏度会随时间的延长而减小,即流变性受应力作用时间的制约,这种流体为触变性流体,反之,为非触变性流体。

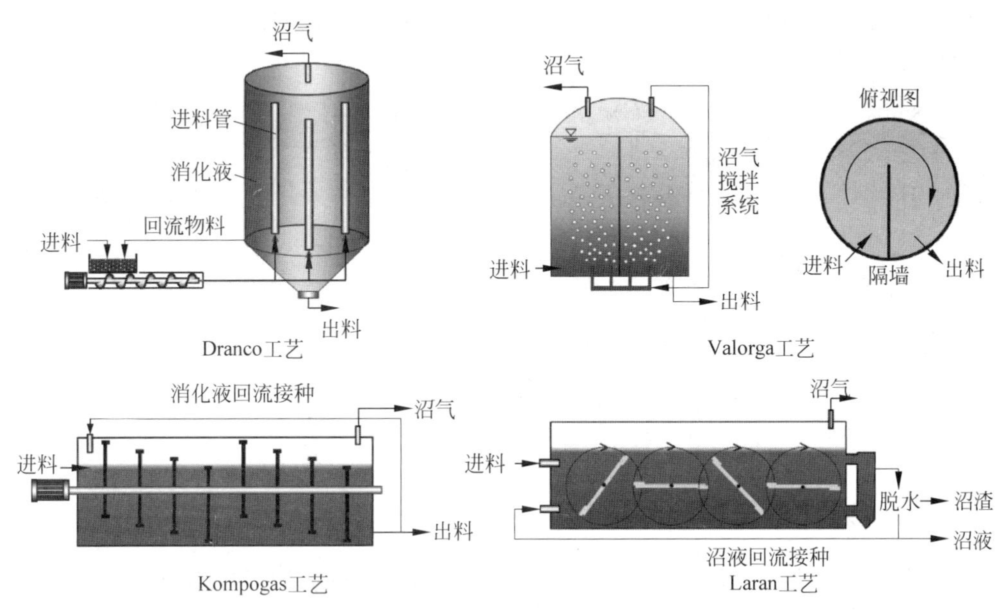

图 5.10　常用的连续式干式厌氧消化工艺

反应器中能始终保持推流状态。Valorga 工艺主要采用高温厌氧消化，可以处理含固率15%～35%的固体废物，如厨余垃圾、污泥等，停留时间 20 天左右。

Kompogas 工艺中，反应器呈卧式圆柱形，物料与部分循环沼液以一定比例混合后从反应器的一端加入，然后在叶轮推动作用下水平移动并促进物料混合。Valorga 工艺主要采用高温厌氧消化，可以处理含固率 20%～50%的固体废物，但需要控制消化液含固率约为30%，以避免过大的阻力或砂石沉积，固体停留时间 20～30 天。

Laran 工艺与 Kompogas 工艺相似，也是卧式反应器，但反应器中设有多组独立运行的低速搅拌桨。物料在反应器一端加入后，在搅拌桨的作用下实现混合。搅拌桨相互之间的搅拌范围重叠且各自具有独立动力来源，并能够分批进行半连续工作，使填料批式向前移动，完成物料的局部混合并促进排气，防止浮渣层和沉淀的形成。Laran 工艺可以采用中温或高温厌氧消化，可以处理含固率在 15%～45%的固体废物，固体停留时间约 20 天。

除上述连续式工艺外，干式厌氧消化还可以采用序批式工艺，常见的是车库式工艺，如 Bekon、Bioferm 等工艺。它们在密封空间内堆置物料，接种后不搅拌，可适当喷淋水分，使物料缓慢厌氧降解，车库采取一定的保温措施，同时可以通过喷淋热水或地暖加热，使消化温度维持在中温或高温。

需要注意的是，干式厌氧消化工艺的目的，是直接处理高含固率的有机废弃物，这样可以避免加水稀释，也减少了厌氧消化后沼液的产量，降低了后续处理负担；但在这种情况下，水分的减少会阻碍系统内的物质传递，降低生化反应效率，理论上其有机质去除率和沼气产率会低于湿式厌氧消化，沼渣的产量也更多。由于干式厌氧消化的传质限制，微生物活性会普遍下降，微生物群落结构也会发生改变。一般认为乙酸营养型代谢途径是厌氧消化过程中的主要产甲烷途径，但是在高固体条件下，系统内氨氮浓度、VFAs 浓度都相对较高，系统呈微碱性，氢营养型和甲基营养型产甲烷途径贡献大幅上升，而乙酸营养型产甲烷途径相对减弱，如图 5.11 所示。一般经干式厌氧消化后，未经完全稳定化的沼渣还需要进一步堆肥处理。因此，干式厌氧消化工艺发展的方向是加强高固体条件下的物料混合，提高生化反应的传质效率。

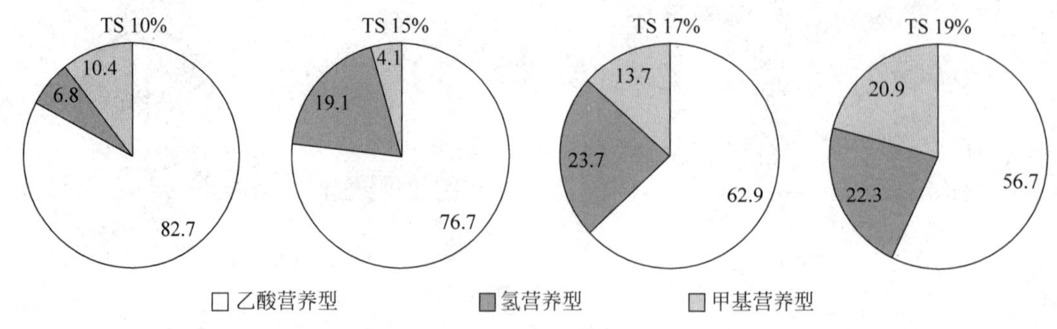

图 5.11　产甲烷菌相对丰度随厌氧消化系统含固率的变化(单位：%)

5.2.3　搅拌单元

为了促进厌氧消化系统内的物质、能量传递，保证反应器内原料、接种物、中间产物、pH、温度等参数分布均匀，提高生化反应效率，使产生的气体及时溢出，消化反应器一般要进行物料搅拌。在消化池内物料每天应完全混合 3 次以上，通常每隔 2～4 h 搅拌一次，每次搅拌 30 min 左右，每天共搅拌 3～6 h。搅拌方式包括机械搅拌、沼气搅拌和水力射流搅拌(见图 5.12)。在前一节，本书实际上已经初步介绍了湿式厌氧消化和干式厌氧消化的搅拌系统，这里做进一步分析。

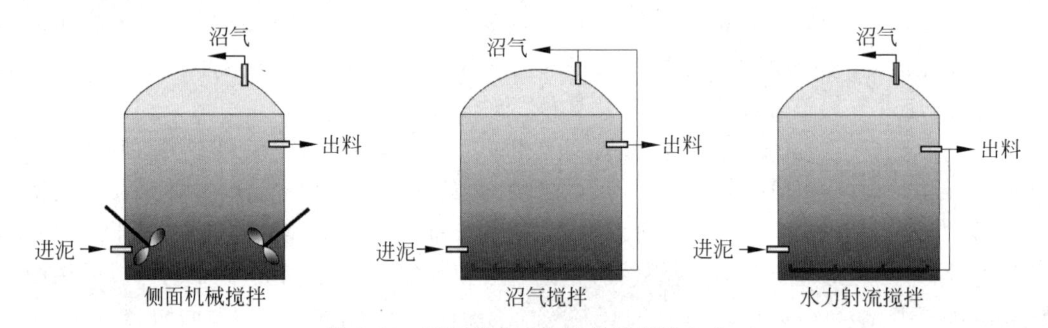

图 5.12　厌氧消化系统的常用搅拌方式

1. 机械搅拌

机械搅拌构造简单，易于操作，适用于锥底圆柱形消化池和卵形消化池，搅拌功率一般为 0.005～0.04 kW/m^3(高含固物料搅拌功率较高)。厌氧消化系统中常见的机械搅拌器主要包括桨叶式搅拌器、锚式搅拌器、框式搅拌器、螺杆式搅拌器及螺带式搅拌器几种(见图 5.13)。桨叶式搅拌器的结构最为简单，由两至三枚叶片组成，一般倾斜安装，可用于低浓度或高固体厌氧消化，但不能用于干式厌氧消化。桨叶直径与反应器直径之比为一般为 0.35～0.5。该种搅拌器的适用转速一般为 10～300 r/min。锚式和框式搅拌器类似，常用于搅拌浓度、黏度较高的流体。锚式搅拌器的剪切力较小，且会在搅拌轴附近产生搅拌死区，所以实践中通常与桨叶式搅拌器叠加使用。该类搅拌器直径与反应器直径的比一般为 0.7～0.98，转速为 1～100 r/min，常用介质黏度小于 100 Pa・s。螺杆式搅拌器由搅拌轴和一个或多个搅拌桨叶组成，适用于高黏度流体的搅拌，在立式和卧式反应器中均常用。搅拌器直径与反应器直径比一般为0.4～0.5，由于其直径较小，靠近反应器器壁附近的混合效果较差。这种搅拌器适用的流体黏度范围为10～100 Pa·s，转速范围为0.5～50 r/min。螺带式搅拌器与螺杆式搅拌器外形相似，不同之处在于其搅拌轴直径较小，而桨叶直径较大，呈螺旋状环绕在搅拌轴外，在立式和卧式反应器中均常应用，适用于高黏度流体的搅拌。螺带式搅拌器可以采用单螺带、双螺带，还可以与螺杆搅拌器联用。螺带式搅拌器常用介质的黏度为10～100 Pa·s，搅拌器直径与反应器直径比的为0.9～0.98，适宜转速为0.5～50 r/min。

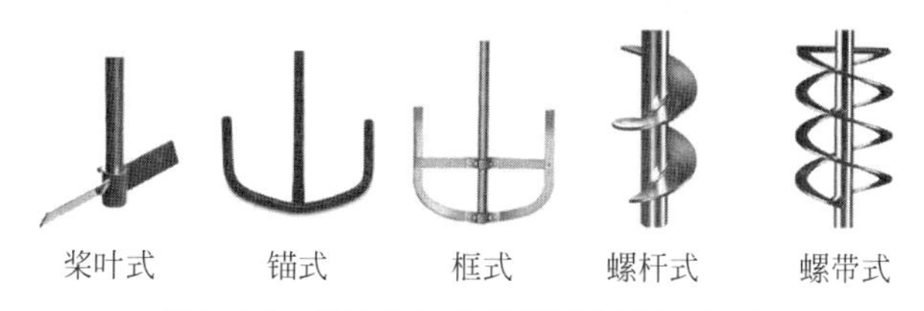

图5.13　各种常见机械搅拌器的结构图

2. 沼气搅拌

沼气搅拌无需罐内机械装置，便于维护与检修。将厌氧消化系统产生的沼气加压后，从消化反应器底部喷出，可以带动消化液的流动混合。除压缩机外，沼气搅拌需要一套压力控制系统，防止压缩机过压或消化池抽真空。沼气回喷时，可以采用多种形式。在大型厌氧消化罐内，一般设置多个喷嘴喷出；对于小型厌氧消化罐，可以利用一根中央管道，将沼气自上而下输送，至池底释放出来。一般来说，沼气搅拌适用于低黏度的流体。

3. 水力射流搅拌

水力射流搅拌的罐内系统也相对简单。抽取消化罐内的部分消化液，再利用高压泵将其喷射入消化罐，利用水力作用带动罐内消化液的流动混合。在水力射流时，可以根据罐体形状、大小和物料性质采用不同的喷嘴布置，喷嘴可以安装在底部中央，向四周喷射；也可以安装在底部四周，向中央喷射。以保证罐内物料高效混合。水力射流搅拌还可以与机械搅拌、沼气搅拌相结合。

4. 搅拌效果评估

在不同搅拌方式下，系统内能否达到良好的混合效果，需要进行模拟或实验来验证。利用计算流体力学和模拟软件，可以分析不同搅拌条件下系统内的浓度、流速分布，这种方式相对快捷。更接近实际的方式是对系统内物质分布进行检测。一种方式是对罐内不同高度的消化液进行采样，分析其固体浓度，判断浓度分布是否均匀；另一种方式是监测不同高度的温度，判断温度分布是否均匀。当然，如果系统的产气率和有机质去除率均较高，也可以间接说明搅拌效果良好。

5.2.4　加热单元

对于中温(35℃左右)或高温(55℃左右)厌氧消化系统，需要对进料进行加热升温，对罐体进行加热保温，以在环境温度较低时保证消化罐内温度稳定。固体废物厌氧消化产生的沼气可经燃烧产热发电，一般而言，沼气热量会显著高于物料加热保温的能量需求。因此，沼气可以通过锅炉燃烧直接提供蒸汽或热水，或者利用沼气发电后的余热间接得到蒸汽或热水。

保温方式包括罐内加热和罐外加热等。罐内加热有两种方式，一种方式是将适量的热水或蒸汽直接输送入罐体内，再通过对流和传导效应实现热量的传输，这种情况下需要设置止回阀，防止污泥倒灌；另一种方式是将热水输入罐内预先敷设的盘管，通过间接加热实现消化液温度稳定。罐内加热的效率较高，但是存在局部过热的问题，对微生物活性有一定负面影响，而且加入的蒸汽或水分会稀释罐体内物料，在进料时要充分考虑这部分的水分，以使罐内物料达到设计的固体浓度。相对而言，罐外加热维护方便，操作简单，不影响罐内的固体浓度和池容，是目前常用的加热方式。从消化罐内抽出消化液，利用螺旋板换热器或套管对消化液进行加热，然后再送回消化罐。套管换热器由双层同心管组成，螺旋板式换热器由两块平行的平板卷成同心的螺旋体，物料和加热介质分别在管路内相向流动。

近年来，热水解预处理获得了很多应用，特别是在污泥厌氧消化系统中。污泥热水解一般采用 160～180℃的条件，热水解后的污泥与原泥换热、闪蒸后，温度仍然高达 80～90℃，此时它携带的热量可以用于消化罐保温。

需要注意的是，在一些地区，夏季气温可能高达 40℃，高于中温厌氧消化系统的适宜温度，此时需要利用循环冷却水进行罐体降温。

5.2.5 沼液沼渣处理

固体废物经厌氧消化后，消化液需要进行机械脱水，以获得沼液和沼渣。消化污泥脱水可以采用带式压滤机、离心脱水机、板框压滤机等，但是需要注意的是，消化液中一般含有较多的细小颗粒，需要考虑与之匹配的絮凝剂和脱水机。

一般而言，有机质在厌氧消化系统中不可能完全降解（如难降解的腐殖酸、木质纤维素类物质），部分活性厌氧微生物也会存在于消化液中，这些有机质会和无机质一起进入到沼液和沼渣中。沼液中含有较高的 COD 和氨氮浓度，具体取决于进料性质和消化程度。对于污泥消化沼液，其 COD 一般高达 5 000～8 000 mg/L，氨氮浓度通常在 2 000 mg/L 以上。表 5.12 给出了某餐厨垃圾处理厂厌氧消化沼气的基本信息。沼液可以用作肥料在土地施用，由于其体积大、施用不便，一般仅在厂区周边应用，而在城市中一般进入污水处理厂处理。沼渣也可以用作肥料，但厌氧消化后有机质的稳定程度低于好氧堆肥，因此沼渣一般要经过适当的好氧堆肥或者较长时间的厌氧放置后再用于土地施用。在许多大中城市，由于缺乏沼渣利用的环境，所以一般采用焚烧处理或填埋处置。

表 5.12 餐厨垃圾厌氧消化沼液性质

参　数	范　围	参　数	范　围
pH	7.5～8.1	凯氏氮/(mg/L)	2 400～3 500
COD/(mg/L)	4 000～5 800	多糖/(mg/L)	500～700
总氮/(mg/L)	3 000～4 600	VFAs/(mg/L)	200～500
氨氮/(mg/L)	2 200～3 200		

5.2.6　沼气的净化和利用

厌氧消化可以实现固体废物的减量化，同时也可以回收沼气用作能源。沼气中含有 CH_4、CO_2、H_2、H_2S、NH_3 等，其中 CH_4 含量体积分数在 40%～65%。沼气利用方式包括直接燃烧产热、沼气发电以及提纯加工为压缩天然气。目前大型沼气工程的主要利用方式是发电利用，该技术相对成熟，沼气发电机组功率涵盖从几千瓦到数百千瓦。

1. 有机质的降解与沼气产率

厌氧消化过程中，单位有机质的理论(最大)沼气产量可根据底物的元素组成(式(5-1))或有机质成分(表 5.5)估计。

需要注意的是，有机质中可能含有难降解的组分(如腐殖酸或木质素)，这会影响最大沼气产量；同时，可降解有机质的实际降解率也很难达到 100%，这会影响实际的沼气产量。

对于污泥厌氧消化，降解单位有机质(VS_{re})的产沼气潜力为 750～1 120 mL/g VS_{re}，当污泥有机质降解率为 40%时，基于加入系统的有机质(VS_{ad})的沼气产率(SBP)为 300～560 mL/g VS_{ad}。污泥有机质含量变化较大，一般来说，污泥有机质含量越高，其厌氧消化的有机质降解率也越高。我国污泥有机质含量普遍偏低，因此厌氧消化的有机质降解率和沼气产率也相对较低(见图 5.14)。当采用热水解(160～180℃)等预处理技术时，污泥有机质降解率和沼气产率一般可以提升 10%～50%。

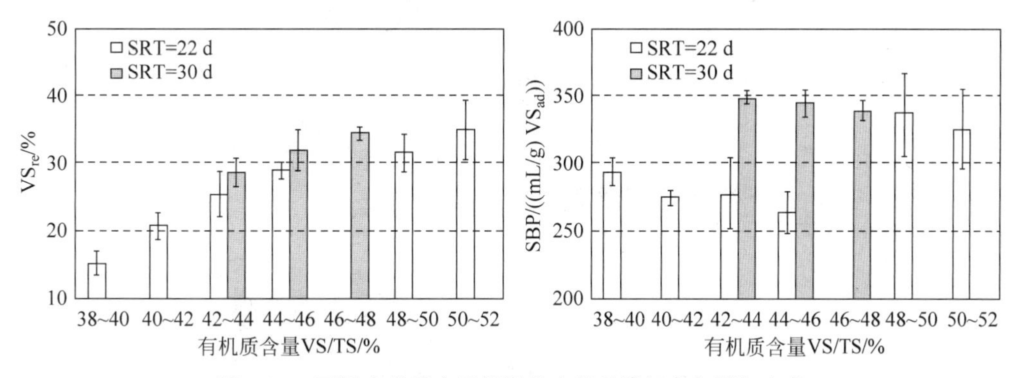

图 5.14　不同有机质含量污泥的有机质降解率与沼气产率

对于厨余垃圾而言，其厌氧消化产沼气潜力约为 1 000 mL/g VS_{re}，而有机质降解率可达 70%～90%，因此实际沼气产率为 700～900 mL/g VS_{ad}。需要注意的是，厨余垃圾厌氧消化设施前的预处理环节，如杂质分离、油脂分类，都会分流厨余垃圾中的有机质，因此，本书提到的沼气产率为厌氧消化系统本身的情况，而非针对进入处理厂的全部厨余垃圾。

2. 沼气的收集与储存

固体废物经厌氧消化后产生沼气，沼气需要通过一系列处理转化为热能或电能进行利用。沼气的收集和分配系统必须维持正压，以避免沼气和周围空气混合引起爆炸。对于空气与沼气的混合气，当甲烷体积分数在 5%～20%时有爆炸性。厌氧消化系统操作压力一般低于 3.5 kPa，由于操作压力低，因此需要特别关注管路压头损失、减压阀的安装及控制装置，避免空气对沼气的置换。

厌氧消化罐内部上方一般为沼气，经管道输出。沼气主管道直径一般大于 65 mm，具体的尺寸可由消化池流出的总气体流量而定。气体入口至少应位于消化池最高液位以上 1.2 m，防止消化液和泡沫等进入管路。沼气中的水分可能损坏仪表、阀门、电机等设备，因此管路的坡度为 1%～2% 或者更大，以排出冷凝水。沼气在管道内的流速应在 3.4～3.5 m/s 以下，这种低流速可以降低管路压力损失并防止夹带过多的水分。

厌氧消化过程中产生沼气的速率是波动的，因此，需要通过具有调节能力的储气装置平衡沼气的产生与消耗，为沼气利用设备提供稳定的气压。沼气汇集在消化罐上部后，经沼气管收集进入储存设施，沼气储存量可以按平均产气量的 25%～40%，即 6～10 h 的平均产气量计算。常用的储气设施有重力柜和压力柜。重力柜采用浮动顶盖，内部压力等于顶盖重力，这种变体积、恒压力气柜盖子内设有滑动导轨和止动装置，可以直接建造在消化罐顶部。压力柜一般为球形，沼气由压缩机压入，内部压力一般为 140～150 kPa。近年来，新建的沼气工程经常采用低压干式柔性气囊作为储气设施。双模沼气柜结构及实物照片见图 5.15，该沼气柜有刚性外壳，起到保护作用，内部为类似于气球的柔性气囊，可以随着沼气储量的增加而膨胀，同时内外膜之间可以通过空气或氮气进行压力调节，最终实现稳定沼气压力的效果。

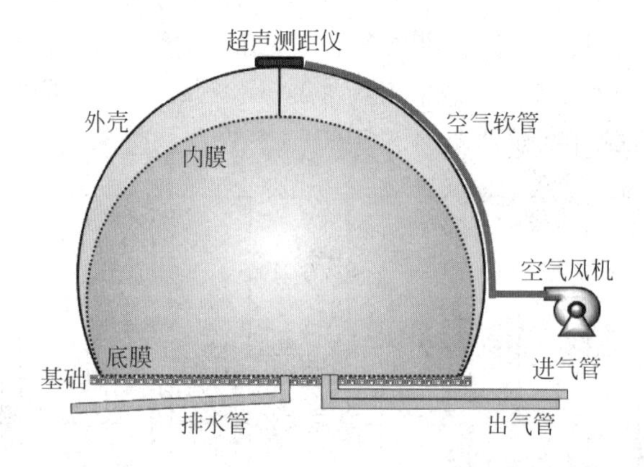

图 5.15　双模沼气柜结构示意图与实物照片

3. 沼气的净化和提纯

沼气的净化是指对沼气中 CH_4、CO_2 之外其他气体和杂质的去除，而沼气的提纯是指

进一步去除 CO_2，获得纯 CH_4 气体，也称作可再生天然气(RNG)。沼气净化的程度取决于沼气的用途。沼气用于供热需要脱 H_2S、H_2O；沼气用于发电需要脱 H_2S、H_2O、有机卤化物；沼气用作汽车燃料需要脱 H_2S、H_2O、有机卤化物、CO_2；沼气提纯后进入天然气管网需要脱 H_2S、H_2O、有机卤化物、CO_2 以及微量金属。不管是什么用途，沼气中的 H_2O 和 H_2S 都要脱除。在流程设置上，一般顺序为脱水、脱硫、脱碳；如果采用湿式脱硫工艺，就还需要在脱硫后加入脱水步骤。

1) 沼气脱水

厌氧消化罐中产生的沼气具有较高的湿度，这些水分会溶解沼气中的 H_2S、HCl 等酸性气体，进而腐蚀管道和设备。水分还会减少管道的有效截面积，增加气流阻力。水分如果凝聚在检查阀、安全阀、流量计等设备的膜片上，就会影响这些设备的准确性。去除沼气中的水分可使用冷却分离法、物理吸附法和药剂吸收法。

冷却分离法：通过降低沼气温度使水分冷凝出来。降低沼气温度可以采用换热方式，这需要冷却源和热交换器，换热方式有管式换热、填料塔式直接冷却等。降低沼气温度还可以采用简单的节流膨胀法。高压沼气经过节流膨胀后，体积突然变大，温度降低，使部分水冷凝下来，对应的装置为汽水分离器(见图5.16)。这种方法简单、经济，是目前的常用方法。

药剂吸收法：常用的药剂有硅胶、活性氧化铝、分子筛等物理吸附材料和氧化钙、氧化镁、甘醇等化学吸收材料。硅胶本身为 $SiO_2 \cdot nH_2O$，加热脱水后具有较强的吸水能力，吸水率20%～30%。活性氧化铝本身为 Al_2O_3，加工为多孔球形，吸水率17%～50%，吸水后变为 $Al_2O_3 \cdot nH_2O$，常见的 n 为1或3，加热后可脱除水分。分子筛是人工合成的具有筛选分子作用的水合硅铝酸盐或天然沸石，其主要矿物成分也是水合氧化硅和水合氧化铝，此外还含有 Na^+、K^+、Ca^{2+}、Ba^{2+} 等阳离子，分子筛吸水率为20%～25%。氧化钙、氧化镁等吸水会放热，产生的氢氧化物可以回收，同时还可以同步去除酸性气体。甘醇分子结构中含有羟基和醚键，能与水形成氢键，对水有较强的亲和力，三甘醇使用得最多。药剂吸收脱水装置通常使用两套，当一个工作时，另外一个可以再生(见图5.16)。干燥剂的再生可以通过两种途径：一种是加热蒸发；另一种是用高压干燥气体吹过干燥剂，使其再生。

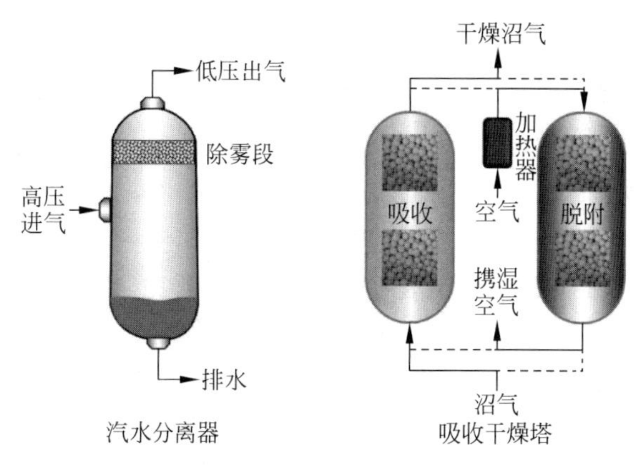

图5.16　沼气干燥设备

2) 沼气脱硫

沼气中的 H_2S 是由硫酸盐还原形成的，有毒、恶臭，对管道、设备(如锅炉、沼气发动机等)有腐蚀作用。脱硫方法有氧化铁脱硫、活性炭脱硫、碱液吸收、生物脱硫等。

氧化铁脱硫：脱硫剂是由 Fe_2O_3 屑(或粉)和木屑混合制成,以湿态(含水率 40%左右)填充于脱硫装置内。Fe^{3+} 具有较高的氧化还原电位,能够将 S^{2-} 转化为单质硫,但又不能将单质硫进一步氧化为硫酸盐。氧化铁资源丰富,价廉易得,是目前使用最多的沼气脱硫方法。Fe_2O_3 脱硫剂为条状多孔结构固体,沼气以低流速经过填料层,H_2S 与 Fe_2O_3 反应生成硫化铁或硫化亚铁,数秒内可将 H_2S 含量脱除到 1×10^{-6} mg/m^3 以下。脱硫剂的吸收与再生需交替进行。当脱硫装置出口沼气中 H_2S 含量超过 20 mg/m^3 时,填料需进行再生,在有水分时,硫化铁或硫化亚铁与空气中的氧接触生成氧化铁和单质硫。脱硫剂在脱硫装置内再生时,应控制压力为常压,床层温度 30～60℃,水分含量 35%,pH 在 8～10。温度过高会引起硫升华和自燃。当脱硫剂由黑褐色转为红棕色时,说明再生完成。再生次数一般 2～3 次,直至脱硫剂表面大部空隙被硫等杂质覆盖为止。上述过程可表示为

脱硫：$3H_2S+Fe_2O_3\cdot3H_2O \longrightarrow Fe_2S_3+6H_2O$

$3H_2S+Fe_2O_3\cdot3H_2O \longrightarrow 2FeS+S+6H_2O$

再生：$Fe_2S_3+3/2O_2+3H_2O \longrightarrow Fe_2O_3\cdot3H_2O+3S$

$2FeS+3/2O_2+3H_2O \longrightarrow Fe_2O_3\cdot3H_2O+2S$

活性炭脱硫：使用活性炭床吸附 H_2S,H_2S 浓度较小时可直接使用,H_2S 浓度较高时可用生物脱硫作为预处理。脱硫设备可采用单床或双床系统,双床系统中,两个吸附床串联工作,第一个吸附床吸附 H_2S 时,另一个吸附床不起作用。当第一个吸附床吸附饱和时,H_2S 会穿过进入第二个吸附床被吸附。此时可更换两个吸附床的顺序,从而最大程度利用活性炭的吸附能力。活性炭具有良好的储氧能力,吸附的 H_2S 被氧化为单质 S,S 可用质量分数为 12%～14%的硫化铵溶液萃取回收。活性炭法适用于 H_2S 含量小于 0.3%的沼气脱硫,脱硫率达 99%以上。

碱液吸收法：吸收液体有 NaOH、$Ca(OH)_2$、Na_2CO_3、$FeSO_4$ 溶液和氨水等,最常用的是 Na_2CO_3。相对于 CO_2,H_2S 的溶解、反应速率快,因此碱液可以部分地选择吸收 H_2S。H_2S 溶解后与上述药剂反应分别形成 Na_2S、CaS、FeS。这些产物在通入氧气条件下可氧化为 S 单质,实现溶液的再生。有时 H_2S 被吸收后会生成 NaHS 等,当碱液再生时 NaHS 会与 O_2 反应生成硫酸盐和硫代硫酸盐,影响 H_2S 的吸收,因此需不定期的排除脱硫循环液,并进行妥善处理,以避免二次污染。氨水吸收时产物是 NH_4HS,当碱液再生时向溶液中吹入空气,使硫化氢气体解析出来再进行二次处理,由于氨水本身有一定的腐蚀性,因此应用较少。

生物脱硫法：H_2S 经生物氧化成单质硫而被去除,所用微生物分为光能自养型微生物和化能自养型微生物。光能自养型硫细菌含光合色素,可以从光获得能量,依靠体内的光合色素同化 CO_2,并以 H_2S 作为同化 CO_2 的供氢体,H_2S 被氧化为硫或硫酸。它们大都是厌氧菌,主要有绿色硫细菌和紫色硫细菌。光合细菌在转化过程中容易受到光源限制,同时处理负荷低,水力停留时间长,因此很少应用。化能自养型菌属于无色硫细菌,它以 CO_2 为碳源,同时在氧化 S^{2-} 的过程中获得能量。在有机碳源存在的情况下,部分种类的化能自养型微生物可以利用有机碳源进行异养代谢。贝氏硫菌属和发硫菌属的丝状硫磺细菌能在有氧或无氧条件下将 H_2S 氧化为单质硫,在有氧条件下氧作为电子受体,在无氧条件下硝化物

作为电子受体。很多化能自养型微生物都能以单质硫、H_2S、硫代硫酸盐以及有机硫化物为电子供体，但并非所有的硫细菌都能够用于硫化物氧化。有些硫细菌将产生的硫积累于细胞内部，影响单质硫的分离。如果单质硫不能及时得到分离，就存在进一步氧化的问题，从而影响脱硫效率。Shell-Paques 技术是目前较为成熟的生物脱硫工艺，其原理是将含 H_2S 的沼气和含有化能自养型微生物的 $NaHCO_3$ 溶液进行接触，H_2S 被微生物转化为单质硫或硫酸盐。

上述几类方法中，氧化铁和活性炭脱硫属于干法脱硫，系统简单，再生容易，但需要消耗一定量的药剂。碱液吸收法为湿法脱硫，处理效率高、可连续操作，但工艺相对复杂，投资运行费用较高。生物脱硫法无需化学药剂，成本相对较低，但系统也相对复杂，控制难度较大。目前工程中最常用的为干法和湿法脱硫，也有的使用湿法＋干法的联合脱硫工艺。

3）沼气提纯

当沼气用于一般的燃烧产热或发电时，其中的 CO_2 无需去除，只有当沼气用于车载燃料或加工为天然气时，才需要脱除 CO_2，以提高能量密度。常用的提纯方法主要是水洗法、化学吸收法、气体膜分离法和变压吸附法(PSA)。

水洗法是利用 CO_2 与 CH_4 在水中溶解度的差异实现 CO_2 的脱除。沼气压缩后从吸收塔底部进入，水从塔顶流入。为提高 CO_2 在水中的溶解度，水洗工艺一般采用较高压力，吸收了 CO_2 的水可以再生循环使用，可以在吸收柱中通过减压或者用空气吹脱再生。吸收过程用水量较大，产生的废水需回收处理，净化后气体也需干燥处理，系统比较复杂。为了改进水吸收法，可以利用聚乙二醇二甲醚(Selexol)代替水，CO_2 在 Selexol 中的溶解度比 CH_4 大，而且 CO_2 在 Selexol 中溶解度比在水中大，这样所需 Selexol 的量会减少，更加经济和节能。另外，H_2S 和卤化烃也可以利用二段式 Selexol 工艺与 CO_2 同步去除。Selexol 本身无毒无臭，可生物降解，环境安全性较高。高压、低温条件下 Selexol 吸收 CO_2，而低压、高温条件下进行脱附，可以利用水蒸气吹脱 Selexol 中的 CO_2 而实现再生。利用闪蒸的 Selexol 沼气脱碳工艺见图 5.17。

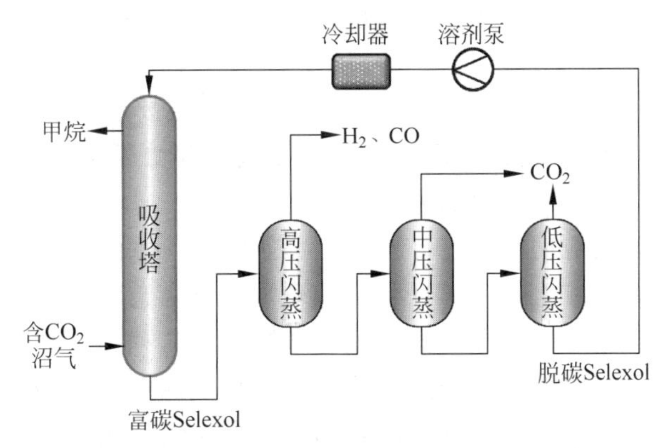

图 5.17　利用闪蒸的 Selexol 沼气脱碳工艺示意图

化学吸收法是利用 CO_2 和吸收液之间的化学反应将 CO_2 从排气中分离出来的方法，常用的有热钾碱法、有机胺吸收法、氨水法等(见图 5.18)。热钾碱法是利用碳酸钾作为吸收剂吸收 CO_2 生成碳酸氢钾，但碳酸钾本身吸收速率较慢，后来在系统中加入二乙醇胺作为活化剂。沼气从吸收塔底部进入，自下而上分别与 110℃的半贫液和 70℃的贫液接触实现脱碳；富液进入再生塔顶部闪蒸出部分 CO_2 和水蒸气，与再沸器加热的蒸汽逆流接触，加热到沸点并解析出 CO_2。其反应方程式为 $2NH(CH_2CH_2OH)_2 + CO_2 \leftrightarrow [NH_2(CH_2CH_2OH)]^+ + [N(CH_2CH_2OH)_2COO]^-$。氨水吸收法的工艺过程与之类似。沼气进入吸收塔后与氨水（贫液）相向而行，脱除 CO_2 后的 CH_4 从塔顶部排出，吸收 CO_2 的富液从吸收塔底部流出，经换热器放热后进入解吸塔，解吸塔内 CO_2 从氨水中释放出来，从顶部排出，再经闪蒸罐汽水分离后得到 CO_2，解吸出来的贫液经加压、换热器吸热与补充氨水后加压降温进入吸收塔。氨水具有吸收能力强、再生能耗低等特点，但氨损失较为严重，需要及时补充。

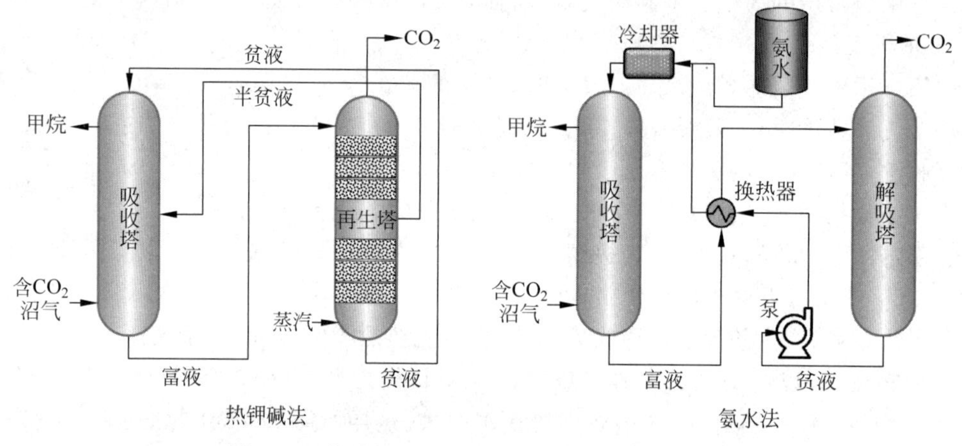

图 5.18 化学吸收法脱除沼气中 CO_2 工艺示意图

气体膜分离是根据沼气中 CO_2 和 CH_4 在压力推动下透过膜的传递速率不同，从而达到分离的目的。气体膜分离法有两类：一种是膜的两边都是气相，通过压力差推动气体移动，压力较大；另一种是膜的两侧分别是气相和液相，碱性液体（溶剂通常为 NaOH）可以吸收扩散穿过多孔疏水膜的 CO_2，因此气压压力相对较低。气体膜分离法中，膜是核心部件，容易受到腐蚀性气体和杂质的影响，对沼气的清洁度有较高要求，因此气体膜分离一般放在沼气净化流程的尾端。膜寿命较短，成本较高，且分离效率受膜材料、沼气成分、温度、压差等多种因素的影响，因此气体膜分离法应用较少。

PSA 法是近年来广泛应用的沼气提纯工艺，其原理是利用不同组分在吸附剂上（如活性炭、分子筛等）吸附能力、扩散速率的不同来实现气体分离。沼气经汽水分离器后进入吸附塔，CO_2 被吸附剂吸附，而 CH_4 排出；当压力降低后 CO_2 解吸。为了保证对气体的连续处理要求，PSA 法至少需要两个吸附塔，也可是三塔、四塔或更多（见图 5.19）。该方法不使用化学药剂，无化学药剂泄漏、处理、回收等问题，系统寿命较长，但能耗偏高。由于沼气中硫化物、氨化物、烃类氯化物在吸附剂上的吸附力比 CO_2 强，所以进气要先进行脱水、脱硫操作。

4. 沼气的利用

厌氧消化设施产生的沼气首先用于自身的搅拌（如采用沼气搅拌系统）和加热。沼气热值取决于其成分，一般在 20～25 MJ/m^3。一般情况下，沼气一部分进入锅炉燃烧，为厂区

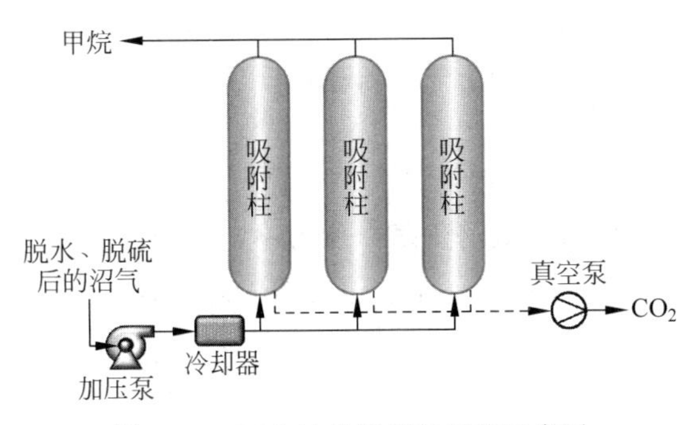

图 5.19　PSA 法提纯沼气工艺示意图

提供热能，通常少量沼气即可满足消化加热所需(取决于所在地区天气条件和工艺)；一部分进入沼气发电机，产生电能，其中部分电能供厂区自用，一般自用电占产电量的15%～25%；不能匹配锅炉、沼气发电机额定用气量的剩余沼气，采用火炬燃烧排放。

如厌氧消化设施周边有固定的热用户，则沼气优先向他们供热，因为锅炉热效率较高，可以达到90%，即使考虑管路热损失3%，也远高于发电效率。沼气发电一般采用沼气内燃机，热效率30%～35%。一般单位发电量的气耗率为0.5 $m^3/(kW \cdot h)$(沼气热值为21.5 MJ/m^3)，此时热效率为33%。此外，排烟热损失约占32%，冷却水约占25%，其他损失约占10%。要提高沼气发电的热效率，可以进行热电联产。沼气发电机可以提供两组热源，一组是缸套水，出水温度为90℃，回水温度70℃，释放的热量可以通过换热产生60℃热水；一组为沼气燃烧后产生的烟气，温度约为550℃，经换热后可产生90℃热水(见图5.20)。经该方式，沼气利用总的热效率可以达到85%以上。回收的热水可以用于厌氧消化系统的加热保温。

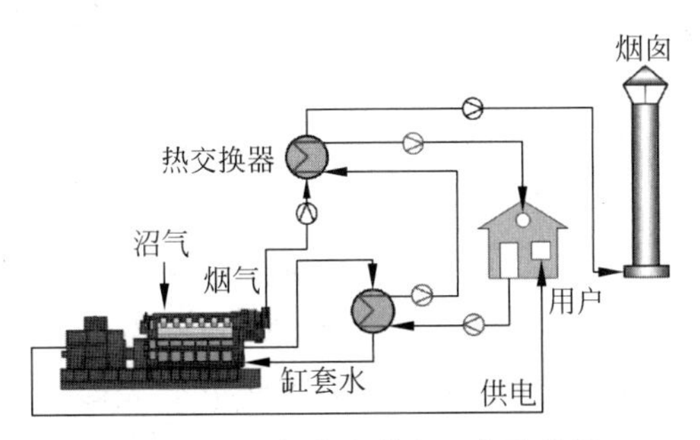

图 5.20　沼气热电联产工艺示意图

5.3　厌氧消化的运行管理

5.3.1　消化系统的启动

1. 前期检查

启动运行前，首先要对每个机电设备或设施进行单机调试和联动试运行，以检验它们是否可以正常运行，其次要检查管路，确保泥、液、气各类管路的畅通、阀门启闭正常、溢流管路水封液位正确，还要观察在线监测仪表的工作状态，保证它们运行正常，最后，要清理厌氧消化罐、原料和消化液储罐等设施中的杂物。在检查上述问题时，必要时可以在系统中加注清水和空气，代替要处理的固体废物和沼气进行模拟测试。

2. 接种启动

在启动运行时，首先需要向厌氧消化罐中加入一定量的接种物。接种物应具有丰富的、高活性的厌氧微生物菌群，因此，从其他正常运行的中温厌氧消化罐中排出的消化污泥或其脱水污泥最适宜作为接种物，这些消化污泥数量越多越好，如可以充满消化罐的有效容积，则新系统可以马上进入正常运行阶段，按设计参数正常进料、出料。由于高温厌氧消化微生物菌群的多样性相对较低，因此其消化污泥仅适宜用于类似的高温厌氧消化。

除了消化污泥外，还可以使用污水处理厂的剩余污泥进行接种，剩余污泥中含有多种厌氧/兼氧微生物和少量的产甲烷菌，来自于厌氧段的剩余污泥效果最佳。可以使用牛粪、猪粪、马粪等含有产甲烷菌的粪便进行接种，也可以使用沼泽地或稻田的底层土壤，它们也含有厌氧发酵微生物和产甲烷菌。这些接种物本身数量较少，且厌氧微生物数量、丰富和种群结构尚不能达到厌氧消化系统的要求，因此需要进行培养、富集。接种物富集可以直接在消化罐内进行。当接种物不足以充满消化罐有效容积时，可以直接投入消化罐，然后加入接种物1/2左右的进料(基于VS比)，经过1个SRT周期后，进料中的可降解有机质消耗完全，同时接种物得到扩增。此时可将罐内消化液全部视为接种物，再投入相当于其1/2的进料(基于VS比)，经1个SRT周期后接种物得到再次扩增。重复这一过程，直至系统内消化液达到设计值，此时可以进行正常进出料。当接种物较少，但可以每日获得时，此时只需要每日将接种物、底物按2∶1(基于VS比)投入，而系统不排放消化液，经过一段时间后，罐内消化液达到设计量，此时可正常运行。经过1～2个SRT周期，系统可趋于稳定。

对于污水污泥的厌氧消化处理，由于污泥本身可以作为接种物，因此可以采用清水启动策略。即首先向系统内注满清水或污水，然后每日将污泥投入消化罐，消化罐按照设定的SRT进行进、出料运行，直至系统浓度达到设定值。清水启动可以降低启动期的有机负荷，减少因酸积累导致的系统失效风险。

在上述接种物富集过程中，不需要追求严格的厌氧条件，水中的溶解氧会很快被兼性厌氧菌消耗并形成严格的厌氧环境；但是需要使系统保持在正常运行温度下，并收集沼气(初期沼气量不足或不稳定时，可以火炬燃烧；甲烷浓度不足以支撑燃烧时，可以高空排放，但需要注意安全)，同时要及时监测系统中的pH和VFAs浓度。当pH低于7.0或VFAs浓度超过500 mg/L时，应停止进料，并继续加入接种物或投加适量碱性药剂，直至系统pH稳定在7.0以上后，再开始进料。

3. 重新启动

厌氧消化系统运行3～5年后需要进行一次全面检修。检修时，消化罐内的消化液和底物淤积物需全部排出，排出的污泥可以厌氧保存，如缺乏空间，可以脱水后保存。除排出残渣外，还要对系统腐蚀、渗漏情况进行检查和处理。待检修完毕后，这些污泥可以作为接种物重新加入原系统。如果处理厂内包括2个或更多的消化罐，逐一检修时，也可以用其他消化罐排出的消化液作为接种物，进行重新启动。重新启动的程序与首次启动相同。需要注意的是，检修过程中要对污泥储罐、消化罐、消化污泥储罐等罐内气体进行置换，只有罐内气体与空气一致，无甲烷时，工人才可以进入或进行电焊等操作，以避免人员窒息和设备爆炸风险。

5.3.2 消化系统的日常管理

厌氧消化系统启动后，日常管理的基本目标是通过控制各项参数使厌氧消化系统稳定运行，产气率稳定在较高水平。

1. 稳定系统

厌氧消化系统的进料为各类有机固体废物，如污泥、厨余垃圾、禽畜粪污、食品垃圾等，这些废物产量存在波动，在收集过程中也容易混入其他杂质，因此应对进料进行监控，保证进料数量、性质的稳定，从而使厌氧消化系统维持稳定的有机负荷，避免有毒有害物质的干扰。

此外，操作控制上的疏忽也可能导致进料量突然增加或减少，温度骤然升高或下降，停电停水等外部因素也可能导致系统搅拌终止、浓度增加等。因此，要控制稳定的运行条件，还要及时关注厌氧消化罐内参数的变化，这些变化一般会早于产气的变化，因此可以及时干预。

对于大型厌氧消化罐或不搅拌的低负荷厌氧消化系统，需要考虑底部沉积物（如砂石等）对消化罐内有效容积的影响。当底部沉积物较多时，消化罐有效容积减少，相应地，进料的固体停留时间缩短，有机负荷增加，可能使有机质降解不彻底，产气量下降，甚至给系统带来酸化风险。因此，系统底部沉积物应及时从排泥管排出。一般每隔3～5天排放1次，每次的排放量应根据沉积物在消化罐内的累积高度而定。长时间不排渣，砂石可能堵塞排泥管，厌氧消化系统产生的脂肪酸钙、鸟粪石等沉积物也可能堵塞排泥管。保持一定频率的排泥，冲刷排泥管，可以保证管道畅通。

2. 避免酸化

当厌氧消化系统有机负荷过高时，系统内挥发性有机酸容易积累，进而导致系统pH下降，产甲烷菌受低pH条件抑制，系统产气量会逐渐减少乃至停止。系统酸化是很多厌氧消化系统遇到的问题，采用两相厌氧消化系统可以有效降低酸化风险，但也需要注意产甲烷相的有机负荷，产甲烷步骤的SRT不能过短。对于单相厌氧消化系统，首先要保持适中的有机负荷，过高则容易过酸化，过低则系统处理效率下降。

为了及时发现系统酸化现象，可以日常监测系统VFAs、pH的变化，当然，酸化后系统产气率下降、消化液COD升高，也可以用于判断，但是消化液VFAs的变化出现得更早，更有利于诊断。一般来说，正常运行的厌氧消化系统中，VFAs中以乙酸为主；当系统酸化时，丙酸、丁酸、戊酸含量大幅增加。

一旦发现系统有酸化趋势，就需要及时采取措施。首先要减少乃至停止进料，使系统内过剩的VFAs逐渐分解，使pH恢复到7以上。如果pH已降至6.5以下，则产甲烷菌受到严重抑制，停止进料后如果pH仍不能恢复，此时可加入NaOH或$Ca(OH)_2$等碱性药剂，调整pH至6.8，以恢复产甲烷菌的活性。当系统逐步恢复后，需要检视酸化期间的有机负荷是否过高，其次是检查进料中是否存在抑制性物质，确定后采取相应的降低负荷或调整进料的措施。如果系统酸化严重，加入碱性药剂也无法恢复，则需要考虑重新启动，并引入具有活性的接种物。

3. 系统监控

为了保证系统的正常运行，需要对系统参数进行全面监控，包括液位、泡沫、浮渣、温度、pH、碱度、污泥浓度、沼气流量、沼气压力、沼气温度与组分等。这些参数都可以使用在线仪器进行观测或分析，并汇总到中央控制系统，进行综合判断和调控。消化液 VFAs 目前还没有在线监测仪器可进行分析，但可以通过每日采样进行化学分析。

除了系统运行状况外，厂区还需要设置甲烷泄漏报警仪、氢气泄漏报警仪，后者主要针对存在厌氧储存和两相厌氧消化系统产酸相的厂区。在产酸发酵过程中，有可能产生氢气，而氢气的爆炸浓度区间较大，需要及时监控。

经常检视各类管道、阀门，防止它们堵塞、泄漏或失效；定期建设各类仪器、仪表，保证正常工作；定期检查各类罐体的气密性；定期检查搅拌系，避免系统堵塞或机械桨叶被纤维缠绕，出现缠绕时可以反转搅拌桨叶甩掉杂物；定期检查加热系统，防止管路堵塞和腐蚀；定期检查沼气收集利用系统，特别是检查 H_2S 对沼气柜、管路的腐蚀，出现问题的要及时更换。在寒冷地区，还要注意消化罐、管道、阀门的防冻问题，做好保温。

4. 安全管理

厌氧消化厂区需要防火。所有电气设备应使用防爆型，并做好接地、防雷，严禁明火、吸烟，同时要防止静电，并备好消防器材、防毒面具等应急物资。

5.4 厌氧消化系统设计与实例

某污泥厌氧消化项目，污泥处理量为 100 t/d(含水率 85%)，其有机质含量为 60%。采用高固体中温单相厌氧消化和锥底圆柱形消化罐，为匹配高固体厌氧消化，在进泥均质池采用低温(70～80℃)热水解预处理。工艺流程见图 5.21。

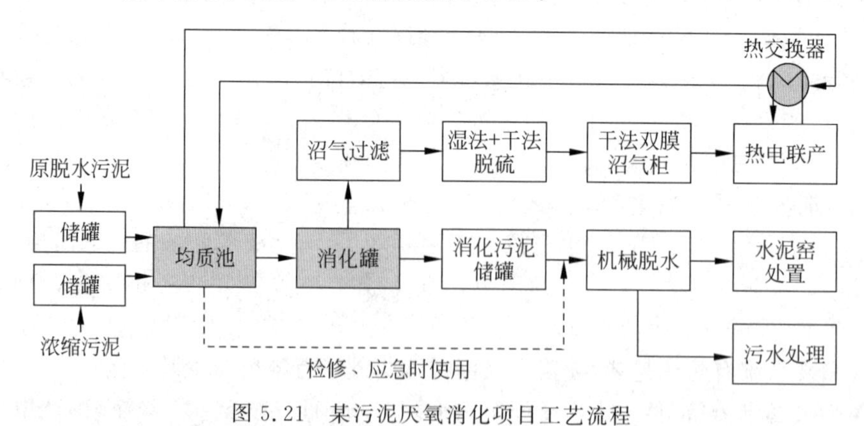

图 5.21 某污泥厌氧消化项目工艺流程

5.4.1 反应器设计

1. 均质池

均质池采用不锈钢圆柱形反应器，内设机械破碎搅拌装置和盘管加热器。对于完全混合式的反应器，容积可以利用污泥处理量和污泥停留时间计算：

$$V_p = Q \times SRT_p \tag{5-14}$$

式中，V_p 为均质池容积，m^3；Q 为污泥处理量，m^3/d；SRT_p 为固体停留时间，d。本案例中，Q 为 100 m^3/d(15%含固率下，污泥密度约 1.07 t/m^3，这里可以按 1.0 t/m^3 估算)，而污泥停留时间为 30 min，因此均质池容积为 2.1 m^3，可以采用直径 1.2 m，高度 2.0 m 的圆柱形反应器。均质池表面积经计算为 9.8 m^2。

2. 厌氧消化罐

厌氧消化罐容积也参考式(5-14)计算(图 5.22)。消化罐内的固体停留时间 SRT_d 根据经验设置为 20 d(如没有热水解预处理，应设置为 25～30 d)，因此消化罐容积 V_d 为 2 000 m^3，可以设置 1 座消化罐。消化罐为锥底圆柱形，其尺寸如下：

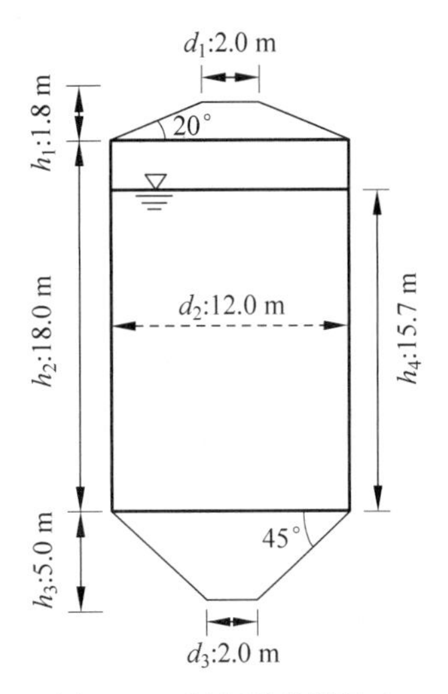

图 5.22　厌氧消化罐尺寸

消化罐直径 d_2 为 12 m，柱体高 h_2 为 18 m(直径 1.5 倍)，柱体容积 V_2 为 2 035 m^3。

上圆台顶部直径 d_1 为 2 m，高 h_1 为 $(12-2)/2\times\tan 20°=$ 1.8 m，圆台容积 V_1 按式(5-15)计算，结果为 81 m^3。

$$V_1 = \frac{\pi h_1}{3}\left(\frac{d_1^2}{4}+\frac{d_2^2}{4}+\frac{d_1 d_2}{4}\right) \tag{5-15}$$

下圆台底部直径 d_3 为 2 m，高 h_3 为 $(12-2)/2\times\tan 45°=$ 5.0 m，容积 V_3 按式(5-15)类似计算，结果为 225 m^3。

因此，消化罐总容积 V 为 2 341 m^3，超过所需要的 2 000 m^3。如果该消化罐内容纳设计量的污泥，则液面高度 h_4 为 15.7 m，可设置相应的排渣管道等。

消化罐表面积可以分步计算。圆柱体部分表面积 A_2 为 678 m^2。

上圆台表面积 A_1 按式(5-16)计算，结果为 120 m^2。

$$A_1 = \frac{\pi d_1^2}{4}+\pi\left(\frac{d_1}{2}+\frac{d_2}{2}\right)\sqrt{\left(\frac{d_2}{2}-\frac{d_1}{2}\right)+h_1^2} \tag{5-16}$$

下圆台表面积 A_3 采用类似方法计算，结果为 160 m^2。

因此，消化罐总面积 A_d 为 958 m^2。

5.4.2　沼气利用系统

沼气收集后进行发电利用，余热用于消化系统的热水解预处理和消化罐保温。系统总体设计如图 5.23 所示。

1. 沼气产生量

本项目处理量为 100 t/d，进泥含水率为 85%，固相有机质含量为 60%，因此进入消化罐的有机质为 9 t/d。采用低温热水解后，有机质降解率可以达到 50%，则降解的有机质量为 4.5 t/d。按去除单位有机质产气率 1 L/g VS_{re} 计算，则沼气产生量为 4 500 m^3/d。

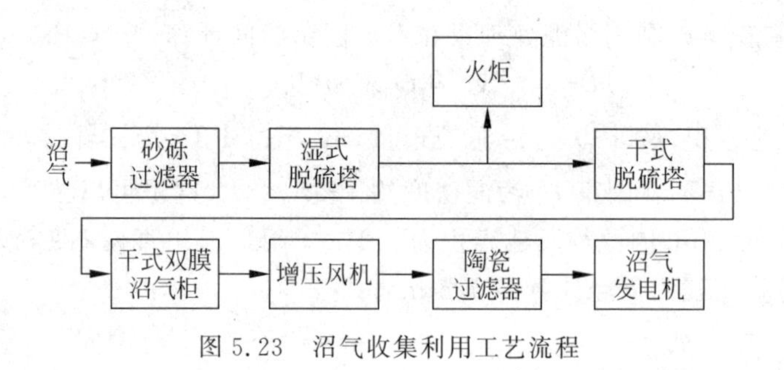

图 5.23 沼气收集利用工艺流程

2. 沼气收集储存

沼气集气管内流速按平均 5 m/s 计算，最大不超过 7～8 m/s，则集气管内径为 60 mm。沼气柜的容积按平均产气量的 25%～40%计算，因此沼气柜容积为 1 200 m^3。

3. 沼气净化系统

本项目采用砂砾粗过滤＋湿法脱硫＋干法脱硫＋陶瓷过滤＋干式双膜沼气柜的净化系统。

4. 沼气利用系统

本项目采用沼气发电机进行热电联产，总体热效率为 85%，其中 35%转化为电能，50%转化为热能（90℃热水），热水用于低温热水解。沼气热值为 23 MJ/m^3，发电量为 10 000 (kW·h)/d，产热 51.7 GJ/d。

5.4.3 热平衡计算

厌氧消化系统的热平衡计算包括消化系统耗热量、热损失和供热三部分。系统耗热量包括低温热水解所需热量、消化罐散热量。

1. 均质池需热量

低温热水解污泥升温所需热量为

$$H_{p1} = Q \times (T_h - T_s) \times C_s \tag{5-17}$$

式中，T_h 为热水解温度，80℃；T_s 为进料污泥温度，年平均气温为 10℃，最冷月平均气温 5℃；C_s 为污泥的比热容，这里参考水的比热容 4.2×10^3 kJ/t。因此低温热水解平均耗热量为 29.4 GJ/d，最大耗热量为 31.5 GJ/d。

均质池还会向环境散热，根据散热公式

$$H_{p2} = A_p K_p (T_p - T_e) \tag{5-18}$$

式中，A_p 为均质池表面积，m^2；K_p 为均质池表面的对流换热系数，受到罐体表面特点、空气流动等多种因素影响，这里取 3 kJ/(m^2·h·℃)，即 72 kJ/(m^2·d·℃)；T_p 为均质池表面温度，由于均质池采用不锈钢制作，不采用保温措施，因此 T_p 与 T_h 取值相同；T_e 为环境温度，与 T_s 取值相同。这样均质池散热量约 0.05 GJ，相对于污泥加热很小，因此可以不采用保温措施。

上述两项加和，再考虑到盘管换热器效率为90%，则均质池总的需热量平均为32.7 GJ/d，最大需热量为35.1 GJ/d。

2. 厌氧消化需热量

厌氧消化罐全部位于地面之上，与环境空气接触，需要维持35℃条件，其散热量参考式(5-18)计算，如果罐体表面不使用保温设计(表面温度与消化罐内温度相同)，表面换热系数仍然取3 kJ/(m^2·h·℃)，则平均散热量为1.7 GJ/d，最大散热量为2.1 GJ/d。

如低温热水解后的污泥直接进入消化罐，则其温度从80℃降至35℃，可释放热量18.9 GJ/d，远远超过散热损耗，这会导致系统温度过高。因此，可以将低温热水解的污泥通过换热降温至40℃，然后再进入消化罐，此时可以满足35～37℃的中温环境。

由于本案例存在热量剩余，因此可以不采用保温措施。如果消化罐在寒冷地区，散热损失较大，则应采取一定的罐体保温措施，此时消化罐内外壁会存在温度差(一般7～10℃)，要达到这样的效果，就需要根据温差要求，选择适当厚度的保温材料，按下式计算。

$$\delta \geqslant \frac{\lambda}{K_p}\frac{(T_d - T_b)}{(T_b - T_e)} \tag{5-19}$$

式中，δ为保温材料厚度，m；λ为保温材料的导热系数，kJ/(m·h·℃)，由材料说明或相关手册查得；K_p为保温材料面向空气的表面对流换热系数，kJ/(m^2·h·℃)；T_d为消化液温度，℃；T_b为保温材料面向空气的表面温度，℃。

3. 其他热损失

其他热损失按签署需热量的10%估计，即3.5 GJ/d。

4. 供热量计算

沼气热电联产获得的热水可供热51.7 GJ，超过最大需热量38.6 GJ，可以满足系统要求。

5.4.4 沼液沼渣处理

消化污泥排出后，需进行调理脱水。使用聚丙烯酰胺(PAM)作为调理剂，采用板框式压滤脱水机用于污泥脱水，脱水污泥含水率为75%～80%。

固体废物的焚烧处理

现代焚烧处理技术起步于19世纪中期，英国、美国、德国、法国就在此期先后开展生活垃圾焚烧处理。然而，早期的焚烧炉比较简陋，缺乏污染控制措施，焚烧生活垃圾时产生大量黑烟，而且生活垃圾热值不高，因此焚烧处理没有成为主流技术。从20世纪50年代开始，发达国家城市生活垃圾产生量快速增长，焚烧技术由于减量效果明显得以推广，此时二次污染控制的对象主要是烟尘，除尘设备从旋风除尘器发展到多管旋风除尘器，但除尘效率仅有70%左右。20世纪60年代中期，静电除尘设备逐步取代旋风除尘器，除尘效率达到99%。同时，随着酸雨现象的出现，烟气控制对象还增加了硫氧化物、氯化氢等酸性气体，干式有害气体去除装置随之诞生，它与静电除尘设备相结合，使烟气处理系统有了很大的改进。20世纪70年代，能源危机的出现使得具有能量回收潜力的焚烧技术得到进一步推广，而静电除尘器发展成为高性能的新一代静电除尘设备。20世纪80年代，烟气防治对象进一步增加，标准更加严格，湿式有害气体去除装置和脱硝设备发展起来。20世纪80年代末至90年代初，二噁英成为焚烧烟气治理的重点，活性炭吸附法被引入到烟气治理流程中，相应地，袋式除尘设备开始流行。20世纪90年代中后期以来，焚烧处理的二次污染控制技术日臻成熟，全球建设了数千座生活垃圾焚烧处理厂。进入21世纪后，随着人们对生活垃圾焚烧污染物排放规律的深入了解，以及对生活垃圾资源回收的重视，许多小型焚烧炉被关停，而大型的机械炉排炉成为主流设施。

6.1 焚烧的基本原理

焚烧处理是在焚烧炉内使固体废物中的有机质与空气中的氧气发生燃烧反应，使有机质转化为CO_2等气体。对于焚烧产生的烟气、灰渣等二次污染物，需要进行妥善处理处置。同时，焚烧过程产生的热量，可以进行回收。因此，完整的焚烧处理系统可以实现固体废物的无害化、减量化和资源化。

焚烧技术不仅可以用于处理生活垃圾，也可以处理其他富含有机质、具有较高热值的固体废弃物。有时为了实现污染物的彻底焚毁，焚烧技术还可以用于一些热值较低、危险的气态、液态废弃物。

6.1.1 焚烧过程

燃烧是一种剧烈的氧化反应，伴随着放热发光现象。燃烧涉及三类物质：燃料、氧化剂与惰性物质。燃料是固体废弃物中的有机质，氧化剂是空气中的氧气，有机质经氧气氧化后释放出热能。惰性物质不参与氧化反应，但是它们会影响系统的温度及污染物的产生。

固体废物的燃烧过程包括蒸发燃烧、分解燃烧与表面燃烧等。蒸发燃烧是指低熔点的可燃固体受热后熔融，然后蒸发成蒸气而燃烧。分解燃烧是指分子结构复杂的固体可燃物，如木材、塑料等，受热分解释放出其成分及热分解产物，再氧化燃烧。在蒸发或热分解过程中，释放出的可燃气体与氧气混合燃烧，这一过程受到混合扩散因素的控制，被称为扩散燃烧。蒸发燃烧、分解燃烧与扩散燃烧又称火焰燃烧。表面燃烧是可燃固体表面直接与氧反应，是一种无焰燃烧。

固体废物的燃烧不是匀速过程。首先，固体废物中的水分在加热条件下被蒸发出来，然后固体废物温度开始上升，这一过程的时间较长。当固体废物温度达到一定程度时，一些固体物质气化，同时一些有机质分解形成挥发性碳氢化合物，它们迅速燃烧。最后，固体废物残余的碳颗粒进行表面燃烧，这一过程也相对较慢。因此，固体废物燃烧时必须输入过量的氧气，同时保证充足的反应时间，才能使固体废物燃烧完全。

固体废物中的有机质一般由碳、氢、氧、氮等元素组成，它们的完全燃烧过程可以用式(6-1)概括。除了这些主要元素外，固体废弃物中一般还含有 S、Cl 等物质，在焚烧过程中会转化为 HCl、SO_x 等气体，它们与部分氮元素转化生成的 NO_x 一起，成为焚烧过程中的主要气态污染物。在实际的焚烧炉中，由于很难形成理想的燃烧条件，焚烧过程不完全时还会产生 CO、二噁英、多环芳烃等多种气态污染物。因此，先进的烟气治理设施是清洁焚烧系统不可缺少的部分。

$$C_xH_yO_zN_v + \left(x + \frac{y}{4} - \frac{z}{2}\right)O_2 \longrightarrow xCO_2 + \frac{v}{2}N_2 + \frac{y}{2}H_2O \tag{6-1}$$

6.1.2 影响因素

根据上述原理，固体废物焚烧效果会受到多种因素的影响。

1. 固体废物的性质

焚烧技术适宜处理高有机质含量、高热值的固体废物，一般热值高于 5 000 kJ/kg 的垃圾可以自持燃烧。当处理可燃有机物组分很少的废物时，需补充其他燃料，这会使运行费用增高。值得注意的是，焚烧炉及后续配套设施、设备通常是按进料量及其热值设计的，一旦进料热值超过某一范围，系统热负荷过高也可能导致系统处理能力下降、焚烧炉损坏等问题。

固体废物中的水分含量直接影响热值。固体废物中水分多时，一般需要脱水、干化后再进行焚烧。例如，生活垃圾含水率较高时，需要在焚烧炉之前的垃圾储坑中堆放几天，以排出水分，此时就会形成渗滤液，需要进行妥善处理。高含水率的固体废物产生大量渗滤液，增加了焚烧处理厂的工艺复杂性和运行费用。

除有机质、水分外，固体废物的其他组分也会影响焚烧效果。例如，部分过渡金属可能会催化二噁英的形成；玻璃等组分会增加灰渣的产量；低熔点的组分熔化后可能对炉排运行造成不利影响。

固体废物的形态也会影响焚烧效果。均匀颗粒状的固体废物容易焚烧，粉末状的固体废物燃烧较快，需要避免爆燃，而长条、大块状的固体废物容易出现烧不透的问题，需要预先破碎。

2. 过剩空气

焚烧过程使用含氧21%的空气作为氧化剂，虽然根据式(6-1)可以推算理论的需氧量，但氧气与固体废物无法达到理想的混合效果。为实现完全燃烧，需要提供比理论空气量更多的助燃空气，即过剩空气。过剩空气量与焚烧温度、搅拌混合程度、气体停留时间是焚烧过程控制的四项主要参数。

过剩空气系数α表示实际空气与理论空气的比值，定义为

$$\alpha = A/A_0 \tag{6-2}$$

式中，A为实际供应空气量；A_0为理论空气量。

经焚烧后排放的烟气中的含氧量可以间接反应过剩空气量。由于过剩氧气可由烟囱排气测出，工程上可以根据过剩氧气量估计燃烧系统中的过剩空气系数。废气中含氧量通常以氧气在干燥排气中的体积百分比表示(β)，假设空气含氧量为21%，则过剩空气系数可粗略表示为

$$\alpha = 21/(21-\beta) \tag{6-3}$$

过剩空气系数过低，固体废物燃烧不完全，甚至冒黑烟，有害物质焚烧不彻底；过剩空气系数过高，空气会带走燃烧释放的热量，使温度降低，影响焚烧效率，增加烟气量和热损失。因此，固体废物焚烧应采用适中的过剩空气系数。理论空气量可根据式(6-1)计算求得，过剩空气量则可根据经验或实验选取适当的过剩空气系数后求出。用于产热的工业窑炉与用于废物处理的焚烧炉所需的过剩空气系数不同。前者主要考虑燃料的能量利用效率，过剩空气系数一般在1.5以下；而后者的目标是尽可能转化固体废物中的有机质，过剩空气系数一般大于1.5，该值对应烟气中氧气比例为7%。当固体废物粒径较大、燃烧效率较低时，往往需要更高的过剩空气系数，有时可到2.0以上。

3. 焚烧温度

焚烧温度主要指炉膛温度，它应该高于固体废物的着火温度，以满足有害组分氧化、矿化的要求。较高的焚烧温度有利于有机物的快速矿化，并可抑制黑烟、二噁英的形成，但过高的焚烧温度会影响炉膛内部耐火层的寿命，增加固体废物中金属的挥发量及氮氧化物的浓度，加重二次污染控制负担。因此，生活垃圾焚烧温度一般在850～1 000℃。焚烧温度可以通过调整进炉废物的成分和数量、辅助燃料的数量、过剩空气量等方式进行调节。炉膛内的温度呈现有规律的分布状态，要保证炉膛内温度处于所设计的温度区间且分布相对均匀，还需要在上述因素的基础上考虑炉膛的几何形状，利用计算流体力学的方法进行模拟计算。

4. 停留时间

固体废物中的有机质在焚烧炉内停留直至焚烧完全所需的时间为停留时间。停留时间是决定焚烧炉容积和结构的主要依据。当固体废弃物焚烧速率较快时，停留时间就短；反之停留时间就长。一般可以通过生产性试验来获得停留时间的适宜值。对于生活垃圾焚烧，如采用炉排炉，在良好的运行工况条件下，生活垃圾在炉排上的停留时间为 1～2 h，而可燃气体在炉膛燃烧室的停留时间应不少于 2 s，以保证有机质的充分燃烧。气体停留时间也不宜过长，否则会使炉体庞大，增加占地面积和建造费用。

5. 混合强度

要使固体废物燃烧完全，就必须使固体废物与空气充分接触，可燃气体与氧气充分混合。要达到良好的混合强度，需要采取一系列措施，包括固体废物本身的移动，以及可燃气体与空气的扰动。常用的机械炉排炉可以利用炉排的运动使其上的固体废物翻转移动，同时空气从炉床自下向上输送，使固体废物充分与氧气接触。这种方式产生的粉尘较多，但焚烧相对彻底。炉排炉有时也采用炉床上送风的方式，废物从表面开始燃烧，产生的粉尘较少，但未燃尽的物质相对较多。在炉床上方的二次燃烧室内，可燃气体与氧气的混合程度取决于它们的相互流动方式与湍流程度。湍流程度取决于气体的雷诺数①，雷诺数越高，湍流程度越高，混合效果越好。当雷诺数低于 10 000 时，湍流与层流同时存在，气体混合不充分。为了保证较高的湍流程度，二次燃烧室内气体速度一般在 3～7 m/s，而流速过大时气体在二次燃烧室的停留时间会缩短，反应不完全。相对于炉排炉，流化床焚烧炉利用高速空气流使固体废物呈现流态化，与氧气接触更为充分，但流化床焚烧炉的烟气量较大、粉尘浓度也较高。

6. 协调控制

焚烧系统有 4 个主要控制参数，即焚烧温度、混合程度、停留时间和过剩空气系数，也被称为“3T+E”。其中，过剩空气系数由焚烧炉炉型和进料性质决定。一旦确定了过剩空气系数，再根据进料速率，就可以确定空气供应速率。空气供应速率及废气产生速率决定了气体流速，再根据燃烧室的大小与形状，就可以确定气体停留时间。空气供应速率还会影响燃烧室中温度和流场的混合程度，它们又进一步决定了垃圾焚烧的效率。从上述关系可以看出，根据焚烧处理对象选择合适的炉型和过剩空气系数，是开展焚烧系统设计、保证系统良好运行的根本。从系统控制的角度，过剩空气系数增加，则气体停留时间减少，燃烧室温度降低，燃烧室负荷增加；反之，过剩空气系数减少，垃圾搅拌混合程度减少，气体停留时间延长，燃烧室温度可能升高，燃烧室负荷降低。由于过低的过剩空气系数、过低的燃烧温度和过短的气体停留时间可能使焚烧不完全，而过高的过剩空气系数、过高的燃烧温度和过长的停留时间会增加设施建设和运行费用，因此，垃圾焚烧应采用适中的运行参数。

---

① 雷诺数(Reynolds number)是一种表征流体流动情况的无量纲数。$Re=\rho vd/\mu$，其中 v、ρ、μ 分别为流体的流速、密度与黏性系数，d 为特征长度(对于圆形管道即直径)。雷诺数小，则黏度影响大于惯性影响，流体趋向层流；雷诺数大，惯性影响大于黏度影响，流体趋向湍流；在层流和湍流之间，可称为过渡流。

6.1.3 工艺流程

一个完整的固体废物焚烧处理系统通常包括垃圾储坑、焚烧炉、余热发电单元、烟气处理单元、灰渣收集单元、渗滤液处理单元等子系统。这里以生活垃圾焚烧为例。生活垃圾首先进入垃圾储坑，存放 3～5 天，降低垃圾中的水分含量，通过短期发酵促进垃圾均质化；排出的渗滤液进入渗滤液处理系统；焚烧产生的烟气经一系列烟气处理设备净化后排放；焚烧灰渣收集后进行妥善处理处置，这一过程如图 6.1 所示。

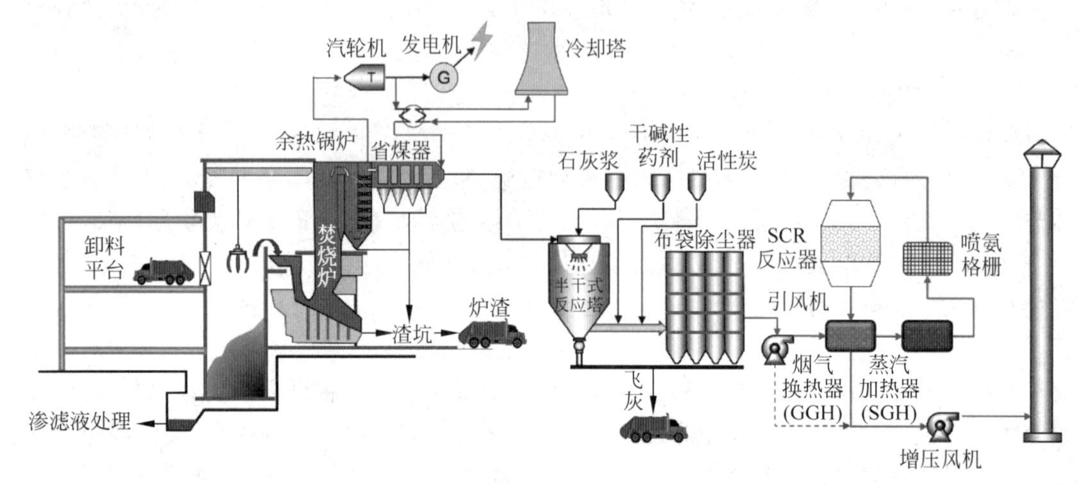

图 6.1 生活垃圾焚烧厂工艺流程示意图

1. 垃圾储坑

垃圾运输车进入卸料平台后，从垃圾投放门将垃圾卸入垃圾储坑。卸料平台为向储坑微微倾斜的混凝土结构，而垃圾投放门可以采用卷帘门、折叠门或活动门，在不投放时保持关闭，使储坑处于微负压密封状态，防止储坑臭气外溢。收集到的气体与外界空气一起作为助燃空气进入炉膛。储坑容积可以按垃圾单位容重 0.3 t/m^3、停留时间 3～5 天计算。生活垃圾在储坑中的存放时间与生活垃圾性质有关，当生活垃圾中厨余垃圾含量较少，水分含量较低、垃圾组成相对稳定时，储坑停留时间可以取较小值。此时产生的少量渗滤液还可以喷入焚烧炉内，无需进入渗滤液处理系统。储坑底部应具备防渗能力，保持一定的坡度，以便渗滤液的收集。

垃圾储坑上方是行走式抓斗，由工作人员操控。一方面，抓斗会将新投入储坑的物料在储坑内翻动，使其均匀，便于排出渗滤液；另一方面，抓斗会将存放若干天的物料抓起，投入到焚烧炉的入口。

当垃圾焚烧厂需要处理大件垃圾时，可以在卸料平台旁边或下方设置破碎机，将不适合直接焚烧的大件垃圾破碎后再与其他垃圾混合送入焚烧炉内。

2. 焚烧炉

焚烧炉本身也是一个复杂系统。按照助燃空气加入阶段分类，焚烧处理可分为单段燃烧和多段燃烧(助燃空气分两次供应，即一次风和二次风)。为了保证燃烧充分，目前工业化的焚烧处理系统一般使用多段燃烧方式。

按照一次风的供应量，焚烧处理又可分为过氧燃烧、缺氧燃烧（控气式）和热解燃烧等方式。过氧燃烧，即第一燃烧室供给过剩的空气量。缺氧燃烧时，第一燃烧室供给的空气量（即一次风）为理论空气量的70%～80%，固体废物焚烧处于氧气不足状态，因此大量裂解为小分子的碳氢化合物气体、CO与少量细小的碳颗粒，这些中间产物到达第二燃烧室后，再供给充足的二次风，使这些中间产物矿化为 CO_2 和 H_2O。分阶段的空气供给可使燃烧反应更稳定，相应减少污染物的形成，是目前焚烧炉的常用模式。热解燃烧时，第一燃烧室近似于热解炉，一次风量为理论空气量的20%～30%，在严重缺氧条件下实现固体废物有机质的热解，形成大量可燃的油气；在第二燃烧室加入充分的二次风，使油气迅速燃烧放热。这种依赖于热解气的燃烧方式可以一定程度上减少二噁英等污染物的形成（热解过程可以减少过渡金属挥发或含金属粉尘的形成，从而降低对二噁英形成的催化作用）。这种焚烧方式相对复杂，目前尚未开展大规模应用。

3. 余热回收系统

焚烧烟气温度在850℃以上，蕴含大量热能。在炉膛上方的余热锅炉中，给水被加热成为过热蒸汽。这一过程可分成三个阶段，即给水预热、蒸发、过热。这三次加热分别是在锅炉的三种不同受热面中完成的，这三种不同的受热面及连接管道就组成了锅炉的汽水系统。省煤器是第一步，它通过与烟气换热对管道中的来水进行预热，节约了能耗，在传统锅炉中可以节约煤炭的使用，因此被称为省煤器。经省煤器预热后的水进入到余热锅炉的蒸发器和过热器中，实现水分的蒸发和过热。过热蒸汽进入汽轮机并带动发电机发电。

在余热锅炉中，水分实际上和烟气逆向而行，实现高效换热。水分一般在盘管阵列中输送，而烟气在外部流动，在水分升温的同时烟气温度下降，至省煤器出口处，温度一般下降至为180～200℃，这样可以越过二噁英低温再合成的适宜温度区间（250～400℃）；同时，温度高于180℃，可以避免酸性气体如 SO_2、HCl等凝结造成的管路腐蚀。要保证烟气温度在此范围内，一般回流至省煤器的给水温度应在130℃左右。

垃圾焚烧余热回收发电系统的效率为15%～25%，其中焚烧炉和余热锅炉的热效率为70%～80%，而汽轮机热效率为20%～30%。通过提高主蒸汽参数可以提升系统热效率。余热锅炉一般采用中温中压（4.0 MPa、400℃）和中温次高压（5.3 MPa、450℃，6.4 MPa，450℃）条件。中温中压条件下，焚烧发电的总效率约为22%；与中温中压相比，中温次高压条件可以提高垃圾焚烧发电机组热效率1.6%～2.5%，达到24%左右。对于理想朗肯循环①，主蒸汽温度每提高10℃，循环热效率提高约0.15%，蒸汽压力每提高0.1 MPa，循环热效率提高约0.07%。垃圾焚烧发电主蒸汽参数的提高主要受余热锅炉防腐蚀（主要是烟气高温腐蚀）的限制，使用耐腐蚀材料用于锅炉受热面会增加投资和运行成本。

除了发电外，余热还可以直接对外供热，这可以提高热利用效率。在发电过程中，还可以使用热电联供技术，同时对外输出热能和电能。热电联供可以采取多种形式，如纯冷凝式

---

① 朗肯循环（Rankin cycle）是最简单的蒸汽动力循环，由水泵、锅炉、汽轮机和冷凝器口等主要装置组成。水在水泵中被压缩升压，进入锅炉被加热汽化，直至成为过热蒸汽，然后进入汽轮机膨胀做功，做功后的低压蒸汽进入冷凝器被冷却凝结成水，再回到水泵中，完成一个循环。

发电、抽气冷凝式发电、背压式发电、抽汽背压式发电等。焚烧厂对外供热需要稳定的热用户，这是因为，焚烧厂处理的垃圾量通常是稳定的，不易进行大幅调节。焚烧厂发出的电能通常有20%～25%用于厂内自用，其余输送至电网。

4. 烟气处理系统

从省煤器排出的焚烧烟气，含有粉尘、酸性气体、氮氧化物、重金属、二噁英等多种污染物，需要妥善处理，因此焚烧厂的烟气处理系统非常复杂。常用的烟气处理系统一般包括脱除SO_2、HCl等酸性气体的干法、半干法或湿法脱酸设备，用于重金属、二噁英捕集的活性炭喷射装置，以及用于去除颗粒物的布袋除尘器等。随着近年来对氮氧化物的重视，选择性催化还原（SCR）设备也被引入烟气处理系统，一般放置在布袋除尘器之后；同时，还可以同步进行炉内喷氨，通过炉内选择性非催化还原反应（SNCR）降低烟气中的氮氧化物含量。由于各装置对进口烟气的温度要求不同，需要利用烟气-烟气换热器（GGH）将烟气升温或降温，有时还采用蒸汽-烟气换热器（SGH）将烟气升温。在烟气净化后经烟囱排放前，为了避免环境温度较低时水汽凝结产生白雾，影响视觉，有时要采取SGH升温后排放。这些装置具有不同的布置形式，将在后文进行详细分析。

5. 灰渣收集系统

焚烧过程的灰渣有多个来源，总体上分为焚烧炉渣和焚烧飞灰。前者包括焚烧炉中垃圾燃烬后从焚烧炉底部排出的底渣和来自于余热锅炉、省煤器、过热器的炉渣；后者是烟气处理系统的捕集物与烟道、烟囱底部沉降的底灰。

焚烧炉渣含有未燃烧的无机质（如玻璃、陶瓷、金属、熔渣等）和未燃烬的有机物，还含有少量的重金属等污染物，总体上污染程度较轻，属于一般固体废物。焚烧炉渣一般占生活垃圾处理量的20%左右，随着垃圾分类的进行、进炉无机材料的减少，炉渣产生量有可能下降。焚烧炉渣可通过破碎、筛分、磁选等方式回收其中的金属物质，剩余的炉渣可以用于道路材料或加工制成建材。

焚烧飞灰含有重金属、二噁英等污染物，且含量较高，根据《生活垃圾焚烧污染控制标准》，按危险废物管理。炉排炉焚烧飞灰产生量一般占生活垃圾处理量的3%～5%，流化床焚烧炉焚烧飞灰产生量较大，占生活垃圾处理量的10%～15%。焚烧飞灰属于危险废物，可通过低温热分解、高温热分解、高温熔融、安全填埋的方式进行处理处置。

6. 渗滤液处理系统

垃圾焚烧厂渗滤液产生量与垃圾特性、储坑堆放时间有关，一般占垃圾量的5%～35%。生活垃圾中的水分主要来自于厨余垃圾，而渗滤液中的有机物也主要是厨余垃圾发酵后的产物。渗滤液COD达20 000～60 000 mg/L，BOD_5为10 000～30 000 mg/L，而氨氮浓度为1 000～3 000 mg/L，占总氮的75%～90%。渗滤液中绝大部分有机化合物为可溶性有机物，大约90%的可溶性有机碳由短链的可挥发性脂肪酸组成，其主要成分为乙酸、丙酸和丁酸，因此渗滤液属于生化性能较好的高浓度、高氨氮有机废水。渗滤液中有时盐分含量较高，且水质、水量受天气情况、收运系统的影响变动较大。

渗滤液一般先经过生化处理，在厌氧段去除大部分COD并收获沼气，沼气可进入焚烧炉燃烧，然后通过生物脱氮除磷，最后用超滤、反渗透实现水质的进一步净化，净水可以回用，而浓缩液可以回喷焚烧炉，或者经蒸发脱盐。

随着近年来生活垃圾分类工作的推进，一些重点城市焚烧厂的进场垃圾中厨余垃圾占比下降，含水率降低，热值升高。这不仅会影响焚烧炉、烟气处理系统、余热利用系统，也会影响渗滤液处理系统。

6.1.4　焚烧效果

固体废物经焚烧后应达到有机质完全氧化矿化的效果。在实际运行中，一般用下列指标监测焚烧炉的运行效果。

1. 减量率

减量率为固体废物经焚烧处理后减少的质量与固体废物质量的比值，计算公式为

$$R_{\text{waste}} = \frac{m_0 - m_t}{m_0} \times 100\% \tag{6-4}$$

式中，R_{waste} 为减量率，%；m_0 为固体废物的质量，kg；m_t 为焚烧后炉渣（bottom ash）的质量，kg。焚烧炉渣为焚烧后从炉床直接排出的残渣，以及过热器和省煤器排出的灰渣。

2. 热灼减率

理想状态下，焚烧残渣中不含有机质，因此焚烧效果也可以用残渣中的有机质含量表示，即焚烧炉渣经灼烧减少的质量占原焚烧炉渣质量的百分数。热灼减率（loss on ignition）计算方法如下：

$$R_{\text{loss}} = \frac{m_{\text{ba}} - m_{\text{im}}}{m_{\text{ba}}} \times 100\% \tag{6-5}$$

式中，R_{loss} 为热灼减率，%；m_{ba} 为焚烧炉渣经 110℃ 干燥 2 h 后冷却至室温的质量，g；m_{im} 为焚烧炉渣中的无机质，是焚烧炉渣经（600±25）℃灼烧 3 h 后冷却至室温的质量，g。根据《生活垃圾焚烧污染控制标准》（GB 18485），焚烧炉渣的热灼减率应小于 5%。

3. 燃烧效率

燃烧效率（combustion efficiency，CE）为烟道排出气体中 CO_2 浓度与 CO_2 和 CO 浓度之和的百分比，其计算方法如下：

$$\text{CE} = \frac{C_{CO_2}}{C_{CO_2} + C_{CO}} \times 100\% \tag{6-6}$$

式中，C_{CO_2} 为燃烧后排气中 CO_2 的浓度，mg/m^3；C_{CO} 为燃烧后排气中 CO 的浓度，mg/m^3。

4. 焚毁去除率

焚毁去除率（destruction removal efficiency，DRE）常用来衡量危险废物焚烧的效率，为被焚烧的特征有机化合物与残留在排放烟气中的该有机化合物的质量差与被焚烧的该有机

化合物质量的百分比，其计算方法如下：

$$DRE=\frac{W_i-W_o}{W_i}\times 100\% \tag{6-7}$$

式中，W_i 为单位时间内被焚烧的特征有机化合物的质量，kg/h；W_o 为单位时间内随烟气排出的与 W_i 相应的特征有机化合物的质量，kg/h。

6.2 焚烧炉类型与结构

焚烧炉的结构型式与固体废物的种类、性质和燃烧形态等因素有关，不同的固体废物应采用适当的焚烧炉。根据处理对象的不同，焚烧炉可以分为生活垃圾焚烧炉、一般工业固体废物焚烧炉和危险废物焚烧炉三类。根据结构的不同，焚烧炉可以分为炉排炉、旋转窑和流化床三种类型。

6.2.1 机械炉排炉

机械炉排炉内置的一系列炉排由机械控制，可以按要求运动，是目前应用最广泛的生活垃圾焚烧炉。生活垃圾经料斗进入焚烧炉内，被炉排送入一次燃烧室。在一次燃烧室中，垃圾受炉排下方送入的一次助燃空气及炉排运动的作用，向前翻动，在此过程中炉壁和火焰的辐射传热以及热风使垃圾中的水分不断蒸发，直至干燥。从物料送入焚烧炉到物料开始析出挥发分和着火的这一段炉排，称为干燥段。垃圾在干燥段上的停留时间约为 30 min。干燥垃圾被送到下一段炉排，由于垃圾着火温度一般为 200℃左右，此时遇到 200℃以上的燃烧空气且又有足够的氧气时，干燥垃圾开始着火，进入燃烧段，有机质转化为气态产物。垃圾在燃烧段的停留时间为 30 min，一般总体燃烧空气的 70%～80%在此段供应。垃圾燃烧后进入尾段炉排，燃烧段送过来的固定碳及炉渣中未燃烬部分在此段完全燃烧，灰渣落入灰斗，此段称为燃烬段，垃圾在燃烬段上停留约 60 min，以保证将炉渣的热灼减率降至 1%～2%。垃圾在燃烧段一次燃烧室中产生的废气上升到二次燃烧室内，与由炉排上方导入的二次助燃空气混合并完全燃烧，最终的烟气继续上升进入燃烧室上方的废热回收锅炉，通过一系列热交换实现热量回收(见图 6.2)。机械炉排炉的一次燃烧室和二次燃烧室并无明显可分的界限，垃圾燃烧产生的废气流在二次燃烧室的停留时间，是指烟气从最后的空气喷口到换热面的停留时间。

燃烧室的几何形状决定了气流状况，它与炉排的构造和性能，共同决定了垃圾焚烧效果。燃烧室的形状应有利于垃圾的干燥和完全燃烧，保障废气在高温环境中有足够的停留时间，同时还要兼顾热能回收的效率。根据一次助燃空气与垃圾在炉排上方运动的方向，一次燃烧室的气流模式可以分成逆流式、顺流式和交流式(见图 6.3)。逆流式燃烧室指一次助燃空气进入炉排后，与垃圾物流的运动方向相反，在这种模式下，高温气流和燃烧的辐射热会接触到刚进入燃烧室的垃圾，因此垃圾干燥充分且效率较高，适于焚烧高含水率、低热值(≤4 000 kJ/kg)的垃圾。顺流式燃烧室是指一次助燃空气与炉排上垃圾物流的接触时间较短，常用于焚烧低含水率、高热值的垃圾(≥6 000 kJ/kg)。交流式燃烧室是介于前两类燃烧室之间的一种布置，垃圾移动方向与一次助燃空气流向相交，适用于焚烧中等热值，即 4 000～6 000 kJ/kg 的垃圾。当垃圾热值变化较大时，可以在燃烧室中设置隔板，调控烟气

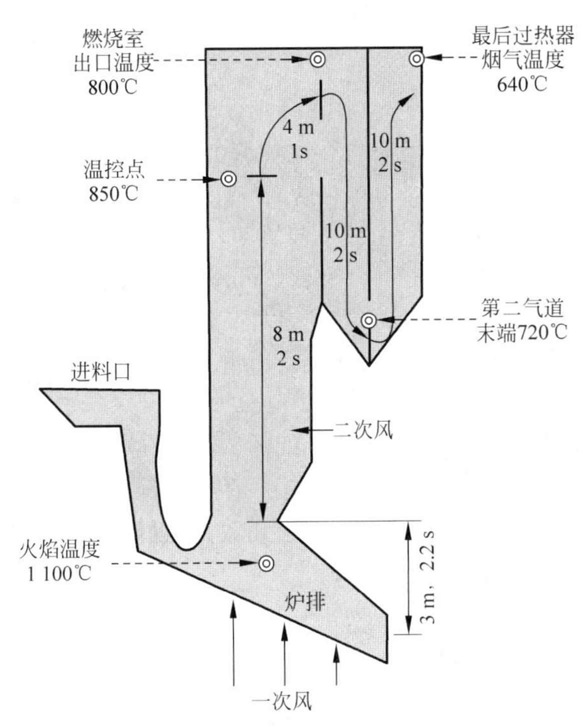

图 6.2　机械炉排炉内的典型尺寸、温度和烟气停留时间参数

流的运动，这种模式可以称为复流式燃烧室。除上述气流形式外，为保证垃圾焚烧效率，燃烧室还应满足下述条件：①炉排大小适中，适于垃圾与空气充分接触，炉排面积过小时，垃圾堆放厚度增加，会导致不完全燃烧，而炉排面积过大会导致热量的损失；②一次和二次燃烧室大小满足垃圾干燥和完全燃烧的需求，温度达到 850℃以上，烟气停留时间不少于 2 s；③炉体材料应耐高温、耐腐蚀（一般采用水冷墙和耐火层），并防止空气或废气的泄漏。此外，当焚烧炉启动时，或垃圾热量不足时，需要利用外部燃料点燃垃圾，因此燃烧室应连接燃烧机，可以置于炉排上方左右侧壁及炉排尾端上方。

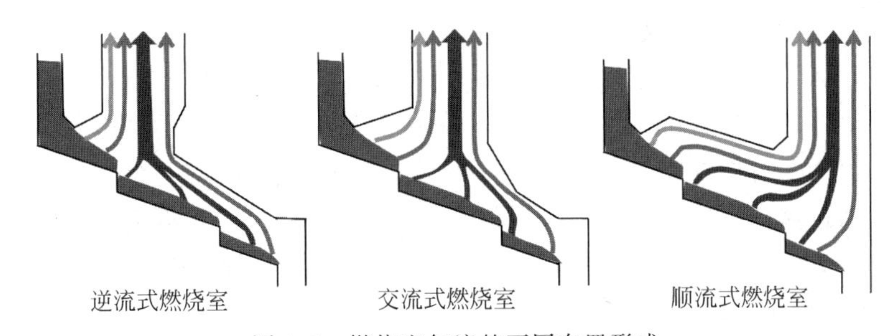

图 6.3　燃烧室气流的不同布置形式

机械炉排是决定垃圾焚烧效果的另一个关键结构，其类型包括链条式、阶梯往复式、多段滚动式等，它们可以输送、翻动垃圾，均匀分配助燃空气，保证垃圾水分蒸发和充分燃烧，同时炉排不应被垃圾堵塞或导致垃圾泄漏。此外，燃烧段炉排还应具有耐高温、耐磨损的特性，而燃烬段应具有良好的排灰性能和保温效果。

1. 逆推往复炉排

逆推往复炉排炉应用较多,其结构如图 6.4 所示。炉床为不分段的连续倾斜床面,斜度一般为 26°,垃圾的干燥、燃烧及后燃烧均在此炉床上进行,一次空气由炉床底部从炉排片两侧缝隙(宽 1 mm)吹出。每一纵列炉排包含若干个固定炉排片和可动炉排片,两者交错布置,可动炉排片由连杆及横梁组成,由液压装置驱动,其移动速度可以调整。整个炉床由并排的多列炉排构成。每一块可动炉排片有约 2 cm 的移动距离,可刮除粘结在炉排通风口上的一些低熔点(如铅、铝、塑料、橡胶等)物质,以保持良好的供风条件。可动炉排片的逆向移动会推动垃圾向后(进料端)翻滚,而垃圾还会因重力作用向前滑落,因此垃圾在炉床上的搅动效果较好,炉排的燃烧负荷可以达到 350～400 $kg/(m^2 \cdot h)$。由于逆向推动相对延长了垃圾在炉内的停留时间,因此在处理能力相同的情况下,逆推炉排的面积可以小于顺推炉排。德国马丁公司(Martin)生产的焚烧炉是这类炉排炉形式的代表。法国阿尔斯通公司(Alston)开发的 SITY-2000 焚烧炉(已被马丁公司收购)也属于逆推往复炉排炉,该炉与马丁炉类似,但炉床分成两段,第二段为燃烬段。

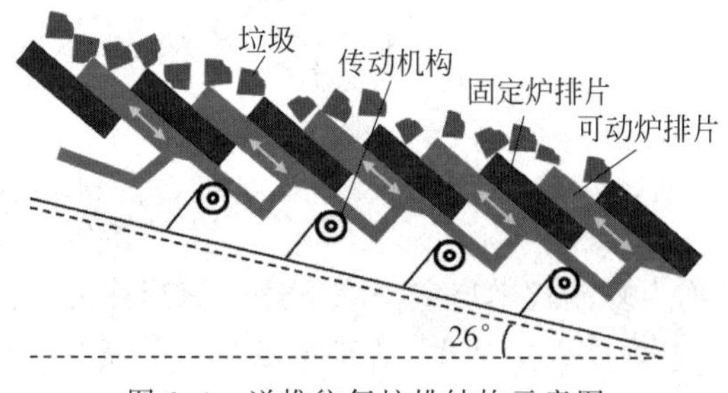

图 6.4 逆推往复炉排结构示意图

2. 顺推往复炉排

顺推往复炉排炉也是一种应用较广的炉型,其炉排结构如图 6.5 所示。炉床通常分段布置,每段之间存在落差,垃圾从上一段跌落或滑落至下一段,从而增强垃圾的搅动。炉排由固定炉排片、可动炉排片组成,它们交错布置。在两段之间,有时还设有翻转炉排片(如西格斯炉排炉),以促进垃圾的翻滚。可动炉排片可以水平方式运动,也可以向斜前方运动,但床面整体的倾斜度为 20°～25°。比利时西格斯公司(Seghers)生产的焚烧炉是这类炉排炉形式的代表。西格斯炉排炉由 4 个标准炉排单元和 1 个较长的燃烬段炉排单元组成,焚烧后的炉渣通过刮板捞渣机进入炉渣处理系统,从炉排泄漏的细灰经输送机送到渣池。全部炉排片的顶层表面形成一个带 21°斜角的炉排倾斜面,可动炉排片推动垃圾层向炉排末端运动,而翻动炉排片使垃圾翻动并充满空气。在炉排片下方通入的助燃空气经炉排片的冷却鳍和位于炉排片前端的开口和开槽后离开,吹过下一炉排片的顶部,使炉排表面的空气分布均匀。单台西格斯炉排炉的处理能力为 1.5～25 t/h。

3. 旋转圆筒炉排

旋转圆筒炉排由 1 组直径为 1.5 m 的空心圆筒组成(见图 6.6),圆筒一般呈 20°倾斜,自上而下排列,垃圾在加料机推动下进入炉膛,在圆筒旋转作用下慢慢前行,由于圆筒面的

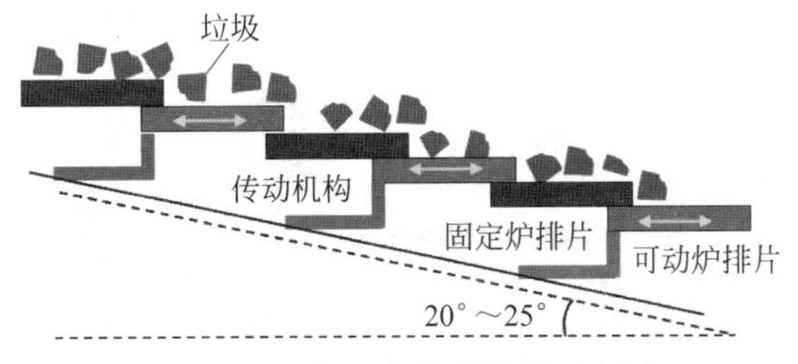

图 6.5 顺推往复炉排结构示意图

起伏而得到翻转和搅拌，与来自圆筒下面的空气充分接触燃烧。每个圆筒间有独立的助燃空气导管，进风根据圆筒单独分区，进风阻力较小、压力较低，可节省风机能耗，但也存在易阻塞的问题。圆筒以电力驱动，每个圆筒都配有一套单独的调速系统，通过调整圆筒转速和进风量，控制垃圾在该阶段的驻留和燃烧，因此旋转圆筒炉排炉适应的固体废物种类范围较广。旋转圆筒炉排的工作形式，使圆筒处于半周工作、半周冷却的状态，此型式炉排冷却效果良好，圆筒可以使用铸铁材料制造，费用低、寿命长，而且圆筒受热面上没有移动部件，可以减少磨损和被垃圾中金属卡住的现象。

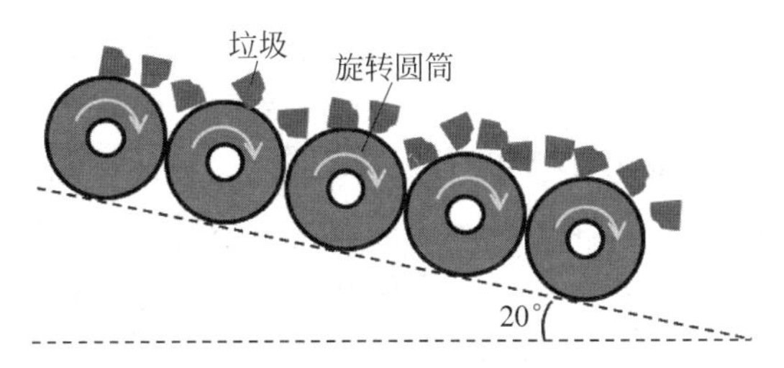

图 6.6 旋转圆筒炉排结构示意图

6.2.2 回转窑焚烧炉

回转窑是内衬耐火砖的倾斜空心圆筒，窑体通常为钢制，倾斜度一般为 1°～3°(见图 6.7)。固体废物从前端送入回转窑中，经热风、高温筒壁和火焰辐射的加热、干燥后着火焚烧。回转窑以定速旋转，带动废物翻动。回转窑一般配 1～2 个燃烧器，装在回转窑的前端或后端，用于喷入柴油、汽油、液化气或高热值废液，使炉体升温，将废物点燃，然后开始正常进料。由于回转窑内部结构简单，不仅可以处理固体废物，也可以处理废液或废气。废液及废气可以从回转窑的前段、中段、后段投入，废液也可以与固体废物混合后一起送入，或利用空气、蒸汽进行雾化后喷入。固体废物在回转窑燃烧后，形成的气体进入二燃室进一步燃烧。二燃室空间为一燃室的 30%～60%，设置有二次助燃空气入口和若干个燃烧器，有时还会安装若干挡板以加强二燃室内的湍流强度。

物料在回转窑内的运动方式呈周期性的变化，首先与其他物料一起与窑壁向上运动，然后逐步滑落或掉落，在此过程中还会沿着窑长方向前进。物料在旋转窑内停留时间较长，这取决于回转窑的长度与直径之比、转速、物料性质、投加方式、烟气流向和流速等因素。助燃空气和固体废物在回转窑内可以同向流动或逆向流动。在同向流动条件下，低温助燃空气接触低温固体废物，而高温烟气接触燃烬的炉渣，回转窑内的干燥段、燃烧段和燃烬段的区分相对明显。目前大多数回转窑焚烧炉采用同向流动，这便于固体废物的输入及前置处理，

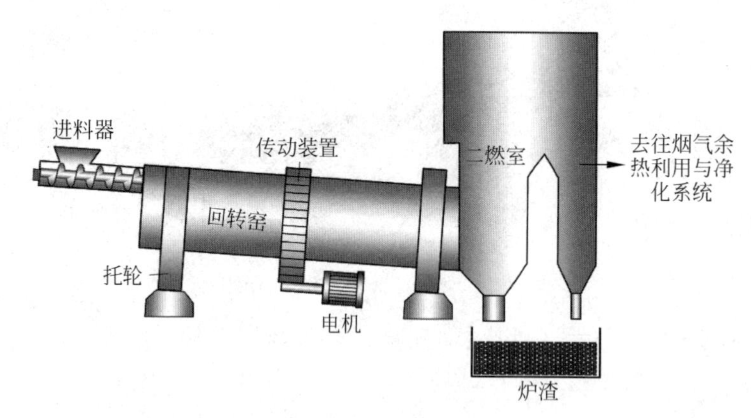

图 6.7　回转窑焚烧炉结构示意图

还可以增加气体的停留时间。在逆向流动条件下，气、固混合效果较好，传热效率高，固体废物干燥燃烧快，适于处理含水率高的固体废物，如污泥。在该条件下，烟气和固体废物的相对速度较大，烟气粉尘数量较高。

根据窑内温度范围和所产灰渣状态，回转窑焚烧炉可以分为灰渣式和熔渣式两种。灰渣式回转窑焚烧炉运行温度为 650～1 000℃，窑内残渣尚未熔融；而熔渣式回转窑焚烧炉运行温度则在 1 200～1 450℃，废物中的有机质完全矿化，低熔点的矿物质熔融形成流体，流出回转窑后急速冷却，形成类似于石头的炉渣或玻璃体，其中裹挟了高熔点的金属化合物。这些残渣的透水性低、颗粒大，可将有毒的重金属化合物包容其中，浸出毒性小。因此，熔渣式回转窑焚烧炉适于处理含有重金属的危险废物，如飞灰等，但成本较高。熔渣式回转窑焚烧炉运转时需要控制适当的温度，避免炉渣凝结在窑壁或出口处。如果进料中含有较多低熔点的钠、钾化合物，熔渣在急速冷却时，需要防范爆炸风险。

总体上，回转窑焚烧炉是一种适应性很强的设备，能够处理多种固、液、气废弃物，对废弃物的性状要求低(要避免易于滚动的废弃物滚出回转窑)。回转窑焚烧炉还可以直接实现残渣熔融，实现无害化。由于回转窑焚烧炉的驱动系统在窑体之外，不易损坏，维护要求低，但要注意物料中坚硬物质、腐蚀物质对窑内衬耐火砖的损伤。回转窑焚烧炉需要的过剩空气量较高，系统的热效率较低。

6.2.3　流化床焚烧炉

流化床焚烧炉的燃烧原理是借助床料(石英砂)的蓄热与传热使废物干燥、燃烧。为了使固体废物能够在系统内均匀流动，需要预先将其破碎成均匀的颗粒。助燃空气由流化床底部送入，向上的气流控制着颗粒流化的程度。当气流速度较小时，床料和固体废物均不能流动，实际上与固定床焚烧相似。当气流速度增大时，床料和固体废物开始向上流动，并逐步分散开来，气流从颗粒周边穿过，此时床料和固体废物受到的向上推力减小，开始回落；回落的床料和固体废物逐渐聚集，气流受阻，向上推力逐渐增加，又使得床料和固体废物向上流动。这种床料和固体废物循环往复的流动过程类似于水的沸腾，因此这种流化床被称为沸腾流化床，也称为鼓泡流化床或气泡流化床，沸腾流化床的气体表观流速在 1～3 m/s。当助燃空气流速进一步增大时，床料和固体废物不再回落，而是直接向上流出燃烧区，进入到烟道，其中床料和未燃烬的固体废物再经旋风分离系统回收，而燃烬的固体废物以烟气形式进入净化系统，这种流化床称为循环流化床。沸腾流化床焚烧炉多用于处理城市垃圾及污泥，循环流化床焚烧炉多用于处理有害工业废物。流化床焚烧炉可以将介质逐渐膨胀加温，所以焚烧过程也同时完成了对酸性气体洗涤的工作。两种流化床的结构如图 6.8 所示。

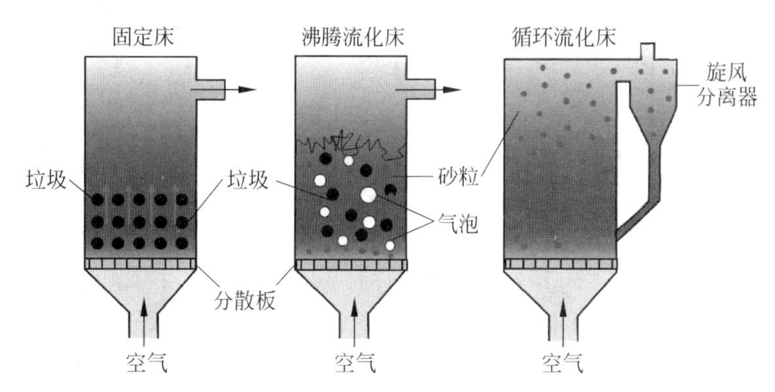

图 6.8　流化床的构造与原理

流化床焚烧炉炉膛内可分为炉排区、床料区及二燃室。床料区提供了固体废物干燥及燃烧的环境，有机性挥发物进入废气后，可在二燃室完全燃烧。流化床中的床料呈悬浮状态，气、固体间充分混合、接触，整个炉床燃烧段的温度相当均匀。在流化床底部设有石英砂筛送机及循环输送带，可以将较大颗粒床料返送回炉膛内。石英砂可能在操作过程中逐渐磨损，而由底灰处排出，或被带入飞灰内，进入空气污染控制系统。热交换管可安装于床料区或二燃室。在床料区也可设置热交换管以预热助燃空气。

由于传热均匀，流化床焚烧炉的燃烧温度可以维持在较低的温度，氮氧化物产量也较低，同时若在进料时搀入石灰粉末，则可以在焚烧过程中直接将酸性气体去除。炉膛内没有移动机构，故障率低，但床料的快速流动加重了炉膛内壁的磨蚀，需要在炉膛设计时予以考虑。

6.2.4　多层床焚烧炉

多层床焚烧炉（也称作多段式焚烧炉、多段炉）是一个立式圆筒，通常由钢制成，内衬耐火材料。圆筒内部分成多层，每层是一个炉膛。炉体中央装有顺时针旋转的中空中心轴，分为内外两层。轴上连接有搅动耙，搅动耙也有内外两层，内筒与中心轴的内筒相连，外筒与中心轴的外筒相连。搅动耙上装有多个搅拌齿。固体废物从炉顶加料口进入，经耙齿搅动呈螺旋形运动，并最终进入每层中央的落料口，掉入下一层炉膛。被预热到 150～200℃ 的助燃空气由炉膛底部进入，与干燥物料接触，物料燃烧放出热量。热烟气向上流动，将刚进入炉内的物料干燥。冷空气由中心轴内筒底部进入，然后进入搅动耙的内筒流至顶端，再由搅动耙的外筒流回中心轴的外筒，从中心轴外筒上部离开，经管道送至炉底空气入口处。在这一过程中，冷空气实现了预热。燃烬的固体废物形成的灰渣逐层下落，在底部经刚进入炉内的助燃空气冷却后从炉底排出。辅助燃烧器及有机废液的喷嘴可安装在垂直的炉壁上，每层炉膛外可设置环形空气管线以提供二次空气，帮助物料和挥发性气体完全燃烧。多层床焚烧炉的结构如图 6.9 所示。

多层床焚烧炉由上至下可分为干燥区、燃烧区和冷却区。上部几层炉膛为干燥区，从进料口进入的物料与热烟气接触，平均温度在430～540℃，物料中的水分被蒸发除去。物料的燃烧反应发生在中间几层炉膛，温度达到800～980℃。由于物料在炉内停留时间较长，基本可以完全燃烧。燃烬物料形成的灰渣落入下部几层炉膛，即冷却区，温度在150～300℃。灰渣与进入到炉膛的冷空气进行热交换，冷却到150℃后排出炉外。

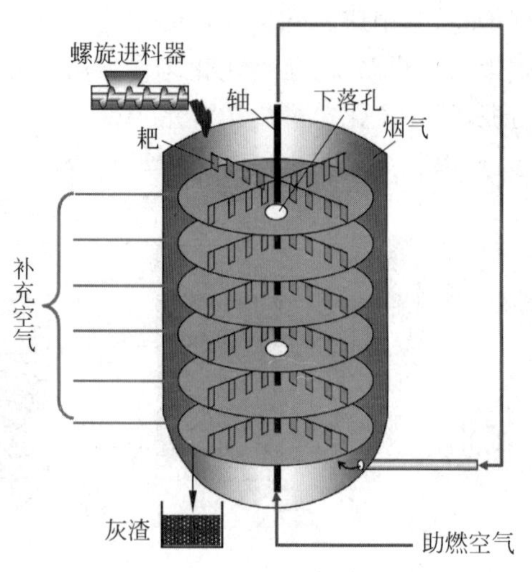

图6.9 多层床焚烧炉结构示意图

多层床焚烧炉的特点是物料在炉内停留时间长，可以充分蒸发物料中的水分，因此可以处理污泥等含水率较高、低热值的有机废物。处理过程中还可以加入多种辅助燃料，提高炉内温度。由于物料在多层床焚烧炉内的停留时间长，温度调节较为迟缓，控制辅助燃料的燃烧比较困难。另外，该焚烧炉的结构复杂、炉内零件和机构多，容易出现故障，维护费用较高。同时，热烟气干燥物料后从炉顶排出，因此排烟温度较低，可能产生恶臭，烟气需要进行脱臭处理或增加燃烧器燃烧。多层床焚烧炉目前主要用于焚烧污泥，不适用于处理可熔性灰分含量较高的废物（如农林废物），以免熔融的灰分结渣，导致机械结构失效。

6.2.5 热解气化焚烧炉

固体废物可以在无氧或缺氧条件下热解，产生可燃的热解气和焦油、半焦等；也可以在水蒸气、不足量空气或氧气存在条件下进行气化反应，生成可燃气体。这一步反应在热解气化焚烧炉中进行，产生的可燃气体主要是CO、H_2、CH_4等。这些可燃气体可以经净化、重整后作为燃气回收，也可以进入到二燃室，与空气混合燃烧，从而回收热量。热量除用于发电外，还要用于第一步热解气化过程的供热。热解气化步骤主要采用固定床、沸腾流化床或循环流化床的形式。固定床适用于小型设备（见图6.10），而流化床适用于大型处理设施。在上吸式气化炉中，物料从顶部进入，先进行干燥（100～200℃），干燥后的垃圾温度继续升高，在热解区热解（200～500℃），产生小分子的碳氢化合物和焦油、半焦，然后进入还原区（600～900℃），与气化剂作用产生H_2、CO和CH_4。热解不完全的物料以及热解产生的半焦、焦油等在燃烧区与气化剂中的氧气发生燃烧反应（800～1 200℃），为干燥、热解和还原步骤提供热量。在该炉型中，气化剂由气化炉底部进入，而合成气从炉顶排出，灰渣从炉底收集。在下吸式气化炉中，物料从炉顶加入，先后经历干燥、热解过程，而后进行焚烧产生热量，气化剂与热解、燃烧过程中产生的简单碳氢化合物和CO_2进行反应生成合成气，合成气从炉体底部收集。

热解气化焚烧炉一般用于医疗废物、农林生物质的处理，小型热解气化焚烧炉也常用于分散式生活垃圾处理项目，如农村地区的生活垃圾处理。在热解气化焚烧过程中，由于热解或气化产生了大量还原性气体，系统为还原性气氛，可以显著减少硫氧化物、氮氧化物和二噁英类物质的生成，但系统相对复杂，同时存在焚烧不彻底，残留半焦、焦炭等问题。

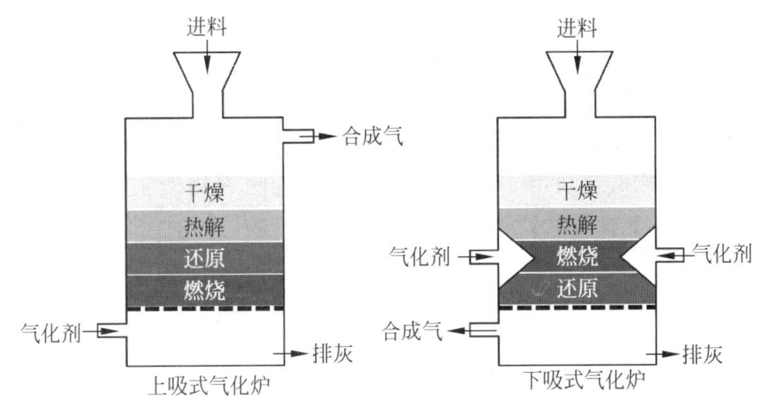

图 6.10 两种固定床气化炉的结构示意图

热解气化焚烧炉还可以和灰渣熔融技术结合在一起，构成气化熔融技术。对于普通的焚烧炉，灰渣需要额外进行处理处置，可以采用高温熔融的方法将灰渣转化为玻璃体，固定重金属并破坏有机污染物，从而可以将熔渣直接作为建材原料。单独建设灰渣熔融设施综合成本较高，因此可以将熔融反应段(1 300℃以上)和热解气化段(900℃以下)联合在一起，构成气化熔融焚烧系统。该系统可以采用两段式结构，如使用流化床气化炉联合回转式熔融炉，或者使用间接加热的回转式气化炉联合立式熔融炉等；还可以使用单体式结构，借鉴高炉结构，需要加入焦炭等物质。为了达到熔融所需要的高温，还可以使用等离子体加热技术，但能耗相对更高。气化熔融技术具有二噁英等污染物排放少、灰渣无害化且可以建材利用的优点，但是气化熔融的成本较高，同时两段式结构存在热解气化残渣的问题，烟气净化系统产生的飞灰也需要再行处理，因此气化熔融焚技术主要在日本的一些小型焚烧厂使用，如图 6.11 所示。

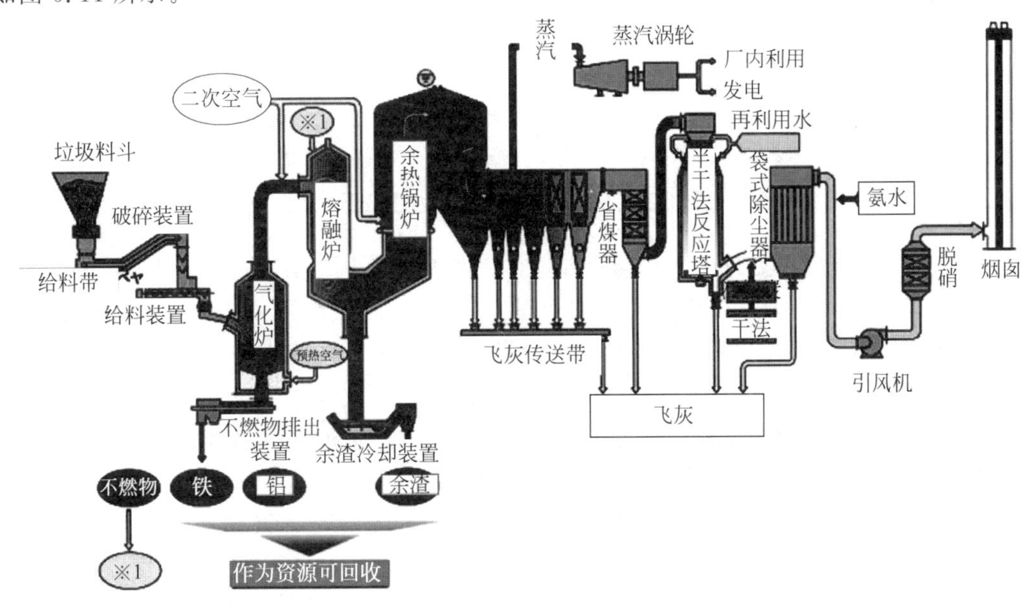

图 6.11 使用两段式气化熔融技术的日本相模原市南垃圾处理中心

(处理规模：175 t/d×3)

6.2.6 危险废物焚烧炉

危险废物焚烧时主要使用回转窑焚烧炉、流化床焚烧炉和热解气化焚烧炉，其中最常用的是回转窑焚烧炉。表 6.1 列出了三类焚烧炉处理危险废物的主要特点。从表中可以看出，只有回转窑焚烧炉能够同时处理固、液、气态危险废物，适用性最广。

表 6.1 常用危险废物焚烧炉的优缺点

炉 型	优 点	缺 点
回转窑焚烧炉	(1) 进料弹性大，可接受固、液、气三相废物和固、液混合废物以及整桶装的废物； (2) 可在熔融状态下焚烧废物； (3) 配合超量空气，可达到较好的搅拌效果； (4) 连续出渣不影响焚烧进行； (5) 炉内无运动零件； (6) 调控回转窑转速可调节固体废物的停留时间； (7) 进料通常不需要预热； (8) 二燃室温度可调控，确保摧毁残余的毒性物质	(1) 建造成本较高； (2) 运行成本较高； (3) 内衬耐火砖易受损； (4) 圆球形物料易滚出炉膛，导致不完全燃烧； (5) 通常需要较高的过剩空气量，系统热效率较低； (6) 烟道气悬浮微粒较多； (7) 易形成熔渣
流化床焚烧炉	(1) 适用于中型焚烧设施，灵活方便； (2) 焚烧温度较低，无高温运动部件； (3) 热传导效果好； (4) 燃烧效率高	(1) 运行技术要求高； (2) 燃料种类受到限制； (3) 进料颗粒应均匀较小； (4) 所需动力较大； (5) 床料需要及时补充
热解气化焚烧炉	(1) 适用于中小型焚烧设施，灵活方便； (2) 构造简单； (3) 装置可移动、机动性强	(1) 燃烧可能不完全； (2) 燃烧效率较低； (3) 使用年限短

危险废物焚烧对前处理的要求与一般固体废物焚烧不同。首先不能采用敞开式、自然堆放式、人手接触式以及设备混用式的前处理工艺。在运送、计量、处理以及堆放等所有过程中，不允许有泄漏或二次污染。包装袋或包装桶不允许打开，应直接投入焚烧炉内。在焚烧过程中，焚烧炉燃烧室出口及出口上游温度均值不低于 1 100℃，烟气停留时间大于 2 s，而生活垃圾焚烧炉炉膛温度要求不低于 850℃。燃烧后产生的烟气温度需降低至 250℃左右，以满足后续烟气净化的要求，这一过程可进行热量回收。对于小型危险废物焚烧炉而言，由于可回收的热能总量较少，也可以直接采用水冷方法处理，而不进行热量回收。

6.3 焚烧二次污染控制技术

固体废物焚烧产生的烟气中除了无害的二氧化碳及水蒸气外，还含有许多气态污染物，必须予以净化，将污染物浓度降低至排放限值以下。此外，在焚烧炉底部、烟道、除尘器等环节，会产生各种类型的灰渣，也需要妥善处理。

6.3.1　烟气污染物处理方法

焚烧烟气中的污染物浓度与固体废物的成分、燃烧速率、焚烧炉型、燃烧条件、废物进料方式等有密切的关系，主要的污染物有下列几类：

（1）粉尘：废物中的惰性金属盐类、金属氧化物或不完全燃烧物质等，通常以颗粒物浓度作为控制指标。

（2）不完全燃烧产物：燃烧不完全而产生的副产品，包括CO、炭黑、烃、烯、酮、醇、有机酸及聚合物等，通常以CO浓度作为控制指标。

（3）酸性气体：包括HCl、HF和其他卤化氢、硫氧化物（主要是SO_2）。

（4）氮氧化物：主要是NO_2和NO，还有少量的N_2O。

（5）重金属污染物：包括Hg、Cd、Pb、Ni、Cr、As等的元素态、氧化物及氯化物等。

（6）二噁英：是多氯代二苯并-对-二噁英（PCDDs）和多氯代二苯并呋喃（PCDFs）的总称（见表6.2）。其中，毒性最大的是2,3,7,8-四氯二苯并-对-二噁英（TCDD），因此其他二噁英类污染物的浓度水平可以用它们的毒性与TCDD的毒性（对Ah受体的亲和性能）的相对值——毒性当量因子（TEF）来表示。这样，所有二噁英类污染物的浓度与相应的TEF的乘积之和，即毒性当量（TEQ），可以用来反应二噁英污染程度。

表6.2　二噁英类的异构体

氯原子取代数	PCDFs异构体数量	PCDDs异构体数量
1	4	2
2	16	10
3	28	14
4	38	22
5	28	14
6	16	10
7	4	2
8	1	1
总计	135	75

1. 颗粒污染物

焚烧烟气中颗粒污染物（粉尘）的主要成分为惰性无机物，如灰分、无机盐类、可凝结的气体污染物质及有害的重金属氧化物，也包括少量未完全燃烧的碳颗粒。原始烟气颗粒污染物浓度为450～22 500 mg/m^3。一般而言，固体废物中灰分含量越大，颗粒污染物浓度越高。颗粒直径大小不一，大多数在1～100 μm。

选择除尘设备时，需要考虑颗粒流量、粒度分布、颗粒密度、磨损系数、允许排放浓度等因素以及烟气本身的压力损失、温度、湿度等特性。常用除尘设备有重力沉降室、旋风（离心）除尘器、喷淋塔、文丘里洗涤器、静电除尘器、布袋除尘器等。重力沉降室、旋风除尘器和喷淋塔无法有效去除粒径 5～10 μm 以下的粉尘，只能作为除尘的前处理设备。液体焚烧炉尾气中粉尘含量低，设计时不必考虑专门的除尘设备，急冷用的喷淋塔与去除酸性气体的填料吸收塔组合就可以将粉尘含量降至允许范围内。静电除尘器和布袋除尘器是固体废物焚烧烟气处理系统最常用的除尘设备。

1）文丘里洗涤器

文丘里洗涤器是一种湿式除尘器，可以去除烟气中直径 2～1 000 μm 的粉尘，其除尘效率和静电除尘器、布袋除尘器相当。文丘里洗涤器通过含尘气体与液滴或液膜接触、撞击等过程，使粉尘从气流中进入液相，这既能净化烟气粉尘，也能吸收烟气中的部分腐蚀性气体，同时还能起到气体降温的作用，因此文丘里洗涤器相对于静电除尘器、布袋除尘器更适于有害气体的处理。

典型的文丘里洗涤器由两个锥体组合而成，锥体交接部分（喉部）面积较小（见图 6.12）。烟气从顶部进入，和洗涤液相遇，当它们经过喉部时，由于流道面积缩小，烟气和洗涤液流速增加，产生充分湍流与气液混合过程，烟气中的粉尘进入液滴之中。通过喉部后，流体速度降低，经气水分离器后，净化的气体由顶端排出，而混入液体中的粉尘则随液体由气水分离器底部排出。这类湿式文丘里洗涤器适宜处理高温或含黏滞性粉尘的烟气。由于除尘效率和喉部压差有关，喉部通常装有调节装置，可根据气体流量进行调整，以维持固定的压差及流速。除了这类湿式文丘里洗涤器外，针对温度低、湿度高的气体，可以使用非湿式文丘里洗涤器，这类洗涤器中，烟气和液体在进入喉部前不互相接触，从而降低了处理成本。

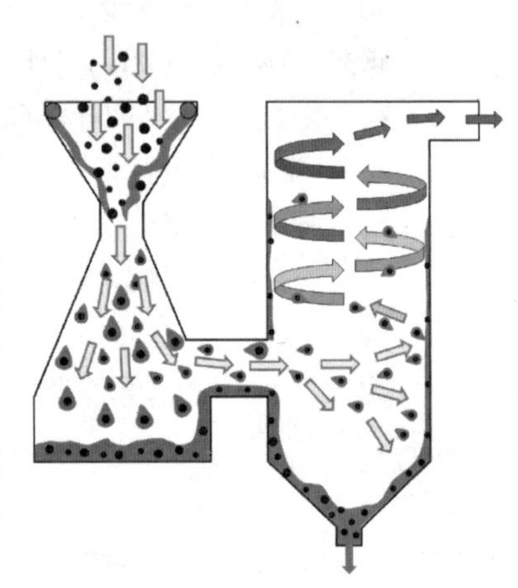

图 6.12　文丘里洗涤器结构示意图

文丘里洗涤器体积小，投资及安装费用低于布袋除尘器、静电吸尘器，经常用于危险废物焚烧烟气的除尘。同时，文丘里洗涤器对酸性气体的吸收效率为 50%～70%，可以降低后续酸性气体去除装置的负荷。文丘里洗涤器的除尘效率取决于压差，一般维持在 200～250 kPa，烟气流速 45～150 m/s，洗涤水使用量为 0.7～3 L/m^3 烟气。由于压差较大，文丘里洗涤器的风机能耗较高，同时喉部流速高，磨损严重。针对这些问题，一些改良型文丘里洗涤器逐渐发展出来，例如水音式洗涤器和撞击式洗涤器。同时，与其他湿式除尘设备一样，文丘里洗涤器会产生大量废水，需要进一步净化处理。

2）静电除尘器

静电除尘器（electrostatic precipitator）有正负极，负极联通高压直流电，正极接地。在电场作用下，空气中的自由离子向两极移动，由于离子的运动，两极间形成了电流。开始时，空气中的自由离子少，电流较少。当电压升高到一定数值后，负极附近的离子获得了较高的能量和速度，它们撞击空气中的中性原子时，中性原子分解为正、负离子，实现空气的电离，从而加强极间电流（电晕电流）。当负极周围的空气全部电离后，负极周围可以看见一圈淡蓝色的电晕。因此，负极也被称为电晕极。在离负极较远的地方，电场强度小，空气还没有被电离。如果进一步提高电压，电晕范围逐渐扩大，极间空气全部被电离，这被称为电场击穿。电场击穿时，极间电流瞬间增大，发生火花放电，静电除尘器停止工作。为了保证静电除尘器的正常运动，电晕的范围应局限于负极附近。静电除尘器的负极一般由不同断面形状的金属导线制成，而正极由不同几何形状的金属板制成，这样，正负极之间各点的电场强度是不相等的，为不均匀电场。相反，如果用两块平板组成均匀电场，只要某一点的空气被电离，则极间空气便全部电离，静电除尘器发生击穿。因此，静电除尘器内设计为非均匀电场。由于负离子的运动速度比正离子大，在同样的电压下，负电晕能产生较高的电晕电流，而且它的击穿电压也高得多。因此静电除尘器通常采用负电晕极；相反，用于通风空调进气净化的静电除尘器一般采用正电晕极，这样产生的臭氧和氮氧化物量较少。

静电除尘器的电晕范围通常局限于负极导线周围几毫米处，该电晕区内的空气电离后，正离子很快到达负极，只有负离子才会向正极移动，脱离电晕区。含尘空气通过静电除尘器时，电晕区的范围很小，因此只有少量的尘粒在电晕区通过，获得正电荷，沉积在电晕极上。大多数尘粒在电晕区外通过，获得负电荷，最后沉积在正极板上，因此正极也被称为集尘极。

粉尘获得电荷有两种机理，一是定向移动的负离子与尘粒碰撞使其荷电，称为电场荷电，这是静电除尘器的主要效应；二是离子扩散导致尘粒荷电，称为扩散荷电。尘粒荷电后，随电荷增加，尘粒周围形成一个逐步加强的与外电场相反的电场，最终导致离子无法继续到达尘粒表面，此时尘粒荷电达到最大值。静电除尘器除尘原理如图6.13所示。

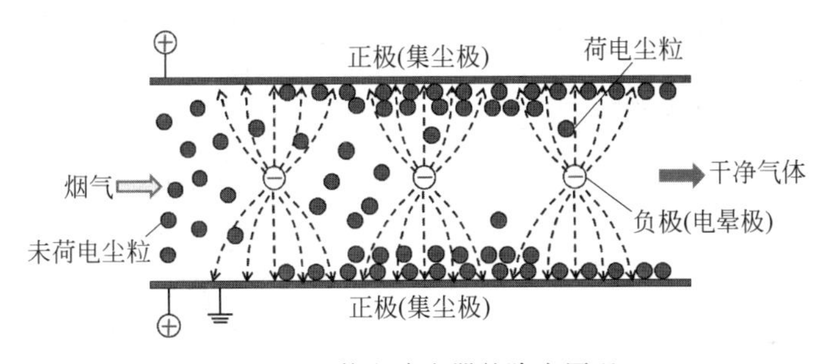

图6.13　静电除尘器的除尘原理

粉尘的电阻对静电除尘器的除尘效率有直接的影响。粉尘电阻过低时，粉尘和集尘板接触后会快速丧失原有的负电荷，进而被荷上正电，然后被正极排斥重新释放到烟气中。粉尘电阻过高时，粉尘和集尘板接触后不能丧失所有电荷，就会积聚在集尘板上，然而尘层之间会形成电压梯度，产生局部击穿和放电现象。上述过程都会造成静电除尘器除尘效率的下降。一般来说，电阻系数在10^4～10^{10} Ω·cm的粉尘可以被静电除尘器有效收集。粉尘的电阻系数受温度变化直接影响，因此静电除尘器的操作温度必须在设定范围内(一般低于300℃)，否则会造成除尘效率的下降。

静电除尘器可以分为干式、湿式和湿式电离三类。干式静电除尘器适用于固态粉尘的去除，但无法去除烟气中的酸性气体和电阻很高的粉尘，也不适于处理易燃易爆的气体，因为在静电除尘过程中常产生火花。在固体废物焚烧烟气中，粉尘的电阻系数变化很大，因此干式静电除尘器很难达到很高的净化效率，实际使用较少，或者仅用于初步处理。湿式静电除尘器较干式设备增加了进气喷淋系统及湿式集尘板面，微碱性(pH为8～9)的水溶液喷淋到烟气上，可以裹挟一些粉尘，部分液滴会被荷电，更容易被集尘板收集，这样除尘效率就不再受粉尘电阻系数影响。包覆粉尘的液滴和集尘板碰撞后，速度降低，液体流动可以带走集尘板上的尘垢。微碱性的喷淋液还可以吸收部分酸性气体，但同时会产生大量废水，需要进一步处理。净化后的尾气含有的水分接近饱和，因此经烟囱排放时会形成白色雾气。目前湿式静电除尘器的应用也较少。

3）布袋除尘器

布袋除尘器内部含有上百个至数千个过滤布袋，烟气通过滤袋时粉尘被挡在滤布上。滤布一般由高分子纤维制成，可在250℃左右使用，具有一定程度的酸、碱侵蚀耐受能力。布袋除尘器的结构与工作原理见图6.14。一般而言，布袋除尘器可以去除粒径在0.05～20 μm范围的粉尘，压降为1～2 kPa，除尘效率达99%以上。布袋除尘器内划分为多个区室，每个区室的滤袋需要清除附着的粉尘时，可以通过机械振动、气流逆洗、脉动冲洗等方式清除。由于脉冲方式清灰能力强，还可以在线使用（不需要使该区室离线），目前应用最为普遍。烟气从袋外向袋内流动，粉尘被截留在布袋外部，当清洗粉尘时，利用高速喷射气流吹向滤袋内部，形成空气波，使滤袋由上向下产生急剧膨胀和冲击振动，从而使粉尘脱落。由于除尘效果好，布袋除尘器已广泛用于焚烧烟气净化。

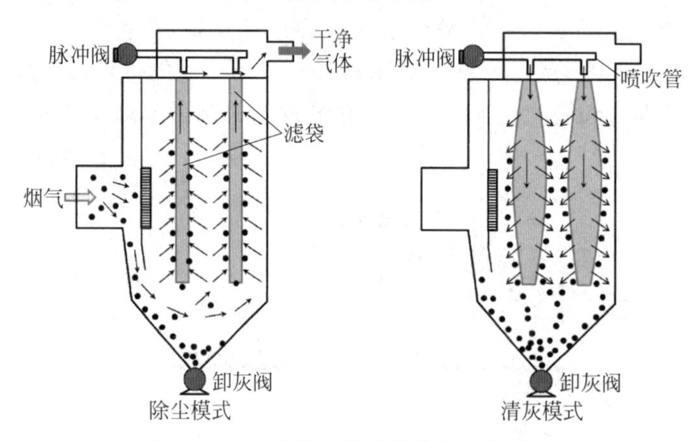

图6.14　布袋除尘器的结构与工作原理

布袋除尘器与静电除尘器都可以去除较小的颗粒（粒径小于1 μm），但布袋除尘器对极细微颗粒的捕集率更高。布袋除尘器除尘效率高（>99%），不易受烟气条件（含尘量、烟气温度）变化的影响，但滤布寿命较短，需要定期更换。受到材质限制，滤布的耐酸碱性、耐热性相对较差；粉尘含水分时，容易堵塞滤布，因此耐湿性较差。经过滤袋后，烟气压力损失较大，压力损失10～150 mmH_2O，而静电除尘器压力损失在20 mmH_2O以下。

2. 酸性气体

焚烧烟气中酸性气体（HCl、SO_x等）的去除技术分为湿法、半干法及干法三类。

1）湿法

湿法是利用碱液去除酸性气体，单独作为酸性气体去除方法时，一般设置在布袋除尘器之后。常用的湿式洗气塔是对流操作的填料吸收塔，烟气由填料塔下部进入，与填料塔从顶部喷入的碱液在填料空隙中相遇，发生中和反应，使酸性气体被去除。填料吸收塔材料应该耐酸碱腐蚀。填料也应耐酸碱腐蚀，比表面积大，空气流动阻力小，常用材质是高密度聚乙烯、陶瓷等。常用的碱性药剂有NaOH溶液（15%～45%）或$Ca(OH)_2$溶液（10%～30%）。$Ca(OH)_2$价格较低，但它在水中的溶解度不高，未溶解的颗粒容易导致喷头、填料和管道的

结垢堵塞。NaOH价格较高，但效果较好，没有堵塞问题，是最常用的药剂。使用NaOH溶液时，湿法脱酸的化学方程式为

$$SO_2+2NaOH \longrightarrow Na_2SO_3+H_2O$$

$$HCl+NaOH \longrightarrow NaCl+H_2O$$

$$Na_2SO_3+1/2O_2 \longrightarrow Na_2SO_4$$

在使用过程中，当循环碱液的pH或盐度超过一定标准时，应排放部分碱液并补充新的NaOH溶液。湿式洗气塔对HCl的去除率为98%，对SO_x的去除率也在90%以上，还可以去除部分高挥发性重金属(如汞)，但湿法用电量和用水量较高，含重金属和高浓度氯盐的废水需要进一步净化。烟气经过湿法处理后，尾气也含有饱和水分，为避免排放产生白烟，一般要加装尾气再热器消除白烟。

2）干法

为了解决大量废液的处理难题，可以采用干法进行脱酸。利用压缩空气将碱性药剂(CaO、$Ca(OH)_2$或$NaHCO_3$)直接喷入烟道或烟道上某段反应器内，使碱性药剂与酸性气体接触发生中和反应，从而去除酸性气体。为了提高酸性气体的去除速率，碱性药剂的实际用量一般为理论用量的3～4倍，固体停留时间至少在1 s以上。干法设备简单，成本较低，管道不易阻塞，而且尾气温度高，无白烟问题，但药剂用量大，产物和过剩的药剂需要进行进一步处理，同时干法对酸性气体的去除效率也相对较低。干法一般设置在布袋除尘器之前，这样干法处理过程中产生的粉尘可以被布袋截留。除单独使用上述碱性药剂外，还可以掺入硫化钠(Na_2S)和活性炭粉末，从而加强对气态汞和二噁英的去除。

3）半干法

半干法采用石灰浆(高浓度悬浊液，$Ca(OH)_2$质量浓度15%)作为酸性气体的吸收剂。利用高效雾化器将石灰浆从塔底向上或从塔顶向下喷入吸收塔中，烟气与石灰浆同向或逆向流动接触并发生中和反应，气体停留时间为10～15 s，中和后产生的残渣在塔底和后续集尘设备中收集。化学方程式为

$$CaO+H_2O \longrightarrow Ca(OH)_2$$

$$Ca(OH)_2+SO_2 \longrightarrow CaSO_3+H_2O$$

$$Ca(OH)_2+2HCl \longrightarrow CaCl_2+2H_2O$$

$$SO_2+CaO+1/2H_2O \longrightarrow CaSO_3 \cdot 1/2H_2O$$

雾化器可以喷出微小的液滴(直径30 μm)，气、液接触面大，可以达到较高的脱酸效率，同时石灰浆中的水分可在吸收塔内完全蒸发，不产生废水。半干法吸收塔一般也设置在布袋除尘器之前。半干法系统中的核心设备是雾化器，常用的是旋转雾化器。浆液从一个高速旋转(10 000～20 000 r/min)的转轮中间进入，在离心力作用下，液体逐渐向转轮外缘移动形成液膜，然后撕裂为30～100 μm的液滴。喷淋塔直径取决于液滴的覆盖范围。

半干法结合了干法与湿法的优点，酸性气体去除效率高于干法，但又不产生废液，操作温度高于气体饱和温度，尾气没有白烟问题，但是采用半干法时，喷嘴易堵塞，塔内壁容易结垢。

3. 重金属

焚烧烟气中的重金属一般不设置专门的处理设备，而是利用除尘、脱硫设备一并去除，

其过程包括：

（1）气态重金属经降温过程达到饱和，凝结成颗粒被除尘设备去除。

（2）气态重金属形成较易凝结的氧化物或氯化物，凝结成颗粒被除尘设备去除。

（3）气态重金属吸附在飞灰上或喷入的活性炭粉末上而被除尘设备去除。

（4）水溶性的重金属盐经湿式洗气塔进入洗涤液，从而被去除。

当焚烧烟气降温后，部分重金属会因凝结或直接吸附在粉尘表面，进而被除尘设备去除，温度越低，去除效果越好，但挥发性较高的铅、镉和汞等少数重金属不易被凝结去除。由于静电除尘器入口烟气温度较高，因此对重金属去除效果较差。湿式洗气塔对粉尘去除效果较差，而重金属去除主要依赖于颗粒吸附，因此即使烟气温度降低，重金属凝结（汞除外），但湿式洗气塔对重金属的去除效率也较低。布袋除尘器与干式洗气塔或半干式洗气塔并用时，对重金属（汞除外）的去除效果较好，但进入布袋除尘器的烟气温度也不能过低，以免引起酸雾凝结，造成滤袋腐蚀，或因水汽凝结而使整个滤袋阻塞。

汞不易凝结，而布袋上积聚的粉尘层对气态汞有一定的吸附作用。为进一步降低汞的排放，在干法处理流程中，可在布袋除尘器前喷入活性炭吸附汞，或者喷入 Na_2S 等药剂与汞生成不挥发的 HgS 颗粒，从而将其用布袋除尘器截留下来。在烟气净化系统的尾端，还可以使用活性炭滤床加强对汞的吸附。

4. 二噁英

对焚烧烟气中二噁英的控制需要从源头、生成、再合成和减少最终排放几个环节同时着手。

1）控制废物组分

通过源头分类收集和资源回收，可以减少进入到焚烧炉的某些有利于二噁英生成的成分，一般认为含氯的塑料、过渡金属等有助于二噁英的生成。除了固体废物中本身存在的二噁英外，烟气中二噁英的来源还包括炉内高温生成和炉外低温再合成。

2）减少炉内形成

焚烧炉内在 400～800℃二噁英可以由氯苯类、氯苯酚等物质生成。为减少炉内二噁英的生成，可以根据“3T”原则进行焚烧控制，即足够高的温度、充足的停留时间和充分的湍流。焚烧炉内温度应保持在 850℃以上，并保证烟气中氧含量在 6%～12%，当烟气在炉膛内停留时间超过 2 s 时，可以使二噁英类物质充分分解。同时，充分的湍流也可以促进二燃室内助燃空气和可燃成分的混合、接触和燃烧。

焚烧温度过高时会增加热力型 NO_x 的生成，因此燃烧温度不易过高。对于 NO_x 的控制，可以在炉内喷入 NH_3 或尿素，通过选择性非催化还原（SNCR）方法或烟气净化系统中的选择性催化还原（SCR）设备，将 NO_x 还原为 N_2。

3）避免炉外再合成

烟气从焚烧炉排出流经余热锅炉和省煤器时，温度会降低，在 250～400℃存在二噁英再合成现象。一方面，大分子联苯类物质在氧气和 Cl 元素存在条件下经裂解和加氯反应生成二噁英，这一过程也叫 De novo 合成；另一方面，一些简单的苯环类物质在氧气和 Cl 元素存在的条件下，在颗粒表面铜或铁等过渡金属化合物的催化作用下合成二噁英，这一过程也被称为从头合成。因此，为了减少二噁英的低温再合成，从省煤器排出的烟气要进行急速冷却，使温度降至250℃以下，越过二噁英低温再合成的温度区间。

4）从烟气中去除

在干法脱酸的烟气处理流程中，布袋除尘器之前会向管道内喷入石灰粉等脱硫剂，可以同步喷入活性炭粉，用以吸附烟气中的二噁英，然后再通过布袋除尘器截留飞灰最终去除二噁英。活性炭粉对汞金属也有一定的吸附作用。二噁英的吸附发生在喷入活性炭粉的烟道内和滤袋表面。在湿法脱酸的烟气处理流程中，湿式洗气塔仅用于吸收酸性气体，而二噁英水溶性差，因此去除效果不佳。为了除去二噁英，仍然需要在布袋除尘器之前设置活性炭喷射环节。

5. 氮氧化物

固体废物焚烧过程中的 NO_x 有三个来源：①固体废物和助燃燃料自身具有的有机和无机含氮化合物与 O_2 反应生成 NO_x，称为燃料型 NO_x；②助燃空气中的 N_2 在高温条件下被氧化生成 NO_x，称为热力型 NO_x；③氮气可能在氧气相对燃料不足的情况下，在火焰界面上和某些碳氢离子团反应生成 HCN、CN 等中间产物，这些基团再与火焰中的 O、OH 等基团反应形成 NO_x，称为快速型或瞬时 NO_x。快速型 NO_x 只有在碳氢化合物较多而氧浓度相对较低时发生，其生成量一般占 NO_x 生成总量的5%。通过燃烧控制抑制 NO_x 的形成，将已生成的 NO_x 还原成为 N_2，就可以减少烟气中 NO_x 的排放。

1）焚烧控制

固体废物中的某些高热值燃料（如塑料、皮革等）集中在某一区域燃烧时可能导致该区域局部温度超过1 400℃，此时 N_2 与 O_2 反应生成热力型 NO_x。针对这一问题，一是可以将多组分的固体废物混合均匀，避免局部过度燃烧；二是可以适当降低空气过剩系数，使得 O_2 的量足以满足固体废物焚烧需要但不至于生成大量的 NO_x 和 CO；三是可以调节助燃空气的分布，降低高温区的 O_2 浓度，减少 N_2 和 O_2 的高温反应。通过焚烧控制，可以减少60%～70%的 NO_x 生成。

2）SNCR

通过向焚烧炉内直接喷射氨和尿素等还原性物质，在焚烧温度为750～900℃时，尿素也会分解为 NH_3，NO_x 与 NH_3 反应被还原为 N_2。SNCR 对 NO_x 的去除率可达到45%～55%。没有反应完全的 NH_3 与烟气中的酸性气体反应生成铵盐，烟气中残留的 NH_3 含量一般小于10 mg/m^3。

3）SCR

针对焚烧炉排出的烟气中的 NO_x，可以将其通过 SCR 反应器，在催化剂作用下，通过喷入氨或尿素（NH_3/NO 的摩尔比一般为1∶1），使 NO_x 在 TiO_2-V_2O_5 等催化剂表面还原为 N_2。当烟气温度低于300℃时，催化剂活性不够，而当温度高于450℃时 NH_3 可能被分解，因此 SCR 反应器内的温度一般控制在300～400℃。SCR 对 NO_x 的去除率可以达到90%以上，但由于需要消耗催化剂并对低温烟气进行升温，成本相对较高。

典型的 SCR 反应器要求进口烟气温度在300℃以上，但经前序工艺处理后，烟气温度一般在150℃或者更低，因此还需要升温。为了减少升温能耗，低温 SCR 获得了大量关注和应用。低温 SCR 的反应温度在250℃以下，反应温度在150℃以下的又叫做超低温 SCR，常用的催化剂主要是过渡金属氧化物，特别是 Cu、Mn 及它们的化合物。这些催化剂可以在低温条件下实现 90%NO_x 的去除，但它们对 SO_2 比较敏感，因此进入 SCR 反应器的烟气基本需要去除全部酸性气体。

SCR 反应器内为还原性氛围，有利于二噁英的还原解毒，但是也有研究表明，SCR 长期运行后存在记忆效应，也可能导致二噁英浓度的略微增加。

6.3.2 烟气综合净化系统

固体废物焚烧烟气中的各类污染物可以采用不同的处理设备或处理单元进行去除。将这些单元合理地组合起来，构成一套完整的烟气处理工艺，可以达到烟气除尘、脱酸、脱硝、除二噁英和重金属的目的。目前常用的组合工艺有以下几种。

1. 半干法＋活性炭喷射＋布袋除尘

该工艺是焚烧厂普遍采用的基本工艺。在这种工艺中，余热锅炉出口烟气温度约为200℃，首先经过半干法反应塔，塔顶喷入石灰乳，起到冷却烟气和去除酸性气体的目的；净化后的烟气与烟道内喷入的活性炭粉末接触，二噁英和重金属被吸附在活性炭上，然后进入到布袋除尘器，将吸附污染物的活性炭和其他颗粒物一并去除。净化后的烟气经引风机通过烟囱排放。这种工艺能够去除颗粒物、酸性气体、二噁英，二噁英浓度可以低于 0.1 ng TEQ/Nm^3，满足焚烧厂烟气排放的基本要求，但不能有效去除 NO_x。

2. SNCR＋半干法＋干法＋活性炭喷射＋布袋除尘

该工艺是在第一种工艺的基础上增加了干法脱酸和 SNCR 脱硝步骤。我国《生活垃圾焚烧处理污染控制标准》(GB 18485—2014)对烟气净化提出了更高的要求，因此，需要提高系统的脱酸和脱硝水平。在这种工艺中，烟气首先经过半干法反应塔，该反应塔喷入冷却水，实现烟气降温；然后烟气与喷入烟道的消石灰反应，实现干法脱酸。当烟气中酸性气体较多时，在干法脱酸的同时，半干法反应塔中喷入 NaOH 浆液，形成雾滴与酸性气体高效反应，加强系统的脱酸能力。这种联合系统比较灵活，对半干法反应塔喷嘴要求较低，同时可以达到更高的排放标准。同时，为了提高系统的脱硝能力，采用炉内的 SNCR 脱硝方法，降低烟气中 NO_x 的浓度。这种组合工艺净化效率高，无需对反应产物进行二次处理，处理后的烟气可以达到国标要求，是目前生活垃圾焚烧厂常用的烟气净化系统。

3. SNCR＋半干法＋干法＋活性炭喷射＋布袋除尘＋SCR

随着环保要求的日益提高，我国一些大中城市如深圳、杭州的生态环境管理部门也提出了更高的焚烧烟气排放标准，特别是二噁英和 NO_x 的排放标准，因此许多焚烧厂在烟气净化系统中进一步增加了 SCR。布袋除尘器出口的烟气温度约为 150℃，此时烟气中 SO_2 含量基本达到 SCR 催化剂允许的运行范围，烟气经引风机进入烟气-烟气换热器(GGH)，与 SCR 出口高温烟气换热后温度升至 195℃；然后，烟气进入蒸汽-烟气换热器(SGH)，利用饱和蒸汽将烟气温度继续升高至 230℃；升温后的烟气进入低温 SCR 反应器脱除二噁英和 NO_x，净化后的烟气进入 GGH 与布袋除尘器出口的低温烟气换热后温度下降至 180℃，最后经增压风机送入烟囱排放。参考深圳市地方标准《深圳市生活垃圾处理设施运营规范》

(SZDB/Z 233—2017),该工艺的二噁英排放可以降至 0.05 ng TEQ/Nm^3 以下,NO_x 24 h 排放均值可以降至 80 mg/Nm^3 以下。

4. SNCR+半干法+干法+活性炭喷射+布袋除尘+湿法+SCR

为了更好地去除 SO_2,延长 SCR 催化剂的寿命,可以在布袋除尘器和 SCR 之间增设湿法脱酸塔。这样,针对每种污染物均有 2~3 级工艺对其进行净化,除尘采用布袋除尘+湿法的 2 级处理,脱硫采用半干法+干法+湿法的 3 级处理,脱硝采用 SNCR+SCR 的 2 级处理,二噁英采用活性炭吸附+SCR 的 2 级处理。由于湿法脱酸会进一步降低烟气温度,因此还需要多个换热器辅助调控烟气温度。从布袋除尘器排出的烟气温度约为 150℃,经 GGH 降温后进入湿法塔,去除酸性污染物,烟气温度降至 65℃,经 SGH 加热升温至 175℃ 进入 SCR 催化反应,去除最后的 NO_x 及二噁英后清洁排放。

有部分工艺也会把湿法脱酸塔放在 SCR 之后,这样可以节约烟气升温的能耗,但是从湿法脱酸塔出来的饱和湿烟气温度约为 65℃,进入大气环境后,水蒸气会凝结形成湿烟羽,出现烟囱冒白烟的情况。目前,许多地区的火电或其他行业地方标准中都将白烟的排放列入了控制指标中,但《生活垃圾焚烧污染控制标准》(GB 18485—2014)对白烟无控制要求。为了改善视觉效果,烟气脱白常用的技术路线主要有烟气加热、烟气冷凝、烟气先冷凝再加热几类。这些方法的蒸汽或电能消耗较大,因此在无明显白烟(没有湿法脱酸环节)或者无特殊要求时可以不采取脱白措施。常用的烟气加热脱白方法有电加热(电加热空气后送入烟道中与烟气混合)和蒸汽加热(利用焚烧厂的低品位蒸汽通过 SGH 加热烟气),还可以用换热器先将烟气冷凝至 45℃左右,使水分冷凝析出,然后再加热烟气,这样可以大幅减少白烟的产生。

6.3.3 灰渣处理系统

生活垃圾焚烧过程中产生的灰渣占生活垃圾总量的 15%~25%。随着生活垃圾分类工作的推进,进入焚烧炉的生活垃圾中的不可燃垃圾(如玻璃、金属、陶瓷等)逐渐减少,灰渣产率也呈现出下降之势。焚烧灰渣可以分为炉渣(bottom ash)和飞灰(fly ash),前者是从炉床直接排出的残渣以及过热器、省煤器排出的灰渣,占灰渣总量的 80%~85%;后者是烟气净化系统捕集物和烟道及烟囱底部沉降的底灰,占灰渣总量的 15%~20%。焚烧灰渣的主要成分如表 6.3 和表 6.4 所示。焚烧灰渣的矿物成分和重金属等污染物来自于进炉的生活垃圾,因此,通过对生活垃圾的源头分类分流,减少进炉垃圾中的重金属和其他无机物含量,可以有效减少焚烧灰渣产量及其重金属含量。

炉排上残留的焚烧残渣和从炉排间掉落的颗粒物呈黑褐色,主要由金属、玻璃、陶瓷等无机残渣和少量未完全燃烬的塑料、焦炭、电池等组成。焚烧残渣密度约为 1.2 kg/m^3,它可浸出重金属和溶解盐(主要是 Na^+、Ca^{2+}、K^+、Cl^-、SO_4^{2-})的浓度在各类灰渣中最低,其物理和化学性质与天然骨料类似;炉排间掉落的颗粒物含有较多的 Pb 和 Al。过热器、省煤器排出的灰渣含有较多的易挥发的金属,如 Cd、Zn。这三类灰渣合称炉渣,可以按一般工业固体废物处理。炉渣处理系统主要包括除渣机、渣坑、炉渣抓斗等,经除渣机水冷后,炉渣可外运至厂外制砖、做道路基材或者烧制水泥。炉渣制砖的步骤一般包括破碎、磁选、细碎、混料、压制、养护等环节，其中磁选步骤可以回收炉渣中的铁等磁性金属。

表 6.3 生活垃圾焚烧灰渣的典型矿物成分 %

成分	飞灰	炉渣
SiO_2	11.8	54.7
Al_2O_3	1.1	11.8
Fe_2O_3	3.9	7.8
CaO	46.0	15.8
MgO	3.4	3.1
TiO	—	0.3
Na_2O	4.4	1.7
K_2O	4.8	
Cl	22.5	
S	2.1	

表 6.4 上海某焚烧厂灰渣的重金属含量 mg/kg

元素	飞灰	炉渣
Ti	3 110±53	3 974±61
V	73.9±16.2	20.4±6.0
Cr	77±18	174±21
Mn	449±25	334±18
Fe	19 600±682	13 571±472
Co	2 1.8±4.2	9.9±1.9
Ni	43.3±14.9	82.7±14.6
Cu	725±48	457±30
Zn	2 004±161	1 450±116
As	57.8±3.6	22.6±1.5
Cd	66.1±0.6	2.7±0.06
Pb	1 622±136	414±36
Ag	7.8±0.01	3.1±0.07
Al	17 265±272	128 714±2 062

飞灰中包含了焚烧过程中产生的粉尘以及粉尘附着的重金属和有机污染物，还含有烟气净化时加入的石灰、活性炭等药剂。由于不同焚烧厂烟气净化工艺不同，采用的药剂不同，飞灰成分也有较大差异。飞灰的比表面积为 4.8～13.7 cm^2/g，粒径在 1～100 μm，呈近似正态分布，堆积密度约为 0.45 g/m^3，压实密度为 1.25 g/m^3。飞灰中含有石灰和活性炭，因此 pH 呈碱性，甚至达到 12.5 以上，热灼减率在 7.45%～10.20%。一般来说，飞灰中的可浸出重金属（Cd、Pb、Zn 和 Hg 等）和溶解盐（主要有 Ca^{2+}、Na^+、K^+ 和 Cl^-、SO_4^{2-}、Br^-）含量很高，属于危险废物。

焚烧飞灰排出与打包见图 6.15。焚烧飞灰一般采用稳定化＋水泥固化的飞灰处理工艺，即水＋水泥＋稳定剂混合搅拌，养护并经检测合格后，再送至填埋场填埋。常用的重金属稳定剂主要包括硫化合物、磷酸盐、无定形硅材料等无机药剂和以二硫代氨基羧酸盐为代表的有机螯合剂两类。硫化物、磷酸盐、碳酸盐能与重金属形成难溶化合物，但抗酸能力较弱；无定形硅材料包括硅胶、硅灰、硅藻土、稻壳灰等，可以吸附重金属；除此之外，一些铁盐或氧化物等还可以与飞灰中的CaO、SiO_2 等结合，形成结晶产物或者通过包裹作用形成稳定产物。无机稳定剂价格便宜，但对Pb和Cd的稳定效果较差。有机螯合剂自身具有两个及两个以上的配位原子，一般为S或N，能够与一个或多个金属离子通过配位键和离子键结合形成稳定的螯合物。常见的螯合剂主要包括硫脲及其衍生物、乙二胺四乙酸(EDTA)、壳聚糖及巯基捕收剂四大类。相对而言，有机螯合剂稳定重金属的效果更好，但价格昂贵，而且有机螯合剂在填埋场长期存放后的稳定性也存在降低的风险，是目前关注的焦点之一。除填埋处置外，水泥窑协同处置、高温熔融制作玻璃化骨料也是飞灰资源化处理的主要方式。《固体废物玻璃化处理产物技术要求》(GB/T 41015—2021)中对飞灰玻璃化的要求和产物使用进行了约束。

图6.15　焚烧飞灰排出与打包

6.3.4　渗滤液处理系统

对于高含水率的生活垃圾，当它在焚烧厂储坑暂存时，会产生大量的渗滤液。对于收运过程经过车辆或中转站压缩的生活垃圾，渗滤液产生量为生活垃圾的20%～35%。渗滤液是一种高浓度有机废水，生化性较好，但氨氮浓度高，水质、水量有一定波动。由于在垃圾储坑中暂存时会产生厌氧发酵过程，因此渗滤液中含有较高浓度的有机酸，pH一般为酸性。渗滤液典型值见表6.5。

表6.5　生活垃圾焚烧厂储坑渗滤液性质典型值

指标	数值	指标	数值
COD	60 000～70 000 mg/L	氨氮浓度	2 000 mg/L
BOD	30 000 mg/L	SS浓度	10 000 mg/L
TN浓度	3 000 mg/L	pH	4～7

渗滤液处理系统一般由调节池、混凝沉淀池、厌氧处理系统、好氧膜生物反应器(MBR)、纳滤/反渗透装置等组成。图6.16为一个渗滤液处理系统示例。

渗滤液处理系统中，调节池用于平衡渗滤液水量和水质，前端可设置格栅去除大块杂质，池内设置潜水搅拌机进行水力搅拌，防止悬浮物的沉积。调节池总容积一般为渗滤液日产水量的10倍，可以分割为调节池和事故池。混凝沉淀池用于去除渗滤液中大量的悬浮颗粒物(SS)，如果SS相对较低，也可以不设置。厌氧处理系统可以采用UASB、EGSB、IC等反应器，它们可以将大部分可降解有机质转化为沼气，实现COD、BOD的显著降低。厌氧系统可以在中温35℃条件下运行，因此需要采用外部加热措施对进水加热。MBR生化系统用于去除COD和脱氮，常采用前置反硝化+硝化(A/O)工艺，考虑渗滤液的特点，一般采用管式超滤外置式MBR。在好氧生化处理过程中，有机质氧化降解会释放热量，如水温从35℃继续升高有可能导致系统失效，因此可以将厌氧处理系统的出水与厌氧处理系统的

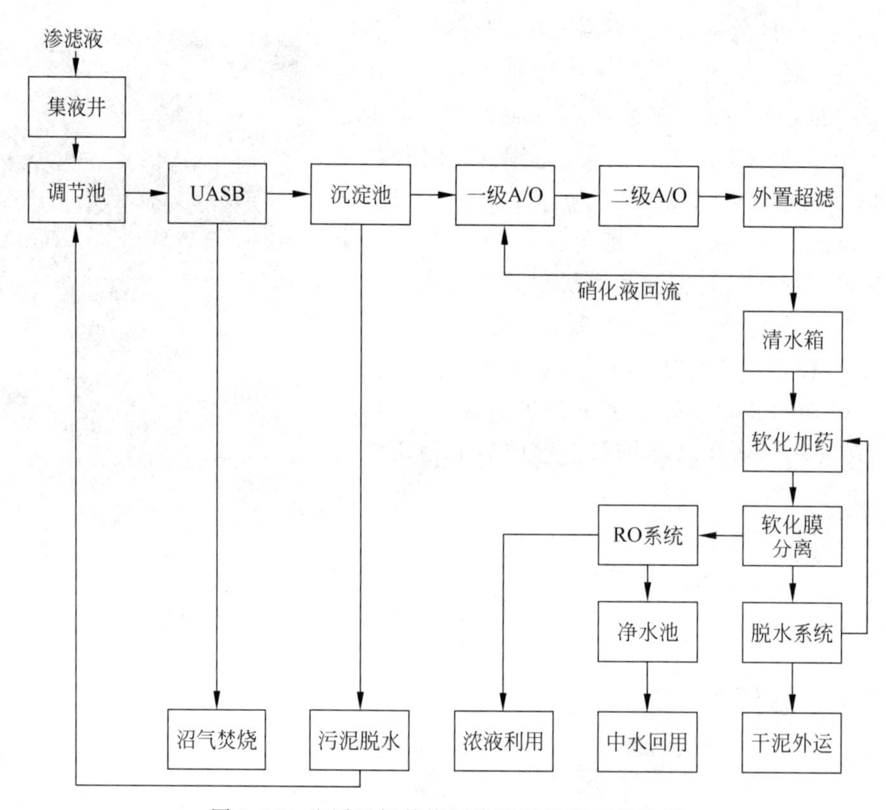

图 6.16 生活垃圾焚烧厂渗滤液处理工艺示例

进水(加热前)进行换热,使 MBR 进水降温,如降温幅度不足,则增加冷却塔进一步降低 MBR 进水温度。经 MBR 处理后,出水中还残留难降解有机质和盐分。可以首先通过纳滤或管式软化膜去除钙、镁、硅等结垢离子,然后再利用反渗透膜(如高压碟管式反渗透,DTRO)处理进一步脱除一价盐离子和残留有机质。

经上述系统处理,出水水质达到回用标准,如《城市污水再生利用-工业用水水质/敞开式循环水用水标准》(GB/T 19923—2005),可以用于厂区生产和杂用水;渗滤液产生的浓缩液量小于15%,可回喷至焚烧炉,或者用于半干法制浆液和飞灰稳定化处理时加湿;渗滤液处理系统产生的污泥,经脱水后含水率小于80%,可以直接与生活垃圾混合后焚烧;厌氧处理步骤产生的沼气送回焚烧炉焚烧;臭味气体经收集后通入垃圾储坑,与储坑收集的气体一起作为一次风送入焚烧炉燃烧。

6.4 焚烧系统的运行管理

6.4.1 垃圾进场

垃圾运输应采取密闭措施,避免在运输过程中发生垃圾遗撒、气味泄漏和污水滴漏。对于生活垃圾焚烧厂,除了处理生活垃圾外,下列废物也可以直接进入生活垃圾焚烧炉处理。

(1) 由环境卫生机构收集的服装加工、食品加工以及其他为城市生活服务的行业产生的性质与生活垃圾相近的一般工业固体废物;

(2) 生活垃圾堆肥处理过程中筛分工序产生的筛上物,以及其他生化处理过程中产生的固态残余组分;

(3) 按照 HJ/T228、HJ/T229、HJ/T276 要求进行破碎毁形和消毒处理并满足消毒效果检验指标的《医疗废物分类目录》中的感染性废物。

在不影响生活垃圾焚烧炉污染物排放达标和焚烧炉正常运行的前提下,生活污水处理设施产生的污泥和一般工业固体废物可以进入生活垃圾焚烧炉进行焚烧处置,但除上述第(3)类外的危险废物和电子废物不能进入生活垃圾焚烧厂。

危险废物焚烧应使用专门的危险废物焚烧炉。危险废物进场和临时储存过程中不宜打开液态或气态废物的包装,而应将包装一并投入炉内。入炉垃圾应满足焚烧炉的要求,而且不能将易爆炸的危险废物投入炉内。危险废物入炉前应根据焚烧炉的性能要求对危险废物进行配伍,以使其热值、主要有害组分含量、可燃氯含量、重金属含量、可燃硫含量、水分和灰分符合焚烧处置设施的设计要求,应保证入炉废物理化性质稳定。

除了对废物种类有要求外,废物的热值对焚烧处理过程也有决定性影响。一般热值高于 5 000 kJ/kg 的废物适宜采用焚烧处理。当热值低时,需补充其他燃料,这会使运行费用增高;一旦进料热值超过某一范围,系统热负荷过高也可能导致系统处理能力下降、焚烧炉损坏等问题。热值还受到废物中水分的直接影响。水分多时,一般需要脱水、干化后再进行焚烧。例如,生活垃圾含水率较高时,需要在焚烧炉之前的垃圾储坑中堆放几天,以排出水分,此时就会形成渗滤液,需要进行妥善处理;脱水污泥含水率达到 80%时,直接燃烧效果差,一般需要先进行热干化,然后再进行焚烧。

废物的成分也会影响焚烧效果。例如,部分过渡金属可能会催化二噁英的形成,玻璃等组分会增加灰渣的产量,低熔点的组分熔化后可能对炉排运行造成不利影响。因此,对垃圾的源头分类分流,可以减少不可燃垃圾进入焚烧炉,总体上有利于焚烧处理。

废物的形态也会影响焚烧效果。例如,均匀颗粒状的固体废物容易焚烧;粉末状的固体废物燃烧较快,但需要避免爆燃;而长条、大块状的固体废物容易出现烧不透的问题,需要预先破碎。

根据上述要求,可以对进入焚烧厂的废物提出一定的限制,或者采用一定的预处理措施,使其适于焚烧处理。

6.4.2 臭气管理

垃圾的卸料大厅、储存设施、渗滤液收集设施和灰渣储存设施均应采取封闭负压措施,并保证在运行期和停护期均处于负压状态,以防止臭气和粉尘外泄。

这些设施内的气体应优先通入焚烧炉中进行高温处理,或收集并经净化处理满足《恶臭污染物排放标准》(GB 14554)要求后排放。

6.4.3 焚烧运行

生活垃圾焚烧炉在启动时,应先将炉膛内焚烧温度升至 850℃以上后才能投入生活垃圾。自投入生活垃圾开始,应逐渐增加投入量直至达到额定垃圾处理量,焚烧炉应在 4 h 内达到稳定工况。生活垃圾焚烧炉的主要技术性能指标应满足表 6.6 的要求。

对于危险废物焚烧厂，其运行管理相对于生活垃圾焚烧厂更为严格，其焚烧炉主要技术性能指标如表6.7所示。在焚烧炉启停期间及炉内温度低于要求时，需要喷入辅助燃料，以保证炉内温度达到限值要求。

表6.6 生活垃圾焚烧炉主要技术性能指标

序号	项　目	指标	检测方法
1	炉膛内焚烧温度	≥850℃	在二次空气喷入点所在断面、炉膛中部断面和炉膛上部断面中至少选择两个断面分别布设监测点，实行热电偶实时在线测量
2	炉膛内烟气停留时间	≥2 s	根据焚烧炉设计书检验和制造图核验炉膛内焚烧温度监测点断面间的烟气停留时间
3	焚烧炉渣热灼减率	≤5%	HJ/T 20

表6.7 危险废物焚烧炉主要技术性能指标

指　标		限　值
焚烧炉高温段温度/℃		≥1 100
烟气停留时间/s		≥2.0
烟气含氧量(干烟气，烟囱取样口)/%		6～15
烟气一氧化碳浓度/(mg/m^3)(烟囱取样口)	1 h均值	≤100
	24 h均值或日均值	≤80
燃烧效率/%		≥99.9
焚毁去除率/%		≥99.99
热灼减率/%		<5

注：燃烧效率：烟道排出气体中二氧化碳浓度与二氧化碳和一氧化碳浓度之和的百分比；焚毁去除率：被焚烧的特征有机化合物与残留在排放烟气中的该化合物质量之差与被焚烧的该化合物质量的百分比。

焚烧炉在运行过程中发生故障时，应及时检修，使其尽快恢复正常。如果无法修复应立即停止投加生活垃圾，按规定停炉。焚烧炉在停炉时，自停止投入生活垃圾开始，启动垃圾助燃系统，保证剩余垃圾完全燃烧，并满足焚烧温度的要求。每次故障或者事故持续排放污染物时间不应超过4 h。焚烧炉每年启动、停炉过程排放污染物的持续时间以及发生故障或事故排放污染物持续时间累计不应超过60 h。

焚烧厂运行期间，应建立运行情况记录制度，如实记载运行管理情况，至少应包括废物接收情况、入炉情况、设施运行参数以及环境监测数据等。运行情况记录簿应按照国家有关档案管理的法律法规进行整理和保管。

6.4.4 污染控制

一般固体废物焚烧处理的污染排放可以参考《生活垃圾焚烧污染控制标准》(GB 18485)，而危险废物焚烧处理需要参考《危险废物焚烧污染控制标准》(GB 18484)。部分掺烧的固体废物可以参考有关工业窑炉的污染控制标准，如《火电厂大气污染物排放标准》(GB 13223)。

1．焚烧烟气排放限值

根据《生活垃圾焚烧污染控制标准》(GB 18485—2014)(表6.8)和《危险废物焚烧污染控制标准》(GB 18484—2020)(表6.9)，其中规定的污染物浓度的排放限值均指在标准状态下以11%(V/V%)O_2(干烟气)作为换算基准换算后的基准含氧量排放浓度，按下式进行换算：

$$\rho = \rho' \times (21 - 11)/(\varphi^0 - \varphi') \tag{6-8}$$

式中，ρ为大气污染物基准氧含量排放浓度，mg/m^3；ρ'为实测的大气污染物排放浓度，mg/m^3；φ^0为助燃空气初始氧含量，%，采用空气助燃时为21；φ'为实测的烟气氧含量，%。

表6.8　《生活垃圾焚烧污染控制标准》(GB 18485—2014)中主要烟气污染物限值

序号	污染物项目	限值	取值时间
1	颗粒物/(mg/m^3)	30	1 h均值
		20	24 h均值
2	氮氧化物/(mg/m^3)	300	1 h均值
		250	24 h均值
3	二氧化硫/(mg/m^3)	100	1 h均值
		80	24 h均值
4	氯化氢/(mg/m^3)	60	1 h均值
		50	24 h均值
5	汞及其化合物/(以Hg计，mg/m^3)	0.05	测定均值
6	镉、铊及其化合物/(以Cd+Tl计，mg/m^3)	0.1	测定均值
7	锑、砷、铅、铬、钴、铜、锰、镍及其化合物/(以Sb+As+Pb+Cr+Co+Cu+Mn+Ni计，mg/m^3)	1.0	测定均值
8	二噁英类/(ng TEQ/m^3)	0.1	测定均值
9	一氧化碳/(mg/m^3)	100	1 h均值
		80	24 h均值

表6.9　《危险废物焚烧污染控制标准》(GB 18484—2020)中主要烟气污染物限值

序号	污染物项目	限值	取值时间
1	颗粒物/(mg/m^3)	30	1 h均值
		20	24 h均值
2	氮氧化物/(mg/m^3)	300	1 h均值
		250	24 h均值
3	二氧化硫/(mg/m^3)	100	1 h均值
		80	24 h均值
4	氟化氢	4.0	1 h均值
		2.0	24 h均值
5	氯化氢/(mg/m^3)	60	1 h均值
		50	24 h均值
6	汞及其化合物/(以Hg计，mg/m^3)	0.05	测定均值
7	铊及其化合物/(以Tl计，mg/m^3)	0.05	测定均值
8	镉及其化合物/(以Cd计，mg/m^3)	0.05	测定均值

续表

序号	污染物项目	限值	取值时间
9	铅及其化合物/(以 Pb 计,mg/m^3)	0.5	测定均值
10	砷及其化合物/(以 Al 计,mg/m^3)	0.5	测定均值
11	铬及其化合物/(以 Cr 计,mg/m^3)	0.5	测定均值
7	锡、锑、铜、锰、镍、钴及其化合物/(以 Sn+Sb+Cu+Mn+Ni+Co 计,mg/m^3)	2.0	测定均值
8	二噁英类/(ng TEQ/m^3)	0.5	测定均值
9	一氧化碳/(mg/m^3)	100	1 h 均值
		80	24 h 均值

注：1 h 均值：任何 1 h 污染物浓度的算术平均值,或在 1 h 内,以等时间间隔采集 4 个样品测试值的算术平均值；24 h 均值：连续 24 个 1 h 均值的算术平均值。

2. 焚烧灰渣排放控制

生活垃圾焚烧飞灰与焚烧炉渣应分别收集、贮存、运输和处置。生活垃圾焚烧飞灰应按危险废物进行管理,如进入生活垃圾填埋场处置,应满足《生活垃圾填埋场控制标准》(GB 16889)的要求；如进入水泥窑处置,应满足《水泥窑协同处置固体废物污染控制标准》(GB 30485)的要求。

3. 渗滤液排放控制

生活垃圾渗滤液和车辆清洗废水应收集并在生活垃圾焚烧厂内处理或送至生活垃圾填埋场渗滤液处理设施处理,处理后满足《生活垃圾填埋场控制标准》(GB 16889)中表 2 的要求后,可直接排放。若通过污水管网或采用密闭输送方式送至采用二级处理方式的城市污水处理厂处理,应满足以下条件：①在生活垃圾焚烧厂内处理后,总汞、总镉、总铬、六价铬、总砷、总铅等污染物浓度达到 GB 16889 中表 2 规定的浓度限值要求；②城市二级污水处理厂每日处理生活垃圾的渗滤液和车辆清洗废水总量不超过污水处理量的 0.5%；③城市二级污水处理厂应设置生活垃圾渗滤液和车辆清洗废水专用调节池,将它们均匀注入生化处理单元；④不影响城市二级污水处理厂的污水处理效果。

6.4.5 运行监测

焚烧厂应按照有关法律和《环境监测管理办法》等规定,建立监测制度,制定监测方案,并向当地生态环境主管部门和行业主管部门备案；同时对污染物排放状况及对周边环境质量的影响开展自行监测,保存原始监测记录,并公布监测结果。

焚烧厂应按照环境监测管理规定和技术规范的要求,设计、建设、维护永久采样口、采样测试平台和排污口标志。

焚烧厂排放烟气的采样,应根据监测污染物的种类,在规定的污染物排放监控位置进行；有烟气处理设施的,应在该设施后检测。排气筒中大气污染物的监测采样按 GB/T 16157、HJ/T 397 或 HJ/T 75 的规定进行。烟气重金属类污染物和焚烧炉渣热灼减率的监测应每月至少开展 1 次,烟气中二噁英类的监测应每年至少开展 1 次。对其他大气污染物排放情况监测的频次、采样时间等要求，按有关环境监测管理规定和技术规范的要求执行。

生态环境主管部门应采用随机方式对焚烧厂进行日常监督性监测，对焚烧炉渣热灼减率与烟气中颗粒物、SO_2、NO_x、HCl、重金属类污染物和CO的监测应每季度至少开展1次，对烟气中二噁英类的监测应每年至少开展1次。

焚烧厂应设置焚烧炉运行工况在线监测装置，监测结果应采用电子显示板进行公示并与当地生态环境主管部门和行业主管部门监控中心联网。焚烧炉运行工况在线监测指标应至少包括烟气中CO浓度和炉膛内焚烧温度。

焚烧厂烟气在线监测装置安装要求应按《污染源自动监控管理办法》等规定执行并定期进行校对。在线监测结果应采用电子显示板进行公示并与当地生态环境主管部门和行业主管部门监控中心联网。烟气在线监测指标中应至少包括烟气中CO、颗粒物、SO_2、NO_x和HCl。

6.5 焚烧系统设计与实例

6.5.1 选址

固体废物焚烧厂的选址应符合当地的城乡总体规划、环境保护规划和环境卫生专项规划，并符合当地的大气污染防治、水资源保护、自然生态保护等要求。应依据环境影响评价结论确定焚烧厂厂址的位置及与周围人群的距离。在对焚烧厂厂址进行环境影响评价时，应重点考虑焚烧厂内各设施可能产生的有害物质泄漏、大气污染物(含恶臭物质)的产生与扩散以及可能的事故风险等因素，根据所在地区的环境功能区类别，综合评价它对周围环境、周围居住人群的身体健康、日常生活和生产活动的影响，确定焚烧厂与常住居民居住场所、农用地、地表水体以及其他敏感对象之间合理的位置关系。

6.5.2 炉型与工艺选择

对于一般的生活垃圾焚烧厂，其炉型和工艺可以参考6.2节和6.3节的内容。焚烧炉可以选择机械炉排炉；对于危险废物焚烧厂，可以选择回转窑式焚烧炉、热解气化焚烧炉和流化床焚烧炉；烟气净化系统可以采用“SNCR＋半干法＋干法＋活性炭喷射＋布袋除尘＋SCR”的净化工艺；渗滤液采用“预处理＋厌氧处理＋MBR＋纳滤/反渗透”的工艺；焚烧炉渣外运制作建材，而焚烧飞灰固化稳定化填埋。这也是焚烧厂常用的工艺方案。

对于焚烧炉，还需要根据炉膛温度和腐蚀环境选择合适的内衬耐火材料。炉内不同部位的要求不同。燃烧室最高温度可以达到1 400～1 600℃，适宜选用Al_2O_3含量达90%的刚玉砖；炉膛上部工作温度为900～1 000℃，锥部设有废液喷嘴，可选用Al_2O_3含量大于75%的高铝砖；炉膛中部温度为900℃，但熔融的盐碱沿炉衬下流，炉衬腐蚀较重，可选用一等高铝砖；炉膛下部工作条件基本和炉膛中部相同，当燃烧产物中有大量熔融盐碱时，因熔融物料在斜坡上聚集，停留时间长，易渗入耐火材料中，因此应选用孔隙率较低的致密性材料。在有Na_2SO_3、NaOH腐蚀时，材质较好的耐火砖使用寿命为2～3年；有腐蚀性更强的Na_2CO_3时，耐火砖使用寿命仅一年左右，此时可选用铝镁砖等。除炉衬材料外，炉衬支托架、锚固件及钢壳钢板材料等也要有一定的耐热性和耐腐蚀性。

除了耐火材料内衬外，焚烧炉还可以设置空气冷却墙或水冷墙，它们可以利用外部低温空气或循环冷却水带走热量，降低高温炉面的温度。水冷墙一般设置在炉床左右侧耐火砖墙的顶部，这个位置直接承受高温环境及熔融飞灰的冲击。越过火焰顶端后的燃烧室侧壁可以使用各型水墙，此时可以适当减少耐火衬层的厚度或型号。

除了焚烧炉膛进行耐腐蚀处理外，焚烧烟气中含有的酸性气体对金属材料也有腐蚀性。烟气温度在320℃以上时，氯化铁及碱式硫酸铁形成（320～480℃）及分解（480～800℃），称为高温腐蚀区。烟气温度在硫酸露点温度（约为150℃）以下时，酸性气体和烟气中的水分凝结形成浓度较高的硫酸、亚硫酸、盐酸等，产生化学腐蚀，称为低温腐蚀区，其中废气在温度100℃以下发生腐蚀，称为湿蚀区。在烟气处理流程中，存在不同的温度区域，应注意管道沿途的腐蚀问题。

6.5.3 系统计算

根据废物的处理量、物化特性，通过质能平衡计算，可以确定焚烧炉所需的助燃空气量、炉温和燃烧烟气产生量及其组成等主要参数，用于计算、设计炉体大小、尺寸、送风机、燃烧器、耐火材料等。这里以400 t/d的生活垃圾焚烧厂设计为例。该厂的进炉垃圾含水率为50%，灰分为20%，可燃分为30%，堆积密度为0.35 t/m^3，低位热值为5 800 kJ/kg，可燃分的元素组成见表6.10。

表6.10 案例中生活垃圾可燃分的元素组成 %

元素	C	H	O	N	S	Cl	合计
含量	20	1	8	0.2	0.1	0.7	30

废物的热值有干基热值（H_d）、高位热值（H_h）与低位热值（H_l）等三种概念。干基热值是废物中干固体本身的发热量；高位热值是废物在定压状态下完全燃烧，废物中的水分和燃烧生成的水分都凝缩成液体状态，量热仪测得值；实际燃烧时，烟气中的水分以蒸气形式存在，水蒸气具有的蒸发潜热及水的显热之和约2 500 kJ/kg无法利用，将之减去后即为低位热值。高位热值除了用仪器直接测量外，还可以用杜龙（Du long）公式进行大致估算（式中C、H、O、S均表示该元素在废物干固体中的质量百分比，例如48%）：

$$H_h = 34\,000\text{C} + 143\,000\left(\text{H} - \frac{\text{O}}{8}\right) + 10\,500\text{S}\ (\text{kJ/kg}) \tag{6-9}$$

1. 储坑与料斗

垃圾储坑按存放5天的垃圾量设计，同时考虑1.2的剩余系数，则垃圾储坑容积为

$$400 \times 5 \div 0.35 \times 1.2 = 6\,857\ (\text{m}^3)$$

参考焚烧炉长度，垃圾储坑长度设计为30 m，宽20 m，则垃圾池深度（相对卸料平台高度）设计为12 m，此时垃圾储坑的实际容积为7 200 m^3。

焚烧厂采用1台机械炉排炉，全年运行时间为8 000 h，则其处理能力为

$$400 \times 365 \div 8\,000 = 18.25\ (\text{t/h})$$

垃圾经储坑存储后被抓斗投入焚烧炉的料斗，料斗的容积应能满足1 h的焚烧量，同时

考虑1.5的过剩系数，以及垃圾储存后容重增加至0.4 t/m^3，因此料斗的容积为

$$18.25 \times 1.5 \div 0.4 = 68\ (m^3)$$

2. 助燃空气量

理论燃烧空气量是指废物完全燃烧时所需的最低空气量，可以根据式(6-1)计算。如果考虑进炉垃圾中的S，则1 kg废物完全燃烧需要的理论空气量为

$$A_0 = 8.89C + 26.67H - 3.33O + 3.33S \tag{6-10}$$

式中，A_0为理论需空气量，Nm^3/kg；C、H、O和S表示这些元素在垃圾中的质量百分比。

实际供给的空气量A与理论需空气量A_0的关系为

$$A = \alpha A_0 \tag{6-11}$$

式中，α为空气过剩系数，一般为1.5～2.0。对于常用的机械炉排炉，一般在第一燃烧室内加入130%～140%理论空气量，在第二燃烧室内加入理论空气量的20%～40%。一次空气在炉床干燥段、燃烧段及燃烬段的分配比例，一般为15%、75%及10%；二次空气由炉膛两侧喷入，可以促进气流混合。

本案例采用过剩空气系数1.8，因此需要的理论空气量为1.8 Nm^3/kg，需要的实际空气量为3.2 Nm^3/kg。需要的空气量也可以用质量来表达，即理论空气量为2.3 kg/kg，实际空气量为4.2 kg/kg。

3. 焚烧烟气量及组成

废物与理论空气量完全燃烧时的燃烧烟气量称为理论烟气产生量，同样可根据式(6-1)进行计算。如果考虑进炉垃圾中的S、N、Cl等元素，则1 kg废物完全燃烧产生的理论烟气量为

$$G_0 = A_0 \times (1 - 0.21) + 1.87C + 0.7S + 0.8N + 11.2H + 1.24W + 0.62Cl \tag{6-12}$$

式中，G_0为理论烟气量，Nm^3/kg；C、H、O、S、N、Cl表示这些元素在垃圾中的质量百分比；W为水分在垃圾中的质量百分比。

实际产生的烟气量G为

$$G = A_0 \times (\alpha - 0.21) + 1.87C + 0.7S + 0.8N + 11.2H + 1.24W + 0.62Cl \tag{6-13}$$

对于本案例，根据上式计算，实际烟气量为4.0 Nm^3/kg。烟气量也可以用质量来表达，经计算约为4.2 kg/kg。根据垃圾中的水分、氢生成水的量和助燃空气中水分的含量，可以计算烟气中的水分含量和干烟气量，这里不再赘述。

根据垃圾的焚烧量18.25 t/h，焚烧垃圾单位时间产生的烟气约为72 000 Nm^3/h。

4. 焚烧灰渣产生量

按照生活垃圾中灰分含量20%，炉渣热灼减率为5%计算，炉渣的产生量为

$$18.25 \times 20\% \div (1 - 5\%) = 3.84\ (t/h)$$

炉渣储坑按3天容积设计，炉渣密度按1.2 t/m^3计算，则炉渣储坑容积为

$$3.84 \times 24 \times 3 \div 1.2 = 230.4\ (m^3)$$

因此，炉渣储坑可以按250 m^3设计。

飞灰产生量为生活垃圾焚烧量的0.5%～5%，这里按3%设计，则飞灰的产生量为

0.55 t/h(包含了烟气净化药剂、活性炭等形成的飞灰)。

根据焚烧的垃圾量、需要的助燃空气量、投入的药剂量、产生的烟气量和灰渣量,可以建立焚烧系统的质量平衡。

5. 能量平衡与焚烧温度

在一个理想的绝热空间内,燃烧释放的热量完全用于提升生成物的温度,此时的温度称为绝热火焰温度,也即理论燃烧温度,可以用下式计算:

$$H_1 = V_g C_{pg}(t_g - t_0) \tag{6-14}$$

式中,H_1 为废物的低位热值,kJ/kg;V_g 为燃烧场中废气的质量,kg;C_{pg} 为烟气的平均定压比热,kJ/(Nm^3·℃);t_g 为燃烧烟气温度,℃;t_0 为大气温度,℃。

在实际的焚烧过程中,存在着多个产热、传热和散热过程。输入系统的能量包括垃圾、空气本身的热焓,垃圾燃烧释放的热量;输出系统的能量包括排烟热损失、辐射热损失、灰渣带走的热量和不完全燃烧的热损失。对于焚烧炉本身,假设助燃空气没有预热,忽略灰渣带走的热量,热平衡方程可表达如下:

$$C_{pg}[G_0 + (\alpha - 1)A_0]F_w t_g = \eta F_w H_1(1-\sigma) + C_w F_w t_w + C_{pa}\alpha A_0 F_w t_0 \tag{6-15}$$

式中,C_{pg} 为烟气的平均定压比热,kJ/(Nm^3·℃);F_w 为单位时间的废物燃烧量,kg/h;G_0 为理论焚烧烟气量,Nm^3/kg;η 为燃烧效率,%;σ 为辐射比率,%;C_w 为废物的平均比热,kJ/(kg·℃);t_w 为废物最初温度,℃;C_{pa} 为空气的平均定压比热,kJ/(Nm^3·℃)。该公式左侧为废物燃烧后烟气的热焓,也可以用 $C_{pg}GF_w t_g$ 表示;右侧第一项为焚烧炉内单位时间的实际供热量,扣除了辐射散热和未完全燃烧的热损失;右侧第二项为废物原有的热焓;右侧第三项为助燃空气带入的热焓。因此燃烧温度 t_g 可用下式推算:

$$t_g = \frac{\eta H_1(1-\sigma) + C_w t_w + C_{pa}\alpha A_0 t_0}{C_{pg}[G_0 + (\alpha - 1)A_0]} \tag{6-16}$$

对于本案例,H_1 为 5 800 kJ/kg,η 为 95%,σ 为 2%,C_w 为废物的平均比热,0.73 kJ/(kg·℃),t_w 为废物最初温度 25℃,C_{pa} 为 1 kJ/(kg·℃),即 0.77 kJ/(Nm^3·℃),t_0 为大气温度 25℃,烟气的平均定压比热一般为 1.30~1.46 kJ/(Nm^3·℃),这里 C_{pg} 取 1.40 kJ/(Nm^3·℃),G 为 4.0 Nm^3/kg。因此焚烧炉内烟气可以达到的理论温度 t_g 为 978℃。

烟气中的热量大部分会通过余热锅炉、省煤器等回收用于加热蒸汽发电,这部分热量为焚烧炉获取的目标能量,代表了焚烧炉的热效率,一般在 75%以上。

6. 炉排面积

机械炉排炉炉排的机械负荷一般在 150~350 kg/(m^2·h),根据这一负荷和焚烧炉的设计处理能力,就可以计算所需的炉排面积。同时,炉排还有一定的面积热负荷,即正常运转下条件下单位炉排面积在单位时间内所能承受的热量,一般取 1.25×10^6~3.75×10^6 kJ/(m^2·h)。

本项目炉排的处理能力为 18.25 t/h,机械负荷取 200 kg/(m^2·h),则炉排面积为 92 m^2,可以取 90 m^2。按 18.25 t/h 的垃圾处理,垃圾低位热值为 5 800 kJ/kg,炉排热负荷

取 1.5×10^6 kJ/(m^2 · h)，则炉排面积为 70 m。上述两个因素比较，最终取较大值 90 m^2 作为炉排面积。

7. 燃烧室大小

焚烧炉炉膛尺寸由燃烧室允许的容积热负荷和废物焚烧烟气在高温炉膛内所需的停留时间两个因素决定的。通常按炉膛允许热负荷来决定炉膛尺寸，然后按烟气停留时间加以校核。燃烧室单位容积在单位时间内由垃圾及辅助燃料所产生的低位发热量，称为燃烧室容积热负荷(Q_v)，是燃烧室单位时间、单位容积所承受的热量负荷，一般在$(3.3\sim6.3)\times10^5$ kJ/(m^3 · h)。实际热负荷可以用下式计算：

$$Q_v=\frac{F_f\times H_{fl}+F_w\times[H_1+AC_{pa}(t_a-t_0)]}{V} \tag{6-17}$$

式中，F_f 为辅助燃料消耗量，kg/h；H_{fl} 为辅助燃料低位发热量，kJ/kg；F_w 为单位时间的废物焚烧量，kg/h；H_1 为废物的低位热值，kJ/kg；A 为实际供给每单位辅助燃料与废物的平均助燃空气量，kg/kg；t_a 为空气的预热温度，℃；t_0 为大气温度，℃；V 为燃烧室容积，m^3。

本案例中，垃圾焚烧不需要辅助燃料，假设空气余热到 260℃，取燃烧室容积热负荷为 4.5×10^5 kJ/(m^3 · h)，则燃烧室容积为 260 m^3。焚烧烟气量为 72 000 m^3/h，即 20 m^3/s，因此烟气停留时间超过 2 s，满足要求。因此，燃烧室容积可以按 260 m^3 设计。

焚烧炉内烟气流速一般为 4～6 m/s，本案例取 5 m/s。烟气停留时间不小于 2 s 时，二燃室高度应不小于 10 m，本案例取 13 m，此时二燃室截面积为 20 m^2，可以据此大致设计二燃室的尺寸。为了保证气流的充分湍流，可以再利用计算机对烟气流动进行模拟，以获得最佳的炉膛形状。

固体废物的建材化利用

固体废物有些以无机矿物成分为主，也有一些固体废物经处理后产生以无机矿物成分为主的残渣，它们都可以采用适当的建材化方式进行利用。建材化利用方式主要包括生产砖、陶粒、砂、水泥等。此外，部分塑料、木质材料也可以加工为塑木材料。固体废物也包括建筑垃圾[①]，建筑垃圾的一个主要处理方式是再生利用。随着我国社会经济的迅速发展，城镇建设开发产生了数量巨大的建筑垃圾。据统计，我国城市建筑垃圾年产生量已超过15亿吨。目前，我国建筑垃圾的资源化利用率低，大部分建筑垃圾采用露天堆存、土地填埋等粗放处理方式，存在占用土地、污染环境、导致卫生和安全隐患等问题。利用建筑垃圾生产再生材料，可以避免上述问题，还可以降低建筑原料成本，减少因砂石资源大量开采导致的河道破坏、水土流失和自然景观恶化等环境问题。

7.1 建材化利用的原理

建材是土木工程和建筑工程中使用的材料的统称，可分为结构材料、装饰材料和某些专用材料。结构材料包括木材、竹材、石材、水泥、混凝土、金属、砖瓦、陶瓷、玻璃、工程塑料、复合材料等；装饰材料包括各种涂料、油漆、镀层、贴面、瓷砖、具有特殊效果的玻璃等；专用材料用于防水、防潮、防腐、防火、阻燃、隔音、隔热、保温、密封等。建材消费量高，生产量大，具有消纳固体废物的巨大潜力。以水泥生产为例，我国2020年水泥产量高达23.8亿吨，按4%的掺烧比估计，每年可消纳固体废物0.95亿吨。固体废物加工建材主要利用固体废物中的无机质，有机质可以作为燃料提供热量。按不同组分的利用情况，固体废物加工制建材

---

① 根据《建筑垃圾处理技术标准》(CJJ/T 134—2019)，建筑垃圾是工程渣土、工程泥浆、工程垃圾、拆除垃圾和装修垃圾等的总称，包括新建、改建、扩建和拆除各类建筑物、构筑物、管网等以及居民装饰装修房屋过程中所产生的弃土、弃料及其他废弃物，不包括鉴定为危险废物的建筑垃圾。其中，工程渣土指各类建筑物、构筑物、管网等地基开挖过程中产生的弃土；工程泥浆指钻孔桩基施工、地下连续墙施工、泥水盾构施工、水平定向钻及泥水顶管等施工产生的泥浆；工程垃圾指各类建筑物、构筑物等建设过程中产生的金属、混凝土、沥青和模板等弃料；拆除垃圾指各类建筑物、构筑物等拆除过程中产生的金属、混凝土、沥青、砖瓦、陶瓷、玻璃、木材、塑料等弃料；装修垃圾指装饰装修房屋过程中产生的金属、混凝土、砖瓦、陶瓷、玻璃、木材、塑料、石膏、涂料等废弃物。

主要分为三类方式：

（1）以固体废物中的无机组分为主，通过适当调配和加入其他辅料，将固体废物加工为建材。许多固体废物的矿物成分大部分是硅酸盐、铝酸盐、硫酸盐、碳酸盐等，而建筑材料也大多由硅酸盐、碳酸盐、硫酸盐、铝酸盐物质制成。因此，许多固体废物具备生产建筑材料的潜能，例如，焚烧炉渣可以加工成免烧砖。

（2）以固体废物中的无机组分为辅，将固体废物作为建材生产的原料之一，少量掺入到原有的建材生产工艺中。例如，粉煤灰可以作为生料的一部分用于煅烧水泥。

（3）利用固体废物中的有机质提供热量。在建材生产过程中，有时需要高温环境，加入固体废物后，有机质燃烧可以产生热量，替代燃煤等化石燃料；同时，在某些建材加工过程中，可以利用有机质燃烧产生的气体增加产品空隙，降低比重和密度。例如，利用污泥烧结制陶粒时，污泥中的无机质可以作为陶粒生产的原料，而污泥中的有机质除了可以燃烧产热外，还可以增加陶粒的孔隙率。

不同固体废物可以加工成多种建材。例如，电厂脱硫石膏烘干锻烧后可以用于水泥缓凝剂、纸面石膏板、石膏砌块等生产中；煤矸石可以用于自保温砌块、烧结砌块等墙体材料的生产，而且可以提供一部分热量。建筑垃圾作为一类特殊的固体废物，其再生利用的方式也很多，例如，可以利用废弃混凝土和废弃砖石生产粗细骨料，用以生产相应强度等级的混凝土、砂浆或制造砌块、地砖等建材制品；渣土能够用作桩基填料、筑路施工、地基基础等；废弃木材有的能够直接再用，其余可以作为木质再生板材的原材料和造纸等；废弃路面沥青混合料能够按适当的比例直接用以再生沥青混凝土；废钢材、废钢筋和其他废金属材料可直接再运用或回炉加工；废塑料、废玻璃、废陶瓷等建筑垃圾也可以分别回收利用。

固体废物加工建材首先要满足相应建材的要求和质量标准，使产品具有市场价值；其次要满足生产过程污染物控制的相关要求，避免二次污染或污染转移。

7.2　水泥窑协同处置

水泥是粉状水硬性无机胶凝材料，加水搅拌后成浆体，能在空气中硬化或者在水中硬化，并能把砂、石等材料牢固地胶结在一起。常用的水泥（通用水泥）按照《通用硅酸盐水泥》（GB 175—2007），可以分为硅酸盐水泥（波特兰水泥）、普通硅酸盐水泥、矿渣硅酸盐水泥、火山灰质硅酸盐水泥、粉煤灰硅酸盐水泥和复合硅酸盐水泥等，它们的组分和特性有所不同。

水泥生产过程中，一般用石灰石、黏土、铁质等作为原料，主要成分为 CaO、SiO_2 和少量 Al_2O_3 和 Fe_2O_3。配好的原料称为生料，经水泥窑煅烧后成为熟料，其主要矿物组成为硅酸三钙（$3CaO \cdot SiO_2$，C_3S）、硅酸二钙（$2CaO \cdot SiO_2$，C_2S）、铝酸三钙（$3CaO \cdot Al_2O_3$，C_3A）和铁铝酸四钙（$4CaO \cdot Al_2O_3 \cdot Fe_2O_3$，$C_4AF$）。硅酸盐水泥熟料加适量石膏共同磨细后，即成硅酸盐水泥。在粉磨水泥时，为改善水泥性能、调节水泥标号，还会向熟料、石膏中加入一些辅助矿物材料，即水泥混合材料，简称水泥混合材。常用的活性水泥混合材有粒化高炉矿渣、火山灰质混合材料、粉煤灰，它们能与氢氧化钙和水发生水化反应，生成水硬性水化产物；非活性水泥混合材有磨细石英砂、石灰石、黏土、慢冷矿渣等，它们基本不与水泥成分发生化学反应，主要作为惰性填充物调整水泥标号，减少水化热。

水泥窑是生产水泥的设备,包括立窑和回转窑。立窑的圆筒形窑体竖置于地面上,本身不转动,通过机械加料和卸料。立窑的生产规模一般较小,单位能耗较高,在我国目前产业政策的引导下,已经逐步被回转窑替代。水泥回转窑的圆筒形窑体平放于地面上(倾斜度一般为 3.5%~4.0%),整个窑体由托轮装置支承,传动系统使窑体转动,进而带动窑内物料的翻动混合(见图 7.1)。

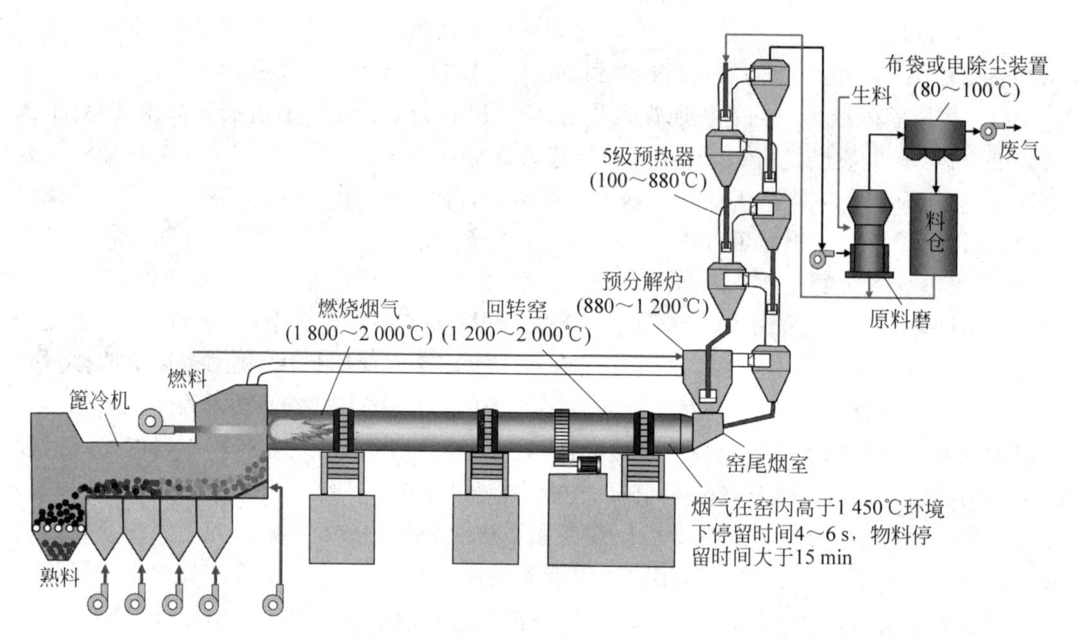

图 7.1 干法水泥回转窑工艺示意图

水泥回转窑可以分为湿法和干法两类工艺。湿法是将生料制成含水率为 32%~40% 的料浆,具有流动性,生料混合均匀,熟料质量高,但水分蒸发耗热量较大,且生产时消耗水资源,我国已把湿法水泥生产列为限制淘汰窑型。干法是将生料制成干粉,水分含量一般小于 1%,工艺更加简单节能,因此新型干法回转窑是目前水泥生产的主流设备。回转窑的窑尾是进料端,经过研磨、预热和预分解(石灰石分解为生石灰)的生料从进料端进入回转窑内,经高温煅烧后变成熟料,从窑头排出,进入篦冷机。窑头还会喷入煤粉或其他辅助燃料,它们在窑内和空气剧烈燃烧使物料温度升高至 1 450℃以上。国外从 20 世纪 70 年代开始研究水泥窑处置固体废物,目前已经成为发达国家固体废物处理的主要方法之一。

7.2.1 水泥窑处置的特点

在水泥窑协同处置过程中,固体废物中的水分在高温下蒸发,有机质分解矿化,与水泥生料性质相近的无机质与其他矿物质反应,成为水泥熟料的一部分,而重金属等物质也被固结在水泥熟料中。相对其他处理方法,水泥窑协同处置具有如下优势:

(1) 有利于有机污染物的分解。水泥窑内物料温度达 1 400~1 600℃,气体温度达 1 800℃以上;物料与气体在高温停留的时间相对较长,气体停留时间 4 s 以上,物料停留时间超过 15 min,这些条件有利于固体废物中有机污染物(如二噁英)的充分分解和矿化,同时可以消除病原微生物和臭气问题。

(2) 有利于重金属的固化。固体废物在水泥窑中协同处置时,重金属元素一部分会固结在水泥熟料中,少量随废气和粉尘排出。吸附在粉尘中的重金属被收集后又返回生料系统,重新进入水泥窑中煅烧。最终,大部分重金属元素在水泥窑中被固化在水泥熟料中,而废气中含量很少。

(3) 节约设施投资和能耗。固体废物处置与水泥生产同时进行,可以充分利用现有的水泥窑设备,只需加入少量辅助设备,不必进行固体废物处理设施的选址,节约了投资费用,还可以减少固体废物处理的能耗和运行成本。

我国在2013年颁布了《水泥窑协同处置固体废物污染控制标准》(GB 30485—2013)和《水泥窑协同处置固体废物环境保护技术规范》(HJ 662—2013),规定可以利用水泥窑协同处置危险废物、生活垃圾(包括废塑料、废橡胶、废纸、废轮胎等)①、城市和工业污水处理污泥、动植物加工废物、受污染土壤、应急事件废物等,但不能处理放射性废物,爆炸性或反应性废物,未经拆解的废电池、废家用电器和电子产品,含汞的温度计、血压计、荧光灯管和开关,铬渣,未知特性和未经鉴定的废物。

在协同处置的具体项目中,对于允许协同处置的固体废物,还需要考察其重金属含量,避免对水泥产品质量造成负面影响。根据《水泥窑协同处置固体废物环境保护技术规范》(HJ 662—2013),进窑物料的重金属含量应满足表7.1的要求。此外,进窑物料中含量过高的氟、氯等元素可能导致预分解炉结皮堵塞、水泥窑结圈、腐蚀等问题,因此需要控制入窑物料氟元素含量不大于0.5%,氯元素含量不大于0.04%;硫元素除了导致结皮结圈问题外,还会影响水泥品质,因此入窑物料中硫化物硫与有机硫总含量不应大于0.014%,从窑头、窑尾高温区投加的全硫与配料系统投加的硫酸盐硫总投加量不应大于3 000 mg/kg熟料。

水泥窑协同处置固体废物时,大件的固体废物或半固态废物要经多级破碎,而液态固体废物一般要经过除杂后喷入窑内(应注意避免堵塞喷嘴)。固体废物可以在生料磨、窑头高温段(包括主燃烧器投加点和窑门罩投加点)和窑尾高温段(包括分解炉、窑尾烟室和上升烟道投加点)等位置加入固体废物。生料磨只能投加不含有机物和挥发半挥发重金属的固体废物。液态或粉末状有机废物适宜在主燃烧器投加,配备泵力或气力输送装置,投加设施应采用多通道燃烧器。低热值的液态废物适宜在窑门罩投加,配备泵力输送装置,并在窑门罩的适当位置开设投料口,使固体废物能够达到固相反应带,确保反应完全。窑尾投加设施应配备泵力、气力或机械传输带输送装置,并在窑尾烟室、上升烟道或分解炉的适当位置开设投料口,含水率高或块状废物优先从窑尾烟室加入。

表7.1 进炉物料(包括原料、燃料和固体废物)重金属最大允许投加量

重 金 属	单位	重金属最大允许投加量
汞(Hg)	mg/kg熟料	0.23
铊+镉+铅+15×砷(Tl+Cd+Pb+15As)		230
铍+铬+10×锡+50×锑+铜+锰+镍+钒(Be+Cr+10Sn+50Sb+Cu+Mn+Ni+V)		1 150

① 若掺加生活垃圾的质量超过入窑(炉)物料总质量的30%,应执行《生活垃圾焚烧污染控制标准》。

续表

重金属	单位	重金属最大允许投加量
总铬（Cr）	mg/kg 水泥	320
六价铬（Cr^{6+}）		10(计入窑物料中总铬和混合材中的六价铬)
锌（Zn）		37 760
锰（Mn）		3 350
镍（Ni）		640
钼（Mo）		310
砷（As）		4 280
镉（Cd）		40
铅（Pb）		1 590
铜（Cu）		7 920
汞（Hg）		4(仅计混合材中汞)

水泥窑协同处理固体废物时，为避免外循环过程中挥发性元素(Hg、Tl)在窑内的过度累积，协同处置水泥企业在发现排放烟气中 Hg 或 Tl 浓度过高时宜将除尘器收集的窑灰中的一部分排出水泥窑循环系统。为避免内循环过程中挥发性元素和物质(Pb、Cd、As 和碱金属氯化物、碱金属硫酸盐等)在窑内的过度积累，协同处置水泥企业可定期进行旁路放风。未经处置的从水泥窑循环系统排出的窑灰和旁路放风收集的粉尘不得再返回水泥窑生产熟料。从水泥窑循环系统排出的窑灰和旁路放风收集的粉尘若采用直接掺入水泥熟料的处置方式，应严格控制掺加比例，确保水泥产品中的氯、碱、硫含量满足要求，水泥产品中污染物的浸出应满足相关的国家标准要求。如果窑灰和旁路放风粉尘需要送至厂外进行处理处置，应按危险废物进行管理。水泥窑及窑尾余热利用系统排气筒大气污染物中颗粒物、二氧化硫、氮氧化物和氨的排放限值氨 GB 4915 中的要求执行，其他污染物执行表 7.2 中的最高允许排放浓度。

表 7.2　水泥窑协同处置固体废物的大气污染物最高允许排放浓度

序号	污染物	最高允许排放浓度限值
1	氯化氢	10 mg/m^3
2	氟化氢	1 mg/m^3
3	汞及其化合物(以 Hg 计)	0.05 mg/m^3
4	铊、镉、铅、砷及其化合物(以 Tl+Cd+Pb+As 计)	1.0 mg/m^3
5	铍、铬、锡、锑、铜、钴、锰、镍、钒及其化合物 (以 Be+Cr+Sn+Sb+Cu+Co+Mn+Ni+V 计)	0.5 mg/m^3
6	二噁英类	0.1 ng TEQ/Nm^3

7.2.2　污泥的水泥窑处置

污泥性质随污水处理厂的进水性质和污泥调理脱水工艺而变化，但主要成分与水泥生料相似(见表 7.3)，因此，可以利用水泥窑协同处理污泥。污泥中的有机质可以作为辅助燃料，代替部分燃料(取决于入窑污泥热值)，而有机污染物、病原微生物和寄生虫卵等均会在高温下燃烧去除。协同处理污泥后，水泥熟料中重金属的固定效果较好，仅对汞的固定效果较差，但污泥中汞含量较低时，一般不会造成尾气超标。污泥中含有的磷和氯可能造成水泥窑的结皮现象。

表 7.3 我国部分城市生活污水厂干化污泥的化学成分 %

	CaO	SiO_2	Fe_2O_3	Al_2O_3	MgO	SO_3	其他
污泥无机质	17.7～23.0	16.8～19.0	11.1～17.6	5.1～5.3	1.0～6.4	3.2～3.4	33.4～37.1
水泥生料	42.1～43.5	14.3～14.6	2.1～2.2	—	0.9～2.6	0.2～0.3	38.7

污泥一般从窑尾烟室或预分解炉加入水泥窑。如果从原料磨加入，污泥在研磨过程中可能会产生恶臭、病原微生物的泄漏，而水泥厂本身的除尘设备不能应对这些污染物；如果从预热器加入，在低于800℃的条件下，污泥焚烧可能会产生二噁英等污染物。因此，从窑尾烟室或预分解炉进入水泥窑是掺烧污泥的主流工艺。

脱水污泥含水率一般为80%左右，可以通过柱塞泵和污泥喷枪直接加入水泥窑，这种方式相对简单，无需增加复杂的污泥干化系统，但该条件下污泥中水分蒸发消耗的能量较高，可能会增加水泥窑煤耗，影响熟料生产，因此污泥的掺加量较少。湿污泥还可以干化后再通过窑尾烟室或预分解炉加入水泥窑，这可以避免水分引起的窑况波动，污泥掺加量可适当增加。污泥干化可以利用水泥窑烟气余热，使含水率降低至30%～60%。过于干燥的污泥可能会导致粉尘量增加，污泥中保持适量的水分可以避免这些问题。

某水泥厂在2 500 t/d的干法水泥窑上处理含水率80%的湿污泥。湿污泥经卡车运输至污泥料斗储存，喂入输送泵打入输送管线，经喂料嘴喷入窑尾烟室。工程实验结果表明，湿污泥投加量为1～4 t/h时，f-CaO① 有所增加，熟料的抗折强度和抗压强度等物理性能没有明显变化，水泥窑标准煤耗增加约2%，熟料产量下降约5 t/h，水泥窑烟气污染物如 NO_x、SO_2 和粉尘的浓度没有明显增加；而投加量超过4 t/h时，标准煤耗增加4%以上，进风量增加，熟料产量下降9 t/h以上。

冀东海德堡(泾阳)水泥有限公司利用两套干法回转窑处理湿污泥。湿污泥过磅后倒入接收仓，然后经仓底部的滑架把污泥送入双轴螺旋给料机，缓慢均匀地输送到污泥泵，最后经管道和污泥喷枪喂入分解炉，相关设备参数如表7.4所示，处理效果如表7.5所示，熟料性质如表7.6所示。总体上，系统的能耗和电耗有所增加，但熟料质量没有显著变化，而且烟气污染物排放能够满足《水泥工业大气污染物排放标准》(GB 4915—2013)和《水泥窑协同处置固体废物污染控制标准》(GB 30485—2013)的要求。

表 7.4 水泥窑协同处置污泥的主要设备

设　备	1#窑	2#窑
水泥窑	ϕ4.8 m×72 m	ϕ4.8 m×72 m
高温风机	8.2×10^5 m^3/h，功率2 800 kW	8.2×10^5 m^3/h，功率2 800 kW
污泥接收仓	7.5 m×7 m×5 m，有效容积260 m^3，带2台液压滑架	
活性炭除臭塔(料仓空气)	处理风量：17 000 m^3/h	

① 游离氧化钙，水泥熟料中的有害成分，当其含量过高会恶化水泥安定性(水泥在凝结硬化过程中体积变化的均匀性)。

续表

设　　备	1#窑	2#窑
除臭塔风机	风量：17 000 m^3/h，功率 30 kW	
接力风机	风量：23 000 m^3/h，功率 45 kW	
双螺旋给料机	5.5 kW	5.5 kW
污泥泵	10 t/h，泵动力液压站 75kW	10 t/h，泵动力液压站 75kW
管道除杂器	RZ150，10 t/h	RZ150，10 t/h
污泥喷枪	RP150，10 t/h	RP150，10 t/h
输送管道	内径 150 mm，长度 450 m	

表 7.5　水泥窑协同处置污泥前后的系统参数

	未掺烧污泥时	掺烧污泥后
1#窑污泥掺加量/(t/d)		110.4
1#窑熟料产量/(t/d)	5 652	5 660
2#窑污泥掺加量/(t/d)		204
2#窑熟料产量/(t/d)	5 710	5 750
熟料热耗/(GJ/t)	3.01	3.11
窑系统电耗/[(kW·h)/t]	27.88	29.88
高温风机转速/(r/min)	780	810

表 7.6　水泥窑协同处置污泥前后的熟料性质

指　　标		未掺烧污泥时	掺烧污泥后
化学成分/%	LOI*	0.26	0.19
	CaO	65.95	65.98
	SiO_2	22.02	21.99
	Al_2O_3	5.07	5.06
	Fe_2O_3	3.56	3.59
	MgO	1.26	1.33
	SO_3	0.38	0.35
	K_2O	0.66	0.65
	Na_2O	0.31	0.33
率值	KH	0.89	0.89
	SM	2.55	2.54
	IM	1.43	1.41
矿物组成/%	C_3S	56.67	56.44
	C_2S	20.46	20.54
	C_3A	7.41	7.34
	C_4AF	10.81	10.92
抗压强度/MPa	3 d	29.65	29.07
	28 d	56.25	56.23

注：* 烧失量(loss on ignition)。

7.2.3　焚烧飞灰的水泥窑处置

焚烧飞灰的性质与焚烧炉处理的生活垃圾性质、烟气处理工艺等有关，差异较大，但其主要矿物成分与水泥生产所需的生料相似（见表7.7），因此也可以使用水泥窑进行处理。飞灰储仓内的飞灰经转子秤计量进入螺旋泵，再通过鼓风机将飞灰从分解炉或窑尾烟室的喷枪喷入窑内。

在水泥窑中，高温环境能够彻底分解二噁英类有机污染物，在窑尾分解炉中，温度也在850℃以上，达到了危险废弃物二燃炉的反应温度，可以减少二噁英的再次生成。飞灰中的氯元素容易形成HCl气体，这些酸性气体在水泥窑的碱性氛围中可以和CaO反应生成$CaCl_2$，减少酸性气体排放。与污泥水泥窑处置类似，飞灰中的重金属元素也会被固化在水泥熟料中，但是飞灰中的重金属含量要比污泥中的高很多，需要从熟料品质的角度对进入水泥窑的飞灰量进行严格控制。总体上，焚烧飞灰水泥窑协同处置运行成本较低。

表7.7　焚烧飞灰与生料化学组分的比较　%

样品	SiO_2	Al_2O_3	Fe_2O_3	CaO	MgO	K_2O	Na_2O	SO_3	Cl
飞灰1	10.02	3.08	0.84	44.82	1.04	2.90	2.92	3.92	12.592
飞灰2	27.89	18.04	2.78	26.64	1.81	1.12	1.72	2.43	3.755
飞灰3	14.45	5.32	2.12	42.09	2.68	0.51	0.66	5.06	0.432
飞灰4	12.26	4.58	1.73	37.27	2.19	3.07	3.83	4.94	5.904
飞灰5	35.08	9.76	1.98	21.64	3.58	4.10	3.62	2.18	7.767
生料	12.64	4.10	2.02	44.46	0.66	0.51	0.19	0.22	0.004

飞灰进入水泥窑协同处置时，对水泥生产有害的物质主要是氯。氯化物熔点、沸点相对较低，例如氯化钠的熔点为801℃，沸点为1 465℃；氯化钾的熔点为770℃，沸点为1 420℃，它们容易在窑内挥发，随烟气进入到窑尾烟室和分解炉，然后因温度降低变为固态，随生料重新回到窑中，形成内部循环，最终导致氯化物的积累，窑炉结皮堵塞。对于高氯含量的飞灰，一般要进行旁路放风或者水洗预处理。旁路放风是在烟道中另外开口，释放出含有氯化物的烟气进行旁路处理，这种方式比较简单，但需要控制入窑的飞灰量，还可能影响水泥窑工况的稳定性，适宜小规模的飞灰处理。水洗预处理是目前使用的主要方式，适于较大规模的应用。飞灰经过三次逆流水洗后，可以洗出90%～95%氯元素，飞灰中的氯含量可以降低到1%以下。较高的水耗（水灰比一般为3∶1）、能耗、药耗（重金属沉淀）是水洗预处理的主要缺点，同时含氯化物的废水经蒸发干燥后形成的杂盐，也是一种危险废物，还需要进一步的填埋处置。

7.3　加工骨料

骨料是混凝土①及砂浆②中起骨架和填充作用的粒状材料，也称作“集料”。粒径在4.75 mm

① 混凝土，简称为砼，是用水泥作为胶凝材料，用砂和石作为集料，与水（可含外加剂和掺合料）按一定比例配合，整体胶结形成的工程复合材料。

② 砂浆，也叫灰浆，是砌砖使用的黏结物质，由一定比例的沙子、水泥（或石灰膏、黏土等黏结材料）加水调制而成。

以下的称为细骨料(砂),一般为天然砂或坚硬岩石磨碎的人工砂;直径大于 4.75 mm 的为粗骨料(石),一般为碎石和卵石。还有一类多孔质轻的骨料称为“轻骨料”,其中,轻粗骨料堆积密度小于 1 100 kg/m^3,可以用浮石等天然多孔岩石加工而成,也可以使用陶粒、膨胀矿渣等人造多孔骨料;轻细骨料堆积密度为 1 100～1 200 kg/m^3。除堆积密度外,轻骨料的强度、颗粒级配、吸水率也需要满足相应标准。

混凝土是用量最大的建筑材料,而砂石是混凝土中用量最多的原材料。每消耗 1 吨水泥约需匹配 6 吨砂石骨料,砂石骨料在混凝土中所占的比例超过 70%,其成本占比为 20%～30%。虽然砂石在自然界分布很广,但也是消耗量最大的建材产品,我国近年来的砂石年消费量达到 135 亿吨,其建材市场规模仅次于水泥。长期以来,我国建筑用料以自然砂石为主。随着砂石用量的迅速增加,自然砂石供应吃紧,同时我国也更加重视自然资源的保护,利用天然岩石和多种固体废弃物生产的机制砂石开始出现。从 2010 年以后,机制砂石已经逐渐成为主要的骨料。

1. 加工骨料的特点

多种固体废物可以作为骨料加工的原材料,如粉煤灰、煤矸石、煤渣等。为了满足骨料性能要求,需要对这些原料进行物理加工或者高温烧结。下面以混凝土细骨料和陶粒为例进行说明。

随着河砂开采受到越来越多限制,很多地区建筑用细骨料(砂)存在较大缺口,机制砂逐渐发展起来。除了使用天然岩石破碎、研磨加工制砂外,还可以使用建筑垃圾加工制砂。废弃混凝土通过分拣(去除木材、钢铁等杂质)、粗碎(可以使用颚式破碎机等)、中碎(可以使用反击破碎机)、细碎制砂(可以使用圆锥破碎机)、筛分,可以获得不同粒度的细骨料。利用再生骨料调配得到的混凝土被称为再生骨料混凝土。再生骨料混凝土与普通混凝土有相似的物理、力学性能,是废弃混凝土再利用的主要方向。

陶粒孔隙率高,具有一定的强度和耐腐蚀性,能够保温、隔热、隔音、隔潮,是一种应用广泛的轻粗骨料,陶粒混凝土具有很好的抗震、耐火性能。陶粒还广泛用于园艺、养殖、食品饮料等行业。陶粒可以使用多种原料制作,如黏土、页岩、煤矸石等。在高温烧结过程中,原料中的化学成分反应生成多种硅酸盐化合物,最终形成表面光滑坚硬、内部呈蜂窝状的球形颗粒。不同原料高温烧结而成的陶粒颜色、特点和用途也有所不同。除了高温烧结外,一些原料还可以混入胶凝材料等辅料,经粉磨、造粒、养护加工为免烧陶粒。由于取消了高温烧结过程,免烧陶粒的加工更节能,成本更低,同时它可以达到较高的强度,但表面不如烧结陶粒光滑,而吸水率略高于烧结陶粒。

2. 粉煤灰烧结制陶粒

粉煤灰烧结陶粒一般采用液相烧结方式①。粉煤灰的化学构成与黏土类似,主要成分

---

① 根据加热过程是否有液相产生及颗粒间的结合机制,可将烧结过程分为固相烧结和液相烧结两类。固相烧结是多种组分在低熔点组分的熔点以下温度进行的粉末烧结(没有液相存在)。同组分之间可能发生粘结和结构变化,同时还会产生不同组分之间的互溶(扩散传质)和化学反应。液相烧结时,不同矿物成分之间也会发生各种化学反应和晶相转换,但在这一过程中存在部分液相(一些组分熔融),液相间的原子传输速度比固相快,能够提高反应速率。

为 SiO_2、Al_2O_3、Fe_2O_3、CaO、MgO、K_2O、Na_2O 和未燃烬碳。SiO_2 和 Al_2O_3 是主要的成陶成分，SiO_2 熔点高达 1 700℃，Al_2O_3 熔点为 1 400℃，仅有这两类组分无法在较低的温度下实现液相烧结。CaO、MgO、K_2O、Na_2O 等碱性金属氧化物或碱土金属氧化物熔点低，在焙烧过程中主要起助溶剂作用。陶粒烧结时不仅需要生成液相，还需要同时生成一定量的气体，使陶粒产生孔隙。原料中的 Fe_2O_3 与碳进行氧化还原反应时所产生的 CO_2 是烧结过程中促进陶粒孔隙生成的主要气体。同时，Fe_2O_3 还原生成的 FeO 是强助溶剂，与碱土金属作用相似。最终，残留的 Fe_2O_3 会富集于陶粒表面，使陶粒呈铁锈红色，而黑灰色的 FeO 会存在于陶粒内部。除了氧化铁与碳的氧化还原反应外，高温条件下无机盐的分解也会产生气体，促进陶粒膨胀。在原料升温过程中，水的挥发、有机质的氧化矿化、碳酸盐分解、硫化物分解和氧化也可能产生气体，但产生气体的温度范围一般在 1 000℃以下，此时还没有液相生成，不能使陶粒形成多孔结构。因此，适宜的碳含量和碳铁含量比值对粉煤灰陶粒的膨胀性能有着重要影响。当料球中的碳及碳铁比(C/Fe)过高时，会导致物料的熔点和黏度提高，不能产生有适宜黏稠度的液相，虽在高温下有足够的气体逸出，但陶粒仍不膨胀。当物料中的碳和碳铁比值过低时，会导致发气反应减弱，陶粒也不能膨胀。

学者 Riley 在研究黏土陶粒烧胀性时，提出了原料比例的三角形，如图 7.2 所示。用于烧结陶粒的原料化学组分一般为 50%～70%的 SiO_2，10%～25%的 Al_2O_3，5%～10%的 Fe_2O_3 和 FeO，2%～5%的 K_2O 和 Na_2O，2%～5%的 CaO 和 MgO，烧失量 4%～10%。我国各地粉煤灰的成分差异较大，可以根据上述配比，利用粉煤灰作为主要原料，掺入少量组分调节剂和固体燃料(煤粉等)，经混磨、制粒后送入双筒回转窑，在窑内经预烧、焙烧(一般在 1 100～1 300℃，5～15 min)后制成陶粒，再经冷却、筛分后获得陶粒商品。筛下的细小颗粒，又称为陶砂，也可以作为细轻骨料。工艺流程如图 7.3 所示。该流程中，大颗粒不均匀的原料可以通过粗碎(颚式破碎机)、细碎(反击式破碎机)、球磨实现均化，陶粒烧结可以采用回转窑。

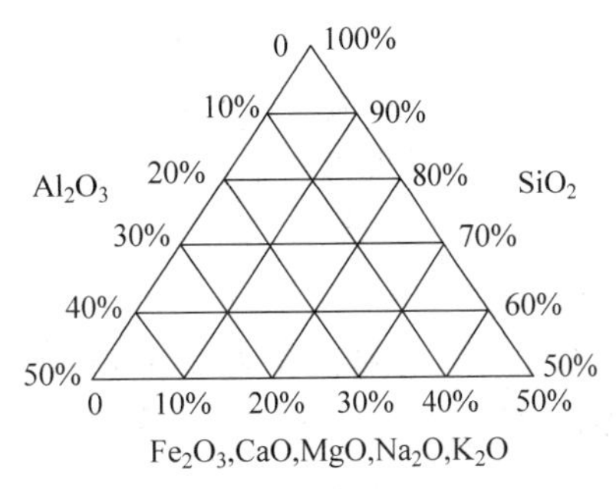

图 7.2 Riley 相图中适宜黏度的原料的化学成分范围

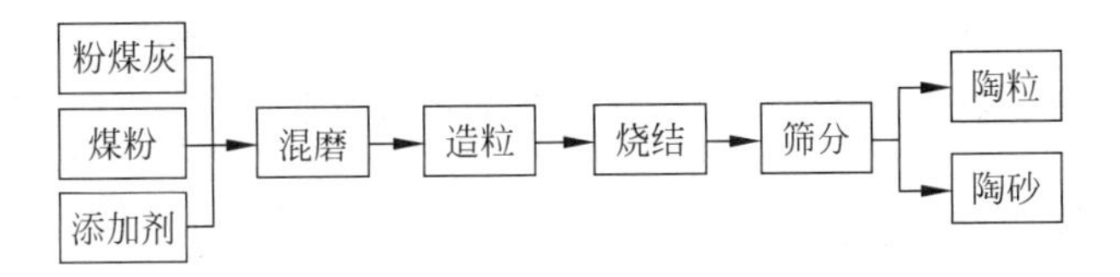

图 7.3 粉煤灰烧结陶粒工艺示意图

粉煤灰液相烧结陶粒的过程可以分为三阶段：

(1) 颗粒重排。在高温炉中，SiO_2、Al_2O_3、Fe_2O_3、CaO、Na_2O 等形成熔融的硅酸盐化合物，如 Na_2O-CaO-SiO_2、CaO-SiO_2-Al_2O_3 等，前者为低熔点液相，后者约在 1 200℃形成。当液相产生后，颗粒在液相表面张力作用下发生位移，实现颗粒重排和致密化，烧结体密度增加迅速。

(2) 溶解沉析。因为颗粒大小不同、表面形状不规整、颗粒表面各部位曲率不同，溶解于液相的平衡浓度不相等，由浓差引起颗粒之间和颗粒不同部位之间的物质迁移也就不一致。小颗粒或颗粒表面曲率大的部位溶解较多，同时溶解的物质又在大颗粒表面或有负曲率的部位析出，最终小颗粒逐渐缩小乃至消失，而大颗粒长大，且颗粒外形逐渐趋于球形或其他规则形状，颗粒更加靠拢。

(3) 骨架形成。液相烧结经过上述两阶段后，颗粒相互靠拢，彼此粘结形成骨架，剩余的液相充填于骨架的间隙。此时以固相烧结为主，致密化速度显著减慢，烧结体密度基本不变。在烧结过程中，燃料氧化生成气体，在陶粒内形成细小孔隙，同时使陶粒膨胀。

7.4 加工墙体材料

墙体材料在建筑上起到结构、围护和美化的功能，包括用于砌墙的砖、砌块和板材。

砌墙砖是以黏土[①]、页岩、固体废物等为主要原料，以烧结或免烧工艺制成的用于砌筑承重和非承重墙体的砖。砖的烧结工艺中，一般将焙烧温度控制在900～1 100℃，使砖坯中的 SiO_2、Al_2O_3、Fe_2O_3 和少量的碱金属、碱土金属氧化物部分熔融、反应，生成复合的矿物成分，其基本原理与烧结陶粒类似。砖坯在砖窑中烧结时，一般为氧化气氛，因此烧结砖中含有 Fe_2O_3 而呈现红色，称为红砖；当红砖烧成后再在还原气氛中闷窑，红色的 Fe_2O_3 还原成 FeO，砖呈现青灰色，称为青砖。此外，制坯时还可以将煤渣、含碳量高的粉煤灰等掺入制成内燃砖，这些废渣中的碳在一定温度下燃烧，可以节省燃料，使砖焙烧均匀，强度提高。砖按照结构还可以分为实心砖、多孔砖（25%≤孔洞＜40%）和空心砖（孔洞≥40%）。普通烧结砖的标准规格为240 mm×115 mm×53 mm（长×宽×厚）；多孔砖和空心砖尺寸很多，有的达到实心砖的2倍厚。

砌块是比砖更大的墙体材料，按结构同样可以分为实心和空心两种，空心砌块又有圆孔、方孔、单排孔、多排孔等结构。砖在制作过程中一般要经过焙烧或者蒸汽加热，在砌筑前需浇水湿润；而砌块一般都是预制的，加工过程不需要加热，原料按配比混合、搅拌、浇捣、养护后定型，使用前一般不需要浇水。吸水率较大的砌块不能用于长期浸水、经常受干湿交替或冻融循环的建筑部位。

板材主要用于墙面的制作或装饰，一般由竹木、石头、混凝土、陶瓷、塑料、石膏或金属等单一材料或复合材料制成，很少使用固体废物。一些固体废物制成的木塑材料可以用于某些墙面的装饰或地板，这部分内容在木塑材料章节单独介绍。

1. 加工墙体材料的特点

许多工业废渣、尾矿都可以用来加工墙体材料，这与加工骨料的原理相同。

《烧结普通砖》(GB/T 5101—2017)明确提出，将建筑渣土、淤泥、污泥及其他固体废弃物（基本性能满足制砖原材料要求，且不含对人体有害的物质和放射性元素超标的矿山废渣、工矿企业的固体废弃物）纳入制砖原料范围。这样，按主要原料分类，烧结普通砖可以分

① 为了保护耕地，我国禁止城镇建设使用实心黏土砖。

为黏土砖、页岩砖、煤矸石砖、粉煤灰砖、建筑渣土砖、淤泥砖、污泥砖和固体废弃物砖[①]。除了烧结普通砖，我国还制定了《烧结多孔砖》(GB 13544—2000)、《烧结空心砖和空心砌块》(GB 13545—2003)等相关标准。

在利用固体废物加工墙体材料时，需要参考的要求为：产品首先要满足外观、抗压强度、抗风化性能等质量要求，其次应考虑生产过程二次污染控制和产品及其使用过程中的污染风险。目前，针对污泥砖，我国《城镇污水处理厂污泥处置制砖用泥质》(GB/T 25031—2010)规定了城镇污水处理厂污泥制烧结砖利用的泥质、取样和监测要求。然而，针对固体废物墙体材料的生产过程和产品使用还缺乏相关规定。

2. 焚烧炉渣制砖

生活垃圾焚烧后产生的炉渣，主要由陶瓷、玻璃、金属、未完全燃烧的有机物和不可燃的无机物组成，占入炉生活垃圾的15%～20%。随着我国生活垃圾焚烧处理规模的扩大，炉渣产生量也迅速增加。炉渣的主要矿物成分为SiO_2、Al_2O_3、Fe_2O_3、CaO、MgO、Na_2O等，与黏土成分相似(不同焚烧厂排放炉渣的成分有所不同)，通过掺加适量辅料，可以制成多种烧结砖、免烧砖和砌块等。目前最常用的是炉渣制免烧砖，一般经过预处理、混料、加压成型、养护等四个步骤。

炉渣制砖工艺流程见图7.4。炉渣首先进行干燥处理，然后经磁选装置分离出金属材料。根据粒径大小进行筛分，粒径3 mm以下可以直接利用，粒径3 mm以上用球磨粉碎。均化后的炉渣、石膏、石灰、水泥、水等按照一定的比例混合均匀，控制物料含水率在10%左右。一般炉渣掺加量越高，砖体强度越大，但养护时间更长，而且重金属浸出浓度升高，环境风险增加，因此一般控制炉渣掺加量在65%左右。混合好的物料经成型机加压成型，加压时间一般为60 s，保压时间一般为120 s。一般压力越大，砖体的密度越大，强度越高，但是过高的压力可能导致砖坯压碎压裂，因此成型压力一般采用20 MPa。制好的砖坯要进行氧化，为了防止砖内水分蒸发后开裂，应进行洒水养护。随着养护时间的延长，硅酸钙等矿物质逐渐生成，砖体强度逐渐增加。砖坯成型后养护28 d后抗压强度不再明显增长，因此洒水养护时间一般为28 d。

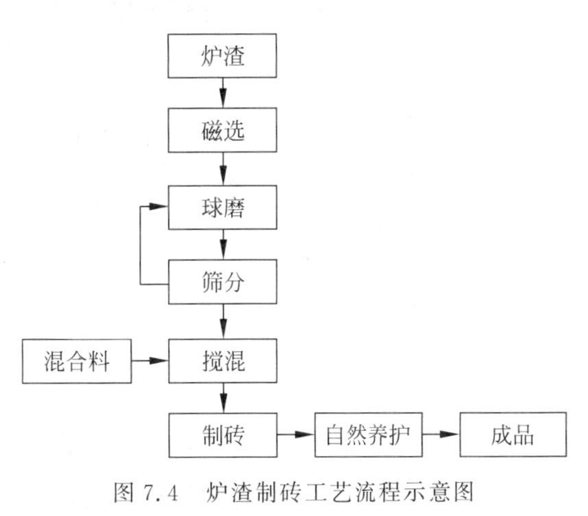

图7.4　炉渣制砖工艺流程示意图

7.5　加工木塑材料

木塑材料(wood plastic composite)是美国在20世纪80年代研发的由木质纤维素和塑

---

① 采用两种原材料，掺配比质量大于50%以上的为主要原材料；采用3种或3种以上原材料，掺配比质量最大者为主要原材料。污泥掺加量达到30%以上的可称为污泥砖。

料制成的复合材料,兼有木材和塑料的产品特征。木塑材料拥有木材一样的加工特性,易于锯切、钻孔、打钉等,同时具有塑料耐水、防霉、防火、防腐、防虫、颜色多样和使用寿命长等特性,广泛用于园林地板、护栏、内外墙装饰、凉亭和建筑模板等。中国目前已经成为全球木塑材料产销量最大的国家,每年可消纳相关废物接近300万吨。

木塑材料的原料主要是木质纤维素废物(如木屑、竹屑、稻壳、豆壳、花生壳、秸秆等)和废旧塑料(如聚乙烯、聚丙烯、聚氯乙烯塑料、树脂和聚酯等)。木质纤维素类废物经清洁、分选除杂、粉碎烘干等预处理,筛选得到干燥、粒径大小在80目内的木粉颗粒。塑料废物也经历类似的预处理步骤。然后把处理过的木粉、塑料和化学助剂(偶联剂等)按一定比例混合均匀,塑料与木粉的比例一般在(1∶3)~(1∶6)。塑料含量越多,复合材料的弯曲强度、拉伸强度和抗冲击强度等物理性能会增高,但刚性会变小。木粉表面含有多羟基的亲水表面,须加入化学偶联剂(如硅烷偶联剂、钛酸酯偶联剂、铝酸酯偶联剂),才能使木粉表面变成亲油性表面,而均匀分布的亲油性木粉表面才能与塑料熔液有效结合,形成网状闭合稳定结构。此外,还可以采用表面接枝法、乙酰化处理法等改变木质原料表面特性。

混合好的原料在高温下造粒,即可得木塑原料颗粒。木塑原料颗粒进入高温挤压成型机,在挤压成型机中,塑料高温熔融,变成塑料液体黏合木粉,然后经过挤出机模头成型。挤出机的温度、挤出压力、螺杆的送料速度等对产品性能有重要影响。如果在螺杆送料过程和模具中温度过高,容易造成木粉碳化,产品强度降低;如果温度过低,容易造成塑料熔融不完全,出料不均,产品强度不均。因此,挤出机机身温度一般为150~180℃,挤出机模头温度为140~160℃。挤出温度的选择跟塑料的熔点和挤出速度有关,挤出模头的形状确定了木塑复合材料的结构形状。木塑复合材料挤出成型后用循环冷却水冷却,释放产品中的热量和应力。产品的形状和尺寸稳定后,裁切成适当的长度,再根据需求对材料表面进一步加工。

实心木塑材料密度是一般木材的2~4倍,空心木塑材料可节省40%~70%材料(见图7.5)。在木塑材料生产过程中添加发泡剂,生成微发泡木塑产品,也可以减轻木塑材料的密度。向木塑原料中添加玻璃纤维、纳米材料等可增强木塑材料的抗冲击性,添加不同助剂(防霉剂、抗老化剂、防火剂、耐磨剂、着色剂等)可以使木塑材料具有不同的理化性能。木塑原料挤出时,通过复合挤出、包裹挤出等工艺可以在木塑产品表面增加金属层、玻璃纤维层、木皮层、耐磨塑料层等,从而改善木塑材料的物理性能。

图7.5 空心(左)和实心(右)木塑材料

7.6 建筑垃圾的产生和利用

我国目前建筑垃圾年产生量约为35亿吨。大多数建筑垃圾为惰性物质,其主要环境危害在于侵占土地,并且建筑垃圾中含有的重金属和有机污染物可能渗出,造成土壤和水体污染。我国建筑垃圾目前主要依赖填埋处置,但该法难以持续。建筑垃圾应尽量直接再利用或降级利用，例如，土地和道路开挖渣土可以原位回填或造景，废旧砖瓦如果整体完整，且黏附的砂浆容易剥离，就可以重新使用。不宜再用的金属、玻璃、塑料等可以回收再生，其余建筑垃圾可以加工为新的建筑材料，而竹木材料还可以作为生物质燃料利用。为了达成这一策略，建筑垃圾处理一般要经过分选、加工和再生等步骤。

建筑垃圾通常含有混凝土、砖瓦、钢筋、木材、沥青、塑料等。在回收利用前，建筑垃圾应进行人工和机械分选。人工分选主要针对大块易于分离的杂物和机械手段难以分离的杂物，如大块的木材、钢筋等。机械分选是根据建筑垃圾中杂物尺寸、磁性、比重等不同进行分离，主要包括磁选（去除金属）、风选（去除塑料等轻质杂质）、水力浮选（去除竹木材料等）、筛选（分离不同尺寸的物料）等。在分选前有时还需要对建筑垃圾进行破碎，建筑垃圾物料的强度中等偏软，裂缝较多，破碎方法可以选择挤压式、冲击式破碎，常见的挤压式破碎机有颚式破碎机（粗碎）、圆锥破碎机（中碎）等，常见的冲击式破碎机（细碎）有反击式破碎机、立式冲击破碎机、锤式破碎机等。具体可参考本书第 2 章的内容。

7.6.1　废混凝土的资源化

废混凝土占建筑垃圾的 30%～50%。将废混凝土破碎、分级后可以得到再生骨料，利用再生骨料作为部分或全部骨料生产的混凝土为再生骨料混凝土（再生混凝土）。我国先后颁布了《混凝土和砂浆用再生细骨料》和《混凝土用再生粗骨料》两项标准和《再生骨料应用技术规程》，规范了建筑垃圾再生骨料的生产和使用。废混凝土生产再生骨料的工艺一般包括分选除杂、破碎、筛分等环节（见图 7.6）。在预处理阶段，可以先通过多种分选方式去除金属、竹木、塑料等杂质，然后利用振动筛除去渣土。得到的废混凝土首先用颚式破碎机破碎成直径 40 mm 左右的颗粒，然后进行中细碎和筛分。筛分过程可以去除杂物，实现骨料的分级（各种粉料、细骨料、粗骨料等）。常用的筛分设备主要包括振动筛、滚筒筛、棒条筛等。

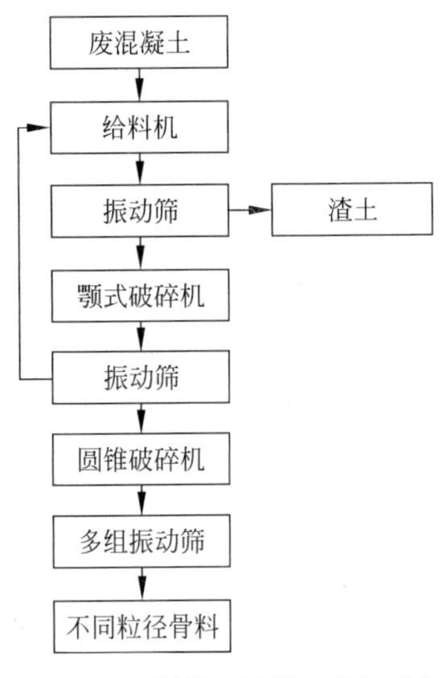

图 7.6　废混凝土制再生骨料工艺示意图

经过机械破碎生成的再生骨料含有较多的针片状颗粒，再生骨料表面粗糙，可能包裹了水泥砂浆，而且内部可能有大量微裂纹，性能劣于天然骨料。要提升再生骨料的品质，还需要进行强化处理，常用方法包括立式冲击法、卧式回转研磨法、加热研磨法等。立式冲击法是在立轴式冲击破碎机内通过骨料之间的相互撞击、研磨破坏针片状颗粒并除去表面黏附的水泥砂浆。卧式回转研磨设备类似于回转窑，内壁上设有大量耐磨衬板及锥形体，骨料通过相互研磨以及与机身之间的研磨作用，除去表面棱角和砂浆。加热研磨法是将骨料加热至 300～400℃后再进行研磨、冲击处理。

废混凝土在破碎、筛分、强化等处理过程中会产生微粉，即粒径小于 75 μm 的细小颗粒。当再生骨料用于制备混凝土或砂浆时，微粉过多会影响再生混凝土的强度及耐久性。天然骨料普遍采用湿式洗砂机或高压水冲去除微粉，这需要配套水循环系统，占地大，成本高，耗水多。针对再生骨料，一般采用气流分级机与振动风筛等干式处理设备。气流分级机利用重力和气流分选微粉和骨料。在气流分级机内，骨料因重力下落，而风力带动微粉经过筛网，粒径大于 75 μm 的颗粒被截留，而微粉随同空气进入除尘系统。在重力下落的末端，二次风进一步带动微粉在蜗壳型腔室内形成旋流，进行二次分离。振动风筛利用筛分和气流分级相结合。骨料在重力下落过程中受到气流作用，微粉被气流带走，而下落的骨料到达振动筛进行筛分，得到不同粒径的骨料，同时气流持续带走微粉。

废混凝土加工得到的再生骨料可以用于生产再生混凝土、再生砖和砌块，也可以作为基础和道路垫层等。当再生骨料用于建筑物基础垫层或道路基层时，只要使用普通颚式粉碎机将废混凝土粉碎、过筛即可，是目前广泛使用的资源化利用方法。

7.6.2 其他材料的资源化

1. 废沥青

沥青分为天然沥青、炼焦沥青和石油沥青三类，后两者分别是炼焦和原油蒸馏的副产物。沥青是黏稠的黑色流体，由多种碳氢化合物及其非金属衍生物组成，常用于建筑防水、防腐和铺路。建筑中的屋面废料中常含有沥青，质量分数一般为 20%～30%，将其分离、除杂后可熔化再用。沥青具有一定的寿命，经过一定时间的使用后，沥青中的部分碳氢分子发生聚合或氧化分解，会导致沥青性能的下降。此时，可以在废沥青中加入某种组分的低黏度油料（再生剂）或适当黏度的沥青材料，进行调配，使调配后的再生沥青具有适合的黏度和所需的使用性质。

2. 废木料

较为完整的废木料可以直接或者降级使用，使用前应考虑木材腐坏和钉子、油漆等附属物的影响。清洁的木料经破碎后可以作为园林绿化土壤的覆盖层，还可以用于加工木塑材料。不含有毒物质的碎木、锯末和木屑，可以作为堆肥的原料，也可以加工为垃圾衍生燃料（RDF）或者直接作为生物质燃料利用。

3. 废塑料

建筑垃圾中有大量的废塑料，如塑料门窗、塑料管道、防水材料、密封材料、隔热保温材料及建筑胶黏剂等。较为完整的塑料制品可以直接或降解利用，但需要考虑再利用的寿命问题。废塑料可以用于生产木塑材料、塑料地板、隔热板材等。

4. 废玻璃

废玻璃经清洗、分类后可以熔融再生，也可以加工为玻璃骨料用于生产微晶玻璃、混凝土、墙体材料、沥青等。

7.7 建筑垃圾资源化工艺设计与案例

根据某地建筑垃圾处理需求，设计、建设一座 1 600 t/d（每日工作 8 h，即 200 t/h）的建筑垃圾资源化处理设施。该设施采用“多级破碎＋分选＋筛分”的组合工艺，将建筑垃圾转化为各类再生骨料，同时利用再生骨料加工混凝土砌块。在处理过程中严格控制粉尘、噪声等对周围环境的影响，避免产生二次污染。

7.7.1　工艺路线

建筑垃圾通过板式给料机进入棒条给料机，棒条给料机具有给料和初筛功能，筛上物直径在 120～1 000 mm，送入颚式破碎机进料口。进料口配置液压破碎锤，将大块物料（直径>1.5 m）预先破碎，然后颚式破碎机再将物料破碎至粒径为 0～120 mm。棒条给料机的筛下物进入除泥筛，除泥筛筛下渣土（粒径<4 mm）送至渣土场，筛上物（粒径为 4～120 mm）和颚式破碎机的排料一并通过皮带输送机输送至二级破碎段。在输送过程中先后经过人工分选、磁选设备除铁和吹风清除塑料、木屑等物质。在二级破碎段，圆锥破碎机将粒径为 0～120 mm 的物料破碎至粒径为 40 mm 以下。来料以废砖石为主时，转向皮带将破碎后的物料直接输送至无机堆料场，作为无机混合料等低端资源化产品使用。来料以混凝土料为主时，转向皮带将破碎后的物料输送至二级筛分机，粒径大于 31.5 mm 的物料由回料皮带机重新送回圆锥破碎机的进料口，其他物料进一步筛分为 0～5 mm、5～10 mm、10～31.5 mm 三种粒径，分别用于不同的资源化利用场景。工艺流程如图 7.7 所示。

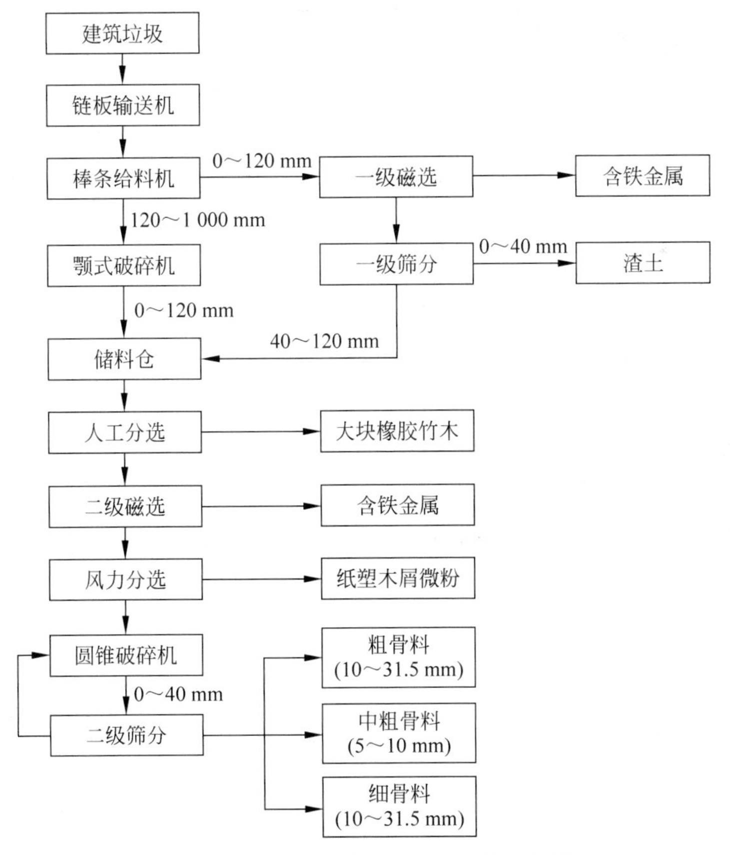

图 7.7　建筑垃圾破碎及分选工艺流程图

再生骨料可以用于生产再生混凝土，并进一步加工成墙体材料，表 7.8 为再生混凝土砌块的原料配比。生产采用混凝土砌块成型机。

表 7.8　再生原料混凝土砌块原料配比

原料名称	质量占比/%	原料名称	质量占比/%
PC32.5 水泥	15	天然细砂	15
粉煤灰	4	再生细骨料	10
天然碎石	27	复合外加剂	1
再生粗骨料	23	水	5

除了再生骨料外，生产得到的橡塑、纸类和竹木材料可以加工为 RDF，用作生物质燃料，而金属材料送至相应的回收厂。

7.7.2 主要设备

建筑垃圾生产再生骨料的生产线涉及的主要设备如表 7.9 所示。利用再生骨料生产再生混凝土砌块采用一体化设备，不再展开讨论。

表 7.9　建筑垃圾生产再生骨料的主要设备

序号	设备名称	型号及规格	单位	数量
1	板链输送机	单套 100 t/h	套	2
2	棒条给料机	分离粒径 120 mm，单台 100 t/h	台	2
3	颚式破碎机	给料口 1 060 mm×700 mm，出料粒径 120 mm 以下，单台 100 t/h	台	2
4	圆振动筛(除泥筛)	分离粒径 40 mm	台	2
5	人工分选平台	—	台	2
6	磁选设备	—	套	4
7	风选设备	—	台	2
8	圆锥破碎机	给料尺寸 150 mm，出料粒径 40 mm 以下，单台 100 t/h	台	2
9	圆振动筛	第一层孔径：31.5 mm 第二层孔径：20 mm	台	2
10	圆振动筛	第一层孔径：10 mm 第二层孔径：5 mm	台	2
11	皮带输送机	—	台	8
12	控制系统	—	套	2

7.7.3 除尘防噪

在处理建筑垃圾的过程中产生的灰尘主要来自于物料堆置时自然通风产生的扬尘，以及卸料、破碎、输送和筛分等环节产生的扬尘。一方面，堆置物料上方应设置透水防尘布，并定期定量喷水，防止物料扬尘；另一方面，在处理过程中，应尽可能地把建筑垃圾加湿，加湿物料的喷嘴一般设在进破碎机的皮带机和筛分设备后的皮带机上方。宽度小于 800 mm 的皮带设一个，1 000～1 400 mm 宽的皮带设两个。

在厂房内，为了保障空气质量要求，应设置有全空间的通风除尘系统。通风量按2～3次/h的换气率设定。含尘空气经负压收集进入到脉冲袋式除尘器中，净化后排放。除尘风管尽量不处于水平位置，必要时，应在管道上设清扫口。

在厂房外，厂区围挡上每隔2 m设置水雾喷头，定期或视作业情况开启，增加厂区湿度。内部道路设置洒水车，定时喷洒，减少路面扬尘。

建筑垃圾的处理过程中会产生大量噪音，一方面要充分考虑厂区位置和作业时间，减少对周边环境的影响，另一方面要采取一定的降噪措施。针对单个设备，可以通过设置隔音罩、增加减振等措施进行降噪处理；针对厂房车间，可以对地面、墙面、吊顶使用吸隔音材料，门窗使用隔音门窗，或者在设备之间设立轻质隔音墙增大吸隔音面积；针对厂区，可以在围墙附近设置绿植或隔音板屏障，减少噪声外溢。

固体废物的填埋处置

填埋处置是利用土地将固体废物进行掩埋的一种处理方法，其发展历程大体分为堆置法、简易填埋和卫生填埋几个阶段。堆置法是各国曾经普遍采用的固体废物处理手段，有时还会用土掩埋。随着固体废物产生量的增加、成分的复杂化，简单的掩埋已经不能很好地控制固体废物产生的污水和臭味，因此发展了简易填埋场。简易填埋场会适当考虑选址，减少对居民的直接影响，有时还会进行覆土或者收集一部分渗滤或漫流的污水。到了20世纪30年代，美国对传统的填埋方式进行改良，提出了“卫生填埋”的概念。卫生填埋场可以对垃圾渗滤液和填埋气体进行有效控制，包括了衬垫系统、覆盖系统、渗滤液收集和处理系统以及气体收集和处理系统，这意味着卫生填埋可以实现固体废物的无害化。我国的卫生填埋技术起步较晚，1987年我国第一个垂直防渗的天子岭填埋场建成，1988年我国第一部卫生填埋技术标准《生活垃圾卫生填埋技术规范》颁布，这标志着我国正式进入了卫生填埋阶段。深圳市下坪固体废弃物填埋场于1997年建成，采用了水平防渗衬层和渗滤液、填埋气收集处理系统，是我国第一座符合国际标准的卫生填埋场。2000年后，我国生活垃圾焚烧处理获得了快速发展，虽然卫生填埋量还在持续加大，但填埋比例逐渐降低。相对于其他处理方法，卫生填埋的建设成本和处理成本较低，不受固体废物成分的影响，还可以回收利用填埋气，仍然是一些经济落后地区固体废物的主要处理手段。然而，由于填埋场占用土地资源，不能实现固体废物的可持续处理，减少填埋已经成为全球共识，也是我国垃圾分类和无废城市建设工作推动的主要目标之一。尽管如此，为了解决其他处理设施产生的无机残渣处置问题，满足区域固体废物的应急处理需求，还应该保留适当的卫生填埋处理能力。

8.1 卫生填埋的基本原理

卫生填埋的基本原理是，将垃圾填入相对封闭的空间，使有机质在微生物作用下逐渐降解，产生CO_2、CH_4和水分，同时一部分有机质转化为稳定的腐殖质；通过导排系统收集填埋过程中产生的渗滤液和填埋气，进行妥善处理，防止二次污染。现代卫生填埋场的基本结构包括堆体、表面覆盖层(含防渗层)、底部防渗层、渗滤液收集系统和填埋气收集系统等，如图8.1所示。

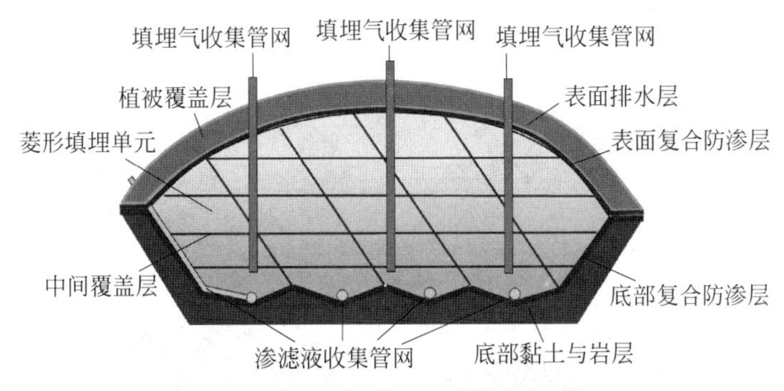

图 8.1　填埋场基本结构示意图

8.1.1　填埋场的类型

卫生填埋场可以分为多种类型，它们的原理相同，但采用了不同的结构形式和运行方法。卫生填埋场的基本操作是：每日垃圾堆成规整的菱形单元，堆体完成后进行覆土，覆土厚度 0.15～0.30 m；覆土之上可以进行第二层的堆置。如果是最终覆土，则土层厚度一般为 0.5～0.7 m，以便于封场后的土地利用。

按地理位置不同，卫生填埋场可以分为陆地填埋场和海上填埋场。海上填埋场建造复杂且成本较高，仅在土地资源匮乏而又靠海的国家有建造，如日本和新加坡。海上填埋场一般在近海岸浅海处构筑护岸，利用护岸围成的空间作为填埋空间，护岸通常采用沉井、钢筋混凝土、抛石等方法构筑。防渗措施一般采用垂直防渗，主要包括帷幕灌浆、地下连续壁等措施。垃圾直接填入填埋场中与海水接触，待垃圾逐渐填埋后再抽出被污染的海水，处理后排放。在潮湿地区，如沼泽、潮汐洼地等建设填埋场，也面临海上填埋场类似的问题，可以采用类似的方法进行处理。由于海上填埋场对海洋具有潜在威胁，大多数国家使用陆地填埋场。陆地填埋场利用自然地形或人工构筑的储留空间来堆放垃圾，同时建设必要的防渗系统以及二次污染物的收集、处理和排出系统，并最终使垃圾得以稳定化处理。后文主要讨论陆地填埋场。

根据所在位置的地形条件，陆地填埋场可以分为地面填埋场、开槽填埋场、坡地填埋场和谷地填埋场(见图 8.2)。地面填埋场用于地形平坦、地下水位浅的地区，例如北京的阿苏卫填埋场。填埋开始时，首先建土坝作为外围屏障，在坝内沿坝长方向堆置垃圾，形成连续的条形堆体并压实，堆体高度一般为 1.8～3.0 m，堆体长度取决于场地条件，通常为 2.4～6.0 m。开槽填埋场适用于地下水位较深的地区。填埋开始时，首先挖掘一个条形槽，满足当日的垃圾填埋量，然后将挖出的土方筑成条形土堤。将垃圾堆置在槽中压实并覆土。典型沟槽的长度为 30～120 m，深度 1～2 m，宽度 4.5～7.5 m。沟槽填平后可以参考地面填埋场的运行方式继续使用。在地下水位足够深的地区，沟槽还可以挖得更深，以满足更多垃圾的填埋需求，但填埋场结构需要考虑垃圾堆体在地下受到的土层压力，防止堆体变形和防渗层破裂。坡地填埋场利用 1～2 面的山坡进行构建，例如海口的颜春岭填埋场。依靠山坡可以减少土方工程量，易于水平防渗和收集渗滤液。谷地填埋场是利用山谷、矿坑、沟壑等地形进行填埋，例如深圳的下坪填埋场。谷地填埋无需进行土方量巨大的地面开挖，作业模式可以参考地面填埋场，但无需筑造土坝。如果谷底较为平整，第一层填埋还可以使用开槽方式，然后再利用地面填埋方式。谷地填埋场封场后，上表面高度应稍高于谷口上沿，以免积水。

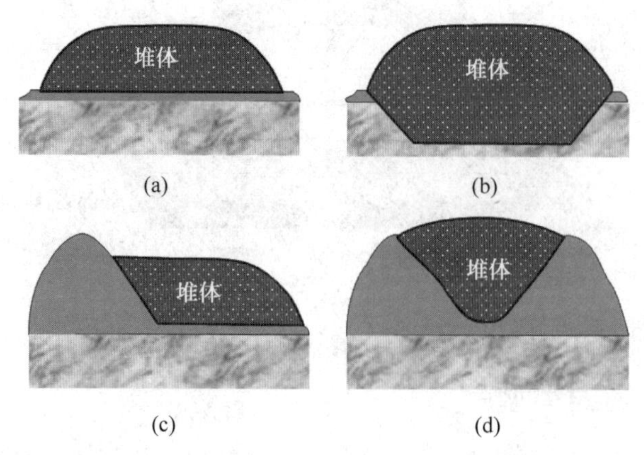

图 8.2 按地形划分的四种填埋场类型

(a) 地面填埋场；(b) 开槽填埋场；(c) 坡地填埋场；(d) 谷地填埋场

根据填埋场中垃圾降解的机制，填埋场可分为厌氧填埋场、好氧填埋场和准好氧填埋场。厌氧填埋场是普遍使用的类型，它利用垃圾堆体、覆土和衬层结构形成的厌氧环境进行有机质的厌氧降解。厌氧填埋场结构简单，无需强制通风供氧，投资和运营费少，同时不受气候条件、垃圾成分和填埋高度的限制，适应性广。在厌氧条件下产生的填埋气含有 50%～65%的甲烷，可以收集作为燃料，是有机固废资源化的重要途径。针对有机质厌氧降解速率较慢的缺点，可以在垃圾堆体内布设通风管网，用鼓风机向堆体内送入空气，使垃圾在好氧条件下进行降解，这就构成了类似于好氧堆肥的好氧填埋场。有机质好氧降解的速率快，垃圾堆体产生的高温(60℃左右)可以杀灭病原微生物，垃圾很快稳定，堆体迅速沉降，可以增加一定时期内的垃圾填埋量。通风和高温还会增强水分的蒸发，从而减少渗滤液的产生。然而，通风系统的建设和运行费用很高，同时也增加了填埋场的结构复杂程度，使其运维难度较高，因此好氧填埋场很少使用，特别是大中型的填埋场。为了降低好氧填埋场的建设和运行费用，可以利用填埋场的集水井(收集渗滤液)，将其末端敞开，空气从开放的集水管口吸进来，向填埋层中扩散，促进有机物分解。剩余的空气和好氧分解产生的二氧化碳等气体温度较高，向上扩散，穿过垃圾间隙，由排气设施排出。填埋场地表层、集水管附近、立渠或排气设施周围部分为好氧状态，但空气无法到达的填埋层中央区域等处则仍为厌氧状态，这种方式称为准好氧填埋。准好氧填埋在运行费用上与厌氧填埋相当，但可以加速有机物的分解。然而，人们很难控制大型填埋场不同区域的状态并进行分区域的气体收集，这就导致从填埋场排出的气体中甲烷含量下降，不仅填埋气利用价值降低，而且会增加甲烷这种温室气体的无组织排放，因此，准好氧填埋场也很少应用。

厌氧填埋是目前卫生填埋场的主要工艺，后文讨论主要针对厌氧填埋。厌氧填埋场产生的渗滤液是一种难处理的高浓度有机废水，通过将渗滤液回灌到堆体，可以减少渗滤液的处理负担，并利用堆体中的微生物进一步降解渗滤液中的有机质，回灌的渗滤液还可以调节堆体含水率，提高微生物的活性，加速堆体稳定。这种回灌渗滤液的厌氧填埋场也叫生物反应器填埋场。然而，生物反应器填埋方式会导致盐分在填埋场系统内循环，持续增加渗滤液的金属离子浓度，加大渗滤液处理难度。因此，这一方法一般用于填埋场运行的初期，该阶段渗滤液中含有较多的易降解有机酸等，通过回灌，可以促进有机质的降解，提高渗滤液pH，降低重金属浓度。

8.1.2　有机质的降解过程

在垃圾填埋的开始阶段，由于垃圾缝隙中残留有氧气，有机质主要在好氧微生物作用下降解，大分子有机物(如多糖、蛋白质等)被胞外酶分解成简单的有机物，还可能进一步转化为小分子有机酸乃至CO_2。填埋场是一个相对封闭的结构，和外界空气交换很少，而垃圾中残留的氧气有限，因此好氧降解持续时间不长。好氧阶段有机质降解释放出的热量可使垃圾堆体温度升高10～15℃，这一阶段类似于好氧堆肥。

垃圾堆体内氧气耗尽后进入厌氧降解阶段，兼性厌氧菌和真菌开始活跃。大分子有机物(如淀粉、纤维素、蛋白质和脂肪等)首先被水解发酵细菌降解为可溶解的小分子有机物(如葡萄糖、甘油、氨基酸和脂肪酸等)。有机酸的产生降低了堆体的pH，浸出液COD升高，同时还含有钙、铁、重金属离子和氨。该阶段的主要特征为填埋气体中含少量N_2、H_2和高分子有机气体，但仍以CO_2为主，基本上不含CH_4。随着厌氧降解进程，垃圾堆体进入到产酸阶段，起主导作用的是兼性和专性厌氧细菌，上一阶段的产物被转化为挥发性脂肪酸(VFAs)和醇。这一阶段产生的主要气体仍然是CO_2，也会生成少量H_2。大量有机酸的产生使渗滤液pH降低至4～6，重金属溶解，COD、BOD快速升高。到产甲烷阶段，在产甲烷菌的作用下，乙酸和H_2被转化为CH_4和CO_2。随着有机物的消耗，渗滤液的COD和BOD逐渐降低，pH逐渐升高并维持在6.8～8.0，重金属离子浓度降低，CH_4体积分数保持在50%～65%。

上述三个步骤与厌氧消化的有机质降解过程相似。当填埋场内易于生物降解的组分被基本消耗完后，微生物活性明显降低，填埋场进入晚期，填埋气产生速率显著降低，主要成分依然是CH_4和CO_2，渗滤液中出现难降解的腐殖酸。

8.1.3　影响有机质降解的因素

垃圾填埋场相当于一个庞大的厌氧生物反应器，有机质的降解过程同样受到环境条件和操作参数的影响，如垃圾组分、密度、温度、pH、渗滤液回灌等。

1. 垃圾组分

根据生物降解的难易程度，可将垃圾中的组分分为四类：①不可降解组分，如金属、陶瓷、玻璃等；②难降解组分，如塑料、橡胶等；③可降解组分，如纸类、织物、木头等；④易降解组分，如餐厨垃圾、果蔬垃圾等。这些组分进行生物降解所需的时间不同，易降解组分的降解时间一般为1～3年，可降解组分的降解时间一般是20～35年，而难降解组分的降解时间可能超过50年。

2. 含水率

水分在微生物活动中扮演了重要角色，一方面水分是微生物成长所需的物质，另一方面水分也是传输反应物质的介质。因此，垃圾含水率越高，垃圾堆体内的传质更加快捷，微生物活性更高，垃圾降解速率也越高。当含水率过低时，微生物活性受到抑制。

3. pH

大部分微生物在中性条件下活性最高，部分微生物可以适应微碱性或微酸性的环境。例如，许多产酸菌可以在 pH 为 4～10 生存，但产甲烷菌对 pH 非常敏感，仅能在 pH 为 6.8～8.0 保持活性。对于一般的生活垃圾，填埋开始阶段会有有机酸产生，pH 下降，但 pH 能够很快恢复至中性。当垃圾中含有较强的酸性或碱性物质，堆体 pH 难以自然恢复时，需要考虑对垃圾进行预处理。

4. 温度

填埋场中的厌氧微生物大部分在中温(30～40℃)条件下能够保持较高的活性，而温度较低时，微生物活性会降低；温度过高时，微生物也会失活。对于生活垃圾填埋场，有机质在降解过程中会释放热量，垃圾堆体内部的温度一般高于环境温度，能够维持微生物的活动。南方填埋场垃圾的稳定化进程快于北方填埋场，但考虑到工艺复杂性和成本问题，垃圾填埋场一般不进行温度控制。

5. 压实

垃圾在进场后倾倒入填埋位，呈现出松散堆体的状态，此时进行压实，可以使垃圾堆体体积减小，增加填埋场单位空间的填埋量。此外，适度的压实还可以增加垃圾堆体内不同颗粒之间的接触，促进堆体内部的物质传递，加速生化反应速率。对于大件垃圾，在填埋前还应该进行破碎处理，以便于压实。

6. 渗滤液回灌

渗滤液是垃圾填埋场底部收集的含难降解物质的高浓度有机废物，将其回灌到填埋场可以增加垃圾含水率，改善营养物的补给和分布，一般有利于甲烷产生，但是渗滤液的循环也会增加其中的盐分含量，增大渗滤液处理难度。

8.1.4 填埋气的产生和特征

1. 填埋气产生量计算

填埋场是固体废物处理系统中温室气体排放的主要来源。填埋气中主要含有 CH_4 和 CO_2，除此之外，填埋气中还含有一些微量成分。填埋气的产生量取决于垃圾组分、填埋场条件和天气条件。根据固体废物组分和元素比例，可以依据厌氧条件下有机质转化甲烷的化学方程式推测其理论最大产气量(式(8-1))，即 1 mol 有机碳可以产生 1 mol(标准状态下 22.4 L)的填埋气，或 1.867 m^3/kg 有机碳，该值高于实际的产气量。这样，填埋场单位质量垃圾的最大产气量可以用式(8-2)表示。

$$C_nH_aO_b + \left(n-\frac{a}{4}-\frac{b}{2}\right)H_2O \longrightarrow \left(\frac{n}{2}-\frac{a}{8}+\frac{b}{4}\right)CO_2 + \left(\frac{n}{2}+\frac{a}{8}-\frac{b}{4}\right)CH_4 \tag{8-1}$$

$$L_0 = 1.867 \cdot \mathrm{DOC} \cdot \mathrm{DD} \tag{8-2}$$

式中，L_0 为单位质量垃圾的最大产气量，m^3/kg；DOC 为固体废物中可降解有机碳的比例（主要来自于生物固体），政府间气候变化专门委员会（IPCC）推荐东亚国家生活垃圾的DOC缺省值为15%；DD为实际分解的可降解有机碳比例，可以根据模拟实验确定。单位质量固体废物的理论最大产气量，对于经压缩转运的生活垃圾，产生的填埋气为200～400 m^3/t，相应的甲烷产率为100～200 m^3/t。

IPCC使用了类似方法估算填埋过程的甲烷产量，如式(8-3)所示。

$$Y_m = \mathrm{DOC} \cdot \mathrm{DD} \cdot F \cdot (1 - \mathrm{MCF}) \cdot 16/12 \tag{8-3}$$

式中，Y_m 为单位固体废物的产甲烷量，kg/kg；F 为填埋气体中 CH_4 的体积比例，可以按50%计；MCF为甲烷氧化因子（覆土中甲烷被微生物氧化的比例），厌氧填埋场可取0%；16/12为 CH_4/C 分子量比率。

该方法考虑了有机质实际降解的效率。在此基础上，还可以给出不同组分（如纸类、厨余、粪渣、污泥等）中可降解有机碳的降解比例，获得更精确的填埋气产生量，即

$$Y_m = \sum_{i=1}^{n} \mathrm{DOC}_i \cdot \mathrm{DD}_i \cdot F_i \cdot (1 - \mathrm{MCF}) \cdot 16/12 \tag{8-4}$$

式中，DOC_i 为固体废物中 i 组分的可降解有机碳比例；DD_i 为 i 组分的可降解有机碳的实际降解比例；F_i 为 i 组分可降解有机碳降解后产生的填埋气中甲烷的比例。

上述方法可以估计填埋气的产生总量。实际上，填埋气一般会在固体废物填埋后的10年内逐步产生、释放。我国生活垃圾有机组分以易降解的厨余垃圾为主，产气周期更短，大约为5年。为了估计固体废物填埋后逐年的填埋气产生情况，还可以利用一级动力学模型描述有机质的厌氧降解规律，再考虑不同组分的有机质降解速率不同，就可以得到常用的Gardner公式，即

$$Y_m = \mathrm{DOC} \cdot F \cdot \sum_{i=1}^{\lambda} x_i (1 - e^{-k_i t}) \cdot 16/12 \tag{8-5}$$

式中，Y_m 为某一时刻填埋的垃圾，从填埋开始到第 t 年的累积甲烷产量，kg/kg；x_i 为 i 组分中DOC占全部DOC的比例，i 表示垃圾中的不同组分，共有 λ 种。得到不同组分 i 的有机质降解速率常数(k_i)后，就可以建立某一时刻填埋的垃圾在以后年份的累积甲烷产生情况。该方法假设各组分的DOC可以全部转化为 CH_4 和 CO_2，而实际上一部分可降解有机碳会转化为腐殖酸，进入渗滤液，或者以挥发性有机碳的形式排放到大气中，因此计算结果会比实际值略高。我国《生活垃圾填埋场填埋气体收集处理及利用工程技术规范》(CJJ 133—2009)中采用了类似方法：

$$Y = ML_0(1 - e^{-kt}) \tag{8-6}$$

式中，M 为某一时刻填埋的垃圾量，t；Y 为这一部分垃圾从填埋开始到第 t 年的累积产气量，m^3；k 为垃圾产气速率常数，1/a；t 为垃圾从填埋开始算起的时间，a。

为了进一步获得每年的填埋气产生量，首先需要计算某一时刻填埋的垃圾在某一年份的产气速率，对于某一时刻填入填埋场的固体废物，其填埋气体产生速率为

$$Y_t = ML_0 k e^{-kt} \tag{8-7}$$

式中，Y_t 为所填埋垃圾在 t 时刻（第 t 年）的产气量。

对于经历多年运行的填埋场，其产气速率为

$$Y_n = \sum_{t=1}^{n-1} M_t L_0 k \mathrm{e}^{-k(n-t)} \quad (n \leqslant f)$$
$$Y_n = \sum_{t=1}^{f} M_t L_0 k \mathrm{e}^{-k(n-t)} \quad (n > f) \tag{8-8}$$

式中，Y_n 表示填埋场在投运后第 n 年的填埋气产气速率，m^3/a；n 为填埋场投运年至计算年的年数，a；M_t 表示第 t 年填埋的垃圾量；f 为填埋场封场时的填埋年数，a。L_0 和 k 均有与垃圾特征有关，如果填埋场处置的固体废物组分逐年变化明显，这两个参数也应逐年调整。进一步地，有机组分还可以分为易降解组分、可降解组分和难降解组分，它们的产气速率系数 k 为 0.2、0.1～0.15 和 0.03，这可以更加精确地分析产气情况。

2. 填埋气的特征

填埋气中除了 CH_4 和 CO_2 外，还含有多种其他气体。这些气体的比例随着填埋进程不断变化（见图 8.3）。我国生活垃圾中厨余垃圾占比很高，而厨余垃圾中的有机物易于生物降解，因此垃圾填埋后很快开始产气并达到产气高峰，随后产气量会迅速衰减。同时，一些降解相对缓慢的有机质仍在产气，因此填埋气的产生会持续较长时间。在填埋气产生的稳定期，其组成如表 8.1 所示。

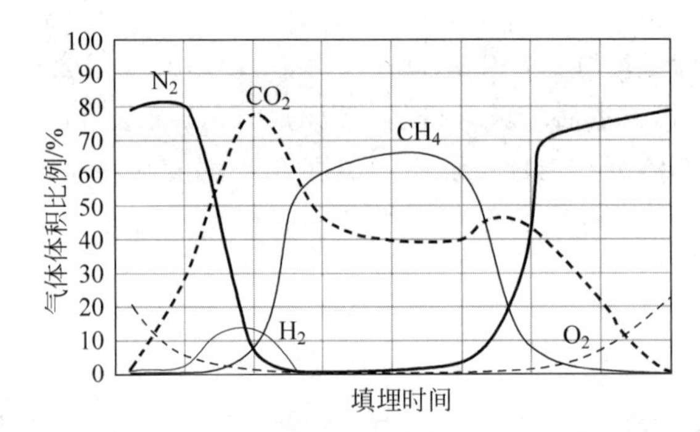

图 8.3　垃圾填埋气成分随填埋时间的变化

表 8.1　垃圾填埋场稳定产气阶段的典型气体组分

成　　分	体积比例/%	成　　分	体积比例/%
CH_4	45～60	NH_3	0.1～1.0
CO_2	40～60	H_2	0～0.2
N_2	2～5	CO	0～0.2
O_2	0.1～1.0	其他	0.01～0.6
硫化物	0～1.0		

填埋场气体产量和组成受多种因素的影响，如垃圾的组分、填埋方式和环境条件等。如果垃圾中有机质含量少，则气体产生量也相对少，速率也相对较慢；如果垃圾中水分很少，则微生物活动受限，气体产生减少。在天气寒冷时，微生物活性降低，气体产率也会下降。同一填埋场不同位置的垃圾组分可能有差异，因此填埋气的产率和组成也会发生变化。标准状态下甲烷热值为 35.8 MJ/m^3，填埋气热值随甲烷比例的变化而改变。

当填埋气生成后，气体浓度高于周边环境，会导致气体的扩散。同时，垃圾堆体内的压力和温度较高，氢气和甲烷密度较小，填埋气会通过对流的方式向周围扩散。因此，需要采用收集管道将这些气体收集起来进行处理和利用，否则可能导致填埋气排放到大气中，造成二次污染，增加温室气体排放，甚至可能使气体进入到地下非饱和的土壤或岩隙，或者溶解进入地下水中，进而横向迁移至周边的构筑物中。甲烷在空气中的爆炸极限在5%～15%，如果填埋气逃逸到填埋场外与空气混合，则存在安全隐患。影响气体流动的因素很多，包括填埋场的结构、覆盖层、气体导排系统等。降低填埋场外部包围结构（如最终覆土层和底部、侧面防渗层）的渗透性，可以阻挡气体向外泄漏，增加垃圾堆体内的导排系统的通透性（如采用鹅卵石填充），可以促进气体向导排系统迁移，进而将其收集起来加以利用。

虽然填埋气中 CH_4 和 CO_2 为主要成分，但微量的恶臭组分会严重影响周边居民，因此是垃圾填埋场环境敏感性的重要原因。填埋场的恶臭气体大都具有高挥发性、亲水性和亲脂性的特点，主要包括两类：一是垃圾中原来含有的异味物质，如各类药剂和塑料制品挥发产生的芳香类物质、卤代烃等；二是垃圾中的有机物经微生物厌氧分解后的产物，包括硫化物、一些烃类和有机胺等。一般认为，含硫化合物是填埋场恶臭的主要原因。

8.1.5　渗滤液的产生和特征

垃圾渗滤液有时也被称为渗沥液、浸出液。渗滤液是垃圾填埋过程中由垃圾和覆土所含游离水、生化反应生成水、地表径流入渗、降雨入渗、地下水入渗等形成的高浓度有机废水。渗滤液的生成量受填埋场构造、降雨量、地表径流、地下水位、垃圾含水率、蒸腾作用等因素的共同影响。

1. 渗滤液的产生量

填埋场运行初期，垃圾中的水分会形成渗滤液排出，因此渗滤液产生量较大。我国生活垃圾含水率很高，渗滤液产生量甚至可以达到500～600 L/t。通常填埋场要求入场垃圾的含水率在60%以下，以防止堆体不稳定或产生大量渗滤液。当填埋场进入稳定运行期间，渗滤液产生量可以用下式计算：

$$Q=\frac{I\times(C_1A_1+C_2A_2+C_3A_3+C_4A_4)}{1\,000} \tag{8-9}$$

式中，Q 为渗滤液的产生量，m^3/d；I 为多年平均日或月降雨量，mm/d，数据充足时，I 宜按20年的数据计取，数据不足20年时，按现有全部年数据计取；A_1 为作业单元汇水面积，m^2；C_1 为作业单元渗出系数，一般为0.4～1.0，可参考表8.2选取；A_2 为中间覆盖单元汇水面积，m^2；C_2 为中间覆盖单元渗出系数，当采用膜覆盖时宜取(0.2～0.3)C_1，生活垃圾降解程度低或埋深小时宜取下限，生活垃圾降解程度高或埋深大时宜取上限，当采用土覆盖时宜取(0.4～0.6)C_1，若覆盖材料渗透系数较小、整体密封性好、生活垃圾降解程度低及埋深小时宜取低值，若覆盖材料渗透系数较大、整体密封性较差、生活垃圾降解程度高及埋深大时宜取高值；A_3 为终场覆盖单元汇水面积，m^2；C_3 为终场覆盖单元渗出系数，宜取0.1～0.2，若覆盖材料渗透系数较小、整体密封性好、生活垃圾降解程度低及埋深小时宜取下限，若覆盖材料渗透系数较大、整体密封性较差、生活垃圾降解程度高及埋深大时宜取上限；C_4

为渗滤液调节池的汇水系数，当渗滤液有覆盖系统，该值为0，反之则为1；A_4 为调节池的汇水面积，m^2。

表 8.2 生活垃圾填埋场正在作业单元浸出系数 C_1 取值表

有机物含量	年降雨量≥800 mm	400 mm≤年降雨量<800 mm	年降雨量<400 mm
>70%	0.85～1.00	0.75～0.95	0.50～0.75
≤70%	0.70～0.80	0.50～0.70	0.40～0.55

注：若填埋场所处地区气候干旱、进场生活垃圾中有机物含量低、生活垃圾降解程度低及埋深小时宜取高值；若填埋场所处地区气候湿润、进场生活垃圾中有机物含量高、生活垃圾降解程度高及埋深大时宜取低值。

2. 渗滤液的特征

不同时期的渗滤液水质特性不同。垃圾填埋初期的渗滤液COD最高，含有各类有机酸、醇、烃、酚等，其中约90%的可溶性有机碳是易生物降解的挥发性脂肪酸（VFAs），因此BOD较高，生化性较好。该阶段，渗滤液的pH较低，因此金属离子溶出较多且浓度较高，非重金属离子主要有Ca、Mg、Na、K、Fe等，重金属离子主要有Zn、Cu、Cd、Pb、Ni、Cr、Hg等。与此同步，渗滤液中的溶解性固体含量一般在填埋场运行到0.5～2.5年达到高峰。随着厌氧生化反应的进行，VFAs等可降解有机质大量矿化，而中等分子量的富里酸和高分子量的胡敏酸比例增加，因此渗滤液中的BOD和COD开始下降，BOD/COD变低，可生化性变差。随着有机酸的不断矿化以及含氮有机物的降解，渗滤液pH接近中性，氨氮浓度增加，最高可达10 000 mg/L，占总氮的85%～90%。随着pH的升高，渗滤液中的金属离子形成沉淀，因此浓度下降。与此同步，总溶解性固体含量也开始下降。渗滤液中磷含量特别是磷酸盐含量通常较低，总磷（TP）含量多在100 mg/L以下。相应地，渗滤液的BOD/TP多在300以上，要进行生化处理，还需要补充适量的磷。渗滤液中含有腐殖酸类物质和显色的金属离子时，通常呈淡茶色、深褐色或黑色，具有较高的色度。表8.3和表8.4分别为生活垃圾填埋场渗滤液的典型水质和离子浓度。需要注意的是，填埋场渗滤液中的矿物成分主要取决于所填埋的固体废弃物和覆土的性质，各地差异较大。

表 8.3 国内生活垃圾填埋场（调节池）渗滤液典型水质

参　　数	初期渗滤液	中后期渗滤液	封场后渗滤液
BOD_5/(mg/L)	4 000～20 000	2 000～4 000	300～2 000
COD/(mg/L)	10 000～30 000	5 000～10 000	1 000～5 000
NH_4^+-N/(mg/L)	200～2 000	500～3 000	1 000～3 000
SS/(mg/L)	500～2 000	200～1500	200～1 000
pH	5～8	6～8	6～9

表 8.4 生活垃圾填埋场渗滤液中的离子浓度　　mg/L

参数	国外典型填埋场	参数	国内某填埋场
Ca	1 000	Pb	26.8
Mg	250	Cr	196
Na	500	Ni	133

续表

参数	国外典型填埋场	参数	国内某填埋场
K	300	Mn	124
Fe	60	As	4.1
Cl^-	500	Hg	1.7
SO_4^{2-}	300	Cu	39.4
		Cl^-	1 540

8.2　卫生填埋场的结构

8.2.1　底部防渗系统

填埋场底部和四壁设置有防渗层(水平防渗),可以阻止垃圾渗滤液污染周围的土壤和地下水、避免地下水侵入填埋场和阻止填埋气体向周围地区的横向迁移。渗滤液的渗透量可以用达西定律计算:

$$Q_p = A \times K \times \frac{\Delta H}{L} \tag{8-10}$$

式中,Q_p 为渗滤液的渗透量,m^3/d;A 为防渗层的渗透面积,m^2;K 为渗透系数,m/d;L 为防渗层的厚度,m;ΔH 为渗滤液深度,m;$\Delta H/L$ 表示防渗层的水力梯度。渗滤液的渗透会导致环境风险,而防渗层的设计目标就是使这一环境风险降低到可接受的水平。根据式(8-10),要达到这一目标,就要选择合适的防渗结构(减小 K 值),建立优化的排水管道(降低水头,从而减小 ΔH)。

填埋场底部常用的防渗材料有低渗透性的天然黏土层、压实黏土、高密度聚乙烯(HDPE)薄膜和膨润土垫层。如果天然基础层饱和渗透系数小于 1.0×10^{-7} cm/s,且厚度不小于 2 m,可采用天然黏土防渗衬层,天然黏土经压实后达到上述要求也可以。我国很多地区并不能满足上述要求,故需要采用复合防渗衬层,其核心通常是 HDPE 膜,厚度一般不小于 1.5 mm,其下的黏土层厚度一般不小于 75 cm。为了保护 HDPE 膜不被垃圾中的尖锐物质破坏,上下还要设置保护层,通常为土工布。防渗层通常布置在稳固的地质基础上。为了使渗滤液尽快排走,减小防渗层上的渗滤液水头,还应在防渗层上布置渗滤液导流层。排水材料主要有碎石、粗砂、土工网和土工织物等,厚度一般不小于 30 cm。为了防止颗粒垃圾进入渗滤液导流层,堵塞流道,在渗滤液导流层上还要设置反滤层。如果地下水位较高,在基础层和防渗层之间还会设置地下水导流层,以及防止颗粒进入导流层的反渗层。反滤层和反渗层通常使用土工滤网,规格不小于 200 g/cm^2。填埋层底部复合衬层结构见图 8.4。

除了底部防渗,有些填埋场还需要进行垂直防渗,即在渗滤液渗漏路径上进行垂直帷幕灌浆,进一步降低整个过水断面岩土层的平均渗透系数,减少渗漏量。垂直防渗多用于山谷型填埋场的底部防渗。我国早期的许多填埋场没有使用防渗结构,存在渗滤液泄漏问题,针对这些简易填埋场进行整治时,除了采用开挖后异位处理等方式外,在原位置可以采用帷幕灌浆方式进行适当补救。注浆材料可以使用水泥砂浆、水泥黏土复合材料等,注浆的位置需

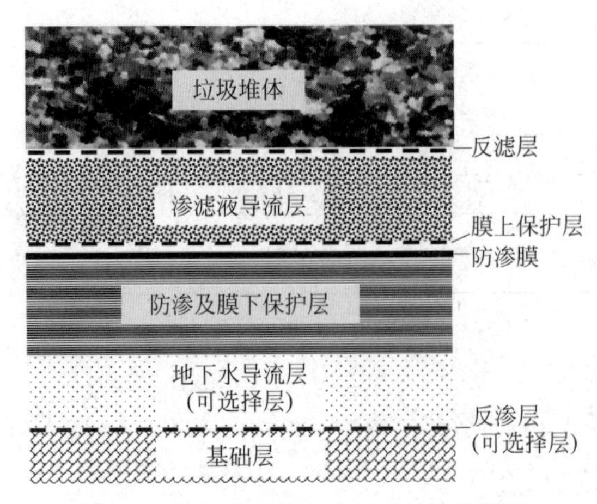

图 8.4 填埋场底部复合衬层结构示意图

要结合地质条件确定,地基渗透性较强的部位可采用双排灌注或多排灌注。需要注意的是,垂直防渗只是通过延长渗漏路径来延缓渗漏,并不能避免渗漏,也不能阻挡填埋气的横向迁移,单独使用垂直防渗并不能满足卫生填埋场的标准。

8.2.2 渗滤液收集处理系统

在防渗的基础上,还需要把填埋场中淤积的渗滤液收集起来,送至处理系统。渗滤液淤积后,渗滤液水头增加,可能导致底部防渗系统失效,过量的渗滤液穿透底部防渗层,会污染地下水体。渗滤液大量淤积时,还可能从填埋场边缘渗出,导致地表水污染,同时使填埋气不能及时收集或排出,导致填埋场内部孔隙增大,剪切力下降,进而使垃圾堆体失稳,有可能产生滑坡等安全问题。

渗滤液收集系统也称作导排系统,由排水层、集水槽、多孔集水管、集水坑、提升管、潜水泵和调蓄池等组成。排水层也称作导流层,位于填埋场的底部、防渗层的上方,通常由带孔的渗滤液收集管道和周围包裹的砾石组成。渗滤液汇集后进入集水坑,再利用潜水泵将渗滤液提升至地面,进入调蓄池。由于渗滤液成分复杂,容易在管路中结垢,结垢原因包括物理沉积(细小颗粒积聚)、化学结垢(形成不溶性化合物)和生物结垢(形成生物膜)等,这些因素往往共同作用。收集系统的堵塞会造成渗滤液在填埋场底部的淤积,因此应注意监测并及时清洗或替换管道。

调蓄池是填埋场主要的恶臭污染源之一,需要加盖密封,并进行除臭处理。进入调蓄池的渗滤液,特别是早期渗滤液,可以回灌到填埋场内,利用堆体中的微生物降解其中的有机物,并通过蒸发减少渗滤液产生量,但反复回灌易造成氨氮和盐分的积累,对后续处理不利。理论上,少量渗滤液可以直接利用附近的生活污水处理厂处理,但需要避免对污水处理厂造成冲击。这就要求一方面要控制渗滤液的水质,可以通过预处理适当降低渗滤液的 COD、BOD 和 SS 浓度等污染物指标;另一方面可以控制渗滤液的水量,根据污水处理厂的最大负荷,使加入渗滤液后的进水指标波动不超过 5%~10%。

在实际工作中,从便于管理的角度,我国《生活垃圾填埋场污染控制标准》(GB 16889—2008)中要求,填埋场必须建设渗滤液处理设施,达标后直接排放(见表 8.5)。其中,对于环境比较敏感或管理严格的地区，应满足特别限值的要求。参考《城镇污水处理厂污染物排放标准》(GB 18918—2002)，特别限值实际上已经相当于污水处理厂一级B的排放标准。在此基础上，一些城市根据自身情况要求渗滤液处理达到当地市政污水排放标准，例如《城镇污水处理厂污染物排放标准》(GB 18918—2002)中的一级A标准、《地表水环境质量标准》(GB 3838—2002)中的Ⅲ类标准。

表8.5 生活垃圾填埋场水污染物排放质量浓度限值与特别限值

序　　号	控制污染物	限　　值	特别限值
1	色度/(稀释倍数)	40	30
2	化学需氧量 COD_{cr}/(mg/L)	100	60
3	生化需氧量 BOD_5/(mg/L)	30	20
4	悬浮颗粒物/(mg/L)	30	30
5	总氮/(mg/L)	40	20
6	氨氮/(mg/L)	25	8
7	总磷/(mg/L)	3	1.5
8	粪大肠菌群数/(个/L)	10 000	10 000
9	总汞/(mg/L)	0.001	0.001
10	总镉/(mg/L)	0.01	0.01
11	总铬(mg/L)	0.1	0.1
12	六价铬/(mg/L)	0.05	0.05
13	总砷/(mg/L)	0.1	0.1
14	总铅/(mg/L)	0.1	0.1

为达到上述要求，渗滤液处理一般采用“预处理＋生物处理＋深度处理”的组合工艺。

预处理工艺常采用物化处理方法，如沉淀、吸附、过滤和氨氮吹脱等，这些处理可以降低渗滤液中COD，氨氮、悬浮颗粒物(SS)等污染物的浓度，以适应生化处理的要求。为了降低渗滤液中的氨氮浓度，常用的处理方法有氨吹脱、气水分离膜法等。

生物处理法包括好氧生物处理、厌氧生物处理及两者的结合。好氧生物处理技术主要采用活性污泥法，其他方法还包括稳定塘、生物转盘和滴滤池等。好氧生物处理能有效降低COD、BOD以及氨氮浓度，并除去铁、锰等金属，但曝气费用较高。厌氧生物处理技术包括厌氧生物滤池(AF)、上流式厌氧污泥床(UASB)、内循环反应器(IC)、膨胀颗粒污泥床(EGSB)等，运行费用较低，污泥量少，但水力停留时间长，有机负荷低，去除率相对较低，对温度变化较敏感。为了实现COD和总氮的有效去除，渗滤液处理通常采用好氧和厌氧的组合工艺，如厌氧-好氧工艺(AO)、厌氧-缺氧-好氧工艺(AAO)、序批式活性污泥法(SBR)等。同时，为了增加活性污泥浓度，减少污泥产率，降低出水SS浓度，也经常使用膜生物反应器(MBR)，包括传统的好氧MBR以及正在发展的厌氧MBR(AnMBR)。

生化法适宜处理富含可降解有机物的初期和中期渗滤液，而晚期渗滤液的BOD低，有机质主要是腐殖酸类物质，用生化法处理效果较差，此时就需要进行深度处理。深度处理采用物化法，包括混凝沉淀、活性炭吸附、膜过滤和高级氧化等。膜分离组合工艺(超滤、纳滤、反渗透等)经常用于生化处理尾水的进一步净化，膜分离的出水可以达到水质要求。纳滤出水率为80%～85%，反渗透出水率为70%～75%，串联后的出水率约为60%，剩下的为膜分离产生的浓缩液，占渗滤液的40%。浓缩液可以回喷到填埋场，但盐分累积会影响生化系统微生物活性和膜处理系统通量。浓缩液含有高浓度的腐殖酸等难以生化降解的有机质，可以采用蒸发法将水分蒸干，残渣送回填埋场。处理浓缩液的机械蒸发、高效蒸发、浸没燃烧蒸发等方法，存在易堵塞、电耗高的问题，除了浸没燃烧蒸发器外，许多蒸发设施不能长期稳定运行。浓缩液还可以采用高级氧化法处理，如臭氧过氧化氢氧化、芬顿氧化、电催化氧化、超临界水氧化等，可以将腐殖酸等物质氧化分解乃至矿化，但高级氧化法一般占地面积较大，运行费用高，无法去除重金属及总氮。

通过将上述不同方法组合，可以达到不同排放标准的要求。图8.5为一种典型的垃圾渗滤液处理工艺，其中浓缩液可以回灌填埋场或送焚烧厂焚烧，也可以利用高级氧化手段进行有机质矿化，而剩下的杂盐作为危险废物进行安全填埋。

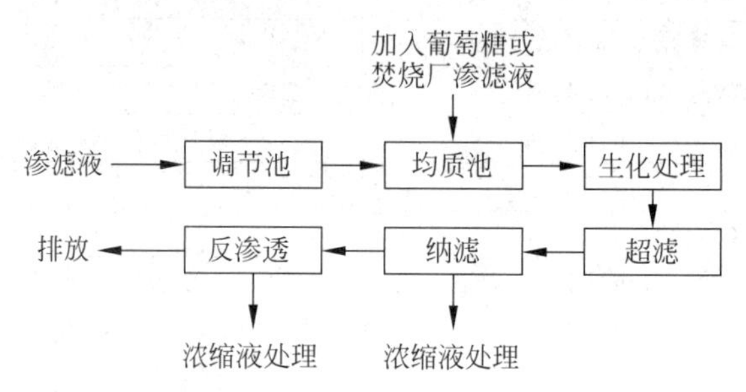

图8.5　典型填埋场渗滤液处理工艺流程

8.2.3　表面覆盖系统

当填埋场填满后，就要进行封场，其中最主要的工作就是对垃圾堆体进行表面覆盖。表面覆盖的目的是封闭填埋堆体，避免内外气体、液体的交换，防止渗滤液、填埋气的无组织泄漏，防止地表径流和地面降水入渗。为了达到上述目的，表面覆盖系统也具有复合结构，一般包括植被层、排水层、防渗层、排气层，如图8.6所示。

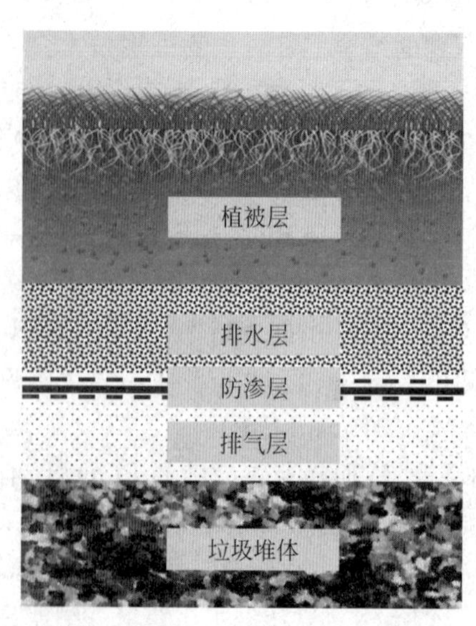

图8.6　填埋场表面覆盖系统示意图

植被层用于封场后的绿化，恢复自然景观，保护封顶系统不受风、霜、雨、雪和动物的侵害。植被层的土壤厚度一般不小于50 cm，其中营养土层不少于15 cm，以利于植被生长。植被层通常无需压实，但为避免填筑过松，土料要用施工机械至少压上两遍。植株应采用根系较浅的植物，避免穿透防渗层。

排水层位于植被层之下，防渗层之上。穿透植被层的降雨或地表径流，由排水层收集并向填埋场两侧排出，从而减少径流对植被层土壤的破坏，并保护防渗层柔性薄膜衬垫不受植物根系、紫外线及其他有害因素的损害。排水层采用粗粒或多孔材料，厚度不宜小于30 cm。边坡宜采用土工复合排水网，厚度不应小于5 mm，也可采用加筋土工网垫，规格不宜小于600 g/m^2。

防渗层采用高密度聚乙烯(HDPE)土工膜或线性低密度聚乙烯(LLDPE)土工膜,厚度不应小于 1 mm,膜上应敷设非织造土工布,规格不宜小于 300 g/m^2,膜下应敷设保护层。采用黏土时,黏土层的渗透系数不应大于 1.0×10^{-7} cm/s,厚度不应小于 30 cm。

防渗层下方是排气层,通常由砂石或多孔材料构成,用于收集向上逸出的填埋气,并将其输送到集气井或集气管中,厚度不小于 30 cm,边坡宜采用土工复合排水网,厚度不应小于 5 mm。

封顶后,随着垃圾堆体中有机质的降解,堆体体积会减少,从而导致填埋场顶部发生沉降,这就有可能产生沟壑,沟壑易汇集地表径流,影响密封效果。因此,在封顶时,一般采用向上凸起的形式,使沉降后的封顶仍然可以避免产生局部洼地。

8.2.4 填埋气收集利用系统

填埋气的迁移与填埋场的构造以及所处地质条件有关。在堆体内部压力和温度梯度的作用下,填埋气可以通过对流和扩散作用向上迁移。填埋气还可能在透过填埋场防渗层后通过土壤或岩石的裂隙横向迁移,并最终释放到环境中。甲烷气体易燃,经过长距离迁移后释放导致的安全风险不容易被关注到,因此需要进行环境监测和预警。在填埋气的组分中,CO_2 的密度是 CH_4 的 2.8 倍,因此 CO_2 也可能向下迁移并最终聚集在填埋场底部。对于采用天然土壤衬层的填埋场,CO_2 可能通过扩散作用穿过衬层,最终溶于地下水,生成碳酸使地下水 pH 降低,增加地下水的硬度和矿化度。为了避免上述风险,也为了减少填埋气中 H_2S、NH_3 等有害气体的释放,充分利用填埋气中的 CH_4,一般要将填埋气进行收集、净化和利用。

常用的收集系统可分为被动集气系统和主动集气系统(见图 8.7)。被动集气系统是利用填埋场内气体产生的压力进行收集,没有额外的动力系统,结构简单且投资少,适合填埋量小、填埋深度浅和产气量低的小型垃圾填埋场。大多数大中型填埋场采用主动集气系统,即外加抽气动力系统,使管路内部呈现负压,该系统结构相对复杂且投资较大。主动集气系统包括导气井(导气盲沟)、输气管、气泵等。导气井为竖井,直径大于 60 cm;导气盲沟为水平孔槽,深度和宽度不小于 1 m。

导气井中放置预制的 HDPE 套管,其上部无孔,周边填充膨润土封闭井口,密封厚度为 3~5 m;下部有孔,周边填充粒径 1~5 cm 的碎石,用于收集填埋气。套管直径不小于 10 cm,开孔为长条形孔,开孔率大于 2%。导气井从填埋场表面向下直通填埋场底部,其深度超过垃圾填埋深度的 2/3,但井底距场底应大于 5 m,并采取保护底部防渗层的措施。导气井作用范围应覆盖垃圾填埋区域。垃圾堆体中部的主动导气井间距不应大于 50 m,沿堆体边缘布置的导气井间距不宜大于 25 m。导气井井口表面套管的顶部应安装上气流控制阀,然后和填埋场表面的输气管联在一起。井口还可以安装流量计和气体取样口,用于对局部填埋气产生的规律和组分进行监测。导气盲沟的中心管采用柔性连接,管内径不小于 15 cm,导气盲沟水平间距 30~50 m,垂直间距 10~15m。

填埋气在垃圾堆体内部压力的作用下向低压的导气井或导气盲沟迁移汇聚,并进一步输送至输气管。输气管一般设计成环状网络,以调节气流分配并防止系统压力因场外气流变化而下降。水平输气管应有适当坡度,在最低点通过重力收集冷凝水,以防止冷凝水堵塞管路;同时还要避免因不均匀沉降引起的堵塞。输气总管的计算流量不应小于最大产气年份小时产气量的80%。

导气井和集气管的负压由抽气设备提供。抽气设备置于高度略高于集气管末端的建筑物内,并在气泵之前的管路上设置冷凝水排除装置。抽气设备的大小、型号和压力等设计参数均取决于系统总负压的大小和需抽取气体的数量。抽气设备最大流量应为设计流量的1.2倍,最小升压应满足克服填埋气体输气管路阻力损失和用气设备进气压力的需要。抽气流量应能随填埋气产气速率的变化而调节,气体收集率不宜小于60%。

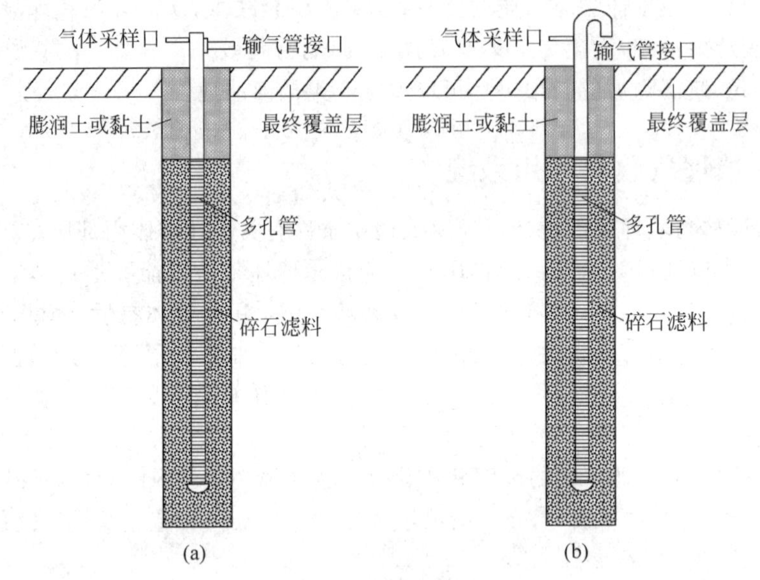

图8.7 填埋场集气系统的结构示意图
(a) 主动集气系统;(b) 被动集气系统

收集到的填埋气量较大时,应考虑对填埋气进行净化、利用。填埋气可用于燃烧产热或燃烧发电,还可以脱除二氧化碳后获得高纯度的甲烷,作为人工天然气。当填埋气产量超过锅炉、发电机组额定负荷时,多余的填埋气可以利用火炬燃烧掉。甲烷是一种典型的温室气体,需通过燃烧去除。火炬一般采用封闭式,与开敞式相比,封闭式火炬的烟气停留时间较长,有较高的氧化温度和较好的焚毁效果。当填埋场收集到的填埋气量较少时,可以直接利用火炬燃烧去除。填埋气的净化和利用与沼气类似,不再展开讨论。

8.3 安全填埋的特殊要求

根据处理对象的不同,填埋场可以分为卫生填埋场和安全填埋场。前者主要用于处理生活垃圾,也称作生活垃圾填埋场。相对于卫生填埋场,安全填埋场采取了更严格的环境保护措施,用于处理危险废物。危险废物的填埋,应遵循《危险废物填埋污染控制标准》(GB 18598)的要求。安全填埋场处置的危险废物主要是稳定的无机废弃物,如飞灰、有毒矿渣等,这些废弃物应具有相容性,不应相互剧烈反应释放气体、热量乃至爆炸。医疗废物、液态废物不能在安全填埋场处置。相对于生活垃圾填埋场,危险废物填埋场的环境管理要求更高,如必须采用特殊的防渗结构,必须对防渗层进行定期检测,渗滤液排放限值更低等,这也提高了危险废物填埋场的建设和运行成本。

危险废物填埋场包括柔性填埋场和刚性填埋场两种，前者采用双人工复合衬层作为防渗层（见图 8.8），后者采用钢筋混凝土作为防渗阻隔结构（见图 8.9）。柔性填埋场造价低，但对地质条件要求高，对建设质量和运行管理要求高，不易发现渗漏，修复难度也较大，后期养护费用较高。当地质条件较差时，应选择刚性填埋场。刚性填埋场受地质条件限制少，渗漏污染容易发现和控制，管理难度较小，但建设成本较高。

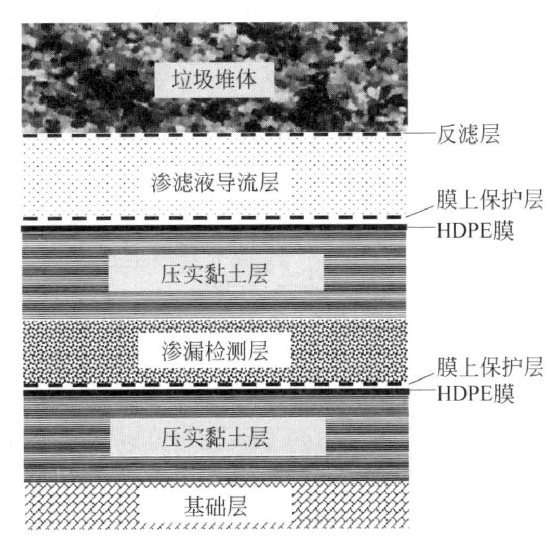

图 8.8 柔性危险废物填埋场的双人工复合衬层结构

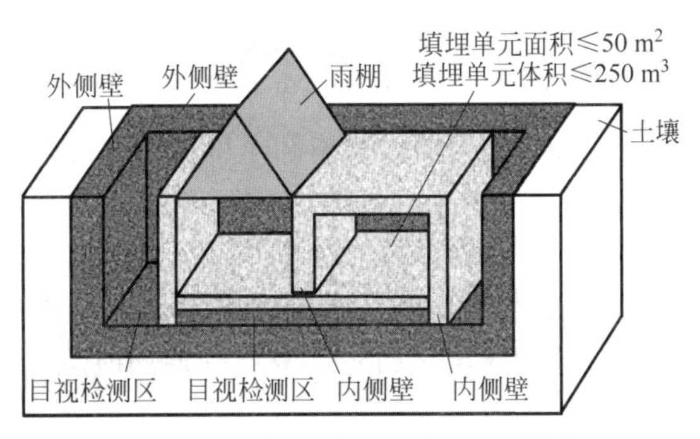

图 8.9 刚性危险废物填埋场的结构

8.4 填埋场的运行管理

1. 日常运行

垃圾进入填埋场后经地衡称重计量，再按规定的速度和线路运至填埋作业单元，进行卸料、推铺、压实和覆盖，最终完成填埋作业。当天运到填埋场的垃圾需铺散成厚度为 40～75 cm 的薄层，然后压实并覆盖一层厚 20～25 cm 的砂土。垃圾层和覆盖层构成填埋单元，具有同样高度且相互衔接的填埋单元构成一个填埋层，当填埋到最终的设计高度后进行封场覆盖。

在填埋场底部铺设防渗系统,在顶部设置封场覆盖系统,以控制垃圾堆存过程中的污染。垃圾堆存产生的渗滤液和填埋气也应及时收集并导排出来进行处理,达标后排放。

由于填埋区的构造不同,不同填埋场采用的具体填埋工艺也不同,在地下水位较高的平原地区一般采用平面堆积法进行填埋;在山谷型的填埋场可采用倾斜面堆积法进行填埋;在地下水位较深的平原地区可采用掘埋法进行填埋;在沟壑、坑洼地带的填埋场可采用填坑法进行填埋。无论何种填埋方法,都主要由卸料、推铺、压实、覆土等步骤构成,典型卫生填埋工艺流程如图 8.10 所示。

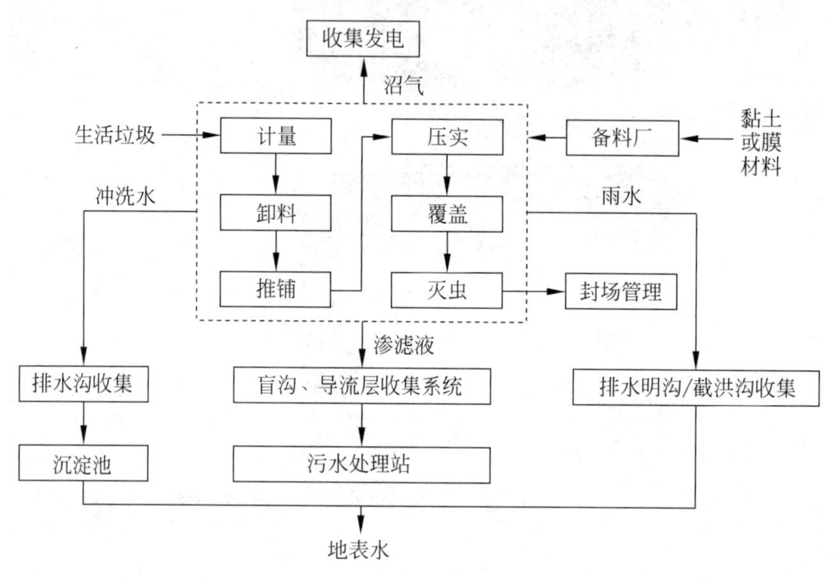

图 8.10　典型垃圾填埋工艺

(1) 卸料。城市各生活垃圾收集点的垃圾用翻斗车、集装箱、专用垃圾船或铁路专用车箱运送到填埋场,经计量和质量判定后进入场内,在指定的单元作业点卸料,对于大型填埋场通常要分若干单元进行填埋。采用填坑作业法卸料时,一般设置了过渡平台和卸料平台。而采用倾斜面作业法时,则可直接卸料。每一单元的生活垃圾高度宜为 2～4 m,最高不得超过 6 m。单元作业宽度按填埋作业设备的宽度及高峰期同时进行作业的车辆数确定,最小宽度不宜小于 6 m。单元的坡度不宜大于 1∶3。

(2) 推铺压实。垃圾的推铺由推土机完成,一般每次垃圾推铺厚度达到 30～60 cm 时进行压实。压实垃圾可以增加填埋场的容量,延长使用年限;增加填埋场强度,防止不均匀沉降导致的坍塌;减少垃圾孔隙率,利于形成厌氧环境,减少渗入垃圾层中的降水量及蝇、蛆的滋生。大型填埋场采用专用压实机,它具有羊角型碾压轮,还可起到破碎作用,使垃圾填埋体更致密。垃圾压实后密度一般大于 600 kg/m^3。

(3) 覆盖。每一单元作业完成后进行覆盖。采用 HDPE 膜和 LLDPE 膜覆盖时,膜的适宜厚度为 0.5 mm,采用土覆盖适宜厚度为 20～25 cm,采用喷涂覆盖的涂层干化后的适宜厚度为 6～10 mm。每一作业区完成阶段性高度后,暂时不在其上继续填埋时,应进行中间覆盖。黏土覆盖层厚度宜大于 30 cm,膜厚度不宜小于 0.75 mm。填埋作业达到设计标高后,应进行封场覆盖。

(4) 灭虫。苍蝇幼虫在温度适宜时的孵化会导致垃圾倾倒区出现大群苍蝇,此时需要按照规范喷洒杀虫药剂来控制。同时还要进行灭鼠、除臭等工作。

2. 监测

填埋场周边的天然土层内均应埋设气体监测设备,以避免甲烷泄漏对周围居民产生危害。埋设监测设备的孔常用空心钻杆打至地下水位以下或填埋场底部以下处,孔内放一根套管用来取气样。钻孔用细小的碎石和任何一种封闭材料包括膨润土回填,地面设置有封闭帽的钢管以保护套管。

在填埋场下游要定期检测地下水水质,防止地下水污染。为反映地下水水质变化,一般在填埋场地下水上游 30~50 m 处设置本底井一口,在填埋场地下水主管出口处设置排水井一眼,在垂直填埋场地下水走向的两侧各 30~50 m 处设置污染扩散井两眼,在填埋场地下水流向下游 30 m、50 m 处各设置污染监测井一眼。大型填埋场可以适当增加监测井的数量。

填埋场要定期检测防渗衬层的完整性和导排系统的有效性,保证它们的正常运行。当衬层上的渗滤液深度大于 30 cm 时,应及时采取有效措施排除积存的渗滤液。

3. 封场管理

填埋场填埋垃圾达到设计标高后要进行封场,封场作业应参考《生活垃圾卫生填埋场封场技术规范》(GB 51220)。

封场系统的建设可与生态恢复相结合,并防止植物根系对封场土工膜产生损害。封场后要对渗滤液和填埋气进行定期监测。

除了定期监测外,有些简易填埋场需要进行清理,有些卫生填埋场经若干年封场后存在土地复用的需求。此时需要将矿化的垃圾挖出进行处理。在开挖前,一般需要先对堆体进行通风供氧,并收集排出的气体进行净化。这可以迅速改变填埋场的厌氧状态,促进有机质的降解,从而减少开挖过程导致的臭气和甲烷气体的泄漏。挖出的垃圾可以通过筛分将大块垃圾和细颗粒物分开,后者主要由土壤和降解后的腐殖质组成。筛上物可以通过进一步分选回收金属、玻璃、塑料等材料,塑料可以用于加工衍生燃料,筛下物可用于土地修复。

8.5 卫生填埋场设计

1. 处理需求分析

首先要调查当地的生活垃圾产生量并预测未来一定时间内的垃圾产生情况,然后根据当地的垃圾处理规划、填埋场运营期限和规模计算填埋场每年需要填埋处置的垃圾量和运营期内总的垃圾处置量。在此基础上就可以计算填埋作业量、填埋气和渗滤液的产生量。

2. 填埋场选址

填埋场场址应符合当地的城市发展和环境总体规划要求,避免位于环境敏感区域,如城市人口密集区、水源保护地、军事管控区等。《生活垃圾填埋场污染控制标准》(GB 16889—

2008)中要求,生活垃圾填埋场场址应避免对周围人群产生不可接受的环境与健康风险,包括渗滤液、大气污染物(含恶臭物质)、滋养动物(蚊蝇、鸟类等)等因素,具体由环境影响评价决定。我国《生活垃圾卫生填埋处理技术规范》(GB 50869—2013)中要求,填埋库区与敞开式渗沥液处理区的边界与居民居住区或人畜供水点的卫生防护距离应不少于500 m,距河流和湖泊不少于50 m,距机场不少于3 km(避免飞鸟干扰航空器)。

填埋场场址还应避免地质不稳定的区域,如破环性地震及活动构造区、活动中的坍塌滑坡和隆起地带、活动中的裂带、石灰岩溶洞发育带、废弃矿区的活动塌陷区、活动沙丘区、海啸及涌浪影响区、湿地、尚未稳定的冲积扇及冲沟地区、泥炭以及其他可能危及填埋场安全的区域。同时,生活垃圾填埋场选址的标高应位于重现期不小于50年一遇的洪水位之上,并建设在长远规划中的水库等人工蓄水设施的淹没区和保护区之外(拟建有可靠防洪设施的山谷型填埋场,并经过环境影响评价证明洪水对生活垃圾填埋场的环境风险在可接受范围内,选址标准可以适当降低)。同时,填埋场底部最好高于地下水位,它们之间相隔的岩石层或黏土层稳定且渗透率低。

填埋场的选址还应考虑经济性,它与场地的规模、容量、征地费用、运输费、操作费等多种因素有关。一方面,场址应尽量靠近垃圾产生源(在保障环境安全的前提下),另一方面,场址应易于施工,并具有较大的库容。

3. 填埋场库容

填埋场库容应保证填埋场使用年限在10年及以上,特殊情况下不应低于8年。填埋场日平均填埋量可以根据城市环境卫生专业规划和该工程服务范围的生活垃圾现状产生量及预测产生量和使用年限确定。填埋场的库容与选址密切相关,有些场地的库容不能满足垃圾处置需求,也就无法作为有效场址。

填埋场的库容可以用网格法计算,即将填埋场按水平面划分为若干个边长10～40 m的正方形,然后核对每个正方形对应的封场后填埋场内的垃圾堆体高度,得到网格对应的棱柱的体积,再将各个棱柱体积相加,即可得到总库容,如下式所示:

$$V=\sum_{i=1}^{n}a^2(h_{i1}+h_{i2}+h_{i3}+h_{i4})/4 \tag{8-11}$$

式中,V为填埋场总库容,m^3;n为网格的数量;a为正方网格的边长,m;h_{i1}、h_{i2}、h_{i3}、h_{i4}分别为第i个网格各个角点的高度,m。

填埋场可供填埋垃圾的有效库容为总库容除去防渗系统、覆盖层和封场所占的库容。即

$$V'=V-A_1h_1-\alpha_2V-A_3h_3 \tag{8-12}$$

式中,V'为填埋场有效库容,m^3;A_1为防渗层面积,h_1为防渗层厚度;α_2为覆盖层占填埋场总库容的比例,由覆盖层厚度与堆体厚度之比决定,通常为1.5%～3.0%,当采用土工膜代替黏土作为覆盖层时,该值可近似为0;A_3为封场后顶部和边坡覆盖层的总面积,m;h_3为最终覆盖层的厚度,m。

垃圾压实后的密度达到0.6 t/m^3以上,经过降解稳定后还可以进一步提升至0.8 t/m^3,据此可以计算填埋场可以容纳的垃圾质量(需要去掉覆盖层占据的容积)。

4. 垃圾坝

根据填埋库容的需求，确定填埋场封场后的各处标高，对于不满足标高条件的山坡等位置，要建设垃圾坝进行围挡。垃圾坝的建设应符合相关规范要求。垃圾坝应用较多的是混凝土坝、浆砌石坝和土石坝。前两者属于重力坝，体型较小，但对地质条件要求较高。土石坝坝体较大，耗用的材料较多，占用一定的库容，但对地质条件要求较低。

5. 防渗层

填埋场侧面和底部的防渗层可以参考8.2.1节的内容，通常采用以HDPE膜为核心的复合防渗结构。对于地下水位较高的地区，在填埋场底部设置地下水导排层。在填埋场底部沿场地长度方向开挖一条主沟，在垂直于主沟方向在场底间隔20 m处设置次盲沟。主盲沟内先铺设一层10 cm厚的细砂垫层，其上铺设DN300的穿孔HDPE管；类似地，次盲沟内铺设DN200的穿孔HDPE管；然后用粒径20～60 mm的级配碎石填充主盲沟和次盲沟；最后用300 g/m^2 的无纺土工布将碎石和HDPE管包裹起来形成反滤层。

6. 渗滤液收集与处理

渗滤液的产生量可以参考8.1.4节计算。渗滤液处理可以参考如下案例(见图8.11)。该项目处理的主要是中晚期渗滤液，采用“预处理＋MBR生化系统＋多级膜过滤＋浓液蒸发”的组合工艺。在该工艺中，混凝沉淀可以去除部分大分子有机物和部分无机颗粒，降低生化系统的负荷。在MBR系统中，硝化-反硝化过程可以去除大部分的可生物降解有机质和氨氮，为了保证出水总氮浓度达标，还可以采用两级AO进行强化。MBR系统出水进入到纳滤系统，纳滤浓缩液中含有难生物降解的大分子有机物，主要是腐殖酸，分离出的腐殖

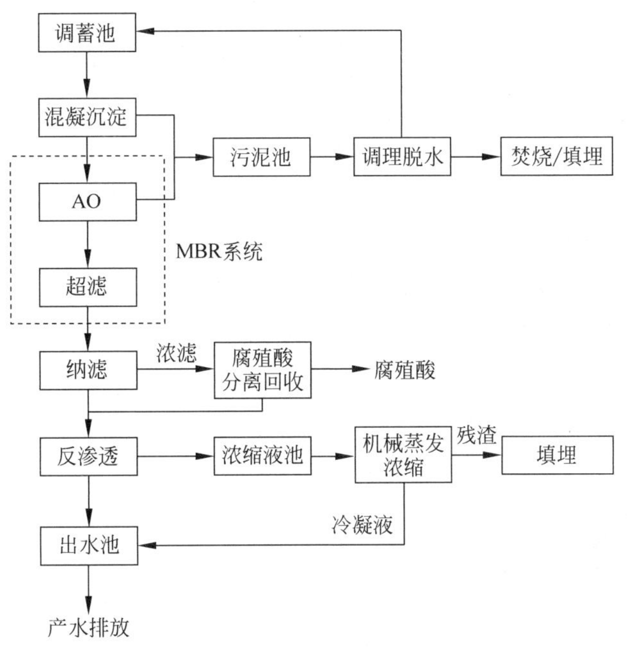

图8.11　生活垃圾填埋场渗滤液处理工艺案例

酸可以加工成有机肥。纳滤系统出水可以进入到反渗透系统,浓缩液经机械蒸发浓缩,获得盐分残渣,进行填埋处置,而冷凝液和出水一并进入到出水池,获得达标的清水。

7. 填埋气收集与利用

填埋气的产生量可以参考8.1.3节计算。填埋气的利用可以参考如下案例(见图8.12)。填埋气首先进入凝液罐,去除水分,再经粗过滤器去除粒径大于50 μm的杂质,再经罗茨风机将填埋气提升至一定压力后,进入脱硫塔脱硫,经过冷干机脱水,然后在吸附塔去除硅氧烷和其他挥发性有机物。净化后的填埋气进入脱碳环节。首先经过滤器去除颗粒物,经加压后进入冷干机实现降温脱水,再通过电加热器升温至45℃,经过多级颗粒过滤器和油过滤器后,进入两级膜提纯系统。第一级膜分离后,净化气为甲烷,进入到第二级膜分离系统;渗透气为二氧化碳,可直接排放。第二级膜分离后,纯化的甲烷可以作为人工天然气外售或进入管网,渗透气也含有部分甲烷,重新回到压缩机加压,进入到提纯过程。

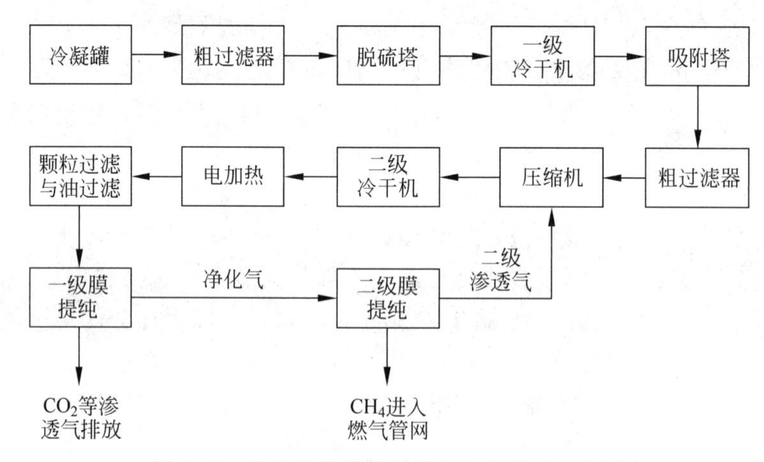

图8.12 生活垃圾填埋场填埋气利用工艺案例

固体废物处理的碳排放

减量化、资源化和无害化是固体废物处理处置的基本原则。随着无害化处置目标的达成，许多经济发达地区开展了大量的减量化和资源化行动，以减少处置负担、节约土地，并降低自然资源的消耗。围绕这一目标，"3R"原则在国际上被广泛采用，即 Reduce、Reuse 和 Recycle。体现了固体废物减量化、资源化的三个层次，即首先遏制过度消费、改善产品设计，减少固体废物的产生；其次是强化废旧物资的流通和再使用；最后是将固体废物转化为新的原材料、原件或能源后重新进入生产通道。这些原则设立的目的，是减少固体废物的污染风险，回收固体废物中所蕴涵的资源和能源。随着人们对全球气候变化问题认识的深入，固体废物处理过程中释放的温室气体受到了越来越多的关注，同时固体废物利用带来的减排效应也成为重要的减缓气候变化措施。在全球许多国家启动"碳达峰、碳中和"行动的背景下，"低碳化"已经成为固体废物管理的新要求。正确评估固体废物处理的碳排放和减排潜力，是优化固体废物管理体系的核心内容之一。

9.1 全球气候变化与碳减排

全球气候变化是人类共同面临的巨大挑战。人为活动引起的全球气候变暖对地球生态安全和人类生存发展带来了严重威胁。全球气候变暖是由于大气中温室气体不断积累，导致温室效应，使地表温度上升的现象。温室效应是指透射阳光的密闭空间由于与外界缺乏热对流而形成的保温效应，即太阳短波辐射可以透过大气射入地面，而地面增暖后放出的长波辐射却被大气中的 CO_2、H_2O 和 CH_4 等物质所吸收，并将一部分反射回地球，从而使大气变暖、地表升温的现象。全球气候变暖会导致更多的气候灾害，如旱灾和洪涝，还会使冰川和冻土消融，使海平面上升，不仅危害自然生态系统的平衡，还威胁着人类的生存和发展。

9.1.1 国际行动

1988 年，世界气象组织（WMO）和联合国环境署（UNEP）共同建立了政府间气候变化专门委员会（Intergovernmental Panel on Climate Change，IPCC），用于组织研讨全球气候变化问题，并定期发布有关研究报告，逐渐明确了人为温室气体排放是造成全球气候变暖的根本原因(可能性95%以上)。所有联合国成员和世界气象组织会员国都是IPCC成员。

1992年5月22日，联合国政府间谈判委员会就气候变化问题达成《联合国气候变化框架公约》(united nations framework convention on climate change，UNFCCC)，并于1992年6月4日在巴西里约热内卢举行的联合国环境与发展大会(地球首脑会议)上通过。该公约是世界上第一个为全面控制温室气体排放以应对全球气候变暖给人类和社会带来不利影响的国际公约，该公约确定了五个基本原则："共同但有区别的责任"的原则，要求发达国家率先采取措施应对气候变化；充分考虑发展中国家的具体需要和国情；缔约方应采取措施预测、防止和减少引起气候变化的因素；尊重缔约方的可持续发展权；加强国际合作，应对气候变化的措施不能成为国际贸易的壁垒。

1997年12月，联合国在日本京都召开《联合国气候变化框架公约》缔约方第三次大会，通过了旨在限制发达国家温室气体排放量以抑制全球变暖的《京都议定书》(Kyoto Protocol)。它是《联合国气候变化框架公约》(UNFCCC)的补充条款。该议定书对各国温室气体排放都做了总量限定，是联合国历史上首个具有法律约束力的温室气体减排协议，其目标是"将大气中的温室气体含量稳定在一个适当的水平，以防止剧烈的气候改变而对人类造成伤害"。该协议要求，在2008—2012年，全球主要工业国家的工业CO_2排放量比1990年的排放量平均要低5.2%。我国于2002年8月正式核准了《京都议定书》。该议定书于2005年2月16日生效。2007年12月15日，联合国气候变化大会通过了名为"巴厘路线图"的决议，这是对《京都议定书》实施细则的补充，确定了未来强化落实UNFCCC的领域，并为其进一步实施指明了方向。

2015年12月12日，在第21届联合国气候变化大会上通过了《巴黎协定》，包括我国在内的各缔约方于2016年4月22日在联合国大厦签署该协议，并于2016年11月4日起正式实施。该协定的长期目标是将全球平均气温较前工业化时期的上升幅度控制在2℃以内，并努力将温度上升幅度限制在1.5℃以内。2021年11月13日，联合国气候变化大会在英国格拉斯哥闭幕，各缔约方最终完成了《巴黎协定》实施细则。

2020年9月22日，中国国家主席习近平在第七十五届联合国大会上发表重要讲话，中国碳排放力争于2030年前达到峰值，2060年前实现碳中和。2021年10月24日，国务院印发了《2030年前碳达峰行动方案的通知》，将固体废物资源循环利用列为重要任务之一。

9.1.2 温室气体

导致温室效应的气体称为温室气体，它们就像农业温室大棚的薄膜或玻璃，减少了地球热量向外太空的散失。常见的温室气体主要有CO_2、H_2O、CH_4、N_2O等和氟利昂等制冷剂。大气中自然存在的温室气体使地球温度长期保持动态平衡，但工业化以来，人为温室气体排放日益增多(见图9.1)，引发了快速的全球温升。

温室气体在大气中的寿命不同，因此它们的温室效应具有时效性。CH_4在大气中可存留约10年，N_2O在大气中可存留120年，而CO_2会持续存留数百年。全球变暖潜势(global warming potential，GWP)表示了这些气体在不同时间内在大气中保持综合影响及其吸收外逸热红外辐射的相对作用(见表9.1)。《京都议定书》正是基于100年以上的时间

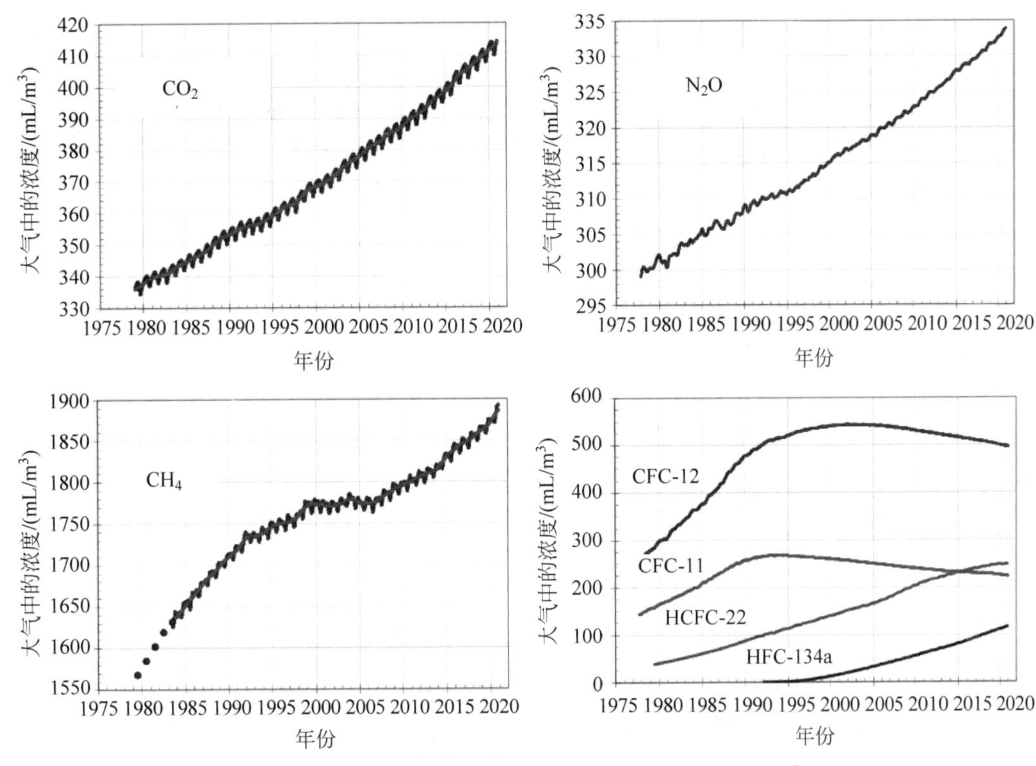

图9.1　主要温室气体在大气中的比例随时间的变化[①]

跨度内脉动排放的GWP,它是一种物质产生温室效应的一个指数。将CO_2作为参照气体,是因为它对全球变暖的影响最大。GWP100是指在100年的时间内,各种温室气体的温室效应对应于相同效应的CO_2的质量,其中,CH_4为25 kgCO_2-eq/kg,N_2O为298 kgCO_2-eq/kg。因此,多种温室气体的排放量可以统一折算为CO_2当量。这样,温室气体排放可以简称为碳排放,而温室气体减排也可以称为碳减排。

表9.1　特定时间跨度的全球变暖潜势(GWP)

气体名称	20年	100年	500年
二氧化碳	1	1	1
甲烷	72	25	7.6
一氧化氮	275	296	156
氧化亚氮	289	298	153
二氯二氟甲烷	11 000	10 900	5 200
二氟一氯甲烷	5 160	1 810	549
六氟化硫	16 300	22 800	32 600
三氟甲烷	9 400	12 000	10 000
四氟乙烷	3 300	1 300	400

① Noaa Global Monitoring Laboratory, The NOAA Annual Greenhouse Gas Index (AGGI), https://gml.noaa.gov/aggi/aggi.html。

根据美国国家海洋和大气管理局 2020 年的报告(图 9.2)①,CO_2 是大气中最重要的人为温室气体,贡献了约 66%的长寿命温室气体辐射强迫②,它主要来自于化石燃料的燃烧、森林火灾与土地开发、水泥生产等。全球每年各类人为碳排放接近 400 亿吨,其中 CO_2 是导致人为气候变化的最重要的温室气体。虽然单位摩尔的其他温室气体在使地球变暖方面比 CO_2 更强大,但人类活动排放的 CO_2 可以在大气中停留数百至数千年,使其成为最重要的温室气体。2020 年大气中 CO_2 浓度达到 4.1×10^{-4},比工业化前水平高出约 46%,是过去 80 万年甚至可能是过去 200 万年的最高浓度。工业时代 CO_2 在大气中的积累速度比过去 6 600 万年中的任何时候都要快 10 倍。

其他温室气体中,CH_4 贡献了约 17%的长寿命温室气体辐射强迫,它主要来自于湿地、反刍动物、水稻种植、垃圾填埋场等。N_2O 贡献了约 6%的长寿命温室气体辐射强迫,它来自于化肥使用和多种工业过程。需要注意的是,上述温室气体不仅来自于人为源,也来自于海洋、土壤等自然源。损耗平流层臭氧的氯氟碳化合物以及微量卤化气体贡献了约 11%的长寿命温室气体辐射强迫。

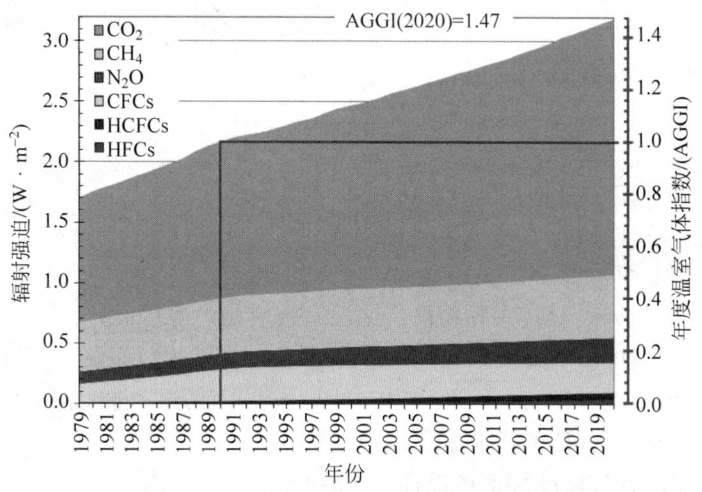

彩图 9.2

图 9.2 与长寿命温室气体相关的辐射强迫(年度温室气体指数(AGGI)以 1990 年为 1;CFC 包括氯氟碳类化合物和其他长寿命气体如 CCl_4、CH_3CCl_3 和卤代物,但是氯氟碳贡献了 95%的辐射强迫;HCFC 指的是氢氯氟烃类制冷剂,包括用量最多的 HCFC-22、HCFC-141b 和 HCFC-142b 等;HFC 指的是氢氟烃类制冷剂,包括用量最多的 HFC-134a、HFC-23、HFC-125、HFC-143a、HFC-32、HFC-152a、HFC-227ea、HFC-365mfc 和 SF6 等)③

9.1.3 碳源与碳汇

碳汇是一个碳储库,它接收来自其他碳储库的碳,或者它吸收的碳超过释放的碳,因此碳储量随时间增加。碳汇可以是一个系统或者一个区域,狭义上,碳汇是指从大气中吸收温室气体的系统或过程。全球最大的碳汇包括植物、土壤和海洋。相对地,碳源是一个碳储

① Noaa Global Monitoring Laboratory, The NOAA Annual Greenhouse Gas Index (AGGI), https://gml.noaa.gov/aggi/aggi.html。

② 由于气候系统内部变化,如 CO_2 浓度或太阳辐射的变化等外部强迫引起的对流层顶垂直方向上的净辐射变化。

③ Noaa Global Monitoring Laboratory, The NOAA Annual Greenhouse Gas Index (AGGI), https://gml.noaa.gov/aggi/aggi.html。

库，它向其他碳储库提供碳，或者它释放的碳超过吸收的碳，因此碳储量随时间减少。

全球碳图集(global carbon atlas)提供的CO_2收支平衡如图9.3所示。全球最大的碳源包括化石燃料燃烧、工业活动和毁林造地等。根据报道①，从2010—2019年，全球每年平均向大气排放39.9亿吨的CO_2，其中来自于化石燃料(煤、石油和天然气)燃烧产生的排放占所有排放量的近90%，还有一小部分来自水泥生产，其余排放来自土地利用变化(例如森林砍伐)。在排放到大气中的所有CO_2中，有大约一半留在大气中并导致气候变化，另一半被陆地(通过植被光合作用)和海洋(通过扩散)吸收。

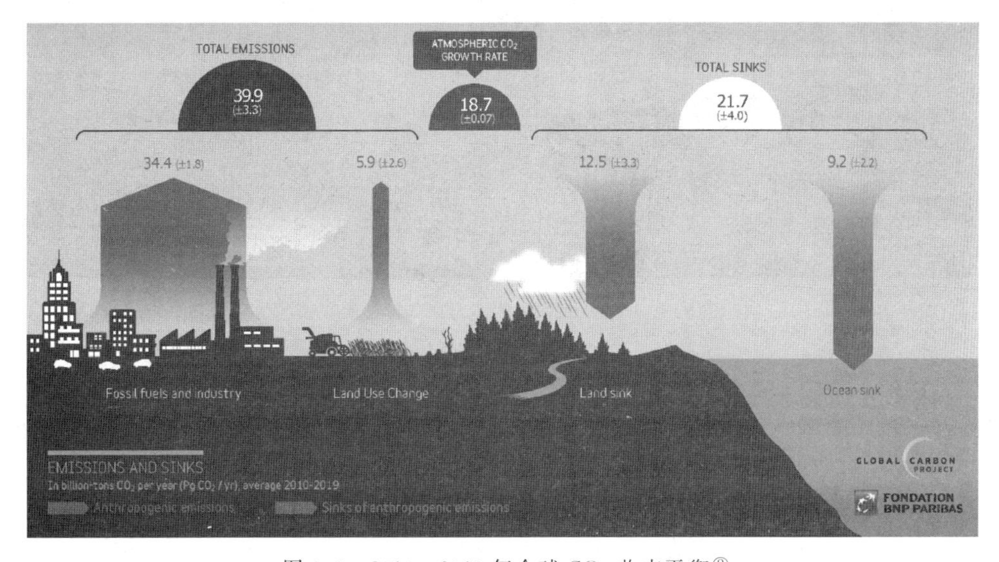

图9.3　2010—2019年全球CO_2收支平衡②

全球碳图集(global carbon atlas)提供的CH_4收支平衡如图9.4所示。约97%的CH_4年排放量因与大气中·OH自由基反应而去除。甲烷来源包括农业(例如牲畜和稻田)、废物处理和化石燃料生产和使用(煤、天然气/石油开采)中的人为排放，约占总排放量的60%。其余的来自自然排放，其中最大的一部分是由于湿地中有机物的分解。生物质燃烧包括了人为源和自然源。其他自然来源(例如地质过程、湖泊、河流、白蚁、永久冻土融化)也很重要，但这些来源的贡献还不清楚。

9.1.4　固体废物的贡献

废弃物处置作为《联合国气候变化框架公约》中明确的四种排放源之一，在温室气体减排中具有重要的地位，也是清单的重要组成部分。城市生活垃圾处理过程中释放的CH_4、CO_2和N_2O是《京都议定书》规定的重要温室气体。全球温室气体排放中，废弃物的贡献占3%～5%。来自于固体废物填埋场的甲烷排放和生活垃圾中塑料、化纤等石油化工产品的焚烧(包括露天焚烧)释放的CO_2，是固体废物温室气体排放的主要来源。我国《气候变化第三次国家信息通报》指出，2010年，我国废弃物处理贡献全国碳排放的1.32亿吨，占

① Friedlingstein et al, 2020 Global Carbon Budget 2020, Earth System Science Data。

② Friedlingstein et al, 2020 Global Carbon Budget 2020, Earth System Science Data。

图 9.4　2008—2017 年全球 CH_4 收支平衡①

1.2%。其中需要注意的是，全球固体废物产生量仍在持续增加，其中超过 2/3 未得到有效管理，因此相应的温室气体排放量仍在不断增长。随着能源结构的调整和消费强度的下降，固体废物处理对全球温室气体排放的贡献也将扩大。

另外，废弃物排放的贡献比例较小，但其减排潜力巨大，特别是在能源结构调整至一定程度后，资源的循环利用将成为碳中和的关键支撑。例如，利用有机废弃物的厌氧消化，可以回收生物质能，是一种重要的负碳处理手段；塑料的循环利用，可以减少石油的开采和消费，是实现碳中和的必要途径。

9.2　固体废物的碳排放核算方法

目前碳排放的核算方法主要有国家温室气体清单指南方法、清洁发展机制方法和生命周期评价法。

9.2.1　国家温室气体清单指南

IPCC 在 2006 年提出了国家温室气体清单指南，可以根据不同层次的数据来源，核算、评估某一个具体过程的碳排放。在 2019 年，IPPC 发布了修订版《2019 Refinement to the 2006 IPCC Guidelines for National Greenhouse Gas Inventories》，对计算方法进行了完善，包括固体废物的产率、成分和管理状况等，热解、气化等新技术的参数，以及污泥处理的碳排放。虽然不同国家可以使用同样的 IPCC 核算方法，但有关模型中的参数如垃圾特征、管理水平等需要根据区域特点进行选择。在上述参数中，IPCC 的报告提供了不同区域或国家的默认值，如固体废物的产率、组成、可降解碳含量等，这便于一些国家报告全国的大致碳排放情况（见表 9.2）。然而，需要注意的是，这些默认值所依据的文献往往是单个研究开展的

① Friedlingstein et al，2020 Global Carbon Budget 2020，Earth System Science Data。

局部性调研，很难全面反映某个国家的总体情况，而且这些文献开展研究的时间也离现在较远，有的甚至在十年以上。因此，在利用IPCC提供的方法针对单个项目或某个城市或区域开展研究时，宜结合实地调研准确选取参数。

表9.2 IPCC提供的生活垃圾组分比例默认值(部分国家) %

组分	中国	日本	新加坡	英国	法国	德国	美国
厨余垃圾	59.1	26.0	10.1	21.3	18.8	63.2	21.6
绿化废物	0.0	0.0	4.1	3.5	4.0	0.0	7.9
纸类	8.5	46.0	15.1	18.3	14.9	15.5	14.3
木材	1.6	0.0	6.8	5.3	4.0	0.0	8.1
织物	4.1	0.0	1.9	5.6	3.0	5.0	7.7
尿布	0.0	0.0	0.0	3.1	6.9	0.0	0.0
橡胶皮革	0.0	0.0	0.4	0.0	0.0	0.0	3.1
塑料	13.0	9.0	10.5	18.0	21.8	10.4	18.5
金属	1.1	8.0	18.6	3.7	0.0	2.8	9.4
玻璃陶瓷	4.1	7.0	0.9	3.0	0.0	3.1	5.2
其他	8.5	4.0	31.4	18.2	26.7	0.0	4.2

1. 填埋处置

对于固体废物填埋，排放的温室气体主要为CH_4(填埋气中的CO_2是生物质转化而来的生物源碳，不计入)。通过一阶降解动力学模型可以计算甲烷的产生量，再根据填埋场的技术类型和管理水平可以核算填埋场排放的甲烷(式(9-1)～式(9-6))。当填埋场处置大量高含水率有机废弃物(如厨余垃圾)时，部分可降解有机碳会进入到渗滤液中，使填埋场甲烷产量减少。此时，渗滤液处理过程中泄漏的甲烷也应该一并考虑。

$$\mathrm{DDOC} = W \times \mathrm{DOC} \times \mathrm{DOC_f} \times \mathrm{MCF} \tag{9-1}$$

$$L_0 = \mathrm{DDOC} \times F \times 16/12 \tag{9-2}$$

$$\mathrm{DDOCma}_T = \mathrm{DDOCmd}_T + (\mathrm{DDOCma}_{T-1} \times \mathrm{e}^{-k}) \tag{9-3}$$

$$\mathrm{DDOCm\ decomp}_T = \mathrm{DDOCma}_{T-1} \times (1 - \mathrm{e}^{-k}) \tag{9-4}$$

$$\mathrm{CH_4\ generated}_T = \mathrm{DDOCm\ decomp}_T \times F \times 16/12 \tag{9-5}$$

$$\mathrm{CH_4\ Emissions} = \left(\sum_x \mathrm{CH_4\ generated}_{x,T} - R_T \right) \times (1 - \mathrm{OX}_T) \tag{9-6}$$

式中，DDOC为厌氧降解的有机碳质量；W为固体废弃物的质量；DOC为固体废弃物中可降解有机碳的含量，可根据固体废弃物的组成和各组分的可降解有机碳含量进行计算；$\mathrm{DOC_f}$为实际分解的可降解有机碳的比例，木头和木制品难降解，可取0.1，纸类降解程度中等，可取0.5，厨余垃圾、草沫等可取0.7，混合垃圾可取0.5；MCF为甲烷修正因子，填埋初期或准好氧填埋场部分有机质氧化降解不产生甲烷，该参数的默认取值如表9.3所示；L_0为产甲烷潜力，可以用于估算所填埋废物反应完全时产生甲烷的量；F为填埋气体中CH_4的体积比例，可以按50%计；16/12为CH_4/C分子量比率；T为所研究的年份；对于开始填埋的第一年，由于产气存在滞后期，IPCC推荐的默认时长为6个月，而对于易腐垃圾含量高的固体废物，滞后期可以在0～6个月；DDOCma_T为在T年末积累在填埋场中的DDOCm；DDOCma_{T-1}为在($T-1$)年末积累在填埋场中的DDOCm；DDOCmd_T为T年当年填埋的 DDOCm；DDOCm $decomp_T$ 为 T 年当年填埋场内降解的 DDOCm；k 为降解速率常数，$k=\ln(2)/t_{1/2}$，a^{-1}，IPCC 推荐取值如表 9.4 所示；$t_{1/2}$ 为半衰期，a，对于易腐的厨余垃圾，温暖湿润的气候下，k 约为 0.2，则在填埋场降解的半衰期约为 3.5 年；相反，某些废物组分，k 约为 0.02，则半衰期长达 35 年。CH_4 $generated_T$ 为可降解材料中生成的甲烷质量；CH_4 Emissions 为第 T 年的甲烷排放量；x 为废物类型或组分；R_T 为第 T 年回收的甲烷量，对于有填埋气收集系统的填埋场，回收率一般为 30%～70%，通常封场的填埋场较高，而运行中的填埋场较低；OX_T 为第 T 年的甲烷氧化因子，甲烷在经过覆土或其他覆盖材料时，有可能被其中的甲烷氧化微生物氧化；对于未采取特别措施的填埋场可以取 0，而使用了好氧覆盖层的填埋场可以取 0.1。

表 9.3　IPCC 推荐的填埋场甲烷修正因子取值

填埋场类型	MCF 值	注　释
有管理的厌氧填埋场	1	分区填埋，控制填埋气和火灾，摊铺废物，并使用下述至少一项措施：①覆盖材料；②机械压实；③废物平整
管理良好的准好氧填埋场	0.5	使用至少一项措施：①透气的覆盖材料；②渗滤液液收集系统末端敞开；③防止渗滤液积存；④气体导排系统敞开；⑤渗滤液收集系统和气体导排系统联通
管理不善的准好氧填埋场	0.7	存在下述情况之一视为管理不善：①渗滤液收集系统有积液；②排水阀关闭或排水出口不通气；③气体导排口封闭
管理良好的好氧填埋场	0.4	使用原位低压曝气、鼓风、生物通风、带抽吸(抽吸)的被动通风技术等增强堆体的氧气供给。分区填埋，具有渗滤液导排系统以避免空气通道阻塞，有覆盖层，鼓风或抽气系统不导致堆体过度干燥
管理不善的主动通风填埋场	0.7	存在下述情况之一视为管理不善：①渗滤液导排系统失效导致通风阻塞；②高压曝气导致堆体干燥缺乏微生物生长所需的水分
无管理的填埋场(埋深大/高水位)	0.8	无规范管理且满足下述条件之一：深度≥5 m；接近地表的高地下水位
无管理的填埋场(埋深小)	0.4	无规范管理且堆体深度<5 m
其他类型	0.6	不属于上述填埋场的默认值

表 9.4　IPCC 填埋场有机质降解速率(k)推荐值与范围

废物类型		寒带和温带(年均气温≤20℃)				热带(年均气温>20℃)			
		干旱地区 年均降雨量<潜在蒸散		湿润地区 年均降雨量>潜在蒸散		干旱地区 年均降雨量<1 000 mm		潮湿地区 年均降雨量≥1 000 mm	
		默认	范围	默认	范围	默认	范围	默认	范围
缓慢降解	纸类 织物	0.04	0.03～0.05	0.06	0.05～0.07	0.045	0.04～0.06	0.07	0.06～0.085
	木材 秸秆	0.02	0.01～0.03	0.03	0.02～0.04	0.025	0.02～0.04	0.035	0.03～0.05

续表

废物类型		寒带和温带(年均气温≤20℃)				热带(年均气温＞20℃)			
		干旱地区 年均降雨量＜潜在蒸散		湿润地区 年均降雨量＞潜在蒸散		干旱地区 年均降雨量＜1 000 mm		潮湿地区 年均降雨量≥1 000 mm	
		默认	范围	默认	范围	默认	范围	默认	范围
中速降解	除厨余外的其他易腐垃圾/绿化废物	0.05	0.04～0.06	0.1	0.06～0.1	0.065	0.05～0.08	0.17	0.15～0.2
快速降解	厨余 污泥	0.06	0.05～0.08	0.185	0.1～0.2	0.085	0.07～0.1	0.4	0.17～0.7
混合垃圾		0.05	0.04～0.06	0.09	0.08～0.1	0.065	0.05～0.08	0.17	0.15～0.2

2. 生物处理

对于生物处理,排放的温室气体有 CH_4 和 N_2O,可以用下式计算:

$$CH_4\ \text{Emissions} = \sum_i (M_i \times EF_i) \times 10^{-3} - R \tag{9-7}$$

$$N_2O\ \text{Emissions} = \sum_i (M_i \times EF_i) \times 10^{-3} \tag{9-8}$$

式中,CH_4 Emissions 为甲烷排放质量;N_2O Emissions 为氧化亚氮排放质量;M_i 为生物处理类型 i 处理的有机废弃物的质量;EF_i 为生物处理类型 i 的排放因子,单位为 g/kg 处理的废弃物;i 为生物处理类型,包括好氧堆肥和厌氧消化等;R 为清单年份回收的甲烷质量。

对于典型的有机废弃物,如含水率 60%,而干物质中可降解有机碳占 25%～50%,氮占 2%,则可估算废弃物的温室气体排放因子,如表 9.5 所示。如果掌握具体项目的情况,也可以根据所处理废物的特征和各类技术的具体情况进行分析。

总体上,堆肥是好氧过程,大部分可降解有机碳转化为二氧化碳。由于甲烷需要在厌氧过程中产生,因此堆肥所产生的甲烷量很少,可按初始碳含量的 1%到几个百分点考虑。堆肥时也会产生氧化亚氮,所产生的氧化亚氮量可按初始氮含量的 0.1%～0.5%考虑。

厌氧消化在通常情况下是包含甲烷回收和焚烧发电的,所以它所对应的温室气体排放应计入“能源”部分。处理设施若产生非有意的甲烷泄漏,通常可考虑甲烷的默认排放量为甲烷产生量的 1%～5%。厌氧消化所产生的二氧化碳为生物性,只作为“能源”部分的信息记录。氧化亚氮产量很少,可以忽略。

表 9.5 IPCC 固体废物生物处理的温室气体排放因子(处理的废弃物) g/kg

生物处理类型	CH_4 排放因子		N_2O 排放因子	
	干重	湿重	干重	湿重
好氧堆肥	10 (0.08～20)	4 (0.03～8)	0.6 (0.2～1.6)	0.3 (0.06～0.6)
厌氧消化	2 (0～20)	1 (0～8)	忽略不计	忽略不计

3. 焚烧处理

对于固体废物的焚烧或露天焚烧，温室气体主要是由废物中的化石碳转化而来的 CO_2，可以采用如下公式计算：

$$CO_2\ \text{Emissions} = \text{MSW} \times \sum_j (\text{WF}_j \times \text{Dm}_j \times \text{CF}_j \times \text{FCF}_j \times \text{OF}_j) \times 44/12 \quad (9\text{-}9)$$

式中，CO_2 Emissions 为化石源二氧化碳排放质量；MSW 为处理的城市固体废物质量；WF_j 为某一组分 j 的比例；Dm_j 为组分 j 中干物质的比例；CF_j 为组分 j 干物质中碳元素的比例；FCF_j 为组分 j 干物质碳元素中化石碳的比例；OF_j 为氧化因子，即转化为 CO_2 的化石碳占组分 j 中全部化石碳的比例；对于现代化的焚烧炉，可以取 100%，而露天燃烧的 IPCC 推荐值为 71%；44/12 为从 C 到 CO_2 的转换因子。

在不完全燃烧的条件下，除了产生 CO_2，烟气中还存在微量的 CH_4 和 N_2O 等温室气体，它们可以采用下式计算：

$$CH_4\ \text{Emissions} = \sum_i (\text{IW}_i \times \text{EF}_i) \times 10^{-6} \quad (9\text{-}10)$$

$$N_2O\ \text{Emissions} = \sum_i (\text{IW}_i \times \text{EF}_i) \times 10^{-6} \quad (9\text{-}11)$$

式中，IW_i 为焚烧处理的废物类型 i(如生活垃圾、污泥、工业废物等)的质量；EF_i 为焚烧处理的甲烷或氧化亚氮排放因子，单位为 mg/kg 处理的废弃物。

IPCC 提供了排放因子的默认值，但排放因子的波动范围很大，取决于废物性质、燃烧技术和设备、烟气治理措施等。对于常见的连续式焚烧炉，炉排炉的甲烷排放因子约为 0.2 g/kg 湿基废物，而流化床的接近于 0；德国炉排炉的 N_2O 排放因子约为 8 g/kg，日本的达到 47 g/kg。这些默认值主要来自于 2000 年前后某些焚烧系统的检测值，已经与当下的焚烧系统存在较大差异。因此，有条件的场景下，可以对烟气中这些气体的浓度进行检测，获得实际的排放因子，再根据废物处理量进行计算。

9.2.2 清洁发展机制方法

清洁发展机制(clean development mechanism，CDM)是《京都议定书》提出的灵活履约机制之一，它允许缔约方即发达国家与非缔约方即发展中国家进行项目级的减排量抵消额的转让，从而在发展中国家实施温室气体减排项目。在非缔约方实施项目限制或减少温室气体排放而得到的通过认证的减排单元，经过 UNFCCC 缔约方大会指定的经营实体认证后，可以转让给来自缔约方的投资者如政府或企业。为了认证温室气体的减排量，需要一套详细的计算方法。

该方法实际上是IPCC提供的国家温室气体清单指南方法的继承与发展。IPCC可以确定某个技术路线或某个项目的绝对碳排放，但在衡量国家、城市或企业实施碳减排措施的效果时，需要考虑相对于过去状况的改进情况。因此，CDM方法的核心公式是：

$$碳排量=基准排放-项目排放-泄漏排放$$

其中，基准排放来自于基准情景，即“没有项目活动时可能会产出的温室气体排放量”。对于固体废弃物，如果新建焚烧厂或其他资源化利用项目取代目前的填埋处置，就可以将填埋处置作为基准情景。项目排放为新增项目的碳排放，泄漏排放为新增项目产生的温室气体泄漏，如堆肥过程的N_2O泄漏。

CDM项目聚焦于可再生能源领域，包括了生物质能开发和填埋气利用，其他还包括节能、温室气体消除等。因此，参与CDM的固体废物处理项目主要是填埋气或沼气利用、焚烧发电等涉及能源回收的项目。在这些项目的碳排放核算中，由于固体废物能量回收后可以替代电力、天然气等的消耗，因此也需要将这一部分替代效应考虑进来，即在基础情景中，要计入新项目不存在时未被替代的化石能源或电力产生的碳排放。

我国在2010年参照国际规则自主研发了《中国资源碳减排标准》，2012年，又发布了《温室气体自愿减排交易管理暂行办法》，制定了自愿减排的方法学和交易体系。截至2018年，国家发改委共公布了12批（200个）自愿减排方法学，涵盖了固体废物可再生能源回收项目。例如，对于垃圾填埋气利用（包括直接排放燃烧、燃烧发电或供热），其基准线是固体废物填埋场产生的甲烷排空。项目活动减排量可以用下式计算：

$$ER_y=(MD_{project,y}-MD_{reg,y})\times GWP_{CH4}+EG_y\times CEF_{electricity,y}+ET_y\times CEF_{thermal,y} \tag{9-12}$$

式中，ER_y为第y年项目活动减排量，t CO_2-eq/a；$MD_{project,y}$为第y年实际消除或燃烧掉的甲烷数量，t/a；$MD_{reg,y}$为第y年无该项目情况下应消除或燃烧掉的甲烷数量，t/a；GWP_{CH4}为甲烷全球温升潜势值，t CO_2-eq/a；EG_y为第y年因项目活动实施被替代的净电量，MW·h；$CEF_{electricity,y}$为第y年电力生产CO_2排放强度，t CO_2-eq/(MW·h)；ET_y为第y年因项目活动实施被替代的热能量，GJ；$CEF_{thermal,y}$为第y年热力生产CO_2排放强度，t CO_2-eq/GJ。

9.2.3　生命周期法

前述核算方法主要考虑了固体废物处理过程中的直接碳排放，即固体废物本身所含有的碳转化而来的温室气体。然而，在固体废物处理过程中，往往需要额外的能量和材料投入，才能实现固体废物的无害化或资源化，这些外界输入的能量和材料在获取、输送和使用过程中，也会引起碳排放；相应地，固体废物处理后产生能量或资源化产品，可以减少化石燃料和自然资源的开采和加工，因此还具有隐含的减排效果。除此之外，在固体废物处理之后，二次污染治理的过程中或者资源化产品的使用过程中，也可能引发新的碳排放。如果可以对固体废物处理上下游涉及的材料、能量加工过程进行系统分析、评估，就可以得到某个项目或技术全生命周期的碳排放，这也可以称为碳足迹。

生命周期法涵盖了固体废物从产生到最终处置、消纳或转化的全过程，是一种自下而上的评估方法。生命周期评价(life cycle assessment,LCA)不仅可以核算固体废物管理全程的碳排放,还能定量评价多种环境影响类别,例如土地消耗、生态毒性、酸雨等。美国可口可乐公司最早在1969年用LCA对不同饮料容器(玻璃瓶和塑料瓶)的资源消耗和污染物排放进行了计算,以此选择出环境效益最好的饮料容器。随后,LCA被广泛用于化工产品生产、包装等领域。在20世纪90年代初,荷兰首次提出面向产品的环境管理政策,随后国际上开始致力于LCA在环境管理上的研究与标准化。国际标准化组织环境管理技术委员会于1997—1998年陆续颁布了ISO 14040～14043标准,制定了LCA的标准程序,将其定义为对一个产品系统的生命周期中输入、输出及其潜在环境影响的汇编与评价,即主要通过识别和量化某产品系统在生产、销售、使用、回收利用等环节中排放的污染物和上述过程中使用的能源和材料在生产、运输中所产生的污染物,以此评价该系统的环境影响。早期的LCA主要针对环境损害。为了衡量生命周期的经济、社会影响,研究者逐渐发展了生命周期成本评价(life cycle cost assessment,LCCA)和社会生命周期评价(social life cycle assessment,SLCA),并将这三者整合成为生命周期可持续性评价(life cycle sustainable assessment,LCSA),但这些体系还远不完善。

LCA应用于城市生活垃圾管理时,可以为生活垃圾管理系统提供全过程的研究,即对从生活垃圾的产生到收集、回收利用、运输及后续焚烧等处理方法的全系统的环境影响和经济效益进行评价。1995年,White等描述了综合废物管理(IWM)的概念,以及生命周期清单(LCI)的使用,提供了一种评估固体废物系统的环境和经济绩效的方法,自此开启了LCA在城市固体废物管理中的应用。LCA方法在固废管理系统研究中的应用得到验证,随后不少学者和研究机构使用LCA方法构建固体废物管理系统的技术模型和决策工具。例如,美国环境保护署(EPA)开发的废物减量模型(WARM),用于计算不同废物管理政策的温室气体排放削减量和能源节约量,帮助固体废物规划者和组织做决策。2006年,Janus开发了EASEWASTE模型,这是一个针对家庭的总固体废物管理系统,涉及固体废物产生源头,收集、处理处置全过程以及系统上下游可能发生的外部过程。目前,LCA已经可以应用于城市固体废物管理的各方面,在评价对象上,既可以对单独的某类生活垃圾,如可回收塑料、纸类、食品废物、有害垃圾、污泥等进行评价,也可以对生活垃圾、建筑垃圾、工业垃圾等整体的处理处置方式的环境影响等进行分析评价;在应用范围上,LCA既可对于一个单独的生活垃圾处理厂进行评价,给出优化建议,也可以对于某个地区或城市的生活垃圾处理模式进行评价,并给出决策建议。

按照ISO 14040的规则,LCA包括四个阶段:①确定研究对象的范围和系统边界;②建立该系统物质和能量输入输出的LCI;③开展评估;④对评估结果进行阐述并提出改进建议。根据系统边界的不同,LCA方法可划分为三大类:基于过程的评价方法(process-based LCA,PLCA)、基于投入产出的评价方法(economic input-output LCA,EIO-LCA)以及混合评价方法(hybrid LCA,HLCA)。PLCA一般从被研究的产品向上下游产业链延伸,综合考虑研究目的、数据可得性、时间成本来划定系统边界。EIO-LCA以整个国民经济作为系统边界,量化了为生产某一个产品,国民经济各部门的直接和间接的污染物排放和资源消耗,适合于某个行业或区域的宏观研究。HLCA将以上两种方法相结合,最先由Bullard等提出,兼具两种方法的优点。根据混合方式的不同,HLCA方法又可以细分为三种。

第一种是分层 HLCA，是三种 HLCA 中最简单的一种。在分层 HLCA 中，直接过程和下游过程（如使用和寿命终止）使用 PLCA 评估，而系统的上游过程则使用 EIO-LCA 方法评估。评估人员也可以使用 PLCA 分析系统内比较近的上游过程，而 EIO-LCA 主要用于评估较远的上游产业链，从而保留更多的过程特异性。一般来说，PLCA 和 EIO-LCA 方法之间的边界划分取决于特定流程的数据可用性，对细节和准确性的要求，以及成本、劳动力和时间方面的约束。

第二种是基于投入产出的 HLCA 方法，这种方法将研究的产品所在经济部门分解为两个部门，一个代表所研究的产品，另一个则代表原来部门的其他产品，从而实现对特定产品的评估。这种方法需要详细的信息以拆分经济投入产出表，例如需要获得特定产品与其他经济部门产品的依存关系、特定产品在原有经济部门所占比重等。拆分法并不适用于所有情况，例如所研究的产品不是其经济部门的代表性产出，或者是一种全新的产品时，需要添加一个新的经济部门，然后再评估新部门的单位产出所造成的整个经济范围的环境负担。甚至，还通过对相关部门（如低阶投入中间材料的所在部门）进行迭代分解，并在经济信息中加入新的假设部门以建立扩展模型。无论采用何种方法，都需要更多的经济信息，复杂的矩阵运算也使得计算更复杂、更耗时。

最后一种集成 HLCA 是由 Suh 等提出的，他们将过程分析的模型和基于投入产出分析的模型合并为一个技术矩阵，过程分析矩阵使用实物单位表示，投入产出分析仍用货币单位表示，合成矩阵涵盖了产品的所有阶段，包括使用阶段和生命周期结束阶段，解决了前两种 HLCA 方法中 PLCA 与 EIO-LCA 计算缺乏交互作用的问题。该方法需要较详细的数据和复杂的矩阵计算，在实际评估中应用较少。

考虑到数据可用性以及时间限制，目前 HLCA 研究大多使用分层 HLCA 方法，另外两种 HLCA 方法由于需要更多经济数据和复杂计算，应用较少。下面以固体废物填埋处置的碳排放为例，对常用的 LCA 方法进行扼要说明（见图 9.5）。

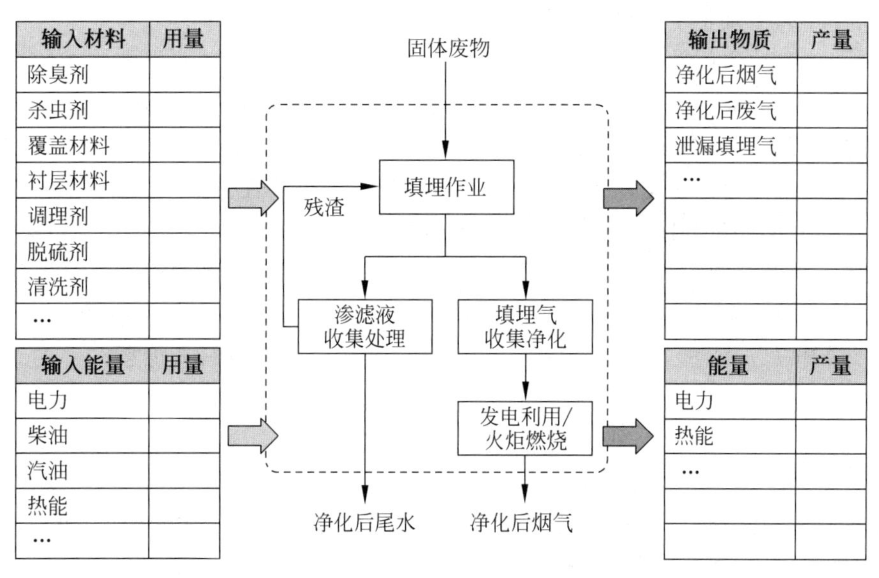

图 9.5 固体废物填埋处理的生命周期碳排放核算框架

1. 目标定义和范围

固体废物填埋处置的范围边界可以用图 9.5 中虚线界定。

2. 梳理生命周期清单

通过对填埋处置过程的详细调查，采用 PLCA 的方法，可以获得处置单位质量固体废物时，该系统输入输出的物质和能量，如图 9.5 中表格所示（这些表格只列出了部分材料和能量目录，也没有给出数量）。

本案例采用了简化的体系，而在分析真实系统时，系统内往往存在大量的操作单元，要直接给出全系统的输入输出清单比较困难。此时，可以将系统划分为若干个单元或子系统，进行编号，逐一分析它们的输入输出清单，然后再整合在一起，得到完整系统的清单。

在清单分析时，有时还需要根据分析的目的做一定程度的简化。例如，如果是分析当下固体废物填埋处置模式和其他处理模式的优劣，则可以忽略填埋场建设、封场过程中所消耗的材料和能量，也可以忽略运行过程中少量的建筑材料（如水泥、砖石等）的消耗，因为它们对填埋处置碳排放的贡献占比很低；如果是对城市固体废物的未来管理进行规划，就需要考虑填埋场全生命阶段的投入和产出。

3. 环境影响评价或碳排放分析

对于获得的输入输出材料、能量，下一步要分析它们对应的环境影响或碳排放。如果有可靠的数据库，则可以直接进行计算。例如，某地区电力生产对应的碳排放为 0.8 kg CO_2-eq/(kW·h)，则可以用填埋处置系统的净电力消耗或产出（若干(kW·h)/t 进场固体废物）乘以该值，即可得到系统电力消耗导致的碳排放，或者电力输出后由于替代效应引起的碳减排效果。类似地，可以用数据库中各类材料、能量的单位碳排放与填埋处置系统的各类消耗相乘，即可以得到整个系统的碳排放情况。

需要注意的是，不同能量、材料对应的碳排放具有区域特性，需要根据当地情况进行调整。例如，我国南方电网和北方电网的单位发电量碳排放不同，某些区域采用太阳能发电，其单位发电量的碳排放与使用火电的区域有很大差异。我国目前还缺乏完善的产品或过程碳排放数据库，虽然可以借鉴欧美国家的数据库信息，但也要注意进行本地化调整。另外，还要构建符合我国特点的区域、行业的碳排放数据库。

在缺乏有关信息时，可以采用 PLCA 的方式对有关材料、能量的碳排放开展进一步的分析评估，获得该材料或能源产品的单位碳排放信息；也可以采用 EIO-LCA 的方式，通过对当地各部门信息的汇总，构建经济投入-产出表，以获得某类材料或能源产品的单位碳排放信息。

4. 阐述与优化

根据上述分析结果，一方面可以了解固体废物填埋处置的总碳排放情况，可以与其他方式进行比较；另一方面，也可以了解固体废物填埋处置的碳排放主要来自于哪些材料消耗或能量消耗，来自于哪些单元操作，或者碳减排效应主要来自于哪些过程，这样就可以采取针对性措施，对有关环节进行改进或加强。

5. 不确定性分析

不确定性分析是生命周期评估中的必要步骤。LCA 研究的不确定性可能来自多种原因,包括方法的选择、最初的假设、参数的选取和数据的质量。识别这些不确定性及其来源和类型,可以提高数据的透明度和结果的可靠性,防止做出不可行或错误的决定。由于 LCA 研究中存在大量参数,可以先进行敏感性分析,排除对结果影响较小的参数,再考察对系统结果有重大影响的参数,对其变化范围进行讨论,最后进行不确定性分析。

9.2.4　其他方法

除了上述主要核算方法之外,还有一些其他的标准、规范可以参考,但这些方法目前还主要针对传统的化工、制造、交通、建筑等行业、企业或者某类产品,尚未推出专门针对固体废物处理处置的方法。

ISO 提出了一系列非强制性标准。ISO 14064 分为《ISO 14064-1：温室气体 第一部分 组织层次上对温室气体排放和清除的量化和报告的规范及指南》《ISO 14064-2：温室气体 第二部分 项目层次上对温室气体减排和清除增加的量化、监测和报告的规范及指南》《ISO 14064-3：温室气体 第三部分 温室气体声明审定与核查的规范及指南》。ISO 14064 的目的在于进行温室气体计量、监控、报告和验证的标准化,提高报告结果的可信度与一致性。《ISO 14067：温室气体 产品碳足迹量化和信息交流的要求和指南》是关于产品层面的标准,它包括产品碳足迹的量化和产品碳足迹的信息交流,目的是通过全生命周期评价的方法去量化一个产品在整个生命周期的温室气体排放量,并对结果进行标准化的信息交流。

在我国,《省级温室气体清单编制指南》实际上参考了 IPCC 国家温室气体清单指南；而针对行业、企业发布的《温室气体排放核算方法与报告指南》,采用了生命周期法的思路,能够更细致地分析具体行业、企业的温室气体排放。

9.3　污泥处理碳排放分析案例

我国大多数污泥采用填埋处置,同时好氧堆肥、厌氧消化、焚烧等资源化技术也在逐步应用推广。不同工艺可以不同程度地实现污泥资源化,但同时也会消耗大量能源、药剂等,产生不同程度的碳排放。这里采用国家温室气体清单指南方法,结合生命周期评价,对常见污泥处理处置路径包括填埋、焚烧、好氧堆肥、厌氧消化和湿式空气氧化及其组合工艺进行直接排放、间接排放和碳减排的核算,并针对敏感因子污泥有机质含量进行影响分析。

9.3.1　研究对象和范围

这里统一以处理 1 t 污水处理厂出厂脱水污泥(含水率 80%,即干固体(DS)含量为 0.2 kg/kg 污泥)作为研究对象。填埋、焚烧、好氧堆肥、厌氧消化和湿式空气氧化的工艺流程和主要碳排放单元如图 9.6 所示。由于厌氧消化、湿式空气氧化对进泥含水率要求较高,将脱水污泥调质至含水率 90%。不同污泥处理处置路径的净碳排放包括因气体泄漏、土地利用等产生的直接碳排放,因能源、药剂消耗等产生的间接碳排放,以及因污泥厌氧产沼后热电联产、好氧堆肥产品土地利用等产生的碳减排三个部分。污泥经发酵、焚烧等释放的生物源 CO_2 不计入碳排放。污泥处理处置环节产生的 CH_4、N_2O 按 GWP100 换算成 CO_2 排放当量。

我国污泥的有机质含量偏低且不同区域差异很大，将其作为对污泥处理影响较大的敏感因子进行分析。设置 40%、50%、60%、70%四个有机质含量水平，此时污泥厌氧消化有机质降解率分别为 20%、35%、40%、50%，沼气产率分别为 80、175、240、350 m^3/t DS，干基热值为 8 750、11 250、13 750、16 250 kJ/kg DS。污泥经热水解后，厌氧消化可降解的有机质增多，且有机质降解率和沼气产量提高。对应四个有机质含量水平，设有机质降解率提升 20%，沼气产量提升 30%，则有机质降解率分别提升至 24%、42%、48%、60%，沼气产率分别提升至 104、227.5、312、455 m^3/t DS。

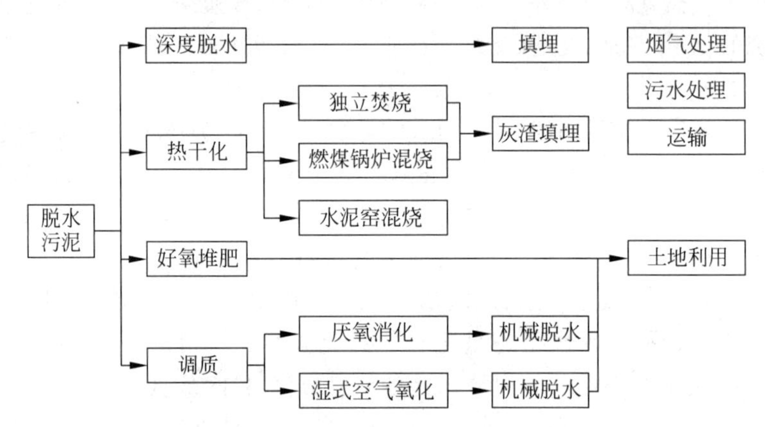

图 9.6　污泥不同处理处置路径工艺流程及主要碳排放单元

9.3.2　计算方法和主要参数

1. 直接碳排放

(1) 污泥深度脱水后填埋处置，填埋场产生的 CH_4 直接逸散至大气中(本书未考虑收集率)，此部分产生的碳排量为

$$E_{LF,CO_2} = M_{脱水} \times TS \times DOC \times DOC_f \times MCF \times F_{LF} \times (1 - OX) \times (1 - MCR) \times \frac{16}{12} \times GWP_{CH_4} \tag{9-13}$$

式中，E_{LF,CO_2} 为污泥填埋的碳排放，kg CO_2-eq/t；$M_{脱水}$ 为脱水污泥质量，1 t；TS 为污泥 DS 含量，200 kg/t 污泥；DOC 为有机质中可降解有机碳的比例，IPCC 推荐值为 40%～50%，按 45%计算；DOC_f 为实际分解的 DOC 比例，取 IPCC 推荐缺省值 0.5；MCF 为 CH_4 修正因子，厌氧填埋场取 IPCC 推荐值 1.0；F_{LF} 为填埋气中甲烷的比例，取 0.5；OX 为甲烷氧化因子，取 IPPC 推荐缺省值 0；MCR 为甲烷捕集率，对于开放的填埋场，可假定为 0；16/12 为 CH_4 与 C 的摩尔质量比；GWP_{CH_4} 为 CH_4 的 100 年 GWP，28。

(2) 好氧堆肥局部厌氧产生的 CH_4 泄漏：

$$E_{AC,CO_2} = M_{脱水} \times E_{AC,CH_4} \times GWP_{CH_4} \tag{9-14}$$

式中，E_{AC,CO_2} 为污泥好氧堆肥的碳排放，kg CO_2-eq/t；E_{AC,CH_4} 为污泥好氧堆肥 CH_4 释

放量，0.01～0.38 kg/t，典型值取 0.2 kg/t。

（3）厌氧消化过程的甲烷泄漏：

$$E_{AD,CO_2}=M_{脱水}\times TS\times k_1\times F_{AD}\times \varphi_1\times \frac{16}{22.4}\times GWP_{CH_4} \tag{9-15}$$

式中，E_{AD,CO_2} 为污泥厌氧消化的碳排放，kg CO_2-eq/t；k_1 为污泥沼气产率，kg/kg DS；F_{AD} 为沼气中甲烷浓度，一般为 60%；φ_1 为甲烷泄漏率，一般为 2%～5%，这里取典型值 3.5%；16/22.4 为 CH_4 质量转化系数，kg/m^3。

（4）污泥经好氧堆肥、厌氧消化或湿式空气氧化处理后，产物土地利用时存在 CH_4 和 N_2O 释放：

$$E_{LU,CO_2}=M_{LU}\times (E_{LU,CH_4}\times GWP_{CH_4}+E_{LU,N_2O}\times GWP_{N_2O}) \tag{9-16}$$

式中，E_{LU,CO_2} 为污泥土地利用的碳排放，kg CO_2-eq/t；M_{LU} 为单位原污泥产生的用于土地利用的 DS 质量，t DS/t；E_{LU,CH_4} 为污泥土地利用 CH_4 释放量，典型值取 0.02 kg/t DS；E_{LU,N_2O} 为污泥土地利用 N_2O 释放量，典型值取 0.0011 kg/t DS；GWP_{N_2O} 为 N_2O 的 100 年 GWP，265。

2. 间接碳排放

（1）电力消耗产生的碳排放：

$$E_{E,CO_2}=W_{E,i}\times EF_E \tag{9-17}$$

式中，E_{E,CO_2} 为因电力消耗产生的碳排放，kg CO_2-eq/t；$W_{E,i}$ 为不同环节 i 的耗电量，(kW·h)/t；EF_E 为电力碳排放因子，根据《2019 年度减排项目中国区域电网基准线排放因子》，我国电力碳排放因子为 0.792 1～1.082 6 kg/(kW·h)，研究取均值 0.895 3 kg/(kW·h) 计算。

（2）药剂消耗产生的碳排放：

$$E_{M,CO_2}=W_{M,i}\times EF_M \tag{9-18}$$

式中，E_{M,CO_2} 为因药耗产生的碳排放，kg CO_2-eq/t；$W_{M,i}$ 为不同环节的耗药量，kg/t；EF_M 为药剂碳排放因子，kg CO_2-eq/kg。

（3）热量消耗（如热干化、保温等）产生的碳排放，这里统一按标准煤供热计算。

$$E_{H,CO_2}=\frac{W_{H,i}}{q_{标煤}\times \eta_i}\times EF_{标煤} \tag{9-19}$$

式中，E_{H,CO_2} 为因热量消耗产生的碳排放，kg CO_2-eq/t；$W_{H,i}$ 为不同环节的热量消耗量，kJ/t；$q_{标煤}$ 为标准煤低位热值，29 300 kg CO_2-eq/kg；η_i 为不同设备热效率；$EF_{标煤}$ 为标准煤燃烧的碳排放因子，kg CO_2-eq/kg。

（4）燃料消耗产生的碳排放：

$$E_{F,CO_2}=W_{F,i}\times EF_{F,i} \tag{9-20}$$

式中，E_{F,CO_2} 为燃料消耗产生的碳排放，kg CO_2-eq/t；$W_{F,i}$ 为不同燃料的消耗量，kg/t；$EF_{F,i}$ 为不同燃料的碳排放因子，kg CO_2-eq/kg。

(5) 污泥处理后的废水需回流至污水处理厂处理，该部分产生碳排放：

$$E_{\mathrm{WWT,CO_2}}=W_{\mathrm{WWT},i}\times M_{\mathrm{COD}}\times \mathrm{EF}_{\mathrm{COD}} \tag{9-21}$$

式中，$E_{\mathrm{WWT,CO_2}}$ 为污水处理产生的碳排放，kg CO_2-eq/t；$W_{\mathrm{WWT},i}$ 为某个污泥处理方式产生的废水量，t 废水/t；M_{COD} 为废水中 COD，kg/t 废水；$\mathrm{EF}_{\mathrm{COD}}$ 为去除污水中 COD 碳排放因子，kg CO_2-eq/kg COD。

(6) 污泥处理处置后因运输产生的碳排放：

$$E_{\mathrm{Tran,CO_2}}=\frac{M_{泥饼}}{M_{荷载量}}\times S\times \varphi_{运输车}\times \mathrm{EF}_{柴油} \tag{9-22}$$

式中，$E_{\mathrm{Tran,CO_2}}$ 为因泥饼、灰渣外运产生的碳排放，kg CO_2-eq/t；$M_{泥饼}$ 为泥饼运输量，t 泥饼/t；$M_{荷载量}$ 为污泥单次运输车荷载量，10 t；S 为运输距离，为便于计算结果比较，对于同样的终端位置，无论采用何种污泥处理处置方式，污泥处理至污泥处置的运输距离均按 50 km 计算；$\varphi_{运输车}$ 为污泥运输车油耗，0.17 kg/km；$\mathrm{EF}_{柴油}$ 为柴油的碳排放因子，kg CO_2-eq/kg。

污泥处理处置间接碳排放计算涉及的主要参数见表 9.6。

表 9.6 污泥处理处置间接碳排放计算涉及的主要参数

路径		参数	备注
深度脱水	电耗	125 (kW·h)/t DS	含水率至 60%
	PAM 投加比例	0.15%	
填埋	油耗	21 kg/t DS	
干化	热耗	2 880～3 558 kJ/kg H_2O	含水率至 30%
	电耗	0.05～0.2 (kW·h)/kg H_2O	
	干化机热效率	取低值 80%	
焚烧	天然气消耗	4.5～20 m^3/t DS	
	焚烧炉电耗	300 (kW·h)/t DS	
	水泥窑电耗	250 (kW·h)/t DS	
	燃煤电厂电耗	150 (kW·h)/t DS	
	供电煤耗	295 g/(kW·h)	
烟气处理	NaOH 投加量	17.86 kg/t DS	
好氧堆肥	电耗	40～80 (kW·h)/t 脱水污泥	
热水解	加热热耗		$C_1\times(T_2-T_1)$
	电耗	50 (kW·h)/t DS	
厌氧消化	沼气泄漏率	2%～5%	
	加热热耗		$C_1\times(T_3-T_1)$
	保温热耗		$\sum A\times\lambda\times(T_3-T_A)\times1.2$
	锅炉热效率	84%	流化床锅炉
	电耗	50 (kW·h)/t DS	
机械脱水	消化污泥脱水电耗	50 (kW·h)/t DS	含水率至 60%
	$FeCl_3$ 投加量	30 kg/t DS	
	CaO 投加量	50 kg/t DS	
湿式空气氧化	设备电耗	21(kW·h)/t 调质污泥	
	天然气消耗量	19.5～23.4 Nm^3/t	
	固渣干燥电耗	23 (kW·h)/t 调质污泥	

续表

路　径		参　数	备　注
污水处理	深度脱水污水 COD	800 mg/L	
	堆肥污水 COD	2 000～6 000 mg/L	
	干化污水 COD	2 000 mg/L	
	污泥消化液 COD	900 mg/L	
	湿式氧化污水 COD	10 000 mg/L	

注：脱水污泥为含水率80%的污泥；调质污泥为因污泥处理设备需求将脱水污泥调质至含水率90%；T_1 为进泥温度5～30℃；T_2 为热水解后污泥温度，90℃；C_1 为调质和热水解污泥比热容，4.01 kJ/(kg·℃)；T_3 为中温消化温度35℃；假定厌氧消化池为理想圆柱形，高度30 m，地上部分25 m，地下部分5 m，直径16 m；A 为污泥消化池的散热面积，m^2；λ 为消化池导热系数，为简化计算，统一取2.5 kJ/(m^2·h·℃)；T_A 为池外介质温度，年平均气温5～30℃，土壤平均温度10～25℃。

3. 碳减排效应

1）热量或电力替代

污泥焚烧产生的热量可回收，根据热平衡，回收的热量来自于污泥本身和辅助燃料(天然气)，而未燃烧完全的气体和固体、焚烧炉热损失、烟气和灰渣会带走热量，这部分按输入热量的15%计算。回收的热量通过替代标准煤实现碳减排。

$$E_{\mathrm{SI,CO_2}}=\frac{(Q_{\mathrm{S}}+Q_{\mathrm{NG}})\times(1-15\%)}{q_{\mathrm{coal}}}\times \mathrm{EF}_{\mathrm{coal}} \tag{9-23}$$

$$Q_{\mathrm{S}}=M_{脱水}\times \mathrm{TS}\times q_{\mathrm{S}} \tag{9-24}$$

$$Q_{\mathrm{NG}}=M_{脱水}\times W_{\mathrm{NG}}\times q_{\mathrm{NG}} \tag{9-25}$$

式中，$E_{\mathrm{SI,CO_2}}$ 为污泥焚烧产生的碳排放量，kg CO_2-eq/t；Q_s 为单位污泥焚烧的放热量，kJ/t；TS为污泥干固体含量，kg DS/t；q_s 为污泥干基热值，kJ/kg DS；Q_{NG} 为单位污泥焚烧所需辅助燃料燃烧后释放的热量，kJ/t；W_{NG} 为单位污泥焚烧所需辅助燃料燃烧的量，m^3/t；q_{NG} 为天然气热值，38 931 kJ/m^3。

污泥在水泥窑、燃煤电厂混烧时产生的热量可利用，湿式空气氧化为放热反应，能将污泥中的化学能转化成热能，高温污泥、蒸汽热量可回收，回收的热量通过替代标准煤实现碳减排。

$$E_{\mathrm{CC,CO_2}}=\frac{M_{脱水}\times \mathrm{TS}\times q_{\mathrm{S}}\times \lambda_i}{q_{\mathrm{coal}}}\times \mathrm{EF}_{\mathrm{coal}} \tag{9-26}$$

式中，$E_{\mathrm{CC,CO_2}}$ 为污泥混烧或湿式空气氧化产生的碳减排效应，kg CO_2-eq/t；λ_i 为综合热利用效率，水泥窑为60%，燃煤电厂为36%～41%，湿式空气氧化为70%。

厌氧消化沼气燃烧热电联产，回收热量可替代标准煤，实现碳减排。

$$E_{\mathrm{AD,CO_2}}=\frac{P_{沼气}\times q_{沼气}\times \lambda_{\mathrm{AD}}}{q_{\mathrm{coal}}}\times \mathrm{EF}_{\mathrm{coal}} \tag{9-27}$$

式中，$E_{\mathrm{AD,CO_2}}$ 为污泥沼气热电联产后热量回收产生的碳减排效应，kg CO_2-eq/t；$P_{沼气}$ 为厌氧消化沼气产量，m^3；$q_{沼气}$ 为沼气热值，21 520 MJ/m^3；λ_{AD} 为沼气热能回收率，45%。

厌氧消化产生的沼气可燃烧发电上网，替代电网电力。

$$E_{AD,CO_2} = P_{沼气} \times k_2 \times EF_E \tag{9-28}$$

式中，k_2 为沼气发电产率，2 $kW \cdot h/m^3$。

2）产品替代

消化污泥脱水泥饼、污泥好氧堆肥腐熟产品可回用至土地替代化学肥料利用。

$$E_{N,CO_2} = M_{泥饼} \times \omega_{N,i} \times EF_{尿素} \tag{9-29}$$

式中，$\omega_{N,i}$ 为不同土地利用物氮元素质量分数，消化污泥脱水泥饼按 4.2%计，污泥好氧堆肥腐熟物按 5%计，$EF_{尿素}$ 为尿素碳排放因子（表 9.7）。

湿式空气氧化处理后的固相产物总磷含量 3.6%～4.6%（以 P_2O_5 计），取 4%，它可替代化石磷肥（替代量按磷元素计算）。

水泥窑协同处置，根据国家标准《水泥窑协同处置污泥工程设计规范》（GB 50757—2012），假定污泥高温煅烧过程中有机质彻底分解，灰渣计入熟料产量。

表 9.7 碳排放因子

种　类		碳排放因子	单位
电		0.895 3	$kgCO_2/(kW \cdot h)$
药剂	PAM	25	$kgCO_2/kg$
	$FeCl_3$	8.3	$kgCO_2/kg$
	石灰	1.4	$kgCO_2/kg$
	NaOH	1.602	$kgCO_2/kg$
燃料	标准煤	2.493	$kgCO_2/kg$
	天然气	1.879	$kgCO_2/m^3$
	柴油	3.095 6	$kgCO_2/kg$
产品替代	氮肥（尿素）	2.041	$kgCO_2/kg$ N
	磷肥（P_2O_5）	1.47	$kgCO_2/kg$ P
	水泥熟料	0.52	$kgCO_2/kg$
污水 COD		0.63	$kgCO_2/kg$ COD

9.3.3 污泥处理的碳排放分析

对于不同有机质含量（VS/TS=40%、50%、60%和 70%）的污泥，各处理处置路径直接排放、间接排放和碳减排的核算结果如图 9.7 所示。我国的污泥大多经过深度脱水后填埋，许多厌氧填埋场没有专门的沼气收集装置，大量温室气体无组织泄漏是导致填埋处置净碳排放最大的主要原因，而且有机质含量增大会导致污泥在厌氧环境中产生的温室气体增多。

在间接排放中，电耗和能源消耗（热量消耗、油耗、天然气消耗）占比较大，其次是药剂消耗，三者产生的碳排放总和占污泥处理处置总碳排放的 90%以上。

对于污泥焚烧、热解路径，污泥中的化学能被用于发电、提供热能，可以抵消一部分碳排放。随着污泥有机质含量增大，有机质利用可抵消的碳排放比例也增大，但干化环节需要消耗大量能源，导致这两种路径的净碳排放属于中等水平。通过合理利用燃煤电厂、水泥窑、

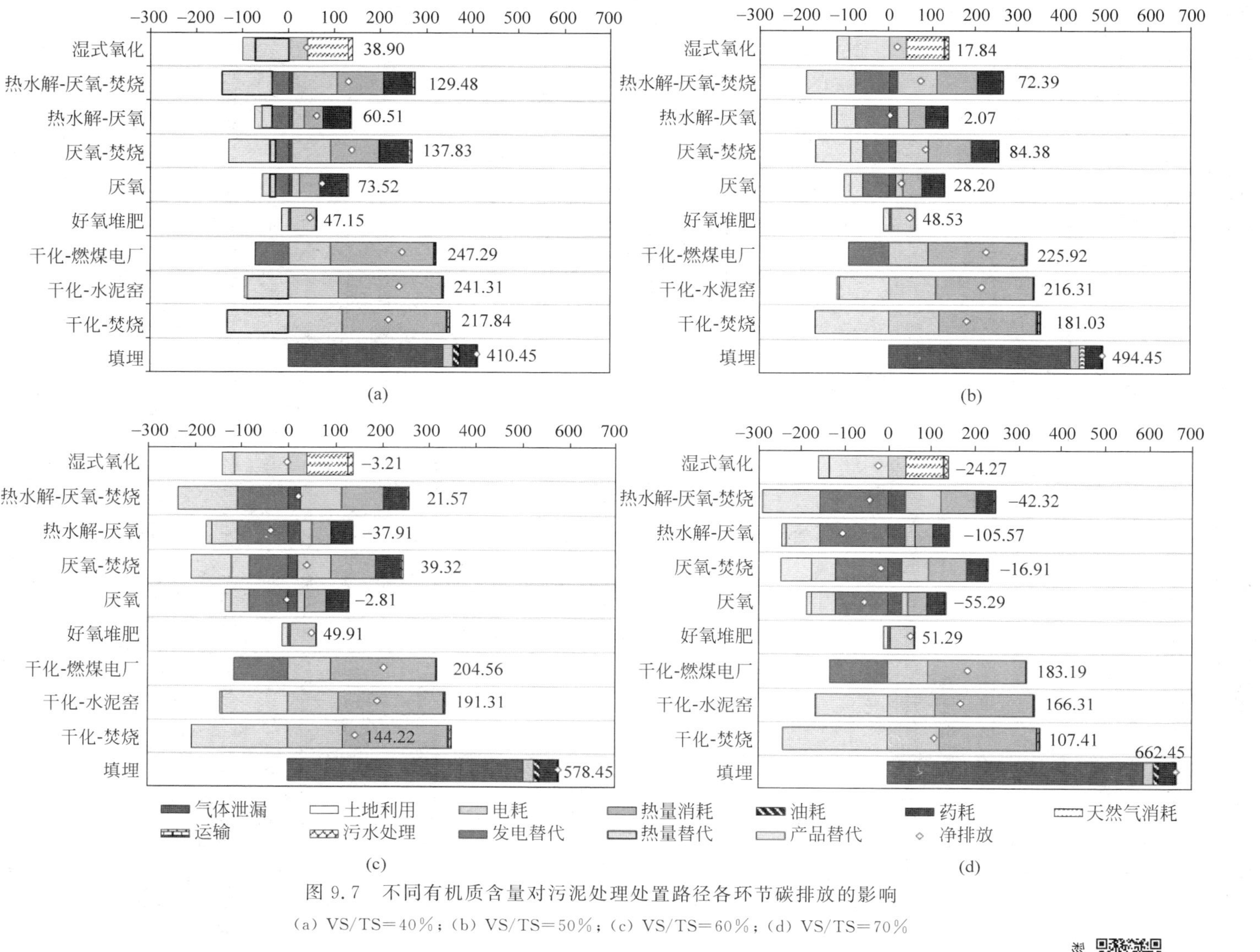

图9.7　不同有机质含量对污泥处理处置路径各环节碳排放的影响

(a) VS/TS=40%；(b) VS/TS=50%；(c) VS/TS=60%；(d) VS/TS=70%

彩图9.7

焚烧厂等余热资源，能够使污泥干化环节的能耗降低，从而减少相应路径产生的碳排放。对于污泥好氧堆肥，通风、翻堆等需要的电耗是该路径碳排放的主要来源，但堆肥后的腐熟物氮元素含量高，可替代化肥回归土地。根据现有的结果来看，该路径属于低水平碳排放工艺。对于厌氧消化工艺，污泥加热保温所需的热量消耗和消化污泥的脱水电耗、药耗是该路径碳排放主要来源，而污泥厌氧消化产生的沼气通过热电联产可基本实现碳排放与减排平衡，因此污泥厌氧消化属于低水平甚至是负排放水平处理工艺。对于湿式空气氧化，高温高压体系能够矿化污泥中的有机质且提高污泥的脱水性能，因此无需额外添加药剂就能实现污泥脱水填埋，设备运行、脱水所需电耗和设备加热所需的能源消耗是该路径主要的碳排放来源，通过换热器、闪蒸回收高温污泥的热量能降低能耗，因此做好设备保温，减少热量损失是该路径节能减排的关键。

脱水污泥不同处理过程的净碳排放排序为：

(1) 污泥有机质含量40%～50%时：填埋＞焚烧＞厌氧消化＞好氧堆肥＞湿式空气氧化。

(2) 污泥有机质含量60%～70%时：填埋＞焚烧＞好氧堆肥＞湿式空气氧化＞厌氧消化。

总体上，填埋属于高水平碳排放工艺，干化焚烧、好氧堆肥属于中低水平碳排放工艺，而厌氧消化和湿式空气氧化工艺属于低水平碳排放工艺或负碳排放工艺。

污泥有机质含量变化对不同污泥处理处置路径碳排放有不同程度的影响。当污泥有机质含量从40%增加至70%，污泥填埋净碳排放显著增加，从410.45 kg CO_2-eq/t增加至662.45 kg CO_2-eq/t。污泥有机质含量增加导致单位污泥热值、沼气产量提升，能够替代更多因能耗产生的碳排放，因此焚烧、厌氧消化和湿式空气氧化的碳排放都随污泥有机质含量增加而减少。好氧堆肥的净碳排放受污泥有机质影响较小。因此，高有机质含量污泥优先选择厌氧消化、湿式空气氧化处理，可以实现近零排放甚至是负碳排放。低有机质污泥可以采用焚烧或好氧堆肥处理。

9.3.4 污泥处理的碳减排策略

厌氧消化作为一种低碳排放甚至是负碳排放的污泥处理处置路径在碳中和背景下具有较好的碳减排潜力，因此本节进一步讨论厌氧消化工艺耦合前端热水解工艺和后端焚烧工艺的碳排放变化，结果如表9.8所示。在厌氧消化工艺前端耦合热水解工艺，因增加了污泥有机质的降解率，提高了沼气产量，从而提高了单位污泥发电产能效率，同时减少了后续机械脱水所需的电耗和药耗，实现净碳排放降低。厌氧消化工艺后端耦合焚烧工艺，因污泥干化单元需要消耗大量热量，且焚烧单元需要消耗大量电力，反而使得净碳排放增加，但污泥经焚烧后仅剩少量无机组分，污泥处理处置的稳定性更高。从未来发展的角度来看，通过前端耦合热水解工艺优化污泥厌氧消化处理处置路径，能充分发挥该路径低碳节能优势，既实现"能源中和"又实现"碳中和"。如果在污泥处理厂中充分利用例如燃煤电厂、水泥窑等余热资源降低能耗，后端耦合焚烧环节也能提高污泥消纳处理率。

表 9.8 污泥厌氧消化组合工艺碳排放

kg CO_2-eq/t

有机质含量/%		厌氧消化			厌氧消化-焚烧			热水解-厌氧消化			热水解-厌氧消化-焚烧		
		50	60	70	50	60	70	50	60	70	50	60	70
热水解	电耗	—	—	—	—	—	—	8.95	8.95	8.95	8.95	8.95	8.95
	热量消耗	—	—	—	—	—	—	28.00	28.00	28.00	28.00	28.00	28.00
	碳减排	—	—	—	—	—	—	−5.75	−5.75	−5.75	−5.75	−5.75	−5.75
厌氧消化	直接排放	14.70	20.16	29.40	14.70	20.16	29.40	19.11	26.21	38.22	19.11	26.21	38.22
	电耗	8.95	8.95	8.95	8.95	8.95	8.95	8.95	8.95	8.95	8.95	8.95	8.95
	热量消耗	44.10	44.10	44.10	44.10	44.10	44.10	12.18	12.18	12.18	12.18	12.18	12.18
	碳减排	−88.31	−121.11	−176.61	−88.31	−121.11	−176.61	−114.80	−157.44	−229.60	−114.80	−157.44	−229.60
机械脱水	电耗	7.39	6.80	5.82	7.39	6.80	5.82	7.07	6.37	5.19	7.07	6.37	5.19
	药耗	52.64	48.49	41.47	52.64	48.49	41.47	50.40	45.43	37.00	50.40	45.43	37.00
	电耗	—	—	—	15.83	14.58	12.47	—	—	—	15.16	13.66	11.13
	热量消耗	—	—	—	55.49	51.11	43.72	—	—	—	53.13	47.89	39.01
	电耗	—	—	—	44.32	40.83	34.92	—	—	—	51.46	50.62	49.21
	药耗	—	—	—	4.25	3.91	3.35	—	—	—	4.07	3.67	2.99
	辅助燃料	—	—	—	3.72	3.43	2.93	—	—	—	4.32	4.25	4.13
	碳减排	—	—	—	−82.04	−85.20	−70.51	—	—	—	−71.48	−72.91	−53.23
运输		0.72	0.67	0.57	0.04	0.04	0.03	1.04	0.94	0.76	0.04	0.04	0.03
土地利用	直接排放	0.14	0.13	0.11	—	—	—	0.13	0.12	0.10	—	—	—
	产品替代	−14.14	−13.03	−11.14	—	—	—	−13.54	−12.21	−9.94	—	—	—
填埋	油耗	—	—	—	1.07	0.99	0.85	—	—	—	1.03	0.93	0.75
污水处理		2.01	2.03	2.04	2.24	2.23	2.22	0.32	0.33	0.35	0.53	0.52	0.51
合　计		28.20	−2.81	−55.29	84.38	39.32	−16.91	2.07	−37.91	−105.57	72.38	21.56	−42.32

固体废物的管理规划

在掌握固体废物处理处置技术的基础上，要实现一个城市或者一个区域固体废物的高效管理，减少处理费用，改善处理效果，增强协同效应，就要对该区域进行统筹，建设一个包括多种设备、多个设施的固体废物处理系统。要构建这样一个复杂的处理系统，需要事先做好管理规划。固体废物的管理规划通常由规划背景、现状分析、收运规划、处理规划、保障措施等组成。规划背景首先要分析规划的目的和目标，例如，研究对象（如建筑垃圾、危险废物、生活垃圾等）、时间（如近期、中期和远期）和空间范畴（如城市、乡村或区域），要建立何种体系，实现哪些功能，解决哪类问题，达到何种水平（可以用无害化处理率、垃圾分类率、资源回收率等指标体现）；然后要确定规划的依据和原则，这些依据包括当地的自然条件、行政区划、经济社会发展状况、未来发展趋势以及相关的法规、标准和规划等。现状分析要结合规划的时间和空间范畴，考虑发展现状以及固体废物的管理现状，如管理机构和政策、收运处理模式、设备设施条件、科技支撑条件、专项经费投入等。收运规划是对固体废物的收集方式、转运方式、车辆运输等进行布局。处理规划是对固体废物的处理技术、有关设施、二次污染控制进行布局。最后，还要分析实施上述规划所需的政策、经济支撑条件等，评估规划实施后潜在的经济、社会和环境效益。

10.1 规划原则与依据

固体废物的管理规划必须依照一定的原则和具体要求。近年来，我国大力推进固体废物的减量化和资源化，构建节约型和循环型社会，同时全面开展城市生活垃圾分类工作，强调面向“碳达峰、碳中和”的低碳化，这些都会决定处理技术路线的选择和设施的建设，是固体废物管理规划必须遵循的要求。同时，为了节约用地、减少二次污染、提高协同效应，很多城市还会利用已有设施进行协同处理（如利用水泥窑协同处理污泥），或者建设环境园区，集中各类固体废物处理设施，实现园区内物质、能量的有机流动，这些也可以成为固体废物处理系统建设的一个优化原则。在规划时，固体废物管理还应与当地的经济、社会发展水平相协调，不能好高骛远，无法落地；同时，规划的目的是实现更好的发展，因此也要考虑适度超前的发展策略。在规划的实施路径上，还要考虑远近结合，分步实施，有所侧重。不同区域固体废物管理工作的需求和重点不同，因此所遵循的原则也会有所差异。

在规划过程中，还需要给出依据，包括法规、标准和相关规划。针对固体废物的管理规划，我国已经建立了完整的法规、标准体系，有大量依据可供参考。例如，相关法规有《中华人民共和国环境保护法》《中华人民共和国固体废物污染环境防治法》《城市市容和环境卫生管理条例》《城市生活垃圾管理办法》《中华人民共和国城乡规划法》等；相关标准有《城市环境卫生设施规划标准》《一般工业固体废物贮存和填埋污染控制标准》《危险废物收集贮存运输技术规范》《城市生活垃圾分类标志》《生活垃圾转运站技术规范》《生活垃圾焚烧污染控制标准》《生活垃圾焚烧处理工程技术规范》等。除了这些国家级的法规、标准外，还需要参考规划项目当地的省级、市级地方法规和地方标准，例如《北京市危险废物污染环境防治条例》《广东省城镇生活污水处理厂污泥处理处置管理办法(暂行)》《深圳市公共区域环境卫生质量和管理要求》等。在制定固体废物的管理规划时，还要参考其他相关的规划，包括上级和本地行政部门颁布的发展计划和目标，以及所在区域的总体规划和城市建设、土地开发、公用设施、城乡交通、环境保护等规划。上位规划对固体废物管理规划有硬性约束，而同级的相关规划可以为固体废物管理提供参考。

10.2　固体废物产生预测

开展固体废物管理规划，首先需要了解固体废物的产生现状，并进行未来产生量和性质的预测，从而为收运系统和处理处置设施规划提供依据。国内外采用的固体废物定量预测模型主要根据社会经济特征(产值、人口、产业结构和规模等)和数理统计方法(回归分析、时间序列分析)等进行预测，目前国内外使用较为普遍的是时间序列分析方法、多元回归分析方法等。近年来，还出现了基于神经网络的各类预测方法。这些方法都依赖于历史数据，对数据的要求较多，另一个需要注意的问题在于，这些模型的前提都基于一个假设，即历史情形在未来会重演，因此这些模型只适用于相对稳定的发展期。相比于这些量化方法，类比法在实际工作中具有更重要的作用，即充分参考类似区域的历史经验，推测本地的固体废物产生情况；类比法还可以与上述模型方法相结合，通过类似区域历史数据预测本地固体废物的未来产生情况。

10.2.1　时间序列分析法

在区域发展水平相对较低而经济稳定变化(通常为向上趋势)的时期，可以使用时间序列分析方法，即固体废物产生量或其影响因素是随着时间变化而变化的，这些参数与时间(唯一的自变量)的关系可以用线性方程(式(10-1))、多项式方程(式(10-2))、指数方程(式(10-3))等多种形式表达，具体采用哪种形式需要根据这些形式对历史数据的拟合效果决定。

$$Y = at + b \tag{10-1}$$

$$Y = at^2 + bt + c \tag{10-2}$$

$$Y = a\mathrm{e}^t \tag{10-3}$$

式中,Y 为固体废物产生量,t/d、t/a 或者 t/(d·人);t 为距离观测开始的时间长度,d 或者 a;a、b、c 为系数,其单位取决于模型形式。

时间序列分析模型因为只与单变量时间有关系,在预测时就需要大量的历史数据,这就要求该地区具有长期的固体废物产生量历史记录,但很多发展中国家或欠发达地区缺乏这样的数据积累。另一个需要注意的因素是,我国改革开放 40 年来,城市经济、人口都在稳定、快速发展,因此利用时间序列分析法具有较好的效果。然而,随着我国人口峰值的到来,这一趋势将会发生根本性转变,许多城市会面临人口减少的情况,固体废物产生量也可能下降,这一现象实际上已经在某些城市发生。在这种情况下,利用持续增长的历史经验去预测未来,将存在严重偏差。

10.2.2 多元回归分析法

虽然许多城市缺乏固体废物产生量的历史数据,但是通常具有较丰富的社会经济统计数据,这时就可以根据固体废物产生量与主要的社会经济指标之间的相关性,使用多元回归分析方法对固体废物产生量进行预测。首先利用历史数据获得固体废物产生量与社会经济指标之间的量化关系(多元回归模型),然后根据对城市未来社会经济发展的预测或规划(如城市发展规划、五年发展计划等),利用前述模型计算固体废物产生量的发展趋势。该模型可以表示如下:

$$Y=a_0+a_1x_1+a_2x_2+\cdots+a_kx_k \tag{10-4}$$

式中,Y 为固体废物产生量,t/d、t/a 或者 t/(d·人);x_1、x_2、…、x_k 为不同的社会经济指标,例如国内生产总值(GDP)、人口数量、城市建成区面积、产业比例、生产规模、人均 GDP、人均可支配收入、人均消费支出、人均食品支出、人均住房面积等;a_0、a_1、a_2、…、a_k 为回归系数,其单位取决于模型形式。该模型也可以用来预测固体废物中某一类组分的占比,在这种条件下,Y 代表固体废物中某一类组分的比例。

在上述建模过程中,社会经济指标的选择是关键环节。有些社会经济指标对生活垃圾产生量及其组分具有直接影响,如人口、食品消费等;有些指标具有间接影响,如人均可支配收入、人均消费支出等。对于与经济活动关系密切的工、商业废物,其产生量与 GDP、产业结构、生产能力等有密切关联。在筛选适用的社会经济指标时,一是充分考察当地居民生产、生活的特点,分析固体废物产生的多种影响因素,进行定性选择;二是利用历史数据对不同的社会经济指标集进行回归分析,根据回归效果进行判断。在第二类方法中,需要考虑一些指标可能存在提前或滞后效应,例如,当民用燃料从燃煤向燃气转变时,就会逐渐减少人均垃圾产生量和垃圾中灰渣组分的占比。

当回归样本数据有限时,上述方法可以得到较为稳定的结果。如果样本数据量较大,在多元回归方程中存在大量的自变量(社会经济指标),要筛选出所有对因变量影响显著的自变量,删除对影响不显著的自变量,可以使用逐步回归方法,即将自变量逐一引入回归方程,分析它们对因变量影响的显著性,剔除作用不显著的变量。被引入回归方程的变量有可能在引入新变量后失去重要性,它也需要从回归方程中剔除。引入一个变量或者从回归方程中剔除一个变量都称为逐步回归的一步,每一步都应进行统计检验,并剔除影响不显著的变量,以保证在引入新变量前回归方程中只含有影响显著的变量。

式(10-4)显示的是多元线性回归模型,有时还可以使用多元非线性回归模型,即代表不同社会经济指标的自变量可以以幂函数、指数函数的形式出现,但会增加模型分析的复杂性。

相对于时间序列分析法,多元回归模型采用了尽可能多的影响因素,预测结果相对稳定,但由于社会经济指标本身存在内在关联,模型可能存在冗余的自变量或者缺失某些关键指标,而且这种方法也需要大量的历史数据。

10.2.3 类比法

一般来说,经济发展水平相当、居民生活习惯相近的地区具有类似的人均固体废物产生量和组分比例,这就为后发展地区借鉴已发展地区的历史经验提供了基础。当然,能源供给、气候条件、产业结构等因素也会影响固体废物的产生情况。因此,两个地区越接近,其类比效果越好。当通过类比法获得所研究区域的人均固体废物产生量和组分比例后,乘以该区域的规划人口,就可以获得未来该区域总的固体废物产生量和各类组分的产生量。下面以生活垃圾为例进行说明。

根据我国统计年鉴,我国人均垃圾产生量约为 0.78 kg/d。然而,我国许多农村地区并未对垃圾进行规范管理,其产生量也未纳入统计,因此上述人均垃圾产生量应该偏低。我国城镇居民的人均垃圾产生量处于 0.8～1.2 kg/d。一些发达城市,如北京、上海、深圳等,人均垃圾产生量接近或略超过上限,而一些欠发达城市的人均垃圾产生量接近或略低于下限。这可以为许多城市的生活垃圾管理规划提供基本依据。也就是说,经济相对落后的城市可以参考发达城市在相似历史发展阶段(如人均 GDP 相同)的数据。值得注意的是,在类比分析过程中,历史统计资料大多来自于经济发达的大城市,而这些城市的流动人口(居留 6 个月以下)很多,在过去难以准确统计。在计算人均垃圾产生量时,人们往往以终端设施(填埋场、焚烧厂等)的进场垃圾量作为分子,而以户籍人口或常住人口(居住 6 个月以上)作为分母,这就与真实情况存在较大偏差。一方面,经济越发达的城市,流动人口越多,实际居住人口往往远高于户籍人口,也高于常住人口;另一方面,经济越发达的城市,垃圾组分中的可回收物,特别是高价值可回收物(如纸板、易拉罐等)越多,这些组分会被保洁人员或拾荒者从源头分流,进入到再生资源体系,这就导致环卫部门统计的生活垃圾产生量(清运量或者进入终端设施的进场量)小于实际的生活垃圾产生量。以深圳市为例,2018 年户籍人口为 455 万,而管理人口①为 1 735 万,实际服务人口约 2 190 万;全市进入到环卫系统(包括终端设施和分类回收)的垃圾量为 20 667 t/d,而进入到再生资源系统的可回收物为 5 370 t/d,垃圾总产生量实际上为 26 037 t/d。如果以进入环卫系统的垃圾量和户籍人口计算,则人均垃圾产生量为 4.54 kg/d,远远高于 1.19 kg/d 的真实值。

当采用国外城市或地区进行类比时,要注意地区发展特点的不同。根据世界银行对 2016 年全球垃圾产生情况的统计,全球人均垃圾产生量为 0.75 kg/d,不同收入水平国家的情况有显著差异(见表 10.1)。发达国家人均垃圾产生量普遍较高,如美国达到了 2.2 kg/d,德国达到了 1.7 kg/d。尽管这些国家广为宣传其源头减量和资源回收的措施,但其消费模式和废弃物管理模式还不能达到可持续发展的要求,也难以为其他地区提供示范。东亚国家

① 包括非户籍常住人口和短期租户。

具有相近的文化传统，人均生活垃圾产生量相对较低。如图10.1所示，日本的人均生活垃圾产生量在2000年达到峰值，为1.19 kg/d，与我国发达城市现在的水平相当；随后，随着垃圾分类、源头减量、付费排放等政策的实施，人均垃圾产生量逐年下降，目前仅为0.92 kg/d。

表10.1 全球生活垃圾产生情况[①]

国家类别	人均年收入/美元	人均产量/(kg/d)	垃圾组分						
			厨余垃圾	可回收物					其他
				玻璃	金属	橡塑	纸类	木材	
低收入国家	≤1 025	0.43	56	1	2	6	7	1	27
中低收入国家	1 026~4 035	0.61	53	3	2	12	12	1	17
中高收入国家	4 036~12 475	0.69	54	4	2	12	12	1	15
高收入国家	>12 475	1.57	32	5	6	17	25	4	11
全球平均		0.75	44	5	4	14	17	2	14

注：世界银行的统计中，厨余垃圾类别对应的是各类食品废弃物与绿化废物；2020年中国人均可支配收入为43 834元，按美元兑人民币6.3汇率计算。

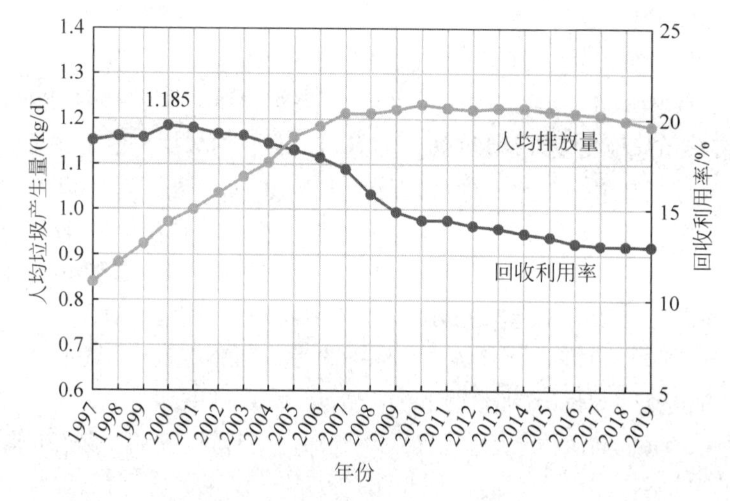

图10.1 日本人均垃圾产生量的逐年变化

类比法还可以用于垃圾组分的预测。一般而言，经济越发达，厨余垃圾(food waste)在生活垃圾中的比例越低，灰土、砂石、煤灰等无机组分的比例越低，而可回收物的比例越高。图10.2为深圳市2018年的情况，当时尚未开展强制分类。从产生源来看，厨余垃圾占44%；而从末端设施进场垃圾来看，由于一些可回收物被分离回收，其比例降低，而厨余垃圾的相对含量明显增加，达到56%，这与上海市强制分类前的情况相同。根据世界银行对2016年全球垃圾产生情况的统计(见表10.1)，厨余垃圾(食品废弃物与绿化废物)占44%，可回收物占42%；北美、中东和欧洲国家经济发达，厨余垃圾占比低，而其他国家均在50%以上。发达国家饮食习惯的不同也会导致厨余垃圾占比的较大变化。根据美国环境保护署

① The World Bank. What a Waste 2.0：A Global Snapshot of Solid Waste Management to 2050. 2016。

的调查，2018年厨余垃圾占全部生活垃圾的21.6%；而根据对日本京都的调查，该比例为40%～44%(见图10.3)。这些数据可以为不同类型的城市开展生活垃圾管理规划提供依据。

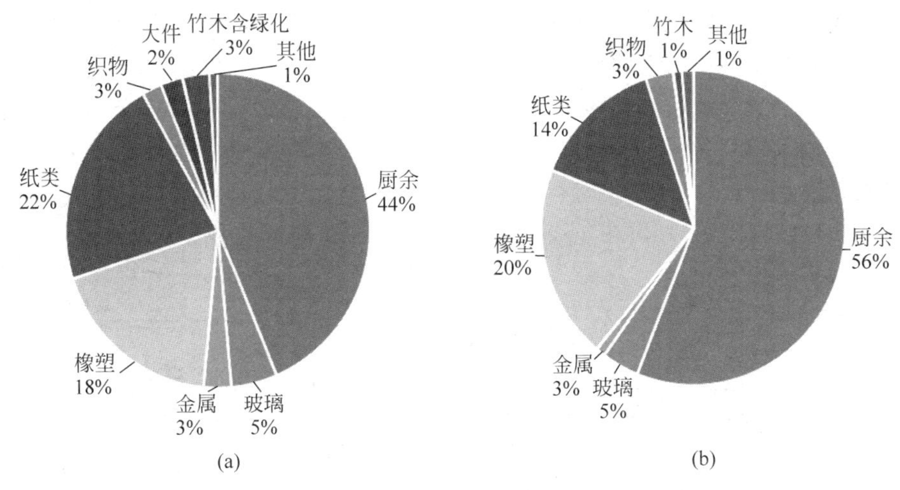

图10.2　深圳市2018年源头(a)和末端设施(b)的生活垃圾组分

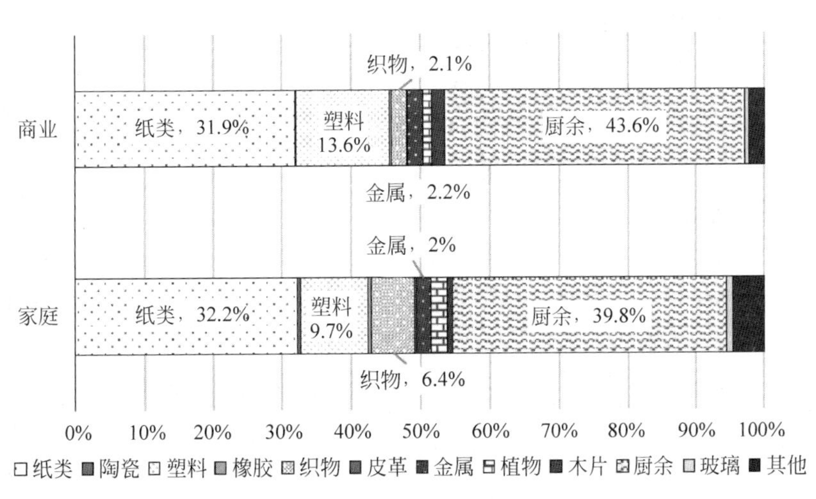

彩图10.3

图10.3　日本京都2012年生活垃圾组分

10.3　收运系统设计与优化

固体废物的收运系统包括混合收集和分类收集两种模式。对于工业固体废物，通常由不同的企业根据固体废物的类型分别运送至下游处理单位，为"点对点"模式；对于危险废物，通常通过电话预约由具有资质的运输企业将其运送至危险废物处理单位，也是"点对点"模式，但中间有可能存在临时的储存过程或接力运输过程。相对而言，生活垃圾成分复杂、品类多样、源头分散，其收运系统最为复杂。目前我国大多数城市正在开展生活垃圾分类收运体系的建设，分类后的"其他垃圾"的收运过程与传统的混合收运模式相同。因此，以生活垃圾分类收运系统为例进行介绍。

10.3.1 分类投放点

生活垃圾投放点是将各类垃圾桶集中放置，便于居民分类投放垃圾的站点。居民将生活垃圾用塑料袋、垃圾篓或纸箱分类装好后，送至投放点。投放时，盛放垃圾的塑料袋或其他容器也应按分类要求单独投放。

目前已经开展生活垃圾分类的城市，普遍采用“四分法”，即将生活垃圾分为可回收物、厨余垃圾、有害垃圾和其他垃圾，因此投放点至少包括四类垃圾桶。垃圾桶的材质可根据不同场景选用金属、塑料、竹木、水泥等，易于维护管理。分类垃圾桶应根据《城市生活垃圾分类标志》(GB/T 19095—2019)，在垃圾桶的显眼位置绘制规定的分类标志(见图 10.4)，并尽量提供说明文字。

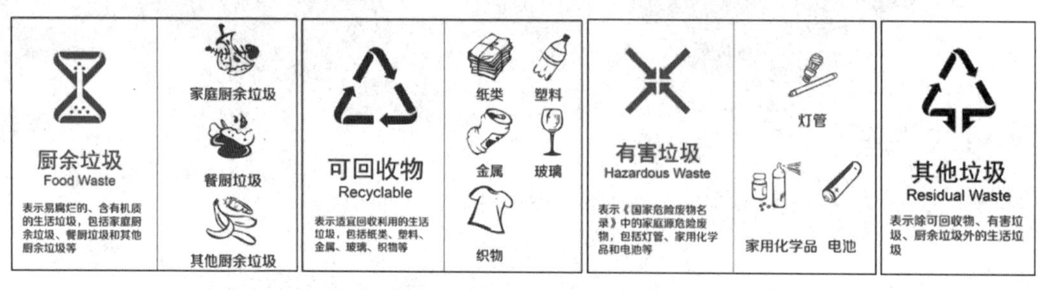

图 10.4 我国生活垃圾分类标志

需要注意的是，不同类别的垃圾桶数量应根据垃圾产生和运输频次确定，彼此的数量有可能不同。在一些投放点，还会进一步将可回收物细分为玻璃、金属、塑料、纸类等类别，有害垃圾进一步分为电池、灯管、药品等，这些细分类别的收集容器应因地制宜，可以采用不同的大小和形状，以便于投放、收集和运输。例如，深圳市在居民区普遍采用 240 L 或 660 L 容积的塑料桶作为收集容器，可以与小区或单位物业使用的保洁车辆、垃圾转运站的收集车辆进行匹配。

除四分类垃圾桶外，投放点有时还会设置废旧家具、废电器的储藏间，安装各类宣传、监控设备，布置洗手池等(见图 10.5～图 10.6)。投放点的设计应便于使用，不影响环境卫生和景观。根据《城市环境卫生设施设置标准》规定，投放点的服务半径应小于 70 m。在目前源头分类的情形下，为便于投放督导和降低成本，也可以将服务半径适当扩大，但不易超过 150 m。这样，就可以大致估算某一个小区或者单位所需要的投放点的数量。在每一个投放点的服务范围内，根据人群数量及人均垃圾产生量和垃圾组分，可以估计该片区各类垃圾的产生量，再根据各类垃圾的收运频次，就可以计算得到每个投放点应该布置的各类垃圾桶的数量。在我国大多数开展垃圾分类的城市，厨余垃圾的收运一般为一天两次，采用早晚各一次的定时投放模式；其他垃圾一般为一日一次或一日两次，可以根据投放量确定；可回收物和有害垃圾一般多日一次，也可以等垃圾桶存满后通过电话预约环卫作业车辆运走。

投放点收集到的“其他垃圾”，通常由小区物业或单位保洁人员负责运送至转运站，或者定时送至路边由转运站派出的收集车辆。小区或单位的作业车辆可以采用人力车或电动车，宜与垃圾桶相匹配，以减轻工人作业负担，保持环境清洁(见图 10.7)。

图 10.5 小区内带洗手池的生活垃圾收集点

图 10.6 公园内带洗手池的地埋式分类垃圾收集点

图 10.7 生活垃圾收集容器(660 L 垃圾桶)及其配套的小区内运输车辆

10.3.2 收集车辆

从各产生源头收集到的生活垃圾需要通过车辆运送至转运站。如果产生源与转运站较近,可以直接利用上述车辆(需具备上路行驶资格)将生活垃圾运送至转运站。如果产生源与转运站距离较远,则可以通过转运站的收集车将垃圾运送至转运站(见图 10.8)。这种直接装入标准垃圾桶的车辆,不仅可以用于收集“其他垃圾”,也可以用于收集“可回收物”和“厨余垃圾”等。此外,“其他垃圾”的收集还可以采用后装或侧装式的专用卡车,包括带有压缩设备的专用车辆(见图 10.8)。这类收集车可以自动将垃圾桶内的垃圾倾倒入车载的密封箱体内,这样就减少了垃圾桶的循环运输过程。

图 10.8 左图为装载标准垃圾桶的收集车,右图为小型后装压缩式收集车

厨余垃圾的收集一般采用点对点模式,即由特许经营企业收集各小区产生的厨余垃圾,用密封罐车直接运送至处理厂;部分收运距离较大的城市,也会采用一次中转的模式。与其他垃圾的收集类似,厨余垃圾也宜由物业保洁人员将厨余垃圾桶定时送至路边的收集车

辆(见图 10.9)。可回收物的收集一般采用电话预约模式,特许经营企业从各产生源头收集后将可回收物运送至再生资源分拣中心或加工厂,可回收物收集车辆可以采用密封的卡车。如果可回收物有细分品类,则可以在卡车内设置不同的收集箱。有害垃圾的收集与可回收物类似,但潜在危害更大,应遵循危险废物管理的一般原则。

收集车辆的数量取决于所服务片区的垃圾产生量和单车运载量。对于一个服务半径 2 km 的转运站,服务区域约 12 km^3。如果该区域人口为 5 万人,人均垃圾产生量为 1.2 kg/d,则该片区总的垃圾产生量为 60 t/d,其中“其他垃圾”按 60%计,即 36 t/d。这些垃圾采用装载 660 L 标准垃圾桶的卡车运输,每辆车可装载 8 个垃圾桶,垃圾桶内垃圾密度约为 0.4 t/m^3,即每桶约装载垃圾 260 kg,则每辆收集车可装载垃圾 2 t,每辆车每天收运 2 次,则该转运站需要的这类收集车数量为 9 辆。除“其他垃圾”外,分出的厨余垃圾按垃圾总量的 20%计,则为 12 t/d,这些垃圾采用 6 t 载重的餐厨垃圾车收集,每天收集 2 次,则需要 1 辆收集车。需要注意的是,上述车辆为紧平衡状态下的车辆配置。垃圾产生量可能随季节产生波动,车辆的状况、行驶路线、装满程度等也往往达不到理想程度,为了避免出现垃圾未及时清理的现象,转运站通常会配置更多或者更大容量的车辆,这需要根据实际情况灵活决定。

图 10.9　左图为餐厨垃圾收集车,右图为针对校园牛奶盒的回收车

10.3.3　中转站点

1. 垃圾转运站

收集车辆一般载重量较小,便于从各个源头逐一收集生活垃圾。当产生源与处理设施较近时,收集车辆可以直接将垃圾运送至处理设施;当产生源与处理设施较远时,为了降低运输成本,通常采用一次或二次中转的模式,即收集车辆收集到的垃圾汇集到转运站,再由更大的车辆一并运输到处理设施。

转运站的形式很多,近年来城市转运站普遍采用压缩式转运站(见图 10.10)。这种转运站内采用了固定压缩机和活动垃圾箱配套的方式,由收集工人用小推车运来的垃圾,经压缩机的翻斗倒入压缩机内,推入垃圾箱并压缩。单箱的处理规模可以达到 8~20 t/d。装满的垃圾箱由拉臂式垃圾车送去垃圾处理厂,而备用垃圾箱继续填装垃圾。这种方式便于和各类收集车辆匹配,灵活性高,同时垃圾压缩后体积和水分减小,转运效率高。

根据《生活垃圾转运站技术规范》(CJJ/T 47—2016),转运站可以分为Ⅰ~Ⅴ类,对应大型转运站、中型转运站和小型转运站(见表 10.2)。不同大小的转运站转运规模不同,用地面积也不同。需要注意的是,转运站的用地指标需要结合实际情况考虑,很多老城区用地面积狭小,需要灵活处置。转运站的服务面积可参考下述要求:

图 10.10　左图为小型生活垃圾压缩式转运站(与公共洗手间合建),右图为含破碎预处理与压榨脱水的厨余垃圾转运站

(1) 采用人力方式运送垃圾时,收集服务半径宜小于 0.4 km,不得大于 1.0 km;

(2) 采用小型机动车运送垃圾时,收集服务半径宜为 3.0 km 以内,城镇范围内最大不应超过 5.0 km,农村地区可合理增大运距;

(3) 采用中型机动车运送垃圾时,可根据实际情况扩大服务半径。

表 10.2　转运站分级与用地指标

类型		设计转运量/(t/d)	用地面积/m^2	与相邻建筑间隔/m
大型	Ⅰ类	≥1 000,≤3 000	≥15 000,≤30 000	≥30
	Ⅱ类	≥450,<1 000	≥10 000,<15 000	≥20
中型	Ⅲ类	≥150,<450	≥4 000,<10 000	≥15
小型	Ⅳ类	≥50,<150	≥1 000,<4 000	≥10
	Ⅴ类	<50	≥500,<1 000	≥8

计算转运站规模时,与收集车辆配置计算类似,需要考虑服务区域的人口数量和人均垃圾产生量,一般采用下式计算

$$Q_d = K_s Q_c \tag{10-5}$$

式中,Q_d 为转运站设计规模,t/d;K_s 为垃圾排放的季节性波动系数,即年度最大月产生量与平均月产生量的比值,应按实测值选取,没有实测值时,可以取 1.3～1.5;Q_c 为服务区垃圾清运量的年平均值,t/d,可以用下式计算:

$$Q_c = nq/1\,000 \tag{10-6}$$

式中,n 为服务区域内的服务人数;q 为人均垃圾排放量,kg/(人·d),可以根据当地的实际情况取值。需要注意的是,在人均垃圾产生量中,会有一部分可回收物从源头分流,导致人均垃圾排放量(进入到收运系统的垃圾量)相对减少;对于源头分类的收运系统,需要考虑厨余垃圾、可回收物等的分流情况。

转运站通常有两个以上的转运单元,便于连续作业。转运单元的具体数量可以根据垃圾转运量特别是高峰期(一般为 2～4 h)垃圾转运量和转运单元本身的转运能力计算,高峰期垃圾转运量可以按日转运量的 70%考虑。在村镇或用地不足的老城区,可以采用一个转运单元的转运站,此时要考虑该单元出现故障时的应急方案。

转运站的机械设备及配套车辆的工作能力应按日有效运行时间和高峰期垃圾量综合考虑,保证转运站可靠的转运能力并留有调整的余地。转运站配套运输车数按下式计算:

$$n_{v}=\frac{\eta Q}{n_{t}q_{v}} \tag{10-7}$$

式中,n_v 为配备的运输车辆数量,辆; η 为运输车备用系数,取 1.05~1.20,若转运站配置了同型号规格的运输车辆,可取下限值; Q 为计划垃圾转运量,t/d; n_t 为运输车日转运次数,次/d; q_v 为运输车每次实际载运能力,t/(辆·次)。

对于装载容器与运输车辆可分离的转运单元,若装载压缩机为固定式,装载容器数量可按下式计算:

$$n_{c}=m+n_{v}-1 \tag{10-8}$$

式中,n_c 为配备的装载容器数量; m 为转运单元数。

2. 分拣中心

转运站可以用于混合生活垃圾、厨余垃圾和其他垃圾的转运,对于可回收物,通常送至再生资源分拣中心,有些大件垃圾还会送至专门的拆解中心。再生资源行业本身就拥有一些站点,可以起到中转作用。近年来,随着生活垃圾分类体系的建设,环卫系统也建设了一些分拣中心/拆解中心,以便对收集来的可回收物进行进一步破拆、分类、打包,再送至不同的回收工厂。

分拣中心的布置可根据行政区划和人口分布情况灵活配置,其选址应与居民楼、学校、水源保护区等各类敏感设施保持一定的安全防护距离。分拣中心的规模可根据服务区域面积、区域人口数、人均垃圾产生量等情况估算得到。对于日处理量 300 t/d 的分拣中心,用地面积不宜少于 10 000 m^2。对于拆解废旧家具的站点,由于会产生较多的粉尘,还要特别注意空间的通风除尘,做好消防措施。可回收物分拣中心见图 10.11。

图 10.11 可回收物分拣中心(左上:废纸板打包区;右上:玻璃分类存放区;左下:大件垃圾拆解中心;右下:塑料类垃圾打包区)

3. 有害垃圾暂存点

生活垃圾中的有害垃圾产生量小，如果每天从各产生源头收集，则面临收集量小、成本高的问题；如果待有害垃圾积存到一定数量，再预约收集，则有害垃圾存储量增加，但普通的分类投放点无法满足危险废物的储存要求，存在较高的环境风险。为了解决这一矛盾，可以在一定区域内（一般是街道层级）设置小型有害垃圾暂存点，这样就可以汇集各个小区、单位产生的有害垃圾，并按照危险废物的临时储存要求建设暂存点，防止环境风险。

有害垃圾暂存点占地面积不大，可灵活选址。暂存点外部应全闭合，遮雨遮阳，内部应防渗防水。有害垃圾应分类放入暂存点内不同类别的储存容器中，如废灯管、废溶剂、废电池（镍铬电池、镍氢电池、铅酸电池等）、废药品、废胶片与废相纸等。从暂存点收运有害垃圾时，应由具备资质的企业实施，并进行联单管理。

10.3.4 收运系统优化

通过设置生活垃圾投放点、中转站，调配收运车辆，就可以形成一套完成的收运系统，如图10.12所示。生活垃圾的收运成本占整个垃圾处理总成本的60%～80%，通过优化收运系统，可以有效提高垃圾处理效率，降低垃圾处理费用，并减少二次污染风险。中转站点是连接产生源和处理设施的关键环节，因此是收运系统优化的重点。在确定中转站点位置后，还可以对收集路线（从产生源到中转站点）、转运路线（从中转站点到处理设施）进一步优化，提高车辆的使用效率。

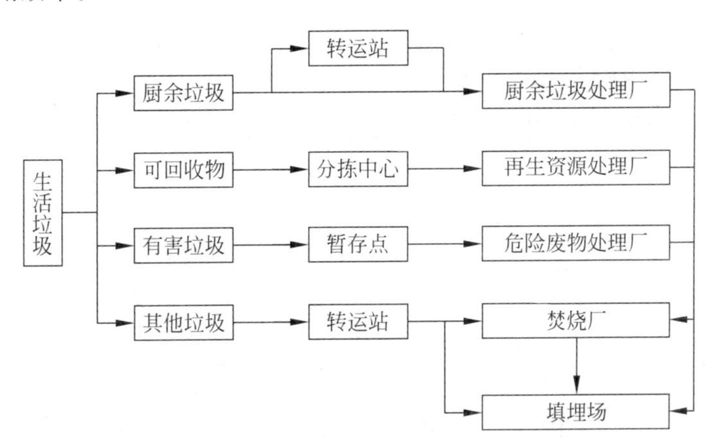

图10.12　生活垃圾分类收运处理网络

一个科学有效的垃圾收运处理系统，需要考虑各种因素及其后续效应，并最终应达到三个目标：总费用最小、处理风险最小、收益最大。从理论上讲，生活垃圾收运模型是一个多目标的非线性规划模型，但是除总费用因素可量化外，处理风险、环境收益等许多因素的量化就非常困难，因而多采用定性评价方法。下面以某市生活垃圾为例，采用最小费用模型进行收运系统优化。为简便起见，该模型未加入中转站点的设计和约束，读者可参考下述模型自行添加。

生活垃圾处理系统的总费用是指所有运输费用、处理设施建设成本、运营费用总和与垃圾处理后产生的能量、肥料及可回收利用物质出售收入的差值。模型的目标是在长期规划中，在保证生活垃圾无害化处理的前提下，使得系统的总费用现值实现最小化。

1. 目标函数

模型目标：Min Z=运输费用+填埋费用+生化处理费用+焚烧费用+回收费用−回收材料收入−生化处理产品收入−焚烧能量收入。函数表示为

$$\begin{aligned}\text{Min } Z = & \sum_a \sum_p \sum_t \frac{(\text{CTC}_t \cdot \text{DIS}_{apt} + \text{RPC}_{pt}) \cdot X_{apt}}{(1+r)^t} + \\ & \sum_a \sum_i \sum_t \frac{(\text{CTC}_t \cdot \text{DIS}_{ait} + \text{RIC}_{it}) \cdot X_{ait}}{(1+r)^t} + \\ & \sum_a \sum_c \sum_t \frac{(\text{CTC}_t \cdot \text{DIS}_{act} + \text{RCC}_{ct}) \cdot X_{act}}{(1+r)^t} + \\ & \sum_a \sum_l \sum_t \frac{(\text{CTC}_t \cdot \text{DIS}_{alt} + \text{LC}_{lt}) \cdot X_{alt}}{(1+r)^t}\end{aligned} \tag{10-9}$$

式中，各变量的下标组合表示垃圾的流向；Z 为系统的总处理费用，元；a 为废物来源地，可以为产生源头，也包括产生残渣的处理设施；p 代表回收设施；t 为时间，a；X 为垃圾清运量，t/a；i 为焚烧设施；c 为生化处理设施(如好氧堆肥或厌氧消化)；l 为填埋场；r 为贴现率，不考虑贴现时 r 为 0；CTC 为单位垃圾单位路程运输费用，元/(km·t)；DIS 为运输距离，km；RPC 为回收处理单位净费用，即总成本减去收益，元/t；RIC 为焚烧处理单位净费用，元/t；RCC 为生化处理单位净费用；LC 为填埋处理单位净费用，元/t。

上式右侧四项分别表示回收过程的总费用、焚烧处理的总费用、生化处理的总费用和填埋处置的总费用，其中包括了中转运输的费用。由于有害垃圾产生量小、管理特殊，未纳入考虑。

2. 约束条件

(1) 质量平衡约束：

$$\sum_i X_{sit} + \sum_c X_{sct} + \sum_p X_{spt} + \sum_l X_{slt} = A_t \tag{10-10}$$

$$\sum_a X_{apt} = \sum_s X_{spt} \tag{10-11}$$

$$\sum_a X_{act} = \sum_s X_{sct} \tag{10-12}$$

$$\sum_a X_{ait} = \sum_s X_{sit} \tag{10-13}$$

$$\sum_a X_{alt} = \sum_s X_{slt} + \sum_s X_{plt} + \sum_s X_{clt} \tag{10-14}$$

$$\sum_l X_{clt} = \beta X_{ct} \tag{10-15}$$

$$\sum_a X_{plt} = \gamma X_{pt} \tag{10-16}$$

式中，s 代表垃圾产生源；A_t 为第 t 年系统内生活垃圾总产生量，t/a；β 为生化处理设施残渣产率，%；γ 为回收设施残渣产率，%。

式(10-10)表示各产生源去往各处理设施的垃圾量与总的产生量相等；式(10-11)表示回收设施收集的垃圾均来自于源头，没有从其他设施送来的残渣，式(10-12)和式(10-13)表示焚烧厂和生化处理厂也仅处理来自源头的垃圾；式(10-14)表示填埋处置的垃圾除了来自源头外，还有来自回收处理设施和生化处理厂的残渣；式(10-15)表示生化处理后的残渣产量；式(10-16)表示回收处理设施产生的残渣量。需要注意的是，在本例中，焚烧系统产生的灰渣未进入到本地填埋场，因此不列入质量平衡约束条件。如果焚烧炉渣需要填埋，或者生化处理设施或回收处理设施产生的残渣需要进行焚烧处理，则需要对式(10-14)进行调整。

(2) 处理处置设施容量约束：

$$\sum_{a} X_{ait} \leqslant \mathrm{PCAP}_{it} \tag{10-17}$$

$$\sum_{a} X_{act} \leqslant \mathrm{PCAP}_{ct} \tag{10-18}$$

$$\sum_{a} X_{apt} \leqslant \mathrm{PCAP}_{pt} \tag{10-19}$$

$$\sum_{a} X_{alt} \leqslant \mathrm{PCAP}_{lt} \tag{10-20}$$

$$\sum_{t} \sum_{a} X_{alt} \leqslant \mathrm{TCAP}_{l} \tag{10-21}$$

式中，PCAP 为处理处置设施的年处理能力，t/a；TCAP 为填埋场的总处置容量，t。

(3) 最小填埋量约束：

$$\sum_{l} X_{alt} \geqslant D_t \tag{10-22}$$

式中，D_t 为第 t 年 a 产生源需要填埋的最低垃圾量，t。这一项约束主要针对以 BOT 等模式建设的填埋场，为了维持承包企业正常的运营和合理的盈利，需要保证进场垃圾的最小量。其他设施如果也有类似的问题，就需要增加约束条件。在某些规划中，处理设施尚处于早期筹备阶段，没有特别的限制因素，则可以不设置其他约束条件；在另外一些规划中，待建的处理设施存在用地、规模等方面的限制，就需要考虑这些设施的实际处理量，一般要保持在设计处理规模的±10%以内，此时也可以设置相应的约束条件。

(4) 可利用成分约束：

$$\sum_{i} X_{ait} \leqslant \lambda_i B_{at} \tag{10-23}$$

$$\sum_{c} X_{act} \leqslant \lambda_c C_{at} \tag{10-24}$$

$$\sum_{p} X_{apt} \leqslant \lambda_p E_{at} \tag{10-25}$$

式中，λ_i、λ_c、λ_p 分别代表经源头分类后，可用于焚烧的其他垃圾(对于按可燃、不可燃分类模式的城市是必要约束)、可用于生化处理的厨余垃圾和可回收物的实际分出率，%；B_{at} 为第 t 年其他垃圾的总量，t/a；C_{at} 为第 t 年 a 城市厨余垃圾总量，t/a；E_{at} 为第 t 年 a 城市可回收垃圾总量，t/a。

(5) 变量非负条件约束。以上约束方程中的变量均满足非负条件。

3. 简化模型

在上述模型中，如果规划方案有明确的处理设施数量和规模，各设施为满负荷运行，则可以仅考虑收运处理过程导致的费用差异，式(10-9)可以简化为

$$\text{Min } Z = \sum_{a}\sum_{p}\text{CTC}\cdot\text{DIS}_{ap}\cdot X_{ap} + \sum_{a}\sum_{i}\text{CTC}\cdot\text{DIS}_{ai}\cdot X_{ai} + \sum_{a}\sum_{c}\text{CTC}\cdot\text{DIS}_{ac}\cdot X_{ac} + \sum_{a}\sum_{l}\text{CTC}\cdot\text{DIS}_{al}\cdot X_{al} \tag{10-26}$$

据此分析，模型所需参数包括各规划期内的生活垃圾产生量和组分比例、处理设施的处理能力或设计规模、单位运输成本等。在运输费用计算中，主要考虑距离的远近，也即在满足约束条件的前提下，流量的分配采取就近处理的原则。

4. 模型求解

上述模型可以用 Matlab 或其他软件的非线性规划模块进行求解，不再展开。

在垃圾产生源的定义上，要考虑规划的规模。对于地级市的生活垃圾收运规划，可以以街道为独立的垃圾产生源，这样也便于街道进行垃圾收运的管理；对于地域较广、人口分布不均的街道，可以分开处理；对于地域狭小、人口较少的街道，也可以与邻近街道合并为一个产生源。对于某个区、县的收运规划，可以以社区或者居民小区为独立的产生源；对于较小的片区，可以以小区或楼宇为独立的产生源，以中转站点为最终去向(该中转站点负责收集该片区的全部垃圾)，或者将中转站点作为一个独立设施进行考虑。

10.4 处理系统设计与优化

10.4.1 处理技术路线

在我国大力推进生活垃圾源头分类的背景下，生活垃圾处理设施也应该满足分类处理的需求。由于有害垃圾、可回收物从源头分流，进入到了其他专门的处理设施，因此处理系统设计的重点在于厨余垃圾和其他垃圾。厨余垃圾可以进行厌氧消化、好氧堆肥或者加工饲料，其中厌氧消化是目前的主流技术，我国 80%的厨余垃圾处理设施采用了该技术(在技术细节上不同设施会有所区别)。其他垃圾可以焚烧处理或填埋处置。一般来说，大城市应该建立以焚烧厂为核心的末端处理系统，积极开展厨余垃圾的资源化处理，而填埋场作为辅助和应急设施以及炉渣、固化灰的处置设施；小城市或经济欠发达的城市，应首先满足垃圾无害化处理的要求，近期可以依托卫生填埋场达到这一目标，远期可以独立或与相邻地区共建焚烧设施。

对于特定地区，在技术路线的选择上，需要考虑的因素包括政策要求、环境效益和经济效益等，其中环境效益可以采用环境负荷计算、生命周期评价、碳足迹分析等方法，经济效益需要考虑不同技术路线导致的生活垃圾处理成本和收益的差异。要综合考虑上述因素，可以采用层次分析法、模糊综合评价法等。在实践工作中，从我国生活垃圾处理要求和发展趋势看，主要处理技术路线已经基本明确，如图 10.12 所示，只有厨余垃圾处理模式还存在探

索优化的空间。例如，对于餐厨垃圾，大规模处理可以采用厌氧消化技术，小规模处理可以考虑养殖昆虫幼虫后加工蛋白饲料；对于家庭厨余垃圾，除了采用传统湿式厌氧消化外，还可以考虑干式厌氧消化技术；对于果蔬垃圾，可以采用破碎脱水后好氧堆肥处理，也可以进入到厌氧消化处理设施。厨余垃圾的具体处理方案可以根据当地生活垃圾分类工作的进度和社会经济条件来选择。

10.4.2　处理设施规模

在确定处理技术后，需要根据各类垃圾的产生量，合理确定处理设施的数量和规模。这可以结合收运系统的优化进行。在进行规划时，首先需要对当地的已有处理设施情况进行充分调研，在科学评估的基础上，分析已有设施的管理对策，如继续保留、改造升级、拆除重建等。通过这些措施，避免大拆大建，以降低处理系统的建设成本，缩短建设周期。对于存在问题的已有处理设施，还必须提出解决方案。例如，我国许多城市存在简易填埋场，具有较大的环境风险，在进行处理系统设计时，需要一并考虑简易填埋场的整治工作。如果采用垃圾开挖、外运处置的方式，可能增加其他处理设施的负荷，在规划处理系统时也需要充分考虑。

处理设施的总规模要与生活垃圾的总清运量匹配。首先，要满足各类垃圾的无害化处理要求；其次，要结合当地的具体需求和条件，适当考虑资源化利用设施，提高生活垃圾的回收利用率，我国对大城市回收利用率的要求是达到35%以上。对于单个处理设施，规模应适中，以取得最佳的环境与经济效益。集中式处理设施规模不宜过小，以提高资金、土地的利用效率，实现规模效应；处理设施规模过大时，也可能导致污染物的集中排放，超过当地的环境负荷，导致过高的环境风险，还可能导致交通组织的困难。

在计算处理设施规模时还需要注意，在源头分类的背景下，分流出的可回收物不会进入到终端处理设施，因此应予以扣除。在未开展垃圾分类工作的地区，由于再生资源体系的存在，也有10%～25%的可回收物从源头分流。另外，有害垃圾进入危险废物处理厂，厨余垃圾进入到单独的资源化处理设施，这些都应在计算其他垃圾处理设施规模时予以扣除。

10.4.3　处理设施选址

为了降低整个垃圾管理系统的运输费用和处理费用。在选址时，需要根据不同设施的相关法规、标准进行。例如，《生活垃圾卫生填埋技术规范》从环境风险控制的角度对卫生填埋场选址提出了一系列要求，其中，填埋库区与敞开式渗沥液处理区边界距居民居住区或人畜供水点的卫生防护距离不应少于500 m，填埋库区与渗沥液处理边界距离河流和湖泊不应少于50 m，距离民用机场不少于3 km；《生活垃圾焚烧处理工程项目建设标准》提出，焚烧厂不宜选在重点保护的文化遗址、风景区及夏季主导风向的上风向，宜靠近服务区，与服务区之间应有良好的交通运输条件，易于接入地区电力网。

城市生活垃圾处理设施规划适宜采用适度集中的方式，即将不同的处理设施集中在环境园(静脉产业园)中，以便不同设施之间进行物质流和能量流的有机协同，提高处理效率，减少运输距离，避免二次污染，降低征地难度。环境园的大小可根据服务片区的垃圾量来确定，一座城市可以设置数座环境园。例如，一座环境园内可以建设有焚烧厂、厨余垃圾处理厂、卫生填埋场和污水处理厂(见图 10.13)。这样,厨余垃圾经生化处理后,难降解的沼渣可以进行焚烧,沼液可以进入污水处理厂;焚烧厂的储坑渗滤液可以进入污水处理厂,而产生的炉渣可以进行填埋;填埋场可以作为整个系统的应急终端,填埋气可以和沼气一并送焚烧炉燃烧,产热发电,在满足园区自身需求的同时向外输出。当然,一个复杂的园区系统要实现高效的协同,还需要对系统进行细致分析。

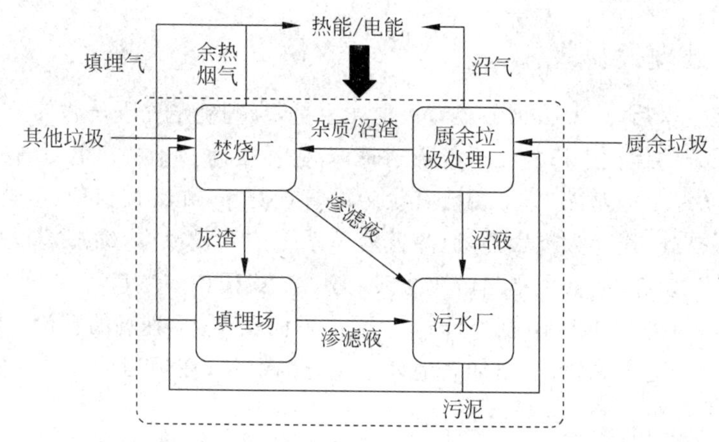

图 10.13 生活垃圾处理园区内物质与能量协同示例

10.5 保障措施与绩效分析

在规划方案确定后,为了保障规划的落实,还需要提出一系列的保障措施,同时要对规划实施后的绩效进行预测分析。

10.5.1 环保要求

对于生活垃圾处理设施,首先要保证运营过程中不引起水、气、土壤、固体废物和噪声的污染,不危害公共卫生。处理厂(场)在建设前应进行环境本底测定,运营后应进行相应的定期污染监视。各项指标应满足有关法规和标准的要求,除了要考虑国家层面的法规标准外,还应该考虑地方的法规标准。

10.5.2 建设时序

在规划期内,生活垃圾产生量是逐渐变化的,相应的收运系统、处理设施也应逐步开工建设,最终达到规划目标。因此,规划实施建议中,应明确各类设施的建设时序,这也可以为资金安排提供参考。

在安排不同设施的建设时序时,应优先建设托底性设施,如填埋场,这样可以满足其他设施产生的残渣处理要求。在考虑垃圾处理目标时,应首先保证垃圾的无害化处理要求,再建设资源化处理设施,逐渐达到所设定的资源回收率。例如,许多城市启动了家庭厨余垃圾的分类工作,但在初期阶段,实际分类效果不理想,在这种条件下,应优先建设焚烧处理设施,解决厨余垃圾和其他垃圾的处理问题,再分期启动厨余垃圾资源化设施建设工作,并与家庭厨余垃圾分出量的增长相匹配。

在建设时序的安排上，还要考虑资金的问题。同年启动过多的建设项目，可能导致资金不足，影响规划实施。

10.5.3 资金保障机制

政府在环卫大型设施的建设过程中，应积极建立多元化的投资机制，实现投资主体的多元化。政府控制的投资政策主要有投资总量、投资渠道、投资方向和投资效益。

(1) 投资总量：在工程设施建设投资总量上加以控制。控制依据是国内生产总值和财政收入，首先确定环卫总投入占地方财政收入的比例、占国内生产总值的比例，然后确定垃圾处理占环卫总投入的比例。

(2) 投资渠道：国家预算内拨款和贷款；征收投资方向税，用于城市基本设施建设投资；设立城建专项基金，支付环卫设施建设投资；发行城建投资债券；与其他部门、企业合资合作建设；利用外资；受益者负担，合理定价，逐户收取，专款专用；国际专项贷款和国家专项贷款，如节能贷款，资源再生贷款，环保贷款等。

(3) 投资方向：城市生活垃圾处理发展的方向是资源化，在满足无害化的同时，尽量提高资源化率。根据这一判断，不同处理设施的建设投资要有优先和侧重性。

(4) 投资效益：建立每个工程设施建设综合效益评价的标准，在项目建设前进行预估，在项目建设运行后进行后评价。通过评价，调整投资决策，总结经验与教训，提高项目决策水平和投资效益。

在大型环卫设施建设运营过程中，除财政拨款和银行贷款外，最主要的融资方式是采用市场化的运作方式。从我国城市公用设施市场化方式来看，基本可划分为前市场化和后市场化两大类型。前市场化从新建项目的运作开始，就按市场化的要求进行项目的融资、建设和运营管理，目前采用的主要方式有 BOT 和 PPP；后市场化则对已建项目进行市场化运作，目前采用主要方式有 TOT 和 PPP，具体可参见本书第1章。

除了政府和企业投入外，地方各级主管部门还可以向单位和居民征收城市生活垃圾处理费，实行收支两条线，列入城市垃圾处理专项资金，由财政部门监督使用，专门用于城市生活垃圾处理设施的建设和运营。如果垃圾产生者不承担任何污染责任和垃圾处理费，就缺乏主动减量的动力，垃圾产生量难以下降，政府包袱重，财政压力大。我国城市生活垃圾处理费收费标准应由地级以上人民政府根据国家和省的有关规定制定。

除了垃圾处理收费外，在推进环卫市场化和企业化的过程中，还可以通过价格、补贴、税收等各类优惠政策予以引导，确保垃圾处理设施的正常运营。

10.5.4 绩效分析

生活垃圾收运处理处置效益体现在经济效益、社会效益、环境效益三个方面。虽然生活垃圾处理所产生的直接经济效益无法与所需的投资和费用(近90亿元)相比，但是生活垃圾清运处理的意义主要在于其社会效益和环境效益。

1. 经济效益

经济效益主要来自于资源回收效益，一方面是生活垃圾中各种物资的回收利用，如包装废物回收、纸张回收等；另一方面，是生活垃圾处理后产品的经济效益，如生化处理产品出售、垃圾焚烧发电等。对于处理企业来说，政府补贴也可以作为经济效益的来源之一，但对于城市而言，垃圾处理费用属于政府财政支出项目。

2. 社会效益

生活垃圾的清运处理，既保护了城市市容环境，又保证了居民的身体健康。良好的市容市貌，对于城市树立健康向上的形象，改善投资环境，促进经济发展和社会发展均具有重要意义。例如，许多国际化城市都具有良好的市容容貌，在吸纳人口和投资、促进城市繁荣方面发挥了巨大作用。

3. 环境效益

生活垃圾收运处理对于促进环境保护、节约资源具有直接作用。在量化环境效益时，一方面可以核算污染物减排的量，如COD、重金属排放量的变化；另一方面可以核算系统减排温室气体的量，可以参考本书第9章的内容，使用生命周期评价法、CDM或IPCC的计算方法。

10.6 生活垃圾管理规划案例

这里以A市生活垃圾管理规划为例进行扼要介绍，部分条件做了简化假设。

10.6.1 规划背景与目标

A市位于我国珠江三角洲，有8个辖区，分别编号为Ⅰ～Ⅷ。该市人口密集，经济发达，常住人口为100万人(该市实际管理人口与此接近)，人均可支配收入6万元。A市占地面积400平方公里，主导风向为西北风，主要水源地在该市东部，主要河流自东向西流淌，全市地质条件稳定。A市西北部、东部为丘陵地区，以生态用地为主，有少量分散居住点；中部和南部为城市核心区，包括居住区、商业办公区和科教文卫设施等；西南部、东北部为工业区和物流园区，有少量分散居住点。

规划基准年为2020年，全市生活垃圾清运量(含已分流的部分高值可回收物)为1 000 t/d，人均生活垃圾产生量为1.0 kg/d。

规划时间范围为2020—2030年，其中规划中期的时间节点为2025年。规划实施后，计划在2025年达到国家对经济发达地级市生活垃圾管理的一般要求，即基本建成生活垃圾分类投放、收运和处理体系，垃圾回收利用率超过35%，基本实现原生垃圾零填埋；2030年达到国内先进水平。

10.6.2 产生趋势预测

根据A市《城市总体规划》，该市常住人口在2025年达到120万人，之后不再增长并维持至2030年。根据A市自然条件、生活习惯和经济发展的趋势，以深圳市2020年的水平进行类比，预计A市人均垃圾产生量在2025年达到1.2 kg/d；2025年以后，通过垃圾分类、源头减量等措施，力争实现人均垃圾产生量不再增长；同时，2025年A市生活垃圾组分与深圳市2020年情况相似，在2030年，随着光盘行动和家庭源头减量行动的开展，厨余垃圾占比进一步下降，而可回收物占比有所增加。

我国许多城市未开展垃圾分类工作之前，生活垃圾的实际回收利用率(高值可回收物的回收)一般在10%～20%，这里按15%计。在开展垃圾分类工作之后，可回收物的回收量进一步提升，参考上海、深圳等城市的经验，依靠可回收物的强化回收，生活垃圾回收利用率可以在2025年达到20%，2030年目标为25%。同时，A市从2020年启动厨余垃圾(包括餐厨垃圾、果蔬垃圾和家庭厨余垃圾)的分类工作。参考有关技术规范和城市发展规划，到2025年，厨余垃圾分出量应达到0.2 kg/(人·d)，由于厨余垃圾占全部垃圾量的44%，因此厨余垃圾的分出率为0.2/(1.2×0.44)，即38%，占全部垃圾产生量的17%。

当达到上述目标时，源头产生的垃圾中，有一部分可回收物、厨余垃圾经分类投放后进行了分类处理(有害垃圾量较少，本案例中不再展开)，但仍有一部分可回收物和厨余垃圾与其他垃圾混合处理。在这一条件下，2025年，A市生活垃圾的回收利用率为37%，略超过国家对地级市回收利用率35%的基本要求；2030年，A市生活垃圾回收利用率为42%，可以达到国内先进水平。A市生活垃圾产生量预测与分类目标见表10.3，生活垃圾组分占比预测见表10.4。

表10.3　A市生活垃圾产生量预测与分类目标

年份	人口/(万人)	人均产生量/(kg/(人·d))	总产生量/(t/d)	可回收物分流率/%	厨余垃圾分流率/%	回收利用率/%
2020	100	1.0	1 000	15	0	15
2025	120	1.2	1 440	20	17	37
2030	120	1.2	1 440	25	17	42

表10.4　A市生活垃圾组分占比预测　　%

<table>
<tr><th colspan="2">组　分</th><th>2020年</th><th>2025年</th><th>2030年</th></tr>
<tr><td colspan="2">厨余垃圾</td><td>52</td><td>44</td><td>40</td></tr>
<tr><td colspan="2">绿化废物*</td><td>3</td><td>3</td><td>3</td></tr>
<tr><td rowspan="6">可回收物</td><td>玻璃</td><td>4</td><td>5</td><td>5</td></tr>
<tr><td>金属</td><td>2</td><td>3</td><td>4</td></tr>
<tr><td>橡塑</td><td>16</td><td>18</td><td>18</td></tr>
<tr><td>纸类</td><td>20</td><td>22</td><td>24</td></tr>
<tr><td>织物</td><td>1</td><td>2</td><td>2</td></tr>
<tr><td>家具电器</td><td>1</td><td>2</td><td>3</td></tr>
<tr><td colspan="2">有害垃圾**</td><td>—</td><td>—</td><td>—</td></tr>
<tr><td colspan="2">其他垃圾</td><td>1</td><td>1</td><td>1</td></tr>
</table>

注：*绿化废物，就地利用或者破碎后作为生物质原料，本案例中未进行源头分流；
**有害垃圾产生量很低，估计在20～60 kg/d，本案例中未展开规划。

根据上述预测，A市三个时间节点的各类垃圾分出量如表10.5所示。

表 10.5 生活垃圾分类后需要处理的各类垃圾质量 t/d

类 别	2020 年	2025 年	2030 年
厨余垃圾	0	245	245
可回收物	150	288	360
有害垃圾	—	—	—
其他垃圾*	850	907	835

注：* 包括了未能从源头分流的厨余垃圾、可回收物、有害垃圾和绿化废物。

根据前述信息，再依照城市总体规划确定的各辖区人口分布情况，可以对 A 市每个辖区的各类垃圾清运量进行预测，从而获得各辖区的垃圾运输和处理需求，为收运处理设施布局提供依据。

10.6.3 分类收运规划

1. 垃圾投放点

生活垃圾采用四分法进行分类管理，在各垃圾产生源头设置若干分类投放点，含四类垃圾桶。部分场景可对垃圾桶类别进行简化，如道路两侧可设置“可回收物”“其他垃圾”两类垃圾桶。

居民小区的垃圾产生量约占全市垃圾产生的 60%，而其组分和全市各类源头汇总后得到的垃圾组分并不完全相同，通常厨余垃圾的占比更高，而可回收物占比相对较少。根据对 A 市的调查，小区产生的垃圾量为 0.65 kg/(人·d)，其中家庭厨余垃圾为 0.30 kg/(人·d)，可回收物为 0.30 kg/(人·d)。从 2020 年至 2025 年、2030 年，小区垃圾产生量可能会增长至 0.78 kg/(人·d)，家庭厨余垃圾产生量维持不变，而可回收物占比增长至 0.4 kg/(人·d)。

2020 年，全市共有居民小区 400 个，根据居民小区的具体情况(户数、楼宇分布)和分类投放需求，2020 年设置分类投放点 500 个，平均每个投放点服务人口为 2 000 人，需清运垃圾量为 1 200 kg/d；至 2025 年和 2030 年，随着人口增长和小区增加，规划分类投放点增加至 720 个，平均每个投放点服务人口仍为 2 000 人，但由于人均垃圾排放量增加，每个投放点需要清运的垃圾量增长至 1 560 kg/d。平均每个分类投放点需要设置的垃圾桶如下：

(1) 厨余垃圾：按家庭厨余垃圾分出量 0.10 kg/(人·d)计[①]，则需清运的家庭厨余垃圾量为 200 kg/d，厨余垃圾密度约 0.9 kg/L，即需清运的厨余垃圾为 222 L，按每天收运两次考虑，则每个投放点仅需设置 1 个 240 L 的标准垃圾桶即可满足需求。

(2) 可回收物：按表 10.3 确定的目标，2020 年、2025 年、2030 年分出的可回收物分别为 0.15、0.24、0.30 kg/(人·d)，则各投放点需要清运的可回收物为 300、480、600 kg/d，可回收物的密度变化较大，其中，玻璃、金属密度较大，而纸板、塑料密度较小，由于纸板、塑料占比较高，因此密度按 0.5 kg/L 估计，则可回收物需要的容积分别为 600、960、1 200 L。实际上，由于居民小区垃圾中可回收物占比相对于其他场景偏低，加之部分可回收物会通过特殊渠道分流(如拾荒者、废旧电器、家具进入二手市场等)，上述计算高估了小区的可回收物分出量，因此，按每天清运一次考虑，每个分类投放点设置 2 个 660 L 的标准桶即可满足需求。

① 要达到全市厨余垃圾分出量的要求，还要求餐饮企业、单位食堂等收集的餐厨垃圾量为 0.10 kg/(人·d)。

(3) 有害垃圾：产生量很少，因此可以设置 1 个 220 L 的标准垃圾桶或特殊定做的垃圾桶。居民投放有害垃圾后，物业可以根据产生情况预约收运，或由保洁单位运送至街道的临时储存点。

(4) 其他垃圾：这里的其他垃圾为经分类投放后剩余的垃圾，可能含有部分厨余垃圾和可回收物。2020 年、2025 年、2030 年其他垃圾的人均投放量分别为 0.40、0.44、0.38 kg/(人·d)，即各投放点需要清运的垃圾量为 800、880、760 kg，按其他垃圾的密度 0.4 kg/L 计算，需要的容积为 2 000、2 200、1 900 L，考虑每天收运两次，则需要使用 2 个 660 L 的标准桶。由于"其他垃圾"桶要起到兜底的作用，考虑到节假日垃圾量的波动和垃圾分类未达预期的情况，每个投放点设置 3 个 660 L 的标准桶。

(5) 除分类投放点外，小区还应设置一两处大件垃圾集中存放点，便于居民投放沙发、床垫等体积较大的垃圾。

这样，全市居民小区分类投放点的建设规划如表 10.6 所示。这些垃圾投放点可以采用统一标准建设，如设置洗手池、监控摄像头、地漏等，便于推动垃圾分类工作。除居民小区外，其他垃圾产生源头的分类投放点或分类垃圾桶的设置由各单位根据分类要求和自身的实际情况决定。

表 10.6　A 市居民小区垃圾分类投放点和垃圾桶设置规划　　个

类　别	2020 年	2025 年	2030 年
分类投放点	500	720	720
厨余垃圾 240 L 桶	500	720	720
有害垃圾 240 L 桶	500	720	720
可回收物 660 L 桶	1 000	1 440	1 440
其他垃圾 660 L 桶	1 500	2 160	2 160

2. 中转站点及收运车辆

全市需要清运的厨余垃圾量为 245 t/d(2025—2030 年)。厨余垃圾采用直运模式，收运频次一天两次，不再设置中转站点。按厨余垃圾收集车载重量 5 t，每车一天收运 2 次计算(单趟作业时长不宜超过 4 h)，则共需要车辆 25 辆。考虑到部分车辆不能满载，以及维修、备用等因素，全市应配置厨余垃圾收集车 30 辆。

全市 2020 年、2025 年、2030 年需要清运的可回收物分别为 150、288、360 t/d。可回收物采用直运模式，收运频次一天一次，收集后运至分拣中心，分拣中心设置在 A 市环境园内。可回收物收集车采用箱式货车，容积 10 m^3，按可回收物密度 0.5 t/m^3 计，每车一天收运 2 次(每次对应不同的产生源)，则全市共需要车辆 30 辆(2020 年)、58 辆(2025 年)、72 辆(2030 年)，同样考虑实际情况，按 1.2 倍配置收运车辆，即 36 辆(2020 年)、70 辆(2025 年)、87 辆(2030 年)。

全市 2020 年、2025 年、2030 年需要清运的其他垃圾分别为 850、907、835 t/d。其他垃圾采用一次中转模式，收运频次一天两次。收集车辆直接装入 660 L 标准桶，单车可载 8 个标准桶，同时按 1.2 倍配置收运车辆，因此全市共需要收集车 225 辆(2020 年)、324 辆(2025 年和 2030 年)。收集车将垃圾运送至转运站，全市根据人口分布和行政区划共设置 25 个压缩式转运站(全市面积 400 km^2,每个转运站的平均服务半径不到 2.5 km),平均每个转运站的处理能力为 40 t/d,总转运能力 1 000 t/d,可以满足 2020—2030 年的需求。垃圾经压缩后密度提高至 0.8 t/m^3,再由转运车辆运送至处理设施。转运车辆可承载一个压缩箱(12 m^3),垃圾量 10 t,每车每天作业 4 次,则需要配置转运车辆 25 辆(平均每个转运站配置 1 量),同时考虑备用,可以购置转运车辆 30 辆。

上述为全市产出垃圾的简单分析(表 10.7),也可以根据各辖区的人口与垃圾产生情况进一步分析各转运站点的选址、服务人口和转运需求;还可以根据交通路网,优化收集、转运的路线,但这里不再展开讨论。

表 10.7　A 市转运站和车辆配制规划

类　别	2020 年	2025 年	2030 年
垃圾转运站/座	25	25	25
收集车/辆	225	324	324
转运车/辆	25	25	25

3. 有害垃圾临时储存点

A 市各源头产生的有害垃圾由保洁人员送至临时储存点,待积存到一定数量,预约专门的运输企业将其运送至危险废物处理设施。临时储存点每个街道设置一个,需遮风挡雨,内部设置废药品、废灯管、废电池、油漆等不同类别有害垃圾的存放箱和货架,由专人管理。

10.6.4　分类处理规划

A 市垃圾目前全部依赖填埋处置(850 t/d),根据生活垃圾产生预测,计划于近期选址,启动环境园建设,并于 2025 年建成投产,内设填埋区、焚烧厂、厨余垃圾厌氧消化厂、分拣中心和污水处理厂,具体情况如下:

(1) 建设生活垃圾焚烧厂 1 座,设计处理能力 900 t/d,含两条生产线,2025 年投产。焚烧厂产生的炉渣外运制砖,飞灰固化后填埋。2030 年,随着垃圾分类的进行,入场垃圾减少,此时可将其他城市有机废物(如污泥、粪渣等)投入焚烧炉,充分利用其处理能力。

(2) 建设厨余垃圾处理厂 1 座,设计规模 250 t/d,含生产线两条,2025 年投产。厨余垃圾处理采用厌氧消化工艺,产生的沼气进行发电和热回收,沼渣(占进料的 5%～10%)进入焚烧厂处理,沼液进入园区污水处理厂处理。

(3) 环境园内设污水处理厂 1 座,该污水厂同时处理沼液和焚烧厂储坑产生的渗滤液,以及环境园生活办公区产生的生活污水、厂区产生的清洗废水等。

(4) 环境园建设 1 座分拣中心,用于可回收物的破拆、分拣、打包,分两期建设,一期 2025 年建成,最大处理能力 300 t/d;二期 2030 年建成,最大处理能力 100 t/d。

(5) 随着焚烧厂的投产,填埋场于 2025 年关停,仅保留应急能力和飞灰固化填埋区。

根据该市的自然、经济发展和土地利用规划,环境园拟选址在该市的西北方向,处于城市下风下水方向,距离最近的小区等敏感设施 1 km 以上,人口密度相对小,交通便利。

参考文献

第1章　参考文献

[1]　聂永丰，金宜英，刘富强．固体废物处理工程技术手册[M]．北京：化学工业出版社，2013.

[2]　聂永丰，岳东北．固体废物热力处理技术[M]．北京：化学工业出版社，2015.

[3]　李金惠．危险废物污染防治理论与技术[M]．北京：科学出版社，2018.

[4]　鞠航，田金信．建设项目管理[M]．北京：高等教育出版社，2022.

[5]　吴泽斌，吴伟程．工程项目投融资管理[M]．北京：中国建筑工业出版社，2019.

第2章　参考文献

[1]　蒋建国．固体废物处置与资源化[M]．北京：化学工业出版社，2013.

[2]　张小平．固体废物污染控制工程[M]．北京：化学工业出版社，2017.

[3]　边炳鑫，张鸿波，赵由才．固体废物预处理与分选技术[M]．北京：化学工业出版社，2017.

[4]　郎宝贤，郎世平．破碎机[M]．北京：冶金工业出版社，2008.

第3章　参考文献

[1]　Pyper J W. The determination of moisture in solids[J]. Analytica Chimica Acta，1985，170：159-175.

[2]　Colin F，Gazbar S. Distribution of water in sludges in relation to their mechanical dewatering[J]. Water Research，1995，29(8)：2000-2005.

[3]　Roll E，Halde. Sewage sludge characterization by vacuum drying[J]. Filtration and Separation，1979，5/6：238-242.

[4]　Bux M，Baumann R，Quadt S，et al. Volume reduction and biological stabilization of sludge in small sewage plants by solar drying[J]. Drying Technology，2002，20(4/5)：829-837.

[5]　Mathioudakis V L，Kapagiannidis A G，Athanasoulia E，et al. Sewage sludge solar drying：Experiences from the first pilot-scale application in Greece[J]. Drying Technology，2013，31(5)：519-526.

[6]　Oikonomidis I，Marinos C. Solar sludge drying in Pafos wastewater treatment plant：Operational experiences[J]. Water Practice & Technology，2014，9(1)：62-70.

[7]　Youssef A S，Kahil M A. Solar sludge drying for Medina Al-Munawarah sewage treatment plant in the Kingdom of Saudi Arabia[J]. Journal of Environmental Engineering，2016，142(12)：5016006.

[8]　程英超，李欢，张玉瑶．含固率对污泥热常数的影响[J]．四川环境，2015，34(6)：1-4.

第4章　参考文献

[1]　王海滨，韩立荣，冯俊涛，等．高效纤维素降解菌的筛选及复合菌系的构建[J]．农业生物技术学报，2015，23(4)，421-431.

[2]　李素芬，霍贵成．纤维素酶的分子结构组成及其功能[J]．中国饲料，1997(13)：12-14.

[3]　Zmitrovich I V，Psurtseva N V，Belova N. Evolutionary and taxonomical aspects of search and study of

lignin-degrading fungi—Active producers of oxidative enzymes[J]. Mikologiya I Fitopatologiya, 2007, 41(1): 57-58.
[4] Thurston C F. The structure and function of fungal laccase[J]. Microbiology, 1994, 140(1): 19.
[5] 花建丽，苏彬，戈振中，等. 漆酶/O_2 体系获取半醌自由基的研究[J]. 分析科学学报，2001，17(2)，153-159.
[6] Yang X, Ma F, Zeng Y, et al. Structure alteration of lignin in corn stover degraded by white-rot fungus *Irpex lacteus* CD2[J]. International Biodeterioration & Biodegradation, 2010, 64(2): 119-123.
[7] Higuchi T. Microbial degradation of lignin: Role of lignin peroxidase, manganese peroxidase, and laccase[C]//Proceedings of the Japan Academy Ser B Physical and Biological Sciences, 2004, 80(5): 204-214.
[8] 王彦斌. 抗生素在畜禽养殖业中的应用、潜在危害及去除[J]. 农业开发与装备，2015，(12)：38，20.
[9] Zhang Q, Ying G, Pan C, et al. Comprehensive evaluation of antibiotics emission and fate in the river basins of China: Source analysis, multimedia modeling, and linkage to bacterial resistance[J]. Environmental Science & Technology, 2015, 49(11): 6772-6782.
[10] Pan X, Qiang Z, Ben W, et al. Residual veterinary antibiotics in swine manure from concentrated animal feeding operations in Shandong Province, China[J]. Chemosphere, 2011, 84(5): 695-700.
[11] 沈颖，魏源送，郑嘉熹，等. 猪粪中四环素类抗生素残留物的生物降解[J]. 过程工程学报，2009，9(5)：962-968.
[12] 张树清，张夫道，刘秀梅，等. 高温堆肥对畜禽粪中抗生素降解和重金属钝化的作用[J]. 中国农业科学，2006(2)：337-343.

第5章 参考文献

[1] Jiao J Y, Fu L, Hua Z S, et al. Insight into the function and evolution of the Wood-Ljungdahl pathway in Actinobacteria[J]. ISME J, 2021, 15: 3005.
[2] Cord-Ruwisch R, Seitz H J, Conrad R. The capacity of hydrogenotrophic anaerobic bacteria to compete for traces of hydrogen depends on the redox potential of the terminal electron acceptor[J]. ARCH MICROBIOL, 1988, 149: 350.
[3] Borrel G, O'Toole P W, Harris H M, et al. Phylogenomic data support a seventh order of Methylotrophic methanogens and provide insights into the evolution of Methanogenesis[J]. GENOME BIOL EVOL, 2013, 5: 1769.
[4] Zhou Z, Zhang C J, Liu P F, et al. Non-syntrophic methanogenic hydrocarbon degradation by an archaeal species[J]. NATURE, 2022, 601: 257.
[5] Aiyuk S, Forrez I, Lieven D K, et al. Anaerobic and complementary treatment of domestic sewage in regions with hot climates—A review[J]. Bioresour Technol, 2006, 97: 2225.
[6] 张杰，陆雅海. 互营氧化产甲烷微生物种间电子传递研究进展[J]. 微生物学通报，2015，42：920.
[7] Thauer R K, Kaster A K, Seedorf H, et al. Methanogenic archaea: Ecologically relevant differences in energy conservation[J]. NAT REV MICROBIOL, 2008, 6: 579.
[8] Duan N, Dong B, Wu B, et al. High-solid anaerobic digestion of sewage sludge under mesophilic conditions: Feasibility study[J]. BIORESOURCE TECHNOL, 2012, 104: 150.
[9] Liao X, Li H, Cheng Y, et al. Process performance of high-solids batch anaerobic digestion of sewage sludge[J]. ENVIRON TECHNOL, 2014, 35: 2652.
[10] Kugelman I J, Mccarty P L. Cation Toxicity and Stimulation in Anaerobic Waste Treatment[M]: Yale University Press, 1998.
[11] McCarty P L. Anaerobic waste treatment fundaments Ⅲ: Toxic materials and control[J]. Public

Works,1964,11：91.

[12] Batstone D J,Angelidaki I,Kalyuzhnyi S V,et al. Anaerobic digestion model No 1 (ADM1)[J]. WATER SCI TECHNOL,2002,45：65.

[13] Marti-Herrero J,Soria-Castellon G,Diaz-de-Basurto A,et al. Biogas from a full scale digester operated in psychrophilic conditions and fed only with fruit and vegetable waste[J]. RENEW ENERG,2019,133：676.

[14] Cheng Y,Li H. Rheological behavior of sewage sludge with high solid content[J]. WATER SCI TECHNOL,2015,71：1686.

[15] Rocamora I,Wagland S T,Villa R,et al. Dry anaerobic digestion of organic waste：A review of operational parameters and their impact on process performance[J]. BIORESOURCE TECHNOL,2020,299：122681.

[16] Liu C,Li H,Zhang Y,et al. Characterization of methanogenic activity during high-solids anaerobic digestion of sewage sludge[J]. BIOCHEM ENG J,2016,109：96.

[17] Appels L,Baeyens J,Degrève J,et al. Principles and potential of the anaerobic digestion of waste-activated sludge[J]. PROG ENERG COMBUST,2008,34：755.

[18] Liao X,Li H. Biogas production from low-organic-content sludge using a high-solids anaerobic digester with improved agitation[J]. APPL ENERG,2015,148：252.

[19] 李欢,周颖君,刘建国,等.我国厨余垃圾处理模式的综合比较和优化策略[J].环境工程学报,2021,15：2398.

第6章　参考文献

[1] 聂永丰,岳东北.固体废物热力处理技术[M].北京：化学工业出版社,2015.

[2] 石春光,胡付祥,张铭.中温和低温SCR催化剂在垃圾焚烧发电厂的应用[J].节能与环保,2021(4)：96-97.

[3] Wei J,Li H,Liu J. Fate of dioxins in a municipal solid waste incinerator with state-of-the-art air pollution control devices in China [J]. Environmental Pollution,2021,289：117798.

[4] 杨威,郑仁栋,张海丹,等.中国垃圾焚烧发电工程的发展历程与趋势[J].环境工程,2020,38(12)：124-129.

[5] 蹇瑞欢,滕清,卜亚明,等."半干法+干法"烟气脱酸组合工艺应用于生活垃圾焚烧工程案例分析[J].环境工程,2010(S1)：194-195,193.

[6] 杨春琳.垃圾焚烧发电超低排放烟气处理工艺分析[J].中国设备工程,2019(21)：2.

[7] 章骅,何品晶.城市生活垃圾焚烧灰渣的资源化利用[J].环境卫生工程,2002,10(1)：6-10.

[8] 王雷,金宜英,李润东,等.生活垃圾焚烧飞灰的污染特性[J].环境科学与技术,2010,33(7)：21-26,51.

[9] 田志鹏,田海燕,张冰如.城市生活垃圾焚烧飞灰物化性质及重金属污染特性[J].环境污染与防治,2016,38(9)：80-85.

[10] 吕晓蕾,曾辉,刘阳生.深圳市生活垃圾焚烧飞灰的基本特性研究[J].环境工程,2010(S1)：259-264.

[11] 朱子晗,陈卫华,华银锋,等.垃圾焚烧飞灰重金属药剂稳定化研究进展[J].化工进展,2021,40(11)：6358-6368.

[12] 孙进,谭欣,纪涛.生活垃圾焚烧飞灰典型组分对其熔融特性的影响[J].环境卫生工程,2021,29(4)：59-63,72.

[13] 白宇帆,徐永福.垃圾焚烧炉渣物理化学及力学特性研究[J].公路,2021,66(11)：318-322.

[14] 曹玲玲,刘可,曾建荣,等.上海地区生活垃圾焚烧灰渣元素组成及微观特征研究[J].核技术,2014,37(6)：6-14.

第7章 参考文献

[1] Xiao H,Ru Y,Peng Z,et al. Destruction and formation of polychlorinated dibenzo-*p*-dioxins and dibenzofurans during pretreatment and co-processing of municipal solid waste incineration fly ash in a cement kiln [J]. Chemosphere: Environmental toxicology and risk assessment,2018,210(11):779-788.

[2] 程运,李伟明,王昕晔.水泥窑协同处置污泥技术发展现状 [J].中国水泥,2021(6):87-91.

[3] 王景龙,杨健梅,柳拉.水泥窑协同处置市政湿污泥的经验 [J].水泥,2020(12):10-12.

[4] 唐新宇,黄庆.水泥窑协同处置垃圾焚烧飞灰技术的应用进展 [J].水泥技术,2019(1):79-82.

[5] Riley C M. Relation of chemical properties to the Bloating of clays [J]. Journal of the American Ceramic Society,1951,34(4):121-128.

[6] 程艳秋,刘天奇,秦力.再生骨料混凝土承重空心砌块配合比试验研究 [J].东北电力大学学报,2019,39(5):79-85.

第8章 参考文献

[1] Gardner N,Probert S D. Forecasting landfill-gas yields[J]. APPL ENERG,1993,44(2):131-163.

[2] Tchobanoglous G,Kreith F. Handbook of Solid Waste Management[M]. New York: McGraw-Hill,1998.

[3] 芦会杰,刘欣艳,张馨月.北京市某生活垃圾填埋场渗滤液及恶臭污染特性分析[J].环境影响评价,2022,44(1):48-52,58.

[4] 冯爽.渗滤液处理新工艺在某填埋场工程中的运用解析[J].隧道与轨道交通,2021(4):7-10,54.

[5] 黄浚东.江门旗杆石生活垃圾卫生填埋场填埋气产量估算及资源化利用[J].环境与发展,2020,32:69-70.

第9章 参考文献

[1] Hindle P. Integrated Solid Waste Management: A Lifecycle Inventory[M]. New York,Blackie Academic & Professional:1995.

[2] Janus T K. Environmental assessment of solid waste systems and technologies: EASEWASTE[J]. Waste Manage Res,2006,24(1):3-15.

[3] Clark W B,Peter S P,David A P. Net energy analysis: Handbook for combining process and input-output analysis[J]. Resources and Energy,1978,1(3):267-313.

[4] Suh S,Lenzen M,Treloar G J,et al. System boundary selection in life-cycle inventories using hybrid approaches[J]. Environ Sci Technol,2004,38(3):657-664.

[5] 郭瑞,陈同斌,张悦,等,不同污泥处理与处置工艺的碳排放[J].环境科学学报,2011,31(4):673-679.

[6] Tauber J,Parravicini V,Svardal K,et al. Quantifying methane emissions from anaerobic digesters[J]. Water Science & Technology,2019,80(9):1654-1661.

[7] 郝晓地,陈奇,李季,等.污泥干化焚烧乃污泥处理/处置终极方式[J].中国给水排水,2019,35(4):35-42.

[8] 中华人民共和国环境保护部.城镇污水处理厂污泥处理处置污染防治最佳可行技术指南(试行)[R].北京,2010.

[9] 刘洪涛,郑海霞,陈俊,等. 城镇污水处理厂污泥处理处置工艺生命周期评价[J]. 中国给水排水,2013,29(6):11-13.

[10] 中华人民共和国住房和城乡建设部;中华人民共和国发展和改革委员会. 城镇污水处理厂污泥处理处置技术指南[R]. 北京,2011.

[11] Li S,Li Y,Lu Q,et al. Integrated drying and incineration of wet sewage sludge in combined bubbling and circulating fluidized bed units[J]. Waste Manage,2014,34(12):2561-2566.

[12] Liu B,Wei Q,Zhang B,et al. Life cycle GHG emissions of sewage sludge treatment and disposal options in Tai Lake Watershed,China[J]. Sci Total Environ,2013,447:361-369.

[13] Chen Y,Kuo J. Potential of greenhouse gas emissions from sewage sludge management: A case study of Taiwan[J]. J Clean Prod,2016,129:196-201.

[14] 国家标准化管理委员会,常规燃煤发电机组单位产品能源消耗限额:GB 21258—2017[S]. 北京:中国标准出版社,2017.

[15] 次瀚林,王先恺,董滨,不同污泥干化焚烧技术路线全链条碳足迹分析[J]. 净水技术,2021,40(6):77-82,99.

[16] Suh Y J,Rousseaux P. An LCA of alternative wastewater sludge treatment scenarios[J]. Resour Conserv Recy,2002,35:191-200.

[17] 国家质检总局特种设备安全监察局. 锅炉节能技术监督管理规程:TSG G0002—2010[S]. 北京:中国标准出版社,2010.

[18] Martina P, Shane W, Philip O, Environmental impacts of biogas deployment-Part Ⅰ: Life cycle inventory for evaluation of production process emissions to air[J]. J Clean Prod,2011,24:168-183.

[19] Venkatesh G,Bratteb H. Energy consumption,costs and environmental impacts for urban water cycle services: Case study of Oslo (Norway)[J]. Energy,2011,36(2):792-800.

[20] 林文聪,赵刚,刘伟,等. 污水厂污泥典型处理处置工艺碳排放核算研究[J]. 环境工程,2017,35(7):175-179.

[21] Slavik E,Galessi R,Rapisardi A,et al. Wet Oxidation as an Advanced and Sustainable Technology for Sludge Treatment and Management: Results from Research Activities and Industrial-Scale Experiences[J]. Dry Technol,2015,33(11):1309-1317.

[22] 陶明涛,张华,王艳艳,等. 基于部分湿式氧化法的污泥资源化研究[J]. 环境工程,2011,29(S1),402-404,244.

[23] 中国国家质量监督检验检疫总局,烧碱单位产品碳排放限额. 2019.

[24] 全国能源基础与管理标准化技术委员会. 综合能耗计算通则:GB/T 2589—2020[S]. 北京:中国标准出版社,2020.

[25] IPCC 2019 Refinement to the 2006 IPCC Guidelines for National Greenhouse Gas Inventories,2019.

[26] 陈舜,逯非,王效科. 中国氮磷钾肥制造温室气体排放系数的估算[J]. 生态学报,2015,35(19):6371-6383.

[27] 刘立涛,张艳,沈镭,等. 水泥生产的碳排放因子研究进展[J]. 资源科学,2014,36(1):110-119.

[28] 亓鹏玉. 城市污水处理厂温室气体的释放量估算研究[J]. 低碳世界,2016(33):7-8.

第 10 章 参考文献

[1] 李欢,殷铭. 城市收缩与生活垃圾的可持续管理 [J]. 环境卫生工程,2021,29(5):1-9.

[2] 聂永丰,李欢,金宜英,等. 类比法在城市生活垃圾产生量预测中的应用 [J]. 环境卫生工程,2005,13(1):31-34.

[3] 王涵,李欢,殷铭,等. 深圳市生活垃圾源头排放规律与资源化路径分析 [J]. 环境卫生工程,2020,28(3):21-27.

[4] 贾悦，李晓勇，杨小云. 上海市 1986—2019 年生活垃圾理化特性变化规律研究 [J]. 环境卫生工程，2021，29(3)：20-25.

[5] Yamada T，Asari M，Miura T，et al. Municipal solid waste composition and food loss reduction in Kyoto City [J]. Journal of Material Cycles and Waste Management，2017，19(4)：1351-1360.

有机废物生化产甲烷潜力测试

通过序批式厌氧消化实验测试有机废物的生化产甲烷潜力(biochemical methane potential,BMP),可以获得有机废物的厌氧消化性能,为大规模的工程设计和运行提供科学依据。这一实验也可以用来分析厌氧消化的机理,如温度、pH、抑制物等环境条件对厌氧消化性能的影响。因此,BMP测试在有机废物厌氧消化工程和相关科学研究中获得了广泛应用。理论上,有机废弃物的BMP是其本身的固有属性,但有机废弃物的厌氧消化过程实际上受到多种因素的影响,如设备状态、运行条件、接种物、营养成分等,因此很难对不同实验结果进行横向比较[1]。为了规范BMP测试方法,使其结果更可信赖,国际水协IWA厌氧专家组的ABAI工作组(the task group for anaerobic biodegradation, activity and inhibition)针对BMP测试提出了规范化建议[2]。根据这一文件、相关文献和作者自身的研究经验,有机废物的BMP测试原则和实验方案建议如下。

一、基本原则

(1) 每一条件至少进行3个平行测试。

(2) 需设置空白组和阳性对照,前者仅有接种物而没有底物(即待测的有机废物),用来检测接种物自身的消化产气量,记为blank;后者采用微晶纤维素或三丁酸甘油酯作为模型底物,用来检测接种物的性能,记为control。

(3) 实验持续时间与底物性质和实验条件有关,当连续3天的日产气量低于累积产气量的1%时可以停止实验。

(4) 底物(substrate)或阳性对照的实际产气量应为其记录产气量减去空白对照(blank)的产气量,即扣除接种物自身的产气量。

(5) 底物BMP以换算为标准状态(273.15K,101.33 kPa)下投加单位有机质(VS)产沼气或甲烷量表示,例如mL CH_4/g VS_{ad}。

(6) 结果的表达方式为平行测试的平均值及其标准偏差。

$$\mathrm{BMP}_{\mathrm{substrate/control}} = \overline{\mathrm{BMP}_{\mathrm{substrate/control}}} \pm \sqrt[2]{(\mathrm{SD}_{\mathrm{blank}})^2 + (\mathrm{SD}_{\mathrm{substrate/control}})^2}$$

(7) 出现下列情况之一，则实验结果不可用：

① 如果利用统计方法(如 Dixon 测试)扣除异常值后，空白组或阳性对照组的组内相对标准偏差(RSD)大于 5%；

② 如果利用统计方法扣除异常值后，均质底物的 RSD 大于 5%；

③ 如果利用统计方法扣除异常值后，非均质底物的 RSD 大于 10%；

④ 如果阳性对照组的产气量(扣除空白)低于理论值 85%或高于理论值 100%，例如，以微晶纤维素为底物时，实际产气量低于 352 mL CH_4/g VS 或高于 414 mL CH_4/g VS。

二、实验方案

1. 接种物的选择和准备

BMP 的接种物应来自于正在良好运行的厌氧消化反应器，应以复杂有机废物(如污泥或禽畜粪便)为处理对象，以保证接种物具有丰富的功能微生物，这样可以提高 BMP 测试的效率和稳定性。当不具备上述条件时，也可以将几种不同来源的接种物进行混合。收集到的接种物应在实验室厌氧保存，保存温度应与 BMP 实验温度一致或者为室温(20～25℃)，保存时间不宜超过 5 天。一些接种物具有较强的维持活性能力，如来自于上流式厌氧污泥床(UASB)的厌氧颗粒污泥，它们可以在 4℃条件下保存一个月或更长时间。

接种物一般应直接使用，如含有较多惰性颗粒物时，可以筛分(粒径 1～5 mm)去除；如果接种物 VS 浓度过高(如大于 100 g/L)，可以采用脱氧后的去离子水稀释。接种物自身产气量一般应低于底物和接种物总产气量的 20%，或低于 50 mL CH_4/g VS。如果接种物自身产气量较高，它含有的可生物降解有机质可能与被测试的底物形成具有协同或拮抗效应的共消化体系，从而影响结果的准确性。接种物自身产气量较高时，可以在厌氧和 BMP 实验温度条件下进行 1～7 天的预培养，以去除其中的可生物降解有机质，当产气量趋于零时即可停止培养，但不能等到产气完全停止，以避免功能微生物大量死亡或活性下降。如果经过一周的培养，接种物仍然有较高产气量，说明原消化罐运行不正常，该接种物不宜使用。

在 BMP 实验前，需要对接种物进行基本性质分析，如总固体(TS)含量、挥发性固体(VS)含量、pH、挥发性脂肪酸(VFA)含量、氨氮(TAN)含量和碳酸盐碱度(ALK)等。性能良好的接种物的 pH 在 7.0～8.5，VFA 含量小于 1.0 g/L(以乙酸计)，TAN 含量小于 2.5 g/L，ALK 大于 3.0 g/L。如果接种物的 ALK 低于 3 g/L，可以加入碳酸氢钠调节，但不要加入磷酸盐。除此之外，还可以用不同的模型底物测试接种物中不同功能微生物的活性，如葡萄糖、淀粉、乙酸、丁酸、丙酸、CO_2/H_2 等。

在 BMP 实验中，接种物的量一般大于底物，在它们的混合物中，接种物不仅提供了多种功能微生物，同时也要提供微生物生长所需的各类营养元素。如果接种物本身存在营养缺陷，应加入微量营养元素和维生素等，配方可以参照文献[1]。如果以污泥消化罐排出的消化污泥作为接种物时，由于消化污泥自身具有丰富的矿物质，一般不需要进行营养元素补充。

2. 底物的准备

进行 BMP 测试的底物应可以代表所要处理的有机废弃物，因此需要考虑适当的采样方法并做好记录。获得的底物应新鲜使用，或者在4℃条件下保存2～5天。更长时间的保存需在－20℃条件下进行（使用时先恢复至4℃再逐渐升温至室温），但冻融过程可能会显著改变某些底物（如污泥）的BMP。底物保存前不宜进行干燥，以避免挥发分损失。

底物的准备与接种物类似，应尽量使用采集到的样品。如果底物中含有惰性颗粒物质时，可以筛分（粒径1～5 mm）去除；如果底物含有可降解颗粒物质（如餐厨垃圾）时，可以先将其破碎至尺寸（直径或长度）小于10 mm；如果底物中仅含有部分大颗粒，可以先将大颗粒筛分破碎，然后再与其余部分混合在一起。需要注意的是，颗粒尺寸是影响有机废物厌氧消化性能的重要因素之一，因此在BMP测试报告中需要记录颗粒尺寸和底物处理情况。在上述处理过程中，也要避免底物升温导致的挥发分损失。

在BMP实验前，也需要进行底物性质分析，测试项目包括TS、VS、pH、VFA、总氮（TN）、TAN、ALK等，后几种参数可以用来判断BMP测试过程是否存在抑制因素。某些底物还可以测量总化学需氧量（TCOD）或总有机碳（TOC），这些值可以用来评估理论产气量和底物的转化情况。TCOD的测定方法为：将底物研磨后取少量用重铬酸钾法测定[3,4]。底物检测时，同样需要避免挥发分损失，例如，测定TS时，可以先调节酸性底物至碱性后再检测，以防止VFA挥发，或者在90℃下干燥至恒重后测定，或者进行冷冻真空干燥后测定。

3. BMP反应器设计

BM测试系统示意图见图A1。BMP反应器可以采用气密性的玻璃瓶，如带橡胶塞的窄口瓶或血清瓶，通过塑料导管连接反应器和气体收集、测量装置，实验前应对上述系统进行气密性检测。反应器有效容积一般为400～500 mL，对于均质底物，底物量可以降低至100 mL，而对于非均质底物，底物量应提高至500～2 000 mL。反应器温度一般为中温35～37℃或高温55℃，温度条件不会影响最终的BMP，但会改变产气速率。反应器内混合物可以采用温和的磁力搅拌，如果仅以获得BMP为目标，也可以采用一天1～2次的人工振荡，此时测试周期可能会延长，但不会影响最终BMP。如果以高固体消化为研究体系，就需要考虑充分搅拌以避免局部抑制。反应器中生成的气体可以采用体积排水法（饱和食盐水）收集，或直接连接到微量气体测量设备。气路上还可以采用3 mol/L的NaOH吸收CO_2和H_2S，这时末端收集到的仅有CH_4。除自行设计、安装上述系统外，目前市场也有BMP测试装置和相关软件销售。

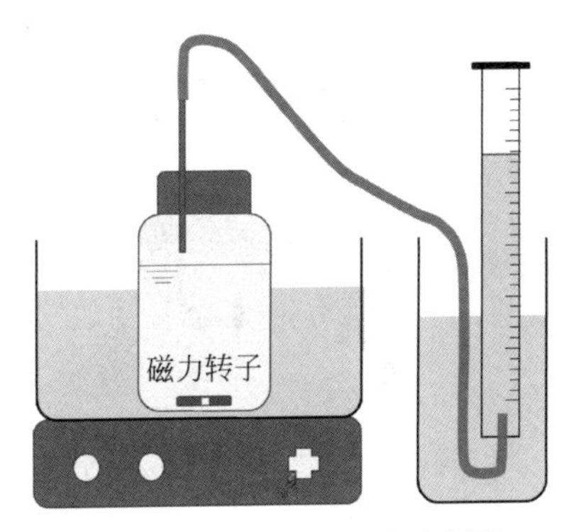

图A1　BMP测试系统示意图

4. 实验过程

首先根据底物和接种物的性质制定混合物的配方。一般总固体浓度控制在2%～6%（高固体厌氧消化研究例外），可以加入适量的无氧去离子水调整浓度。接种物与底物的比例（$R_{I/S}$）不能过低，一般在2∶1（以VS计）或更高。这是因为，过低的接种物浓度会导致功能微生物匮乏，使得微生物本身成为厌氧消化的限制因素，从而影响BMP测试结果的准确性[5]；另外，底物比例相对较高时，一些易降解底物快速降解产生的VFA浓度也较高，有可能导致系统酸化，使 BMP 测试失败。对于木质纤维素等降解性能较差的有机质，可以采用较低的 $R_{I/S}$。如不了解底物的大致降解性能，可以先进行不同 $R_{I/S}$ 的测定，当两种条件得到的 BMP 结果一样时，可以采用该范围内的 $R_{I/S}$。

根据设计好的配方，将接种物、底物和适量无氧去离子水加入到反应器内，然后对反应器头部气体进行氮吹。如果反应器头部体积较大，需要考虑采用 N_2 和 CO_2 的混合气（CO_2 体积占 20%～40%，尽量接近沼气中的比例）进行吹扫，以防止混合物中 CO_2 失衡逸出。排出头部空气后，进行密封，连接导气管至沼气收集装置，然后将其放入恒温环境，定期搅拌。按上述方案设置空白组和阳性对照组。阳性对照组通常采用微晶纤维素作为模型底物，高纯度微晶纤维素廉价易得，其单体为葡萄糖，便于理论计算，而且其降解过程包括水解、酸化、产甲烷等全部步骤。收集到的气体需要进行标态换算，其组成可以用带热导检测器（TCD）的气相色谱仪测定。

5. 数据分析

当实验结束后，应撰写实验报告。报告需要对实验样品和方法进行详细介绍，然后给出底物、阳性对照和空白组的产气量图，并计算得到有机废物的 BMP，即标准状态下的单位产气量。

除此之外，当研究有机废物消化机理时，还可以开展如下工作：

1）有机废弃物理论产气量计算

如果底物可以全部转化为甲烷，则根据底物的元素组成及其转化甲烷的公式（A-1），可以推测其理论产甲烷量（theoretical methane production，TMP），如式（A-2）所示。

$$C_nH_aO_bN_c + \left(n - \frac{a}{4} - \frac{b}{2} + \frac{3c}{4}\right)H_2O \longrightarrow \left(\frac{n}{2} + \frac{a}{8} - \frac{b}{4} - \frac{3c}{8}\right)CH_4 + \left(\frac{n}{2} - \frac{a}{8} + \frac{b}{4} + \frac{3c}{8}\right)CO_2 + cNH_3 \tag{A-1}$$

$$\text{TMP} = \frac{22.4(n/2 + a/8 - b/4 - 3c/8)}{12n + a + 16b + 14c} \tag{A-2}$$

当不具备有机元素分析条件时，也可以用 TOC 数据估算。如果底物的有机碳全部转化为沼气，则有

$$\text{TMP} = \frac{\text{TOC}/12 \times 22.4 \times 50\%}{\text{VS}} \tag{A-3}$$

上式按沼气中甲烷含量 50% 估计，不同底物产生的沼气性质不同，甲烷含量可适当调整。此外，根据有底物的 TCOD 以及每克 COD 产生 350 mL 甲烷，也可以估算

$$\text{TMP} = \frac{\text{TCOD} \times 350}{\text{VS}} \tag{A-4}$$

上述计算过程中 TOC、TCOD 和 VS 的单位应保持协调，目标是获得单位质量有机质的产甲烷体积。

2）一阶水解模型模拟

当有机废物厌氧消化过程中的水解是限速步骤时，BMP 由有机废物的可降解有机质含量和该部分有机质的水解速率决定，因此可以用一阶动力学模型分析[6]。该模型的前提是有机质的水解与产甲烷量成比例，因此只适于水解为限速步骤的有机废物。一阶水解速率模型如下

$$\frac{dS}{dt}=-k_{hyd}S \tag{A-5}$$

式中，S 为可降解底物；t 为接种后的时间；k_{hyd} 为水解速率常数。

上式可以用产气量来表示，即

$$\ln\frac{y_m-y_t}{y_m}=k_{hyd}t \tag{A-6}$$

式中，y_m 为最大产气量；y_t 为时刻 t 时的产气量。

利用式(A-6)和非线性规划求解方法(可以利用 Excel 等软件)，利用一组随时间变化的累积产气量数据，求得 y_m 和 k_{hyd}。模型结果需要采用统计方法进行评估，如误差平方和(sum of squared errors，RSS)。值得注意的是，BMP 测试中获得的底物可生物降解比例，与连续运行情况接近，但对于可快速降解的废物，BMP 测试获得的水解速率偏低[7]，这可能与连续系统中接种物较多有关。

3）修正的 Gompertz 模型

该模型最初用于描述细菌在批式培养过程中的增殖过程[8]，假设底物利用速率和微生物增殖速率、甲烷产气速率成正比，该模型可以写成下式[9]：

$$y_t=y_m\cdot\exp\{-\exp[R_{max}\cdot e\cdot(\lambda-t)/y_m+1]\} \tag{A-7}$$

式中，y_t 为 t 时刻累积甲烷产量；y_m 为最大甲烷潜力；R_{max} 为最大产甲烷速率；λ 为启动停滞时间；e 是自然底数。y_m，R_{max} 和 λ 的值可以通过最小平方非线性拟合得到。

三、简化的 BMP 测试

一些颗粒有机质水解速率很慢，其 BMP 测试周期可能长达 100 天，这限制了该方法在实际工程中的应用。针对这一问题，可以利用 BMP 测试前若干天的数据，生成一阶水解模型，然后用模型来推测有机废物的厌氧消化性能，如 y_m 和 k_{hyd}。为了获得较好的预测结果，不同底物相应的 BMP 测试时间建议如表 A1 所示[10]。根据该表执行 BMP 到相应时间后，可以计算水解速率系数，用该系数代入 $1.892k_{hyd}^{-0.908}$ 获得临界时间，如果 BMP 测试的实际时间长于临界时间，则可用上述数据分析有机废物厌氧消化性能；如果 BMP 测试的实际时间短于临界时间，则需要继续延长 BMP 的测试。这一过程可以用图 A2 表示。前述 BMP 测试需要大于临界时间，目的是保证模型的两个参数之间不存在关联($R^2<0.8$)，具体计算过程可参见文献[10]。

表 A1　常见底物的水解速率常数及相应的最小 BMP 测试时间

底　　物	k_{hyd}/d^{-1}	最小时间/d
污水污泥	0.17～0.60	9.5～3.5
初沉污泥	0.23～0.40	7.5～4.5
剩余活性污泥	0.16～0.30	10～6
猪粪	0.07～0.17	21.5～9.5
瘤胃废物	0.10～0.23	15.5～7.5
作物肥料	0.009～0.094	136.5～16.5
藻	0.032～0.11	43.5～14.5
屠宰场废料	0.28～0.35	6.5～5

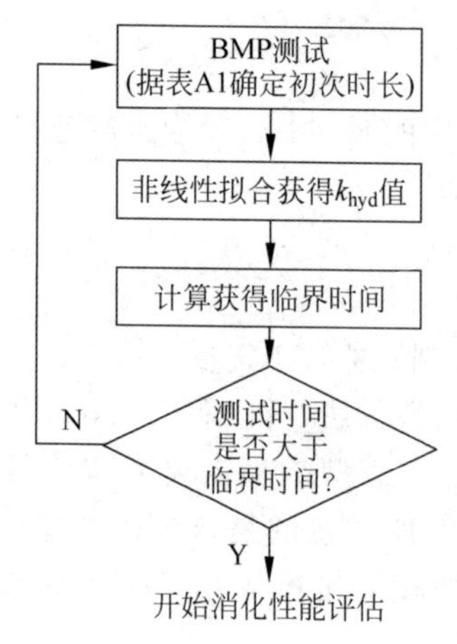

图 A2 简化 BMP 测试流程图

参考文献

[1] Angelidaki I, Alves M, Bolzonella D, et al. Defining the biomethane potential (BMP) of solid organic wastes and energy crops: A proposed protocol for batch assays[J]. Water Sci Tech, 2009, 59(5): 927-934.

[2] Holliger C, Alves M, Andrade D, et al. Towards a standardization of biomethane potential tests[J]. Water Sci Tech, 2016, 74(11): 2515-2522.

[3] DIN 38414-S9, German standard methods for the examination of water, wastewater and sludge, Determination of chemical oxygen demand of sludge and sediment[R]. German, 1986.

[4] Raposo F, de la Rubia M A, Borja R, et al. Assessment of a modified and optimized method for determining chemical oxygen demand of solid substrates and solutions with high suspended solid content[J]. Talanta, 2008, 76: 448-453.

[5] Raposo F, Banks C J, Siegert I, et al. Influence of inoculum to substrate ratio on the biochemical methane potential of maize in batch tests[J]. Process Biochem, 2006, 41(6): 1444-1450.

[6] Jensen P D, Ge H, Batstone D J. Assessing the role of biochemical methane potential tests in determining anaerobic degradability rate and extent[J]. Water Sci Tech, 2011, 64(4): 880-886.

[7] Batstone D J, Tait S, Starrenburg D. Estimation of hydrolysis parameters in full-scale anerobic digesters[J]. Biotech Bioeng, 2009, 102(5): 1513-1520.

[8] Zwietering M H, Jongenburger I, Rimbouts F M, et al. Modeling of the bacterial growth curve[J]. Appl Environ Microb, 1990, 56(6): 1857-1881.

[9] Lay J J, Li Y Y, Noike T. Effect of moisture content and chemical nature on methane fermentation characteristics of municipal solid wastes[J] J Environ Syst Eng, 1996, 552/Ⅶ-1: 101-108,

[10] Da Silva C, Astals S, Peces M, et al. Biochemical methane potential (BMP) tests: Reducing test time by early parameter estimation[J]. Waste Manag, 2018, 71: 19-24.

气相色谱法分析沼气成分

沼气的主要成分为甲烷和二氧化碳，其次是硫化氢、氧气、氮气等。沼气成分是厌氧消化过程中的重要检测指标，可以用于判断厌氧消化反应器的运行状况。测试沼气成分的方法有气相色谱法、红外光谱法等，其中应用最广的精确定量方法为气相色谱法。

一、测试原理

气相色谱仪主要由色谱柱、检测器和计算单元组成。

气相色谱法利用流动相中不同物质在固定相（色谱柱）中分配系数的不同而分离不同组分。易被吸附的物质从色谱柱中流出所需的时间长于不易被吸附的物质。由于可以分离氮气、氧气、甲烷等组分的分子筛填充柱（如5A分子筛填充柱、13X分子筛填充柱等）一般会对二氧化碳产生不可逆吸附，所以不能直接得到二氧化碳的峰。如果需要同时测得二氧化碳的含量，可以在检测器前设计两个色谱柱串接，通过气阀的切换来实现所有组分的分析。上海宜友MGC-7850S型气相色谱仪使用硅胶柱和13X分子筛填充柱，分别分离二氧化碳和其他组分，通过空气驱动的十通阀实现气路切换。

气体成分测试通常使用热导检测器（thermal conductivity detector，TCD）。该检测器是在一个导热体中设置4个对称的腔室，每个腔室中各放一个热敏元件。其中两个腔室是测量池，另两个是参比池。测量池和参比池内的热敏元件组成了惠斯登电桥的4个臂。参比池仅通过载气气流，样品被分离后由载气携带进入测量池，由于载气的导热系数和待测组分的导热系数不同，造成电桥平衡破坏，色谱仪输出谱峰信号。

计算单元由数据线和计算机及其软件构成。计算单元通过对谱峰信号进行积分计算获得峰面积，通过与预先测得的标准曲线比较，可以得到沼气中不同组分的含量。

二、系统设置

本节以上海宜友公司MGC-7850S型气相色谱仪为例，对沼气分析方法进行说明。气相色谱仪采用TCD检测器；硅胶柱长0.5 m，内径3.2 mm，耐受温度上限为250℃；13X分子筛填充柱长3 m，内径3.2 mm，耐受温度上限为280℃；载气为氢气，流量23 mL/min；阀驱动气为空气，压力调至 0.3～0.5 MPa；桥流设为 140 mA。

气体样品各组分沸点低，因此不需要在柱内维持高温，一般将柱箱温度设置为 60～90℃。柱箱温度较低时二氧化碳峰与氧气峰难以分离，随柱箱温度升高分离效果逐渐变好，而且出峰较快。检测器温度的小幅提高对峰的分离影响相对较小。柱温 90℃、进样器和检测器 110℃条件下，各组分可以充分分离，平行样品之间的变异系数也最小，说明该条件具有较好的精密度，可重复性好，可以用于沼气检测。

三、测试程序

以保留时间为定性依据，利用标样中二氧化碳及甲烷的保留时间，在同样的气相色谱分析条件下对样品进行检测，同种物质在标样及样品中的保留时间相同。以峰面积为定量依据，用外标法做标准曲线，在同样的气相色谱分析条件下，同一物质样品峰与标样峰峰面积的比值等于它在样品及标样中的浓度的比值。

气相色谱法分析挥发性脂肪酸

挥发性脂肪酸(VFAs)是厌氧消化过程中的重要中间产物。厌氧消化有机负荷急剧变化、温度波动、营养物质缺乏等原因都有可能造成VFA的积累，从而抑制产甲烷菌的生长，导致沼气产量及其成分变化。研究发现VFAs的变化要比环境因子pH、氧化还原电位(ORP)等因子变化提前1～2天，因此检测VFA是掌握厌氧消化状况的重要手段，有助于优化消化反应器的运行。测定VFAs的方法主要有比色法、柱色谱法、滴定法及气相色谱法，其中气相色谱法测试时间短，精确度高，应用广泛。用气相色谱法检测液体中微量组分时常用的色谱柱有毛细管柱和填充柱两种，毛细管柱的精密度优于填充柱，且不存在杂质富集于固定相颗粒表面引起柱效下降的问题，对各VFA有更好的分离效果。

一、测试原理

气相色谱法的基本原理已在附录B中进行了介绍。当其用于VFAs测试时，在一定的柱温下，VFAs挥发形成气体，然后利用它们在毛细管柱中停留时间的不同进行分离。乙酸、丙酸、异丁酸、正丁酸、异戊酸和正戊酸六种VFA的物理性质如下。

表C1　标准状况下各种挥发性脂肪酸的质量浓度 ρ、质量分数 w 和沸点 B

名　　称	ρ/(g/mL)	w/%	B/℃
乙酸	1.05	99.5	118.1
丙酸	0.991～0.995	99.5	137～141
异丁酸	0.955～0.961	99.0	154.5
正丁酸	0.946～0.950	99.5	161～165
异戊酸	0.936～0.942	99.0	173～176
正戊酸	0.929～0.937	99.4	184～187

二、系统设置

岛津GC-2014型气相色谱仪采用毛细管柱(InertCap WAX-HT，30 m×0.25 mm×

0.25 μm)，火焰离子化检测器(FID)，载气为 N_2，流量为 50 mL/min；H_2 流量为 50 mL/min；空气流量为 150 mL/min。经过对比不同色谱柱温度、分流比条件下的出峰效果，得到优化的色谱条件：分流比为 15∶1，进样器温度为 240℃；柱温采用程序升温，初始温度 70℃，停留 2 min，以 10℃/min 的速率升温至 200℃，停留 3 min；检测器温度为 240℃。色谱柱流量为 1.1 mL/min，进样量为 1 μL。

三、样品准备

发酵液从反应罐取出后经离心机(8 000 r/min，15 min)离心后，用直径 0.45 μm 的微孔滤膜进行过滤，滤液收集后加入适量的质量分数为 3%的甲酸酸化至 pH 为 2～3，最后取 1～1.5 mL 到进样瓶中待进样检测。

四、绘制标线

先将标样经自动进样器注射进气相色谱仪，可得到乙酸、丙酸、异丁酸、正丁酸、异戊酸和正戊酸的出峰时间分别为 9.513、10.534、10.822、11.591、12.038、12.890 min。然后将配制的一定浓度的混合酸标准溶液注入气相色谱仪进行检测，得到混合酸标准溶液的气相色谱图。检测器对各种酸的响应值很高，出峰时间与其纯物质的出峰时间一致，峰形尖锐无拖尾，说明此方法能很好地分离各种酸，可以用于混合酸的检测。

用量程为 200 μL 的移液枪分别移取乙酸 96 μL、丙酸 101 μL、异丁酸 105 μL、正丁酸 107 μL、异戊酸 107 μL、正戊酸 108 μL 和适量的甲酸于 100 mL 容量瓶定容，得到 1 000 mg/L 的混合酸储备液。取适量的混合酸储备液分别稀释至 25、50、100 mg/L，用于标准曲线的测定。以峰积分面积与酸的质量浓度做标准曲线，进行回归分析，得回归方程(见表 C2)。需要注意的是，该表仅作为案例说明，不同的设备、不同的样品应分别绘制标准曲线。

表 C2 各挥发性脂肪酸的标准曲线回归方程

名　称	回归方程	相关系数
乙酸	$Y=1\,256.63X-3\,952.74$	0.9993
丙酸	$Y=1\,708.06X-4\,981.52$	0.999 5
异丁酸	$Y=1\,834.74X-3\,878.42$	0.999 8
正丁酸	$Y=1\,973.00X-5\,457.32$	0.999 5
异戊酸	$Y=1\,975.31X-5\,650.96$	0.999 7
正戊酸	$Y=2\,078.24X-4\,713.56$	0.999 6

注：Y 为色谱峰的积分面积，X 为 VFA 浓度。

五、样品检测

取发酵液样品进行色谱分析，平行测试 3 次，并进行均值、标准偏差和变异系数分析。

种子发芽实验

好氧堆肥是有机固体废弃物资源化的重要方法，衡量好氧堆肥的运行效果和产品质量有多种方法，其中种子发芽实验是最直接、最直观的测试方法，被广泛采用。我国《有机肥料标准》(NY/T 525—2021)规定了种子发芽指数测试的方法，并要求肥料的种子发芽指数不小于70%。

一、测试原理

利用堆肥浸提液处理种子，检测种子发芽的效果，进而评价堆肥产物的腐熟情况和肥效。

二、主要仪器和试剂

培养皿、滤纸、水、往复式水平振荡器、恒温培养箱。

三、试验步骤

称取试样(鲜样)10.00 g，置于250 mL锥形瓶中，将样品含水率折算后，按照固液比(质量/体积)1∶10加入100 mL水，盖紧瓶盖后垂直固定于往复式水平振荡器上，调节频率100次/分，振幅不小于40 mm，在25℃下振荡浸提1 h，取下静置0.5 h后，取上清液于预先安装好滤纸的过滤装置上过滤，收集过滤后的浸提液，摇匀后供分析用。

在9 cm培养皿中放置1张或2张定性滤纸，其上均匀放入10粒大小基本一致、饱满的黄瓜子或黄豆等种子，加入浸提液10 mL(以蒸馏水作为空白对照)，盖上培养皿盖，在25±2℃的培养箱中避光培养24～72 h(各组时间一致)。每个样品重复3次，统计发芽率和测量主根长。

四、结果分析

种子发芽指数(GI)按下式计算：

GI＝(样品处理的发芽率×样品处理的平均根长)/
(空白的发芽率×空白的平均根长)×100％

取平行测定结果的算术平均值为最终分析结果,计算结果保留到小数点后一位。平行分析结果的绝对差值不大于5％。